电子信息前沿技术丛书

MATLAB 图形学基础

Fundamentals of Graphics Using MATLAB

[印] 兰詹·帕雷克（Ranjan Parekh）/ 著

章毓晋 / 译

清華大學出版社

北 京

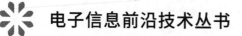

北京市版权局著作权合同登记号　图字：01-2022-5474

Fundamentals of Graphics Using MATLAB, 1st Edition/by Ranjan Parekh/ISBN：9780367184827

图书在版编目（CIP）数据

MATLAB 图形学基础/（印）兰詹·帕雷克（Ranjan Parekh）著；章毓晋译．—北京：清华大学出版社，2023.4
（电子信息前沿技术丛书）
书名原文：Fundamentals of Graphics Using MATLAB
ISBN 978-7-302-62651-0

Ⅰ．①M…　Ⅱ．①兰…　②章…　Ⅲ．①Matlab 软件　②计算机图形学　Ⅳ．①TP317　②TP391.411

中国国家版本馆 CIP 数据核字(2023)第 023693 号

责任编辑：文　怡
封面设计：王昭红
责任校对：申晓焕
责任印制：沈　露

出版发行：清华大学出版社
网　　址：http://www.tup.com.cn，http://www.wqbook.com
地　　址：北京清华大学学研大厦 A 座　　**邮　　编**：100084
社 总 机：010-83470000　　**邮　　购**：010-62786544
投稿与读者服务：010-62776969，c-service@tup.tsinghua.edu.cn
质量反馈：010-62772015，zhiliang@tup.tsinghua.edu.cn
课件下载：http://www.tup.com.cn，010-83470236
印 装 者：三河市龙大印装有限公司
经　　销：全国新华书店
开　　本：185mm×260mm　　**印　　张**：17.75　　**字　　数**：435 千字
版　　次：2023 年 5 月第 1 版　　**印　　次**：2023 年 5 月第 1 次印刷
印　　数：1～2500
定　　价：79.00 元

产品编号：098272-01

译者序

FOREWORD

本书是一本介绍二维和三维图形绘制的基础概念和基本操作，并借助 MATLAB 编程示例解释和具体实现的图书，可以作为读者学习计算机图形学的入门教材。

本书对基础概念的介绍浅显直观，在对每个基础概念给出一个描述性定义后，都借助 MATLAB 编程给出一个示例帮助读者看到其对应的图形意义，以迅速理解其内容。

本书对基本操作的介绍直接具体，在对每个基本操作给出其数学表达公式后，都列举一个有具体数据的示例，并给出具体实现的 MATLAB 代码以及由此得到的操作结果。

由于本书借助 MATLAB 编程辅助概念介绍，又借助 MATLAB 代码实现具体操作，所以对抽象概念的介绍简洁直观，对图形操作的实现快速方便，非常适合计算机图形学的初学者。

从结构上看，本书共有 9 章正文，还有两个附录。全书共有编号的图 169 幅、表 6 个、例 94 个、复习题 95 道、练习题 90 道（计算类型的练习题均附有参考答案），以及 97 个 MATLAB 程序。另外还有参考文献目录和主题索引。全书译文合 40 多万字。本书浅显易懂，直观性好，可作为各种相关工程专业的本科生学习计算机图形学、设计计算机图形学系统的实践教材，也可供图形绘制相关领域科技开发和技术应用、具有不同专业背景的技术人员自学参考。

本书的翻译基本忠实于原书的整体结构、描述思路和文字风格。对明显的印刷错误，直接进行了修正。对原书的英文主题索引，除了给出对应的中文外，还重新按中文拼音顺序进行了排列，以方便读者查阅。另外，根据中文图书的出版规范，将文中向量和矩阵均改用黑斜体表示。书中图大多直接源自 MATLAB 仿真，故字体（正斜体等）均无改动。

感谢清华大学出版社编辑的精心组稿、认真审阅和细心修改。

最后，作者感谢妻子何芸、女儿章荷铭在各方面的理解和支持。

章毓晋

2022 年国庆节于书房

通信：北京清华大学电子工程系，100084

邮箱：zhang-yj@tsinghua.edu.cn

主页：oa.ee.tsinghua.edu.cn/zhangyujin/

作者前言

PREFACE

本书介绍了二维和三维图形的基本概念和原理，是为学习图形或多媒体相关学科的本科生和研究生编写的。大多数有关图形的书籍都使用C编程环境来说明具体实现。本书没有采用这种常见做法，而是基于MATLAB并介绍了MATLAB的使用。MathWorks公司的MATLAB是一种适用于算法开发和仿真应用的数据分析和可视化工具。MATLAB的优点之一是它包含大量内置函数库，与其他编程环境相比，可减少用于程序开发的时间。本书假设读者已经具备MATLAB的基本知识，尤其是各种矩阵运算和绘图函数。MATLAB代码已作为特定示例的答案提供，读者可以简单地复制和粘贴代码来执行。通常，代码显示预期结果的答案，如曲线方程、混合函数和变换矩阵，并绘制最终结果以提供解决方案的可视化表示。本书的目标是，首先，演示如何使用MATLAB解决图形问题；其次，通过视觉表示和实际示例帮助读者深入了解该主题。

本书大致分为两部分：二维图形和三维图形，尽管在某些地方这两个概念重叠，这主要是为了突出它们之间的差异，或者是为了使用更简单的概念让读者为更复杂的概念做好准备。

本书的第一部分主要涉及与二维图形相关的概念和问题，共分为5章：①插值样条；②调和函数和混合样条；③近似样条；④二维变换；⑤样条性质。

第1章介绍了各种类型的插值样条曲线及其使用多项式的表示。本章详细讨论了关于样条方程如何推导的理论概念和所涉及的矩阵代数，然后通过数值示例和MATLAB代码来说明这些过程。大多数示例后面都给出了图形，以使读者能够直观地看到方程如何在给定起点、终点和其他相关参数的情况下转换为相应的曲线。本章还强调了使用线性、二次和三次变体的样条方程的标准或空间形式和参数形式在这些过程中的差异。

第2章介绍了调和函数的概念，以及如何使用这些函数为混合样条推导方程，这些混合样条仅通过其控制点的一个子集，或者使用控制点以外的条件来推导其方程。具体来说，本章涉及厄米特样条、基数样条、卡特穆尔-罗姆样条和贝塞尔样条。对于贝塞尔样条，其二次和三次变体都与用于制定其调和函数的伯恩斯坦多项式一起讨论。与其他章节一样，理论概念之后是数值示例、MATLAB代码和可视化图形。本章最后讨论了如何将一种样条类型转换为另一种样条类型。

第3章讨论了如何导出多项式方程来逼近不通过任何控制点的样条曲线，以及如何计算它们的调和函数。具体来说，本章详细讨论了Cox de Boor算法以及如何使用它来推导线性、二次和三次B样条的方程。本质上，B样条由多个在连接点处具有连续性的曲线段组成。连接点处的参数变量的值存储在称为结点向量的向量中。若结点值是等间距的，则生成的样条称为均匀 B 样条；否则，称其为非均匀的。当结点向量值重复时，B 样条称为开放均匀的。本章提供了结点向量的表示，并说明了如何借助向量中的间距生成上述变体。与以前一样，理论概念之后是数值示例、MATLAB 代码和可视化图形。

第 4 章正式介绍了二维坐标系，然后建立了可以按统一的方式表示所有变换的齐次坐标系的基础。二维变换用于改变二维平面中样条线的位置、方向和形状。这些变换是单独或两个或多个组合应用的平移、旋转、缩放、反射和剪切变换；因此，它们被称为复合变换。给定一个点的已知坐标，这些变换中的每一个都由一个矩阵表示，当乘以原始坐标时，会产生一组新的变换坐标。首先导出变换矩阵，然后使用示例、MATLAB 代码和图形说明它们的应用。对仿射和透视变换类型都进行了讨论。本章最后讨论了用于将窗口映射到视口的观察变换，以及用于在多个坐标系之间映射的坐标系变换。

第 5 章列举了样条曲线的一些常见性质，以及如何从样条曲线方程计算这些性质。第一个性质是称为样条曲线的最小值和最大值的关键点。此外，对于三次或以上的样条曲线，拐点(POI)也很重要。第二个性质是样条曲线的切线和法线。曲线的切线是曲线方程的导数，而法线是垂直于切线的直线。第三个性质是计算任意两个给定点之间的样条曲线的长度，包括空间方程和参数方程。第四个性质是计算曲线下的面积，曲线以主轴和两条水平或垂直线为界。对此的扩展是计算由两条曲线界定的面积。第五个性质是计算区域的质心，即密度均匀的板块的重心点。本章最后讨论了数据点的插值和曲线拟合，并列出了一些用于绘制二维图形以及用于绘图的常见内置 MATLAB 函数。

本书的第二部分侧重于与三维图形相关的概念和问题，并跨越其余 4 章，即⑥向量；⑦三维变换；⑧曲面；⑨投影。

第 6 章介绍了向量的概念及其在二维和三维空间中的数学表示。向量涉及幅度和方向，它们用沿主轴的单位量级的正交参考分量以及一组比例因子来表示。本章讨论如何将向量相加和相乘。向量积可以是标量，称为点积，也可以是向量，称为叉积。使用这些概念，将详细介绍如何导出线和平面的向量方程。接着，讨论如何将向量对齐到特定方向，最后讨论如何使用齐次坐标表示向量方程。本章以如何计算曲线的切向量和法向量的内容结束。与以前一样，理论概念之后是数值示例、MATLAB 代码和可视化图形。

第 7 章演示了如何将三维变换视为二维变换的扩展。这些三维变换用于更改三维空间中样条线的位置、方向和形状。这些变换是单独或两个或多个组合应用的平移、旋转、缩放、反射、剪切变换，称为复合变换。本章正式介绍了一个三维坐标系，然后使用齐次坐标导出上述操作的变换矩阵。接下来使用示例、MATLAB 代码和可视化图形来说明它们的应用程序。本章的后半部分处理三维空间中的向量对齐，并使用这些概念推导出三维空间中围绕向量和任意线的旋转矩阵。

第 8 章介绍了如何使用参数和隐式方程创建和表示曲面，以及曲面的性质如何取决于方程的参数。根据创建过程，曲面可以分为拉伸曲面和旋转曲面，这两种曲面都通过示例和图形图进行了讨论。然后本章介绍如何计算曲面的切平面，并提供计算曲面面积和体积的方法。本章的后半部分涉及表面外观，即如何在表面上映射纹理以及如何使用照明模型确定表面上某个点的亮度强度。本章最后讨论了一些用于绘制三维图形的常用内置 MATLAB 函数。

第 9 章研究了各种类型的投影，并为每种类型推导了矩阵。投影用于将高维对象映射到低维视图。投影可以有两种类型：平行和透视。在平行投影中，投影线彼此平行；而在透视投影中，投影线将会聚到参考点。平行投影又可以有两种类型：正投影和斜投影。在平行正投影中，投影线垂直于视平面，而在平行斜投影中，投影线可以与视平面成任意朝向角度。通常对于三维投影，平行正投影也可以细分为两种：多视图和轴测。在多视图投影中，投影发生在主要平面上，即 *XY* 平面、*YZ* 平面或 *XZ* 平面上，而在轴测投影中，投影发生在任意平面上。本章使用示例、MATLAB 代码和可视化图形说明每种类型的投影。

每章后面都附有该章的要点汇总。每章末尾提供了一组复习题和一组练习题，以供自我评估。本书包含 90 多个已求解的数值示例及其对应的 MATLAB 代码，另外还有 90 道练习题。鼓励读者执行示例中给出的代码，并编写自己的代码来解决实际问题。本书中给出的大多数 MATLAB 代码都需要 MATLAB 2015 或更高版本才能正确执行。书中提到的一些功能是从 2016 版本开始专门引入的，并在适当的地方提到了这些功能。本书演示了大约 70 种与图形和绘图相关的不同 MATLAB 函数的用法，附录 A 提供了这些函数的列表和简短描述。请读者使用 MATLAB 帮助实用程序获取有关这些函数的更多信息。MATLAB 代码以冗长的方式编写，以方便希望更好地理解该主题的初学者。有些代码本可以用更紧凑的方式编写，但这可能会降低它们的可理解性。本书中包含了大约 170 幅图形和绘图，以帮助读者获得问题的正确可视化线索，尤其是对于三维环境。练习题的答案见附录 B。

欢迎所有读者就本书的内容以及任何遗漏或文字错误提供反馈。

Ranjan Parekh
Jadavpur University

目录

CONTENTS

第1章

插值样条

1.1 引言

样条是具有已知数学特性的不规则曲线段。当需要图形对象在二维平面(图 1.1(a))或三维空间(图 1.1(b))具有定义的形状上或沿指定路径移动(图 1.1(c))时,在向量图形中经常遇到样条。根据曲线上某些点的坐标,或沿着曲线的斜率,图形系统需要在将曲线存储

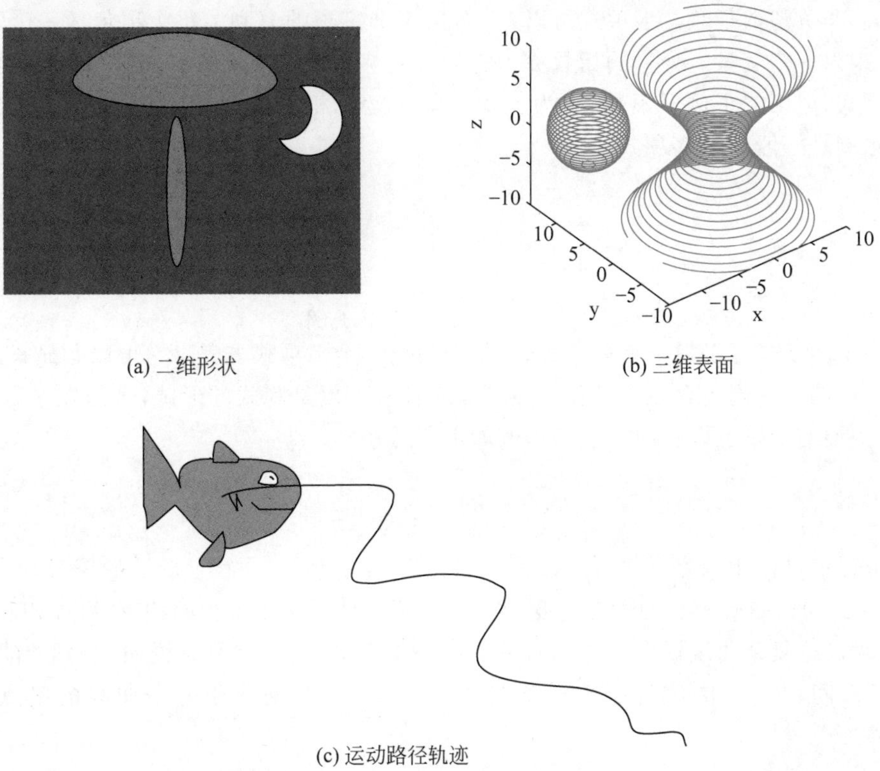

(a) 二维形状　(b) 三维表面

(c) 运动路径轨迹

图 1.1　使用样条创建图形对象

到磁盘之前计算曲线的数学表示。这种表示通常采用“向量”或存储在矩阵中的一系列值的形式。这些值是使用由原点、x 轴和 y 轴组成的正交二维坐标系计算的。这些坐标轴通常称为主轴。

“样条”一词源自造船业，是指在木柱之间弯曲的木板，用于建造弯曲的船体[O'Rourke,2003]。固定柱的位置控制了木板的形状。在图形中，我们使用样条曲线上的特定点来控制样条的形状，因此它们被恰当地称为“控制点”，简称 CP。根据 CP 与实际曲线之间的关系，样条可大致分为三种类型：①插值样条，样条实际通过 CP；②逼近样条，样条靠近 CP，但实际上并未穿过它们；③混合样条，样条穿过一些 CP，但没有穿过所有 CP[Hearn and Baker,1996](见图 1.2)。

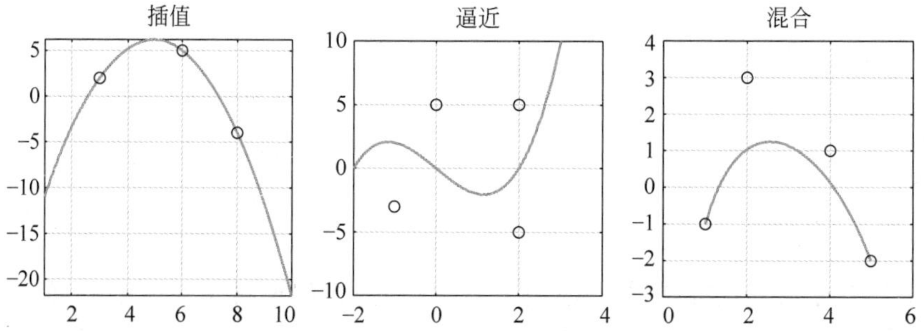

图 1.2 样条类型

样条使用多项式进行数学建模。多项式是由变量和常数构成的表达式，涉及加法、减法、乘法和非负整数指数。多项式可以是 0(零)或非零项的总和。每个项包括一个常数(称为系数)乘以一个变量。变量的指数称为它的阶数。如下三个示例中，第一个例子是一个有效的多项式，但第二个例子不是，因为变量与除法运算相关联，并且因为使用了小数指数。第三个示例是一般 n 次多项式。

$$1-2x+3x^2$$

$$1-\frac{2}{x}+3x^{2.5}$$

$$a_n x^n+a_{n-1}x^{n-1}+\cdots+a_1 x+a_0$$

当一个多项式等于另一个多项式时，就会写出一个多项式方程。它可以是显式形式，例如 $y=f(x)$的任一侧包含显式类型的变量；或者它可以是隐式的形式，例如在 $f(x,y)=0$ 中，多种类型的变量可以在同一侧。示例如下所示：

$$y=x^2$$

$$x^3+y^3-5xy=0$$

多项式方程也可以用参数形式表示，其中各变量表示为另一个变量 t 的函数，例如 $x=f(t)$，$y=g(t)$。参数方程的优点是变量 x 和 y 不需要受单个方程的约束，可以相互独立地改变，这为表达复杂曲线提供了更大的灵活性。作为惯例，除非另有说明，否则 t 的取值介于 0 和 1 之间。$t=0$ 的值对应于样条曲线的起点，$t=1$ 对应于样条曲线的终点。示例如下：

$$x=t,\quad y=t^2$$

$$x=r\cos t,\quad y=r\sin t$$

多项式方程经常使用图形表示，这对于直观地描述一个变量如何随另一个变量而变化很有用。零次多项式的图形，即 $f(x)=0$ 是 X 轴。由 $f(x)=a$ 表示的零次多项式的图形是一条平行于 X 轴的直线，与 X 轴的距离为 a（其中 a 是一个常数）。一次多项式的图形由 $f(x)=a+bx$ 表示，是一条斜率为 b 且截距为 a 的直线。由 $f(x)=a+bx+cx^2$ 表示的二次多项式的图形是一条抛物线曲线，若曲线上至少三个点已知，则可以指定该曲线。由 $f(x)=a+bx+cx^2+dx^3$ 表示的三次多项式的图形是三次曲线，若至少知道曲线上四个点，则可以指定该曲线。除了显式方程外，隐式方程 $f(x,y)=0$ 也可以通过按固定间隔改变自变量并计算因变量的相应值来绘制。参数方程图由三个不同的图组成：第一个图是从函数 $x=f(t)$ 生成的 t 和 x 的图，第二个图是从函数 $y=g(t)$ 生成的 t 和 y 的图，而第三个图表示 x 和 y 的关系，它是通过用从前面的图中获得的相同 t 值绘制 x 和 y 值生成的。因此，即使不通过消除 t 来生成 x 和 y 之间的方程，也总是可以绘制 x 和 y 的关系图。图 1.3 显示了各种多项式方程的图形。

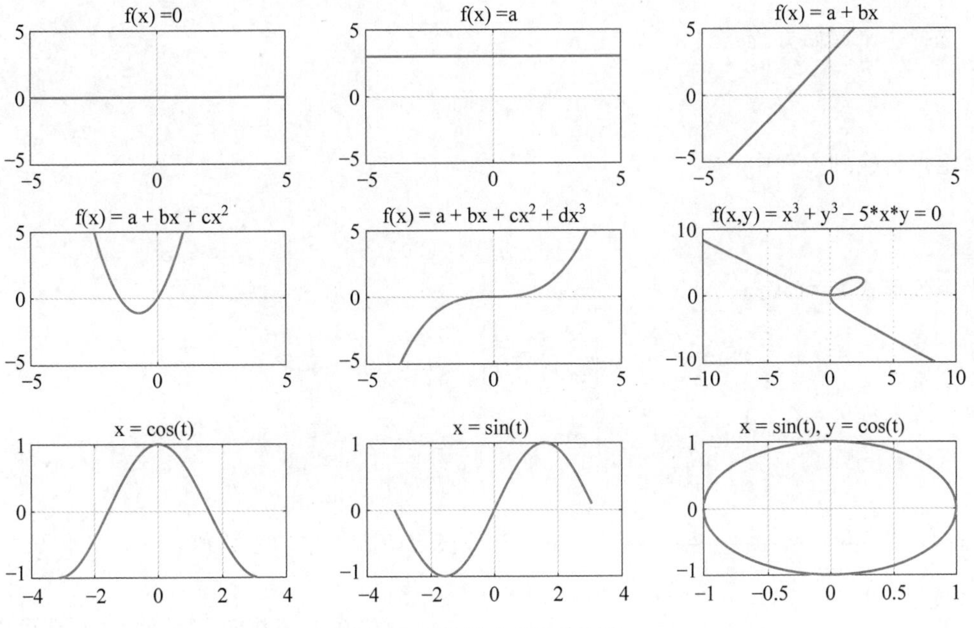

图 1.3 多项式方程的图形

在以下各节中，我们将了解几种插值样条曲线以及它们的方程是如何推导出来的。

1.2 线性样条（标准形式）

线性样条是由一次多项式表示的直线，并且可以在给定它上面的两个点的情况下生成。线性样条的标准形式意味着样条方程是在空域（即 XY 平面）中计算的。设给定点为 $P_1(x_1,y_1)$ 和 $P_2(x_2,y_2)$。选择一个以矩阵形式编写的起始线性方程：

$$y=a+bx=[1\quad x]\begin{bmatrix}a\\b\end{bmatrix} \tag{1.1}$$

将给定点代入起始方程中以生成两个方程。两个方程足以求解两个未知系数 a 和 b：

$$y_1=a+bx_1$$

$$y_2 = a + bx_2 \tag{1.2}$$

这两个方程写成矩阵形式为 $\boldsymbol{Y}=\boldsymbol{CA}$，其中 $\boldsymbol{C}$ 是约束矩阵，$\boldsymbol{A}$ 是系数矩阵：

$$\begin{bmatrix} y_1 \\ y_2 \end{bmatrix} = \begin{bmatrix} 1 & x_1 \\ 1 & x_2 \end{bmatrix} \begin{bmatrix} a \\ b \end{bmatrix} \tag{1.3}$$

求解方程可以找到未知系数的值。因此，有 $\boldsymbol{A}=\mathrm{inv}(\boldsymbol{C})\boldsymbol{Y}$：

$$\begin{bmatrix} a \\ b \end{bmatrix} = \begin{bmatrix} 1 & x_1 \\ 1 & x_2 \end{bmatrix}^{-1} \begin{bmatrix} y_1 \\ y_2 \end{bmatrix} \tag{1.4}$$

将系数的值代入起始方程：

$$y = \begin{bmatrix} 1 & x \end{bmatrix} \begin{bmatrix} 1 & x_1 \\ 1 & x_2 \end{bmatrix}^{-1} \begin{bmatrix} y_1 \\ y_2 \end{bmatrix} \tag{1.5}$$

例 1.1 求通过点 $P_1(3,2)$ 和 $P_2(8,-4)$ 的直线方程。

解：

选择一个起始方程：

$$y = a + bx = \begin{bmatrix} 1 & x \end{bmatrix} \begin{bmatrix} a \\ b \end{bmatrix}$$

将给定点替换到方程中：

$$2 = a + b(3)$$
$$-4 = a + b(8)$$

写成矩阵形式 $\boldsymbol{Y}=\boldsymbol{CA}$：

$$\begin{bmatrix} 2 \\ -4 \end{bmatrix} = \begin{bmatrix} 1 & 3 \\ 1 & 8 \end{bmatrix} \begin{bmatrix} a \\ b \end{bmatrix}$$

求解矩阵方程 $\boldsymbol{A}=\boldsymbol{C}^{-1}\boldsymbol{Y}$：

$$\begin{bmatrix} a \\ b \end{bmatrix} = \begin{bmatrix} 1.6 & -0.6 \\ -0.2 & 0.2 \end{bmatrix} \begin{bmatrix} 2 \\ -4 \end{bmatrix} = \begin{bmatrix} 5.6 \\ -1.2 \end{bmatrix}$$

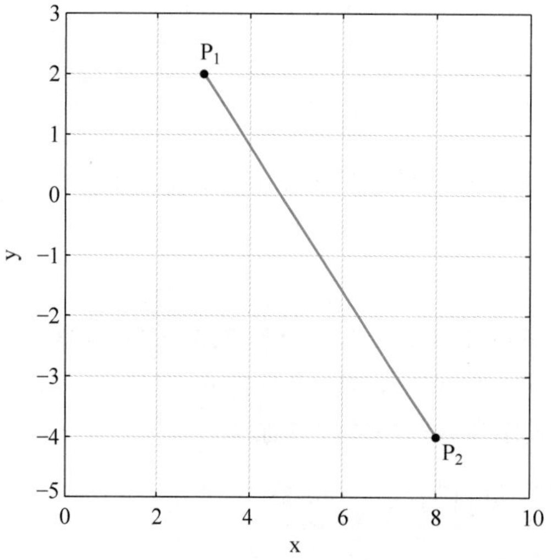

图 1.4 例 1.1 的绘图

替换起始方程中的系数值：

$$y = 5.6 - 1.2x$$

验证：在大多数图形问题中，通常可以通过替换给定数据来验证结果。替换 $x=3$，得到 $y=2$，替换 $x=8$，得到 $y=-4$。因此，直线确实穿过给定点(见图 1.4)。

MATLAB Code 1.1

```
clear all; clc;
syms x;
x1 = 3; y1 = 2;
x2 = 8; y2 = -4;
X = [x1 x2]; Y = [y1 y2];
C = [1 x1; 1 x2];
A = inv(C) * Y';
a = A(1);
b = A(2);
```

```
fprintf('Required equation : \n');
y = a + b*x;
y = vpa(y);

%plotting
xx = linspace(x1, x2);
yy = subs(y, x, xx);
plot(xx, yy, 'b-'); hold on;
scatter(X, Y, 20, 'r', 'filled');
xlabel('x'); ylabel('y');
grid; axis square;
axis([0 10 -5 3]);
d = 0.5;
text(x1+d, y1, 'P_1');
text(x2+d, y2, 'P_2');
hold off;
```

注解

%：表示注释行。

axis：控制打印轴的外观，指定要显示的值的顺序范围。

clc：清除上一个文本的工作区。

clear：清除所有存储变量的内存。

fprintf：使用格式化选项输出字符串和值。

grid：打开打印中栅格线的显示。

hold：保持当前图形状态，以便后续命令可以添加到同一图形。

inv：计算矩阵的逆。

linspace：在指定的两个端点之间创建 100 个线性间隔值。

plot：从一组值创建图形绘图。

scatter：用彩色圆圈表示数据的绘图类型。

subs：将符号变量替换为值矩阵以生成绘图。

syms：将以下参数声明为符号变量。

text：在图形中的指定位置插入文本字符串。

title：在图形顶部显示标题。

vpa：将符号值显示为可变精度浮点值。

xlabel,ylabel：沿相应的主轴放置文本标签。

另有一种方式可以构建标准直线方程，其中不给出两个给定点，而只给出一个点及直线的斜率。下面讨论这种方式。

设给定点为 $P_1(x_1, y_1)$，s 为直线的斜率。选择一个起始的线性方程，该方程与式(1.1)一样以矩阵形式写成。

$$y = a + bx = [1 \quad x]\begin{bmatrix} a \\ b \end{bmatrix}$$

计算起始方程的导数：

$$y'=\frac{\mathrm{d}y}{\mathrm{d}x}=b \tag{1.6}$$

将给定值代入起始方程中，以生成两个方程：

$$\begin{aligned} y_1 &= a+bx_1 \\ s &= b \end{aligned} \tag{1.7}$$

这两个方程像以前一样写成矩阵形式 $\boldsymbol{Y}=\boldsymbol{CA}$：

$$\begin{bmatrix} y_1 \\ s \end{bmatrix}=\begin{bmatrix} 1 & x_1 \\ 0 & 1 \end{bmatrix}\begin{bmatrix} a \\ b \end{bmatrix} \tag{1.8}$$

求解方程 $\boldsymbol{A}=\boldsymbol{C}^{-1}\boldsymbol{Y}$：

$$\begin{bmatrix} a \\ b \end{bmatrix}=\begin{bmatrix} 1 & x_1 \\ 0 & 1 \end{bmatrix}^{-1}\begin{bmatrix} y_1 \\ s \end{bmatrix} \tag{1.9}$$

将系数的值代入起始方程：

$$y=[1 \quad x]\begin{bmatrix} 1 & x_1 \\ 0 & 1 \end{bmatrix}^{-1}\begin{bmatrix} y_1 \\ s \end{bmatrix} \tag{1.10}$$

例 1.2 求通过点 $P(-1,1)$ 且斜率为 2 的直线方程。

解：

选择一个起始方程：

$$y=a+bx=[1 \quad x]\begin{bmatrix} a \\ b \end{bmatrix}$$

计算起始方程的导数：

$$y'=\frac{\mathrm{d}y}{\mathrm{d}x}=b$$

将给定值代入方程中：

$$\begin{aligned} 1 &= a+b(-1) \\ 2 &= b \end{aligned}$$

写成矩阵形式 $\boldsymbol{Y}=\boldsymbol{CA}$：

$$\begin{bmatrix} 1 \\ 2 \end{bmatrix}=\begin{bmatrix} 1 & -1 \\ 0 & 1 \end{bmatrix}\begin{bmatrix} a \\ b \end{bmatrix}$$

求解矩阵方程 $\boldsymbol{A}=\boldsymbol{C}^{-1}\boldsymbol{Y}$：

$$\begin{bmatrix} a \\ b \end{bmatrix}=\begin{bmatrix} 1 & 1 \\ 0 & 1 \end{bmatrix}\begin{bmatrix} 1 \\ 2 \end{bmatrix}=\begin{bmatrix} 3 \\ 2 \end{bmatrix}$$

替换起始方程中的系数值：

$$y=2x+3$$

验证：将 $x=-1$ 代入上述等式中，得到 $y=1$。此外，斜率 $\mathrm{d}y=2\mathrm{d}x$（见图 1.5）。

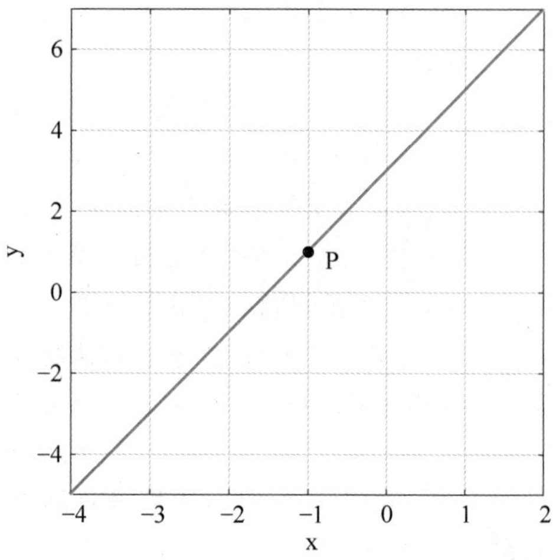

图 1.5 例 1.2 的绘图

MATLAB Code 1.2

```
clear all; clc;
syms x;
x1 = -1; y1 = 1; s = 2;
```

```
Y = [y1 s];
C = [1 x1; 0 1];
A = inv(C) * Y';
a = A(1);
b = A(2);
fprintf('Required equation:\n');
y = a + b * x;
y = vpa(y)

% plotting
xx = linspace(x1 - 3, x1 + 3);
yy = subs(y, x, xx);
plot(xx, yy, 'b - ', x1, y1, 'bo'); hold on;
scatter(x1, y1, 20, 'r', 'filled');
xlabel('x'); ylabel('y');
grid; axis square; axis tight;
text(x1 + 0.5, y1, 'P');
hold off;
```

1.3 线性样条(参数形式)

线性样条也可以用参数方程表示。令样条通过的给定点为 P_0 和 P_1。根据之前提到的约定，$P_0 \equiv P(0)$，即第一个点对应于 $t=0$ 的点。类似地，$P_1 \equiv P(1)$，即第二个点对应于 $t=1$ 的点。注意，在某些情况下，第一个点可能并不总是对应于 $t=0$，或者最后一个点可能并不总是对应于 $t=1$。我们将在后面讨论这些问题。

选择以矩阵形式编写的起始线性参数方程：

$$P(t)=a+bt=[1 \quad t]\begin{bmatrix}a\\b\end{bmatrix} \tag{1.11}$$

通过在开始时选择 $t=0$ 和在结束时选择 $t=1$ 来替换起始方程中的给定点。

$$\begin{cases}P_0=a+b(0)\\P_1=a+b(1)\end{cases} \tag{1.12}$$

将方程写成矩阵形式 $\boldsymbol{G}=\boldsymbol{CA}$(其中 $\boldsymbol{G}$ 称为几何矩阵)：

$$\begin{bmatrix}P_0\\P_1\end{bmatrix}=\begin{bmatrix}1 & 0\\1 & 1\end{bmatrix}\begin{bmatrix}a\\b\end{bmatrix} \tag{1.13}$$

求解 $\boldsymbol{A}$ 的方程，即 $\boldsymbol{A}=\boldsymbol{C}^{-1}\boldsymbol{G}=\boldsymbol{BG}$，其中 $\boldsymbol{B}$ 称为基矩阵：

$$\begin{bmatrix}a\\b\end{bmatrix}=\begin{bmatrix}1 & 0\\1 & 1\end{bmatrix}^{-1}\begin{bmatrix}P_0\\P_1\end{bmatrix} \tag{1.14}$$

将系数值代入起始方程中：

$$P(t)=[1 \quad t]\begin{bmatrix}1 & 0\\1 & 1\end{bmatrix}^{-1}\begin{bmatrix}P_0\\P_1\end{bmatrix} \tag{1.15}$$

> 注解
>
> 实际上，参数方程应该分别为 x 和 y 编写，即 $x(t)=a_x+b_xt$ 和 $y(t)=a_y+b_yt$。但是，这里使用了紧凑的符号，代入 $\boldsymbol{P}(t)=[x(t),\ y(t)]$，$\boldsymbol{a}=[a_x, a_y]$，$\boldsymbol{b}=[b_x, b_y]$。在求解 $\boldsymbol{a}$ 和 $\boldsymbol{b}$ 之后，可分离出各个分量，并将它们代入各自的方程中，分别代表 x 和 y。

例 1.3 以参数形式求通过点 $P_1(3,2)$和 $P_2(8,-4)$的直线方程。

解：

选择一个起始方程：

$$y = a + bt = [1 \quad t]\begin{bmatrix} a \\ b \end{bmatrix}$$

将方程写成矩阵形式 $\boldsymbol{G}=\boldsymbol{CA}$(其中 $\boldsymbol{G}$ 称为几何矩阵)：

$$\begin{bmatrix} 3 & 2 \\ 8 & -4 \end{bmatrix} = \begin{bmatrix} 1 & 0 \\ 1 & 1 \end{bmatrix}\begin{bmatrix} a \\ b \end{bmatrix}$$

求解 $\boldsymbol{A}$ 的方程，即 $\boldsymbol{A}=\boldsymbol{C}^{-1}\boldsymbol{G}=\boldsymbol{BG}$：

$$\begin{bmatrix} a \\ b \end{bmatrix} = \begin{bmatrix} 1 & 0 \\ 1 & 1 \end{bmatrix}^{-1}\begin{bmatrix} 3 & 2 \\ 8 & -4 \end{bmatrix} = \begin{bmatrix} 3 & 2 \\ 5 & -6 \end{bmatrix}$$

将系数值代入起始方程中：

$$P(t) = [1 \quad t]\begin{bmatrix} 3 & 2 \\ 5 & -6 \end{bmatrix}$$

要通过分离 x 和 y 分量获得所需的参数方程：

$$x = 3 + 5t$$
$$y = 2 - 6t$$

验证：$x(0)=3, x(1)=8, y(0)=2, y(1)=-4$(见图 1.6)。

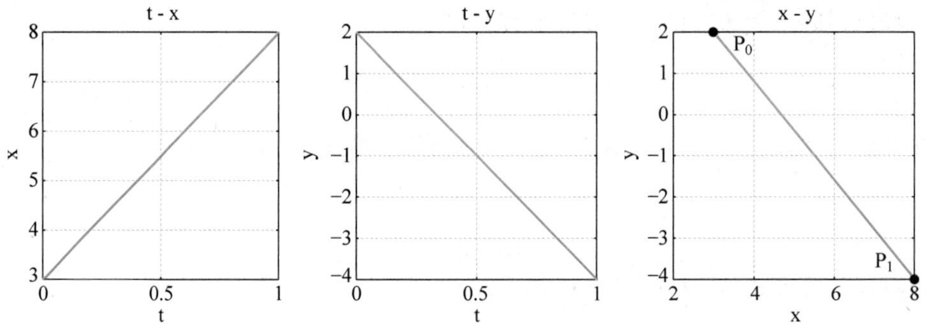

图 1.6 例 1.3 的绘图

MATLAB Code 1.3

```
clear all; clc;
syms t;
x1 = 3; y1 = 2;
x2 = 8; y2 = -4;
X = [x1 x2]; Y = [y1 y2];
G = [X ; Y];
C = [1 0; 1 1];
A = inv(C) * G';
ax = A(1,1); ay = A(1,2);
bx = A(2,1); by = A(2,2);
fprintf('Required equations : \n');
x = ax + bx * t; x = vpa(x)
y = ay + by * t; y = vpa(y)
```

```
% plotting
tt = linspace(0,1);
xx = subs(x, t, tt);
yy = subs(y, t, tt);
subplot(131), plot(tt, xx); grid; axis square;
xlabel('t'); ylabel('x'); title('t-x');
subplot(132), plot(tt, yy); grid; axis square;
xlabel('t'); ylabel('y'); title('t-y');
subplot(133), plot(xx, yy, 'b-', X, Y, 'bo');
grid; axis square; hold on;
scatter(X, Y, 20, 'r', 'filled');
xlabel('x'); ylabel('y'); title('x-y');
text(x1 + 1, y1 - 0.5, 'P_0');
text(x2 - 1, y2 + 0.5, 'P_1');
hold off;
```

注解

subplot:在单个图形窗口中显示多个图。

1.4　二次样条(标准形式)

二次样条曲线是由二次多项式方程表示的抛物线曲线,若沿曲线至少知道三个点,则可以生成该曲线。二次样条的标准形式意味着样条方程是在空域(即 XY 平面)中计算的。设给定点为 $P_1(x_1,y_1)$、$P_2(x_2,y_2)$和 $P_3(x_3,y_3)$。选择一个起始的二次方程,将它写成矩阵形式:

$$y=a+bx+cx^2=[1\quad x\quad x^2]\begin{bmatrix}a\\b\\c\end{bmatrix}\tag{1.16}$$

将给定点代入起始方程中以生成三个方程。它们足以求解三个未知系数 a、b 和 c。

$$\begin{cases}y_1=a+bx_1+cx_1^2\\y_2=a+bx_2+cx_2^2\\y_3=a+bx_3+cx_3^2\end{cases}\tag{1.17}$$

将这三个方程如前面一样写成矩阵形式 $\boldsymbol{Y}=\boldsymbol{CA}$:

$$\begin{bmatrix}y_1\\y_2\\y_3\end{bmatrix}=\begin{bmatrix}1&x_1&x_1^2\\1&x_2&x_2^2\\1&x_3&x_3^2\end{bmatrix}\begin{bmatrix}a\\b\\c\end{bmatrix}\tag{1.18}$$

求解方程 $\boldsymbol{A}=\boldsymbol{C}^{-1}\boldsymbol{Y}$:

$$\begin{bmatrix}a\\b\\c\end{bmatrix}=\begin{bmatrix}1&x_1&x_1^2\\1&x_2&x_2^2\\1&x_3&x_3^2\end{bmatrix}^{-1}\begin{bmatrix}y_1\\y_2\\y_3\end{bmatrix}\tag{1.19}$$

将系数的值代入起始方程:

$$y=\begin{bmatrix}1 & x & x^2\end{bmatrix}\begin{bmatrix}1 & x_1 & x_1^2\\ 1 & x_2 & x_2^2\\ 1 & x_3 & x_3^2\end{bmatrix}^{-1}\begin{bmatrix}y_1\\ y_2\\ y_3\end{bmatrix} \tag{1.20}$$

例 1.4 求通过点 $P_1(3,2)$、$P_2(6,5)$和 $P_3(8,-4)$的二次样条方程。

解：

选择一个起始方程：

$$y=a+bx+cx^2=\begin{bmatrix}1 & x & x^2\end{bmatrix}\begin{bmatrix}a\\ b\\ c\end{bmatrix}$$

将方程写成矩阵形式 $\boldsymbol{Y}=\boldsymbol{CA}$：

$$\begin{bmatrix}2\\ 5\\ -4\end{bmatrix}=\begin{bmatrix}1 & 3 & 9\\ 1 & 6 & 36\\ 1 & 8 & 64\end{bmatrix}\begin{bmatrix}a\\ b\\ c\end{bmatrix}$$

求解方程 $\boldsymbol{A}=\boldsymbol{C}^{-1}\boldsymbol{Y}$：

$$\begin{bmatrix}a\\ b\\ c\end{bmatrix}=\begin{bmatrix}-20.8\\ 10.9\\ -1.1\end{bmatrix}$$

将系数的值代入起始方程：

$$y=-20.8+10.9x-1.1x^2$$

验证：$y(3)=2, y(6)=5, y(8)=-4$(见图 1.7)。

MATLAB Code 1.4

```
clear all; clc;
syms x;
x1 = 3; y1 = 2;
x2 = 6; y2 = 5;
x3 = 8; y3 = -4;
X = [x1, x2, x3];
Y = [y1, y2, y3];
C = [1, x1, x1^2; 1, x2, x2^2; 1, x3, x3^2];
A = inv(C) * Y';
a = A(1); b = A(2); c = A(3);
fprintf('Required equation : \n');
y = a + b * x + c * x^2; y = vpa(y)

% plotting
d = 0.5;
xx = linspace(x1 - 2, x3 + 2);
yy = subs(y, x, xx);
plot(xx,yy, 'b - ');
hold on; grid;
scatter(X, Y, 20, 'r', 'filled');
xlabel('x'); ylabel('y');
axis square; axis tight;
text(x1 + d, y1, 'P_1');
text(x2 + d, y2, 'P_2');
text(x3 + d, y3, 'P_3');
hold off;
```

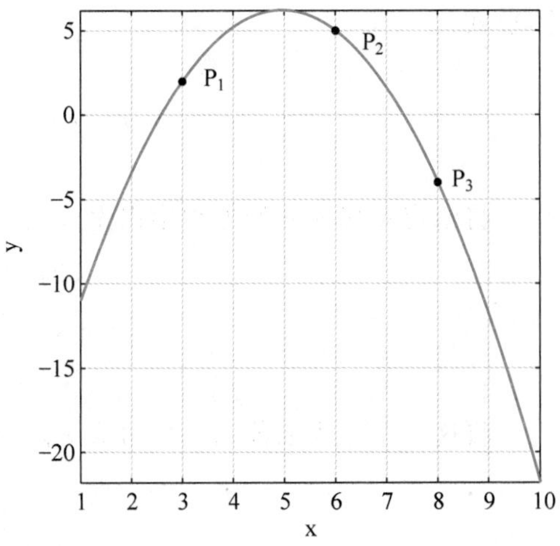

图 1.7 例 1.4 的绘图

1.5 二次样条(参数形式)

二次样条也可以用参数方程表示。设给定点为 P_0、P_1 和 P_2。这里,P_0 是起点,即 $P_0 \equiv P(0)$,P_2 是终点,即 $P_2 \equiv P(1)$。为了唯一地确定曲线,需要一条关于中点 P_1 处参数 t 值的附加信息。设 P_1 处的 t 值为 k,其中 $0 \leqslant k \leqslant 1$,即 $P_1 \equiv P(k)$。k 的不同值称为细分比率,将产生具有相同起点和终点但具有不同形状的曲线。

选择以矩阵形式编写的起始参数二次方程:

$$P(t) = a + bt + ct^2 = [1 \quad t \quad t^2]\begin{bmatrix} a \\ b \\ c \end{bmatrix} \tag{1.21}$$

通过在开始时选择 $t=0$、在中间选择 $t=k$、在结束时选择 $t=1$ 来替换起始方程中的给定点。

$$\begin{cases} P_0 = a + b(0) + c(0)^2 \\ P_1 = a + b(k) + c(k)^2 \\ P_2 = a + b(1) + c(1)^2 \end{cases} \tag{1.22}$$

将方程写成矩阵形式 $\boldsymbol{G}=\boldsymbol{CA}$:

$$\begin{bmatrix} P_0 \\ P_1 \\ P_2 \end{bmatrix} = \begin{bmatrix} 1 & 0 & 0 \\ 1 & k & k^2 \\ 1 & 1 & 1 \end{bmatrix}\begin{bmatrix} a \\ b \\ c \end{bmatrix} \tag{1.23}$$

求解方程 $\boldsymbol{A}=\boldsymbol{C}^{-1}\boldsymbol{G}=\boldsymbol{BG}$:

$$\begin{bmatrix} a \\ b \\ c \end{bmatrix} = \begin{bmatrix} 1 & 0 & 0 \\ 1 & k & k^2 \\ 1 & 1 & 1 \end{bmatrix}^{-1}\begin{bmatrix} P_0 \\ P_1 \\ P_2 \end{bmatrix} \tag{1.24}$$

将系数的值代入起始方程:

$$P(t) = [1 \quad t \quad t^2]\begin{bmatrix} 1 & 0 & 0 \\ 1 & k & k^2 \\ 1 & 1 & 1 \end{bmatrix}^{-1}\begin{bmatrix} P_0 \\ P_1 \\ P_2 \end{bmatrix} \tag{1.25}$$

例 1.5 通过点 $P_0(3,2)$、$P_1(8,-4)$ 和 $P_2(6,5)$ 以细分比率 $k=0.8$ 的参数形式求二次样条方程。

解:

选择起始方程:

$$\boldsymbol{P}(t) = \boldsymbol{a} + \boldsymbol{b}t + \boldsymbol{c}t^2 = [1 \quad t \quad t^2]\begin{bmatrix} \boldsymbol{a} \\ \boldsymbol{b} \\ \boldsymbol{c} \end{bmatrix}$$

将方程写成矩阵形式 $\boldsymbol{G}=\boldsymbol{CA}$:

$$\begin{bmatrix} 3 & 2 \\ 8 & -4 \\ 6 & 5 \end{bmatrix} = \begin{bmatrix} 1 & 0 & 0 \\ 1 & 0.8 & 0.64 \\ 1 & 1 & 1 \end{bmatrix}\begin{bmatrix} \boldsymbol{a} \\ \boldsymbol{b} \\ \boldsymbol{c} \end{bmatrix}$$

求解方程 $\boldsymbol{A}=\boldsymbol{C}^{-1}\boldsymbol{G}=\boldsymbol{B}\boldsymbol{G}$ 以确定 $\boldsymbol{A}$：

$$\begin{bmatrix} \boldsymbol{a} \\ \boldsymbol{b} \\ \boldsymbol{c} \end{bmatrix} = \begin{bmatrix} 3 & 2 \\ 19.25 & -49.5 \\ -16.25 & 52.5 \end{bmatrix}$$

将系数的值代入起始方程：

$$x = 3 + 19.25t - 16.25t^2$$

$$y = 2 - 49.5t + 52.5t^2$$

验证：$x(0)=3, y(0)=2, x(0.8)=8, y(0.8)=-0.4, x(1)=6, y(1)=5$（见图 1.8）。

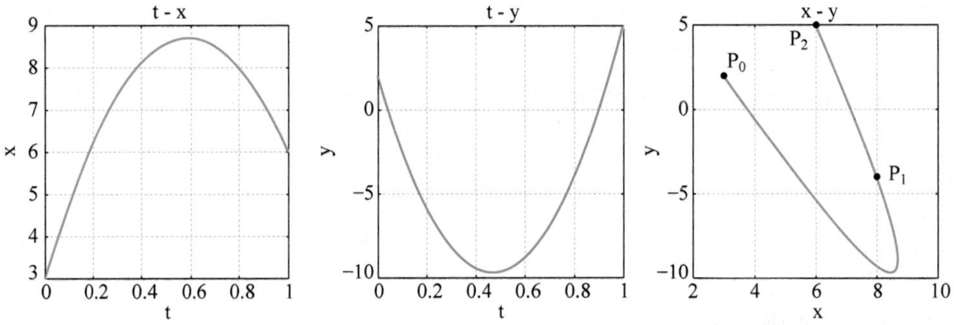

图 1.8　例 1.5 的绘图

MATLAB Code 1.5

```
clear all; clc;
syms t;
x0 = 3; y0 = 2;
x1 = 8; y1 = -4;
x2 = 6; y2 = 5;
k = 0.8;
G = [x0, y0 ; x1, y1 ; x2, y2];
X = [x0 ; x1 ; x2]; Y = [y0 ; y1 ; y2];
C = [1, 0, 0; 1, k, k^2; 1, 1, 1];
A = inv(C) * G;
ax = A(1,1); ay = A(1,2);
bx = A(2,1); by = A(2,2);
cx = A(3,1); cy = A(3,2);
fprintf('Required equations: \n');
x = ax + bx * t + cx * t^2 ; x = vpa(x)
y = ay + by * t + cy * t^2 ; y = vpa(y)

% plotting
tt = linspace(0,1);
xx = subs(x, t, tt);
yy = subs(y, t, tt);
subplot(131), plot(tt, xx);
xlabel('t'); ylabel('x'); title('t-x');
grid; axis square;
subplot(132), plot(tt, yy);
xlabel('t'); ylabel('y'); title('t-y');
grid; axis square;
subplot(133), plot(xx, yy, 'b-');
```

```
hold on; grid; axis square;
scatter(X, Y, 20, 'r', 'filled');
xlabel('x'); ylabel('y'); title('x-y');
d = 0.5;
text(x0 + d, y0, 'P_0');
text(x1 + d, y1, 'P_1');
text(x2 - 1, y2 - 1, 'P_2');
hold off;
```

1.6　三次样条(标准形式)

三次样条由三次多项式表示,若沿曲线至少有 4 个点已知,则可以生成该三次样条。三次样条的标准形式意味着样条方程是在空域中计算的,即 XY 平面。设给定点为 $P_1(x_1,y_1)$、$P_2(x_2,y_2)$、$P_3(x_3,y_3)$和 $P_4(x_4,y_4)$。选择一个起始三次方程,将它以矩阵形式写成:

$$y=a+bx+cx^2+dx^3=\begin{bmatrix}1 & x & x^2 & x^3\end{bmatrix}\begin{bmatrix}a\\b\\c\\d\end{bmatrix} \tag{1.26}$$

将给定点代入起始方程中以生成 4 个方程,它们足以求解 4 个未知系数 a、b、c 和 d。

$$\begin{cases}y_1=a+bx_1+cx_1^2+dx_1^3\\ y_2=a+bx_2+cx_2^2+dx_2^3\\ y_3=a+bx_3+cx_3^2+dx_3^3\\ y_4=a+bx_4+cx_4^2+dx_4^3\end{cases} \tag{1.27}$$

将这 4 个方程写成矩阵形式 $\boldsymbol{Y}=\boldsymbol{CA}$:

$$\begin{bmatrix}y_1\\y_2\\y_3\\y_4\end{bmatrix}=\begin{bmatrix}1 & x_1 & x_1^2 & x_1^3\\1 & x_2 & x_2^2 & x_2^3\\1 & x_3 & x_3^2 & x_3^3\\1 & x_4 & x_4^2 & x_4^3\end{bmatrix}\begin{bmatrix}a\\b\\c\\d\end{bmatrix} \tag{1.28}$$

求解方程 $\boldsymbol{A}=\boldsymbol{C}^{-1}\boldsymbol{Y}$ 以确定系数的值:

$$\begin{bmatrix}a\\b\\c\\d\end{bmatrix}=\begin{bmatrix}1 & x_1 & x_1^2 & x_1^3\\1 & x_2 & x_2^2 & x_2^3\\1 & x_3 & x_3^2 & x_3^3\\1 & x_4 & x_4^2 & x_4^3\end{bmatrix}^{-1}\begin{bmatrix}y_1\\y_2\\y_3\\y_4\end{bmatrix} \tag{1.29}$$

将系数的值代入起始方程:

$$y=\begin{bmatrix}1 & x & x^2 & x^3\end{bmatrix}\begin{bmatrix}1 & x_1 & x_1^2 & x_1^3\\1 & x_2 & x_2^2 & x_2^3\\1 & x_3 & x_3^2 & x_3^3\\1 & x_4 & x_4^2 & x_4^3\end{bmatrix}^{-1}\begin{bmatrix}y_1\\y_2\\y_3\\y_4\end{bmatrix} \tag{1.30}$$

例 1.6 求通过点 $P_1(-1,2)$、$P_2(0,0)$、$P_3(1,-2)$和 $P_4(2,0)$的三次样条方程。

解：

选择起始方程：

$$y=a+bx+cx^2+dx^3=\begin{bmatrix}1 & x & x^2 & x^3\end{bmatrix}\begin{bmatrix}a\\b\\c\\d\end{bmatrix}$$

将方程写成矩阵形式 $\boldsymbol{Y}=\boldsymbol{CA}$：

$$\begin{bmatrix}2\\0\\-2\\0\end{bmatrix}=\begin{bmatrix}1 & -1 & 1 & -1\\1 & 0 & 0 & 0\\1 & 1 & 1 & 1\\1 & 2 & 4 & 8\end{bmatrix}\begin{bmatrix}a\\b\\c\\d\end{bmatrix}$$

求解方程 $\boldsymbol{A}=\boldsymbol{C}^{-1}\boldsymbol{Y}$：

$$\begin{bmatrix}a\\b\\c\\d\end{bmatrix}=\begin{bmatrix}0\\-2.67\\0\\0.67\end{bmatrix}$$

将系数的值代入起始方程：

$$y=-2.67x+0.67x^3$$

验证：$y(-1)=2, y(0)=0, y(1)=-2, y(2)=0$(见图 1.9)。

MATLAB Code 1.6

```
clear all; clc;
syms x;
x1 = -1; y1 = 2;
x2 = 0; y2 = 0;
x3 = 1; y3 = -2;
x4 = 2; y4 = 0;
X = [x1 ; x2 ; x3 ; x4];
Y = [y1 ; y2 ; y3 ; y4];
C = [1, x1, x1^2, x1^3; 1, x2, x2^2, x2^3; 1, x3,
x3^2, x3^3; 1, x4, x4^2, x4^3];
A = inv(C) * Y;
a = A(1); b = A(2); c = A(3); d = A(4);
fprintf('Required equation : \n');
y = a + b*x + c*x^2 + d*x^3; y = vpa(y, 3)

%plotting
X = [x1, x2, x3, x4]; m = min(X); n = max(X);
xx = linspace(m - 1, n + 1);
yy = subs(y, x, xx);
plot(xx,yy, 'b');
hold on; grid;
scatter(X, Y, 20, 'r', 'filled');
xlabel('x'); ylabel('y'); axis square;
e = 1;
```

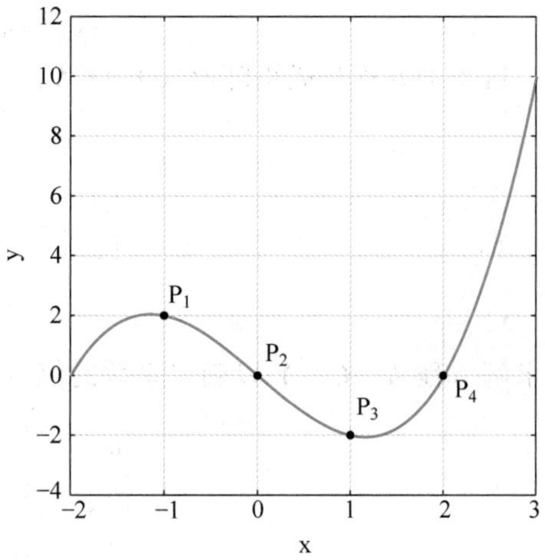

图 1.9 例 1.6 的绘图

```
text(x1, y1 + e, 'P_1');
text(x2, y2 + e, 'P_2');
text(x3, y3 + e, 'P_3');
text(x4, y4 + 2 * e, 'P_4');
hold off;
```

1.7 三次样条(参数形式)

三次样条也可以用参数方程表示。设给定点为 P_0、P_1、P_2 和 P_3。这里，P_0 是起点，即 $P_0 \equiv P(0)$，P_3 是曲线的终点，即 $P_3 \equiv P(1)$。为了唯一地确定曲线，需要关于中间点 P_1 和 P_2 的参数 t 值的两条附加信息。设这些 t 值为 m 和 n，其中 $0 \leqslant m, n \leqslant 1$，即 $P_1 \equiv P(m)$ 和 $P_2 \equiv P(n)$。m 和 n 的不同值(称为细分比率)将产生具有相同起点和终点但具有不同形状的曲线。

选择以矩阵形式编写的起始方程：

$$P(t) = a + bt + ct^2 + dt^3 = [1 \quad t \quad t^2 \quad t^3]\begin{bmatrix} a \\ b \\ c \\ d \end{bmatrix} \tag{1.31}$$

通过在开始时选择 $t=0$、在中间点选择 $t=m$、n 和在结束时选择 $t=1$ 来替换起始方程中的给定点。

$$\begin{cases} P_0 = a + b(0) + c(0)^2 + d(0)^3 \\ P_1 = a + b(m) + c(m)^2 + d(m)^3 \\ P_2 = a + b(n) + c(n)^2 + d(n)^3 \\ P_3 = a + b(1) + c(1)^2 + d(1)^3 \end{cases} \tag{1.32}$$

将方程写成矩阵形式 $\boldsymbol{G} = \boldsymbol{CA}$：

$$\begin{bmatrix} P_0 \\ P_1 \\ P_2 \\ P_3 \end{bmatrix} = \begin{bmatrix} 1 & 0 & 0 & 0 \\ 1 & m & m^2 & m^3 \\ 1 & n & n^2 & n^3 \\ 1 & 1 & 1 & 1 \end{bmatrix}\begin{bmatrix} a \\ b \\ c \\ d \end{bmatrix} \tag{1.33}$$

求解方程 $\boldsymbol{A} = \boldsymbol{C}^{-1}\boldsymbol{G} = \boldsymbol{BG}$：

$$\begin{bmatrix} a \\ b \\ c \\ d \end{bmatrix} = \begin{bmatrix} 1 & 0 & 0 & 0 \\ 1 & m & m^2 & m^3 \\ 1 & n & n^2 & n^3 \\ 1 & 1 & 1 & 1 \end{bmatrix}^{-1}\begin{bmatrix} P_0 \\ P_1 \\ P_2 \\ P_3 \end{bmatrix} \tag{1.34}$$

将系数的值代入起始方程：

$$P(t) = [1 \quad t \quad t^2 \quad t^3]\begin{bmatrix} 1 & 0 & 0 & 0 \\ 1 & m & m^2 & m^3 \\ 1 & n & n^2 & n^3 \\ 1 & 1 & 1 & 1 \end{bmatrix}^{-1}\begin{bmatrix} P_0 \\ P_1 \\ P_2 \\ P_3 \end{bmatrix} \tag{1.35}$$

例 1.7 通过点 $P_1(-1,2)$、$P_2(0,0)$、$P_3(1,-2)$和 $P_4(2,0)$以细分比率 $m=0.1$ 和 $n=0.9$ 的参数形式求三次样条方程。

解：

选择矩阵形式的起始方程：

$$\boldsymbol{P}(t)=\boldsymbol{a}+\boldsymbol{b}t+\boldsymbol{c}t^2+\boldsymbol{d}t^3=[1\quad t\quad t^2\quad t^3]\begin{bmatrix}\boldsymbol{a}\\\boldsymbol{b}\\\boldsymbol{c}\\\boldsymbol{d}\end{bmatrix}$$

将方程写成矩阵形式 $\boldsymbol{G}=\boldsymbol{CA}$：

$$\begin{bmatrix}-1 & 2\\0 & 0\\1 & -2\\2 & 0\end{bmatrix}=\begin{bmatrix}1 & 0 & 0 & 0\\1 & 0.1 & 0.01 & 0.001\\1 & 0.9 & 0.81 & 0.729\\1 & 1 & 1 & 1\end{bmatrix}\begin{bmatrix}\boldsymbol{a}\\\boldsymbol{b}\\\boldsymbol{c}\\\boldsymbol{d}\end{bmatrix}$$

求解方程 $\boldsymbol{A}=\boldsymbol{C}^{-1}\boldsymbol{G}=\boldsymbol{BG}$：

$$\begin{bmatrix}\boldsymbol{a}\\\boldsymbol{b}\\\boldsymbol{c}\\\boldsymbol{d}\end{bmatrix}=\begin{bmatrix}-1 & 2\\12.7222 & -21.4444\\-29.1667 & 13.8889\\19.4444 & 5.5556\end{bmatrix}$$

将系数的值代入起始方程：

$$x=-1+12.7222t-29.1667t^2+19.4444t^3$$

$$y=2-21.4444t+13.8889t^2+5.5556t^3$$

验证：$x(0)=-1$，$x(0.1)=0$，$x(0.9)=1$，$x(1)=2$，$y(0)=2$，$y(0.1)=0$，$y(0.9)=-2$，$y(1)=0$。由于舍入误差，实际值可能略有不同(见图 1.10)。

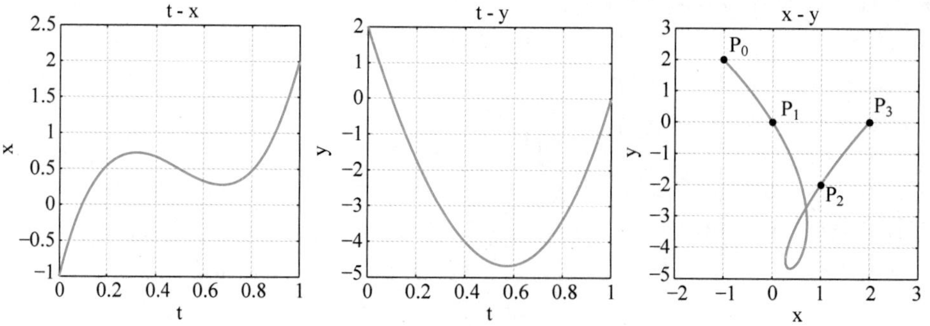

图 1.10 例 1.7 的绘图

MATLAB Code 1.7

```
clear all; clc;
syms t;
x0 = -1; y0 = 2;
x1 = 0; y1 = 0;
x2 = 1; y2 = -2;
x3 = 2; y3 = 0;
m = 0.1; n = 0.9;
```

```
P = [x0 y0 ; x1 y1 ; x2 y2 ; x3 y3];
X = [x0 ; x1 ; x2 ; x3]; Y = [y0 ; y1 ; y2 ; y3];
C = [1, 0, 0, 0; 1, m, m^2, m^3; 1, n, n^2, n^3; 1, 1, 1, 1];
A = inv(C) * P;
ax = A(1,1); ay = A(1,2); bx = A(2,1); by = A(2,2);
cx = A(3,1); cy = A(3,2); dx = A(4,1); dy = A(4,2);
fprintf('Required equations : \n');
x = ax + bx * t + cx * t^2 + dx * t^3; x = vpa(x, 3)
y = ay + by * t + cy * t^2 + dy * t^3; y = vpa(y, 3)

% plotting
tt = linspace(0,1);
xx = subs(x, t, tt);
yy = subs(y, t, tt);
subplot(131), plot(tt,xx); grid;
xlabel('t'); ylabel('x'); title('t-x'); axis square;
subplot(132), plot(tt,yy); grid;
xlabel('t'); ylabel('y'); title('t-y'); axis square;
subplot(133), plot(xx,yy,'b-'); grid;
xlabel('x'); ylabel('y'); title('x-y'); axis square;
hold on;
scatter(X, Y, 20, 'r', 'filled');
axis([-2 3 -5 3]);
e = 0.5;
text(x0 + e, y0, 'P_0');
text(x1 + e, y1, 'P_1');
text(x2 + e, y2, 'P_2');
text(x3 + e, y3, 'P_3');
hold off;
```

1.8 分段样条(标准形式)

复杂曲线不能使用三次样条适当地建模。三次样条通常是S形曲线,而复杂的曲线可能包含许多曲折。一种选择是使用高阶样条对曲线进行建模;但是,它们需要求解更高次的方程,这增加了系统的计算开销和时间延迟。此外,更高阶的样条对CP的微小变化过于敏感,这通常是不可取的,因为我们通常希望通过对其CP的微小调整来实现样条的轻微变化,且不产生形状的剧烈变化。此类曲线最好使用端对端连接的多个三次样条进行建模。这些样条称为分段样条。

考虑4个给定点 P_1、P_2、P_3 和 P_4,需要通过它们找到分段样条方程。本质上,这意味着需要找到通过每对点的3个独立样条,而不是通过4个点的单个三次样条,如图1.11所示。

设给定点的坐标为 $P_1(x_1,y_1)$、$P_2(x_2,y_2)$、$P_3(x_3,y_3)$ 和 $P_4(x_4,y_4)$。将3个三次曲线段分别指定为点 P_1 和 P_2、P_2 和 P_3 以及 P_3 和 P_4 之间的 A、B 和 C。如前所述,让起始三次方程的形式为 $y=a+bx+cx^2+dx^3$。由于现在有3个曲线段,因此需要有如下3组不同的系数:

$$\begin{cases} A: y=a_1+b_1x+c_1x^2+d_1x^3 \\ B: y=a_2+b_2x+c_2x^2+d_2x^3 \\ C: y=a_3+b_3x+c_3x^2+d_3x^3 \end{cases} \tag{1.36}$$

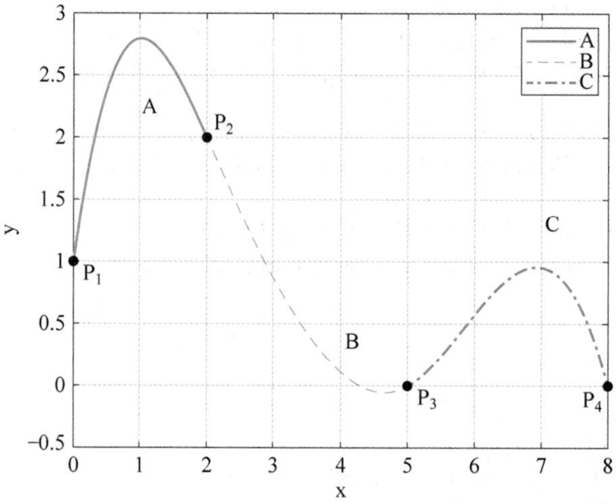

图 1.11 分段样条

所以总共有 12 个不同的未知数,至少需要 12 个不同的方程来求解它们。

为了构建这 12 个方程,需使用各种约束来确保 3 个独立的样条线段连接在一起形成一条平滑曲线。第一个约束称为 C^0 连续性条件,它表明为了构成平滑曲线,3 个样条应该在它们的连接点上物理相遇[Hearn and Baker,1996]。换言之,样条 A 应通过点 P_1 和 P_2,样条 B 应通过点 P_2 和 P_3,样条 C 应通过点 P_3 和 P_4。将点坐标代入各个起始方程中,得到以下 6 个方程。若 $S(P_k)$表示通过点 P_k 的线段 S,则可以写成:

$$\begin{cases} A(P_1): y_1 = a_1 + b_1 x_1 + c_1 x_1^2 + d_1 x_1^3 \\ A(P_2): y_2 = a_1 + b_1 x_2 + c_1 x_2^2 + d_1 x_2^3 \\ B(P_2): y_2 = a_2 + b_2 x_2 + c_2 x_2^2 + d_2 x_2^3 \\ B(P_3): y_3 = a_2 + b_2 x_3 + c_2 x_3^2 + d_2 x_3^3 \\ C(P_3): y_3 = a_3 + b_3 x_3 + c_3 x_3^2 + d_3 x_3^3 \\ C(P_4): y_4 = a_3 + b_3 x_4 + c_3 x_4^2 + d_3 x_4^3 \end{cases} \tag{1.37}$$

第二个约束条件称为 C^1 连续性条件,它表明要形成平滑曲线,各个样条线段的斜率在它们的交汇点处应相等[Hearn and Baker,1996]。对样条方程求导,得到:

$$\begin{cases} A': y' = b_1 + 2c_1 x + 3d_1 x^2 \\ B': y' = b_2 + 2c_2 x + 3d_2 x^2 \\ C': y' = b_3 + 2c_3 x + 3d_3 x^2 \end{cases} \tag{1.38}$$

在这种情况下,A 在 P_2 处的斜率$=B$ 在 P_2 处的斜率。若用 $S'(P_k)$表示线段 S 在点 P_k 处的斜率,则有:

$$A'(P_2)=B'(P_2): b_1 + 2c_1 x_2 + 3d_1 x_2^2 = b_2 + 2c_2 x_2 + 3d_2 x_2^2$$

重新排列:

$$0 = -b_1 - 2c_1 x_2 - 3d_1 x_2^2 + b_2 + 2c_2 x_2 + 3d_2 x_2^2 \tag{1.39}$$

此外,B 在 P_3 处的斜率$=C$ 在 P_3 处的斜率:

$$B'(P_3)=C'(P_3): b_2 + 2c_2 x_3 + 3d_2 x_3^2 = b_3 + 2c_3 x_3 + 3d_3 x_3^2$$

重新排列：

$$0=-b_2-2c_2x_3-3d_2x_3^2+b_3+2c_3x_3+3d_3x_3^2 \tag{1.40}$$

第三个约束条件称为 C^2 连续性条件，它表明要形成平滑曲线，各个样条段的曲率在它们的交汇点处应相等[Hearn and Baker，1996]。对样条方程计算二阶导数得到：

$$\begin{cases} A''\text{：}y''=2c_1+6d_1x \\ B''\text{：}y''=2c_2+6d_2x \\ C''\text{：}y''=2c_3+6d_3x \end{cases} \tag{1.41}$$

在这种情况下，A 在 P_2 处的曲率 $=B$ 在 P_2 处的曲率。若用 $S''(P_k)$ 表示线段 S 在点 P_k 处的曲率，则有：

$$A''(P_2)=B''(P_2)\text{：}2c_1+6d_1x_2=2c_2+6d_2x_2$$

重新排列：

$$0=-2c_1-6d_1x_2+2c_2+6d_2x_2 \tag{1.42}$$

此外，B 在 P_3 处的曲率 $=C$ 在 P_3 处的曲率：

$$B''(P_3)=C''(P_3)\text{：}2c_2+6d_2x_3=2c_3+6d_3x_3$$

重新排列：

$$0=-2c_2-6d_2x_3+2c_3+6d_3x_3 \tag{1.43}$$

最后要考虑的约束与端点条件有关。样条 A 的起始斜率和样条 C 的结束斜率也应该是已知的，以便明确指定样条。设起点和终点斜率分别为 s_1 和 s_2。则在这种情况下，$s_1=A'(P_1)$ 和 $s_2=C'(P_4)$。在导数方程中插入斜率值，得到以下结果：

$$\begin{cases} s_1=b_1+2c_1x_1+3d_1x_1^2 \\ s_2=b_3+2c_3x_4+3d_3x_4^2 \end{cases} \tag{1.44}$$

为了找到该系统的解，将所有 12 个方程代入矩阵形式 $\boldsymbol{Y}=\boldsymbol{CA}$：

$$\begin{bmatrix} y_1 \\ y_2 \\ y_2 \\ y_3 \\ y_3 \\ y_4 \\ 0 \\ 0 \\ 0 \\ 0 \\ s_1 \\ s_2 \end{bmatrix} = \begin{bmatrix} 1 & x_1 & x_1^2 & x_1^3 & 0 & 0 & 0 & 0 & 0 & 0 & 0 & 0 \\ 1 & x_2 & x_2^2 & x_2^3 & 0 & 0 & 0 & 0 & 0 & 0 & 0 & 0 \\ 0 & 0 & 0 & 0 & 1 & x_2 & x_2^2 & x_2^3 & 0 & 0 & 0 & 0 \\ 0 & 0 & 0 & 0 & 1 & x_3 & x_3^2 & x_3^3 & 0 & 0 & 0 & 0 \\ 0 & 0 & 0 & 0 & 0 & 0 & 0 & 0 & 1 & x_3 & x_3^2 & x_3^3 \\ 0 & 0 & 0 & 0 & 0 & 0 & 0 & 0 & 1 & x_4 & x_4^2 & x_4^3 \\ 0 & -1 & -2x_2 & -3x_2^2 & 0 & 1 & 2x_2 & 3x_2^2 & 0 & 0 & 0 & 0 \\ 0 & 0 & 0 & 0 & 0 & -1 & -2x_3 & -3x_2^2 & 0 & 1 & 2x_3 & 3x_2^2 \\ 0 & 0 & -2 & -6x_2 & 0 & 0 & 2 & 6x_2 & 0 & 0 & 0 & 0 \\ 0 & 0 & 0 & 0 & 0 & 0 & -2 & -6x_3 & 0 & 0 & 2 & 6x_3 \\ 0 & 1 & 2x_1 & 3x_1^2 & 0 & 0 & 0 & 0 & 0 & 0 & 0 & 0 \\ 0 & 0 & 0 & 0 & 0 & 0 & 0 & 0 & 0 & 1 & 2x_4 & 3x_4^2 \end{bmatrix} \begin{bmatrix} a_1 \\ b_1 \\ c_1 \\ d_1 \\ a_2 \\ b_2 \\ c_2 \\ d_2 \\ a_3 \\ b_3 \\ c_3 \\ d_3 \end{bmatrix} \tag{1.45}$$

其解为：$\mathbf{A}=\mathrm{inv}(\boldsymbol{C})\boldsymbol{Y}$。

例 1.8 求通过点 $P_1(0,1)$、$P_2(2,2)$、$P_3(5,0)$和 $P_4(8,0)$的曲线的分段三次方程，第一点和最后一点的斜率分别为 4 和-2。

解：

将给定值插入解矩阵：

$$\begin{bmatrix}1\\2\\2\\0\\0\\0\\0\\0\\0\\0\\4\\-2\end{bmatrix}=\begin{bmatrix}1&0&0&0&0&0&0&0&0&0&0&0\\1&2&4&8&0&0&0&0&0&0&0&0\\0&0&0&0&1&2&4&8&0&0&0&0\\0&0&0&0&1&5&25&125&0&0&0&0\\0&0&0&0&0&0&0&0&1&5&25&125\\0&0&0&0&0&0&0&0&1&8&64&512\\0&-1&-4&-12&0&1&4&12&0&0&0&0\\0&0&0&0&0&-1&-10&-75&0&1&10&75\\0&0&-2&-12&0&0&2&12&0&0&0&0\\0&0&0&0&0&0&-2&-30&0&0&2&30\\0&1&0&0&0&0&0&0&0&0&0&0\\0&0&0&0&0&0&0&0&0&1&16&192\end{bmatrix}\begin{bmatrix}a_1\\b_1\\c_1\\d_1\\a_2\\b_2\\c_2\\d_2\\a_3\\b_3\\c_3\\d_3\end{bmatrix}$$

求解系数并代入起始方程，所得解为：

$$A: y=(1)+(4)x+(-2.64)x^2+(0.45)x^3$$

$$B: y=(4.20)+(-0.8)x+(-0.24)x^2+(0.05)x^3$$

$$C: y=(33.68)+(-18.49)x+(3.29)x^2+(-0.19)x^3$$

验证：$A: y(0)=1$，$B: y(2)=2$，$C: y(5)=0$（见图 1.12）。

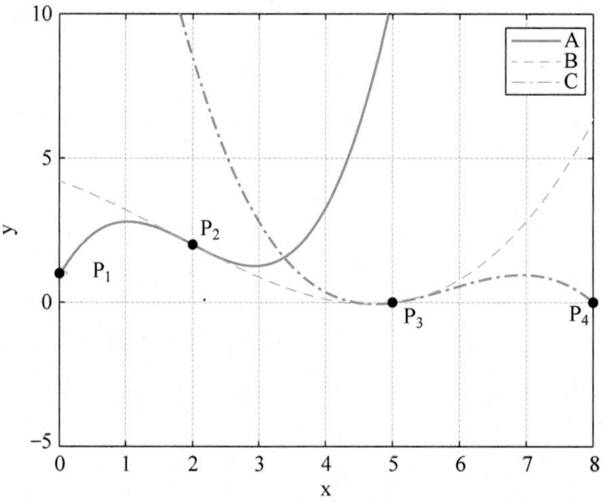

图 1.12 例 1.8 的绘图

MATLAB Code 1.8

```
clear all; format compact; clc;
```

```
syms x;
x1 = 0; y1 = 1;
x2 = 2; y2 = 2;
x3 = 5; y3 = 0;
x4 = 8; y4 = 0;
s1 = 4; s2 = -2;
X1 = [x1, x2, x3, x4];
Y1 = [y1, y2, y3, y4];
Y = [y1; y2; y2; y3; y3; y4; 0; 0; 0; 0; s1; s2];
C = [1, x1, x1^2, x1^3, 0, 0, 0, 0, 0, 0, 0, 0;
    1, x2, x2^2, x2^3, 0, 0, 0, 0, 0, 0, 0, 0;
    0, 0, 0, 0, 1, x2, x2^2, x2^3, 0, 0, 0, 0;
    0, 0, 0, 0, 1, x3, x3^2, x3^3, 0, 0, 0, 0;
    0, 0, 0, 0, 0, 0, 0, 0, 1, x3, x3^2, x3^3;
    0, 0, 0, 0, 0, 0, 0, 0, 1, x4, x4^2, x4^3;
    0, -1, -2*x2, -3*x2^2, 0, 1, 2*x2, 3*x2^2, 0, 0, 0, 0;
    0, 0, 0, 0, 0, -1, -2*x3, -3*x3^2, 0, 1, 2*x3, 3*x3^2;
    0, 0, -2, -6*x2, 0, 0, 2, 6*x2, 0, 0, 0, 0;
    0, 0, 0, 0, 0, 0, -2, -6*x3, 0, 0, 2, 6*x3;
    0, 1, 2*x1, 3*x1^2, 0, 0, 0, 0, 0, 0, 0, 0;
    0, 0, 0, 0, 0, 0, 0, 0, 0, 1, 2*x4, 3*x4^2];

A = inv(C)*Y;
a1 = A(1); b1 = A(2); c1 = A(3); d1 = A(4);
a2 = A(5); b2 = A(6); c2 = A(7); d2 = A(8);
a3 = A(9); b3 = A(10); c3 = A(11); d3 = A(12);
fprintf('Equations for segments : \n');
yA = a1 + b1*x + c1*x^2 + d1*x^3; yA = vpa(yA, 3)
yB = a2 + b2*x + c2*x^2 + d2*x^3; yB = vpa(yB, 3)
yC = a3 + b3*x + c3*x^2 + d3*x^3; yC = vpa(yC, 3)

%plotting
xx = 0:0.1:9;
yp1 = subs(yA, x, xx);
yp2 = subs(yB, x, xx);
yp3 = subs(yC, x, xx);
plot(xx, yp1, 'k-', xx, yp2, 'k--', xx, yp3, 'k-.');
axis([0, 8, -5, 10]); grid on; hold on;
plot(X1, Y1, 'ko');
scatter(X1, Y1, 20, 'r', 'filled');
text(0.5,1,'P_1');
text(2.5,2,'P_2');
text(5.5,-0.5,'P_3');
text(7.5,0,'P_4');
legend('A', 'B', 'C'); xlabel('x'); ylabel('y');
hold off;

%verification
vrf1 = eval(subs(yA, x, x1)) %should return y1
vrf2 = eval(subs(yB, x, x2)) %should return y2
vrf3 = eval(subs(yC, x, x3)) %should return y3
```

注解

从图1.12可以看出，A、B和C是三种不同形状的样条，这是预期的，因为它们具有不同的方程。然而，连续性条件限制了它们，使得它们仅在区间$P_1 \sim P_4$内形成单个平滑曲线。超出其各自的区间，它们分散成不同的轨迹。

eval：计算表达式。

legend：使用文本字符串指定图形中的不同颜色或线型。

1.9 分段样条(参数形式)

为了结束本章，并解释域转换的一个非常重要的概念，将更多地讨论包含参数方程的复杂形式的分段样条。从现在起，每个样条曲线段都需要用两个方程(x 对 t 和 y 对 t)表示，未知数的数量实际上增加了一倍，达到了24个。然而，通过使用约束条件构建方程的基本思想保持不变，并可视为1.8节中所解释思想的扩展版本。为降低复杂性，这里使用了一个简化的假设：x 与 t 的关系是线性的而不是立方的。这将减少未知数的总数，以便情况可以更容易理解。然而，讨论本节的主要原因是让读者意识到，当在空域中指定给定条件时需要在参数域中获得所需方程(反之亦然)，不能简单地在约束方程中替换值(如前所述)，而需要从一个域转换到另一个域(如下所示)。

如前所述，假设给定点的坐标为 $P_1(x_1, y_1)$、$P_2(x_2, y_2)$、$P_3(x_3, y_3)$和 $P_4(x_4, y_4)$。将3个三次曲线段分别指定为 A、B 和 C。这次我们假设 x 与 t 的关系是线性的，因此起始方程的形式为：$x=m+nt$。

这样，单个样条的方程变为：

$$\begin{cases} A: x=m_1+n_1t \\ B: x=m_2+n_2t \\ C: x=m_3+n_3t \end{cases} \tag{1.46}$$

对于样条 A，在起点有 $t=0$ 和 $x=x_1$ 以及在终点有 $t=1$ 和 $x=x_2$。这提供了解决方案：

$$\begin{cases} m_1=x_1 \\ n_1=x_2-x_1 \end{cases} \tag{1.47}$$

对于样条 B，在起点有 $t=0$ 和 $x=x_2$ 以及在终点有 $t=1$ 和 $x=x_3$。这提供了解决方案：

$$\begin{cases} m_2=x_2 \\ n_2=x_3-x_2 \end{cases} \tag{1.48}$$

对于样条 C，在起点有 $t=0$ 和 $x=x_3$ 以及在终点有 $t=1$ 和 $x=x_4$。这提供了解决方案：

$$\begin{cases} m_3=x_3 \\ n_3=x_3-x_4 \end{cases} \tag{1.49}$$

这些都很容易做到，因此现在注意力要转向更困难的处理立方 y 与 t 关系的问题。这里，正如预期的那样，起始关系的形式为：$y=a+bt+ct^2+dt^3$。

这样，单个样条的方程变为

$$\begin{cases}A: y=a_1+b_1t+c_1t^2+d_1t^3\\B: y=a_2+b_2t+c_2t^2+d_2t^3\\C: y=a_3+b_3t+c_3t^2+d_3t^3\end{cases}\tag{1.50}$$

方程的一阶导数如下所示：

$$\begin{cases}A': y'=b_1+2c_1t+3d_1t^2\\B': y'=b_2+2c_2t+3d_2t^2\\C': y'=b_3+2c_3t+3d_3t^2\end{cases}\tag{1.51}$$

方程的二阶导数如下所示：

$$\begin{cases}A'': y''=2c_1+6d_1t\\B'': y''=2c_2+6d_2t\\C'': y''=2c_3+6d_3t\end{cases}\tag{1.52}$$

对于要应用的与 C^0 连续性条件有关的第一个约束，应注意，对于样条 A，在起点有 $t=0$ 和 $y=y_1$ 以及在终点有 $t=1$ 和 $y=y_2$。这提供了解决方案：

$$\begin{cases}y_1=a_1\\y_2-y_1=b_1+c_1+d_1\end{cases}\tag{1.53}$$

对于样条 B，在起点有 $t=0$ 和 $y=y_2$ 以及在终点有 $t=1$ 和 $y=y_3$。这提供了解决方案：

$$\begin{cases}y_2=a_2\\y_3-y_2=b_2+c_2+d_2\end{cases}\tag{1.54}$$

对于样条 C，在起点有 $t=0$ 和 $y=y_3$ 以及在终点有 $t=1$ 和 $y=y_4$。这提供了解决方案：

$$\begin{cases}y_3=a_3\\y_4-y_3=b_3+c_3+d_3\end{cases}\tag{1.55}$$

要遵守的第二个约束条件是 C^1 连续性条件，该条件规定要形成平滑曲线，各个样条线段的斜率应在其交汇点处相等。在这种情况下，A 在 P_2 点的斜率应等于 B 在 P_2 点的斜率，即 A'(在 $t=1$ 时)$=B'$(在 $t=0$ 时)。但是斜率是在空域中相等的(空间中的物理斜率)，而导数方程(如上所示)是在参数域(y vs. t)中计算的，因此它们不能简单地等同，而是首先需要某种从一个域到另一个域的转换。为了得到转换因子，使用了微分的链式法则。

通过微分链规则：

$$\begin{cases}\dfrac{dy}{dx}=\left(\dfrac{dy}{dt}\right)\left(\dfrac{dt}{dx}\right)=y'\left(\dfrac{\Delta t}{\Delta x}\right)=y'\,\dfrac{1-0}{\Delta x}=y'\left(\dfrac{1}{\Delta x}\right)\\[2ex]\dfrac{d^2y}{dx^2}=\dfrac{d}{dx}\left(\dfrac{dy}{dt}\right)=\dfrac{d}{dt}\left(\dfrac{dy}{dx}\right)\left(\dfrac{dt}{dx}\right)=\dfrac{d}{dt}\left\{\left(\dfrac{dy}{dt}\right)\left(\dfrac{dt}{dx}\right)\right\}\left(\dfrac{dt}{dx}\right)=\dfrac{d}{dt}\left(\dfrac{dy}{dt}\right)\left(\dfrac{dt}{dx}\right)^2=y''\left(\dfrac{1}{\Delta x}\right)^2\end{cases}\tag{1.56}$$

这指定了所需的转换因子：空域中的导数等于参数域中的微分乘以特定曲线段的比例因子$(1/\Delta x)$。类似地，空域中的二阶导数等于参数域中的二阶导数乘以比例因子$(1/\Delta x)^2$。

将这些乘数插入 C^1 约束方程：

P_2 处 A 的斜率＝P_2 处 B 的斜率，在空域中 $A'(t=1)=B'(t=0)$：

$$\frac{b_1+2c_1+3d_1}{x_2-x_1}=\frac{b_2}{x_3-x_2}$$

重新排列：

$$(x_3-x_2)b_1+2(x_3-x_2)c_1+3(x_3-x_2)d_1-(x_2-x_1)b_2=0 \tag{1.57}$$

P_3 处 B 的斜率＝P_3 处 C 的斜率，在空域中 $B'(t=1)=C'(t=0)$：

$$\frac{b_2+2c_2+3d_2}{x_3-x_2}=\frac{b_3}{x_4-x_3}$$

重新排列：

$$(x_4-x_3)b_2+2(x_4-x_3)c_2+3(x_4-x_3)d_2-(x_3-x_2)b_3=0 \tag{1.58}$$

以类似的方式，使用 C^2 约束方程的域转换乘数：

P_2 处 A 的曲率＝P_2 处 B 的曲率，在空域中 $A''(t=1)=B''(t=0)$：

$$\frac{2c_1+6d_1}{(x_2-x_1)^2}=\frac{2c_2}{(x_3-x_2)^2}$$

重新排列，并两边除以 2：

$$(x_3-x_2)^2c_1+(x_3-x_2)^2 3d_1-(x_2-x_1)^2c_2=0 \tag{1.59}$$

P_3 处 B 的曲率＝P_3 处 C 的曲率，在空域中 $B''(t=1)=C''(t=0)$：

$$\frac{2c_2+6d_2}{(x_3-x_2)^2}=\frac{2c_3}{(x_4-x_3)^2}$$

重新排列，并两边除以 2：

$$(x_4-x_3)^2c_2+(x_4-x_3)^2 3d_2-(x_3-x_2)^2c_3=0 \tag{1.60}$$

端点条件也需要域转换因子。

设 s_1 为线段 A 起点的斜率，s_2 为线段 C 终点的斜率。那么：

$$\begin{cases} s_1=A'(t=0):\ s_1=\dfrac{b_1}{(x_2-x_1)} \\ b_1=s_1(x_2-x_1) \end{cases} \tag{1.61}$$

$$\begin{cases} s_2=C'(t=1):\ s_2=\dfrac{b_3+2c_3+3d_3}{(x_4-x_3)} \\ b_3+2c_3+3d_3=s_2(x_4-x_3) \end{cases} \tag{1.62}$$

将所有 9 个方程写成 $\boldsymbol{G}=\boldsymbol{CA}$：

$$\begin{bmatrix} y_2-y_1 \\ y_3-y_2 \\ y_4-y_3 \\ 0 \\ 0 \\ 0 \\ 0 \\ s_1(x_2-x_1) \\ s_2(x_4-x_3) \end{bmatrix}$$

$$=\begin{bmatrix} 1 & 1 & 1 & 0 & 0 & 0 & 0 & 0 & 0 \\ 0 & 0 & 0 & 1 & 1 & 1 & 0 & 0 & 0 \\ 0 & 0 & 0 & 0 & 0 & 0 & 1 & 1 & 1 \\ (x_3-x_2) & 2(x_3-x_2) & 3(x_3-x_2) & -(x_2-x_1) & 0 & 0 & 0 & 0 & 0 \\ 0 & 0 & 0 & (x_4-x_3) & 2(x_4-x_3) & 3(x_4-x_3) & -(x_3-x_2) & 0 & 0 \\ 0 & (x_3-x_2)^2 & 3(x_3-x_2)^2 & 0 & -(x_2-x_1)^2 & 0 & 0 & 0 & 0 \\ 0 & 0 & 0 & 0 & (x_4-x_3)^2 & 3(x_4-x_3)^2 & 0 & -(x_3-x_2)^2 & 0 \\ 1 & 0 & 0 & 0 & 0 & 0 & 0 & 0 & 0 \\ 0 & 0 & 0 & 0 & 0 & 0 & 1 & 2 & 3 \end{bmatrix}\begin{bmatrix} b_1 \\ c_1 \\ d_1 \\ b_2 \\ c_2 \\ d_2 \\ b_3 \\ c_3 \\ d_3 \end{bmatrix} \tag{1.63}$$

其解为：$\boldsymbol{A}=\mathrm{inv}(\boldsymbol{C})\boldsymbol{Y}$。

例 1.9　求通过点 $P_1(0,1)$、$P_2(2,2)$、$P_3(5,0)$和 $P_4(8,0)$的曲线的分段三次方程，第一点和最后一点的斜率分别为 2 和 1。假设 t 和 x 之间存在线性关系。

解：

由于 x 与 t 的关系是线性的，设起始方程的形式为：$x=m+nt$。

单个样条的方程为：

$$A:x=m_1+n_1t$$
$$B:x=m_2+n_2t$$
$$C:x=m_3+n_3t$$

将给定点代入上述方程并求解未知系数：

$m_1=x_1=0$，　$n_1=x_2-x_1=2$，　$m_2=x_2=2$，　$n_2=x_3-x_2=3$，　$m_3=x_3=5$，　$n_3=x_4-x_3=3$；

所需的 x 与 t 的关系是：

$$A:x=2t$$
$$B:x=2+3t$$
$$C:x=5+3t$$

由于 y 与 t 的关系是三次关系，因此让起始方程具有以下形式：$y=a+bt+ct^2+dt^3$。

单个样条的方程为：

$$A:y=a_1+b_1t+c_1t^2+d_1t^3$$
$$B:y=a_2+b_2t+c_2t^2+d_2t^3$$
$$C:y=a_3+b_3t+c_3t^2+d_3t^3$$

将给定值插入约束矩阵：

$$\begin{bmatrix} 1 \\ -2 \\ 0 \\ 0 \\ 0 \\ 0 \\ 0 \\ 4 \\ 3 \end{bmatrix}=\begin{bmatrix} 1 & 1 & 1 & 0 & 0 & 0 & 0 & 0 & 0 \\ 0 & 0 & 0 & 1 & 1 & 1 & 0 & 0 & 0 \\ 0 & 0 & 0 & 0 & 0 & 0 & 1 & 1 & 1 \\ 3 & 6 & 9 & -2 & 0 & 0 & 0 & 0 & 0 \\ 0 & 0 & 0 & 3 & 6 & 9 & -3 & 0 & 0 \\ 0 & 9 & 27 & 0 & -4 & 0 & 0 & 0 & 0 \\ 0 & 0 & 0 & 0 & 9 & 27 & 0 & -9 & 0 \\ 1 & 0 & 0 & 0 & 0 & 0 & 0 & 0 & 0 \\ 0 & 0 & 0 & 0 & 0 & 9 & 1 & 2 & 3 \end{bmatrix}\begin{bmatrix} b_1 \\ c_1 \\ d_1 \\ b_2 \\ c_2 \\ d_2 \\ b_3 \\ c_3 \\ d_3 \end{bmatrix}$$

求解并代入起始方程：

$$A: y=(1)+(4)t+(-4.158)t^2+(1.158)t^3$$

$$B: y=(2)+(-1.263)t+(-1.539)t^2+(0.803)t^3$$

$$C: y=(-1.934)t+(0.868)t^2+(1.066)t^3$$

验证：对 A：$t=0$ 产生 $y=1$，$t=1$ 产生 $y=2$；对 B：$t=0$ 产生 $y=2$，$t=1$ 产生 $y=0$；对 C：$t=0$ 产生 $y=0$，$t=1$ 产生 $y=0$（见图 1.13）。

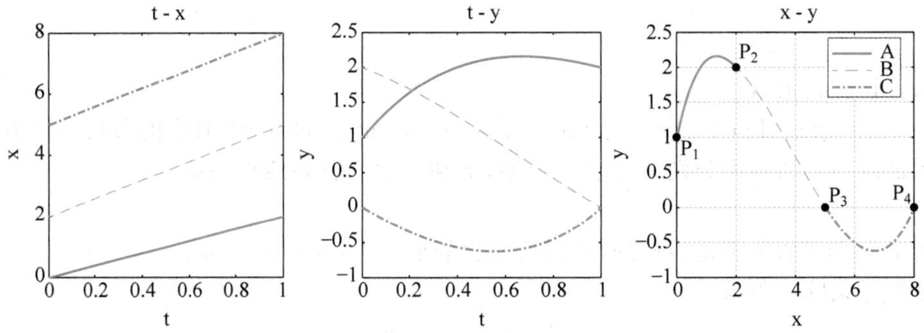

图 1.13 例 1.9 的绘图

MATLAB Code 1.9

```
clear all; clc;
syms t;
x1 = 0; y1 = 1;
x2 = 2; y2 = 2;
x3 = 5; y3 = 0;
x4 = 8; y4 = 0;
s1 = 2; s2 = 1;
C = [ 1, 1, 1, 0, 0, 0, 0, 0, 0;
    0, 0, 0, 1, 1, 1, 0, 0, 0;
    0, 0, 0, 0, 0, 0, 1, 1, 1;
    (x3 - x2), 2 * (x3 - x2), 3 * (x3 - x2), - (x2 - x1), 0, 0, 0, 0, 0;
    0, 0, 0, (x4 - x3), 2 * (x4 - x3), 3 * (x4 - x3), - (x3 - x2), 0, 0;
    0, (x3 - x2)^2, 3 * (x3 - x2)^2, 0, - (x2 - x1)^2, 0, 0, 0, 0;
    0, 0, 0, 0, (x4 - x3)^2, 3 * (x4 - x3)^2, 0, - (x3 - x2)^2, 0;
    1, 0, 0, 0, 0, 0, 0, 0, 0;
    0, 0, 0, 0, 0, 0, 1, 2, 3
    ];
G = [y2 - y1, y3 - y2, y4 - y3, 0, 0, 0, 0, s1 * (x2 - x1), s2 * (x4 - x3)];
A = inv(C) * G';
aA = y1; bA = A(1); cA = A(2); dA = A(3);
aB = y2; bB = A(4); cB = A(5); dB = A(6);
aC = y3; bC = A(7); cC = A(8); dC = A(9);

fprintf('Equations of segments :\n')
xA = x1 + (x2 - x1) * t; xA = vpa(xA)
yA = aA + bA * t + cA * t^2 + dA * t^3; yA = vpa(yA, 3)
xB = x2 + (x3 - x2) * t; xB = vpa(xB)
yB = aB + bB * t + cB * t^2 + dB * t^3; yB = vpa(yB, 3)
xC = x3 + (x4 - x3) * t; xC = vpa(xC)
yC = aC + bC * t + cC * t^2 + dC * t^3; yC = vpa(yC, 3)
```

```
% plotting
tt = linspace(0,1);
xa = subs(xA, t, tt);
ya = subs(yA, t, tt);
xb = subs(xB, t, tt);
yb = subs(yB, t, tt);
xc = subs(xC, t, tt);
yc = subs(yC, t, tt);

subplot(131); plot(tt,xa, 'k-', tt, xb, 'k--', tt, xc, 'k-.');
xlabel('t'); ylabel('x'); title('t-x'); axis square;
subplot(132); plot(tt,ya, 'k-', tt, yb, 'k--', tt, yc, 'k-.');
xlabel('t'); ylabel('y'); title('t-y'); axis square;
subplot(133); X = [x1 x2 x3 x4]; Y = [y1 y2 y3 y4];
plot(xa,ya,'k-', xb,yb, 'k--',xc,yc,'k-.', X, Y, 'ko'); hold on;
scatter(X, Y, 20, 'r', 'filled'); grid;

text(0.5,1,'P_1');
text(2.5,2,'P_2');
text(5.5,0,'P_3');
text(7,0,'P_4');
legend('A', 'B', 'C');
xlabel('x'); ylabel('y'); title('x-y'); axis square;
hold off;
```

注解

这里可以观察到终点条件的重要性。比较例 1.8 和例 1.9。尽管两种情况下的 CP 保持相同，但分段曲线的形状已发生变化，如图 1.12 和图 1.13 所示，仅由于端点斜率的变化。

1.10 本章小结

以下几点总结了本章讨论的主题：

- 样条曲线是具有已知数学特性的不规则曲线段。
- 样条的形状由 CP 决定。
- 插值样条曲线实际上经过了它的所有 CP。
- 混合样条通过它的一些 CP，但不通过其他 CP。
- 近似样条曲线一般不经过任何 CP。
- 使用多项式方程对样条进行数学建模，形式为 $y=f(x)$。
- 多项式方程也可以用参数形式表示为 $x=f(t)$，$y=g(t)$。
- 线性样条由一阶多项式方程 $y=a+bx$ 表示。
- 二次样条由二次多项式方程 $y=a+bx+cx^2$ 表示。
- 三次样条由三次多项式方程 $y=a+bx+cx^2+dx^3$ 表示。
- 空间方程组可以表示为矩阵形式 $\boldsymbol{Y}=\boldsymbol{CA}$，其解为 $\boldsymbol{A}=\mathrm{inv}(\boldsymbol{C})\boldsymbol{Y}$。
- 参数方程组可以表示为矩阵形式 $\boldsymbol{G}=\boldsymbol{CA}$，其解为 $\boldsymbol{A}=\mathrm{inv}(\boldsymbol{C})\boldsymbol{G}$。

- 复杂曲线由多个首尾相连的三次样条建模，称为分段样条。
- 空域和参数域之间的转换可以使用微分链规则完成。

1.11 复习题

1. "样条"是什么意思？这个词起源于哪里？
2. 样条有哪些不同的类型？
3. 多项式方程是什么意思？
4. 区分标准形式和参数形式。
5. 什么是约束矩阵、系数矩阵、几何矩阵和基矩阵？
6. 解释符号 P_0 和 $P(0)$ 之间的差异。
7. 什么是线性样条，它是如何用多项式表示的？
8. 什么是二次样条，它是如何用多项式表示的？
9. 什么是三次样条，它是如何用多项式表示的？
10. 二次和三次样条的参数形式中使用的细分比率是什么？
11. 为什么样条曲线的参数形式用三个不同的图表示？
12. 什么是分段样条曲线，为什么它们是必要的？
13. C^0、C^1、C^2 连续性条件各是什么？
14. 终点条件是什么意思？
15. 如何在空域值和参数域值之间转换？

1.12 练习题

1. 求通过(−3,−3)且斜率为−3 的线性样条方程。

2. 求通过(0,0)、(π/2,1)和(π,0)的二次曲线方程。

3. 求参数形式通过(0,2)、(−2,0)和(2,−2)的二次曲线方程，其中 $k=0.4$。

4. 导出二次曲线的参数方程，该二次曲线经过三个点(−2,1)、(−1,2)和(2,−1)，使得中点将曲线按比例分割为 1∶2。

5. 求通过点(3,2)、(8,−4)、(6,5)和(1,0)的三次插值样条方程。

6. 以参数形式求通过 4 个点(3,2)、(8,−4)、(6,5)和(1,0)的三次样条方程，已知细分比率 $m=0.1$ 和 $n=0.7$。

7. 求通过(−5,−2)、(−1,−1)、(5,0)和(7,−2)的曲线的分段三次方程。第一个点和最后一个点的斜率分别为 1 和 1。

8. 求 $y=f(x)$形式的二次曲线方程，它经过$(k,-k)$、$(0,k)$和$(-k,0)$这 3 个点，其中 k 是一个常数。

9. 对于 k 的什么值，具有方程 $y=k+2kx-3kx^2$ 和 $y=3k-2kx+kx^2$ 的两条曲线段在点 $P(k,-k)$满足 C^1 连续性条件，其中 k 是常数。

10. 求通过(1,−2)、(2,−3)、(3,−4)和(4,−5)的曲线的分段参数三次方程。第一个点和最后一个点的斜率分别为 5 和−6。假设 x 与 t 的关系是线性的。

第2章

调和函数和混合样条

2.1 引言

第 1 章讨论了如何通过将坐标信息代入起始方程来推导插值样条方程。除了插值样条外，还有其他类型的样条，它们并不总是通过 CP，或者可能不知道所有 CP，或者需要使用 CP 以外的条件来推导它们的方程。对于这样的样条，前面讨论的技术将不适用，需要设计一套新的技术。较新技术的设计方式使得样条方程可以独立于 CP 的坐标。此类技术适用于仅通过 CP 子集的混合样条和一般不通过其任何 CP 的近似样条。这导致了调和函数(BF)的概念，它为我们提供了确定样条在 CP 附近位置的方法。在以下部分中，将解释 BF 的概念，然后将其应用于插值和非插值样条。本章的后半部分为混合样条奠定了基础。混合样条是那些通过少数 CP 但不通过其他 CP 或使用 CP 以外的边界条件导出其方程的样条。因此，为了完全定义混合样条，通常会指定一些额外的约束，例如曲线在某个点的斜率。一共讨论了四种类型的混合样条，即厄米特(Hermite)样条、基数(Cardinal)样条、卡特穆尔-罗姆(Catmull-Rom，C-R)样条和贝塞尔(Bezier)样条。在每种情况下，主要讨论参数形式的三次曲线，因为它们最常用于图形。此外，所讨论的思路也可以扩展到其他阶曲线。

2.2 调和函数

BF 的概念被提出作为计算曲线方程的一种方法，曲线方程是非插值的，即它们不通过部分或全部 CP [Hearn and Baker，1996]。对于插值曲线，CP 的坐标被代入起始方程以求解未知系数。但是，若曲线不通过 CP，则此方法不起作用，需要一种新的方法来确定曲线上某个点相对于 CP 的轨迹。

考虑一条其 CP 位于 P_0、P_1、P_2 和 P_3 位置的样条曲线。一般来说，没有一个 CP 真实地位于曲线上，而是在附近的某个地方(见图 2.1)。让我们假设质量 L_0、L_1、L_2 和 L_3 位于对样条施加引力的 CP，即 P_0、P_1、P_2 和 P_3 上。质心位于由下式给定的 P 上：

$$P=\frac{L_0P_0+L_1P_1+L_2P_2+L_3P_3}{L_0+L_1+L_2+L_3} \tag{2.1}$$

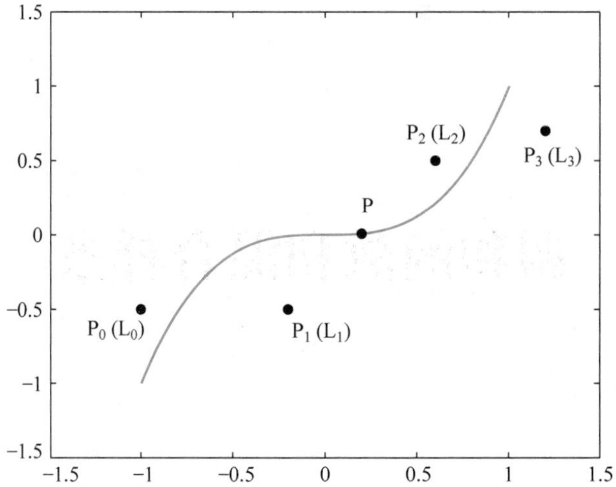

图 2.1 调和函数的概念

现在,考虑质量不是恒定的,而是根据参数变量 $t(0\leqslant t\leqslant 1)$改变它们的值,即 $L_i = f(t)$。这样,质心 P 也会相应移动到不同的点。若所有这些点在 t 取 0~1 的各个值时连接在一起,则 P 的轨迹将指示感兴趣的实际样条曲线。函数 $L_i = f(t)$称为 BF。很明显,BF 的总数将等于质量的总数,而质量的总数又将等于 CP 的总数。因此,对于三次曲线,通常有 4 个 BF。

为了降低计算的复杂性,应用了一个额外的约束:$\Sigma L_i = 1$ 即 $L_0 + L_1 + L_2 + L_3 = 1$。这将上述等式的分母简化为 1 并给出:

$$P = L_0 P_0 + L_1 P_1 + L_2 P_2 + L_3 P_3 \tag{2.2}$$

很明显,CP 处的质量越大,它对样条的引力越大,样条则越靠近该 CP。将上面的内容写成矩阵形式:

$$P = L_0 P_0 + L_1 P_1 + L_2 P_2 + L_3 P_3 = [L_0 \quad L_1 \quad L_2 \quad L_3]\begin{bmatrix} P_0 \\ P_1 \\ P_2 \\ P_3 \end{bmatrix} = \boldsymbol{LG} \tag{2.3}$$

矩阵 $\boldsymbol{L}$ 为我们提供了样条曲线上任意点 P 的特征,与位于矩阵 $\boldsymbol{G}$ 中的 CP 无关。矩阵 $\boldsymbol{L}$ 称为"BF 矩阵",而单个元素 L_0、L_1、L_2 和 L_3 是 BF(有时也称为"基函数")。矩阵 $\boldsymbol{G}$ 是几何矩阵,因为它定义了 CP 的位置,CP 的位置决定了曲线的几何形状。

由第 1 章可知,对于参数三次曲线,一般来说:

$$P(t) = a + bt + ct^2 + dt^3 = [1 \quad t \quad t^2 \quad t^3]\begin{bmatrix} a \\ b \\ c \\ d \end{bmatrix} = \boldsymbol{TA} = \boldsymbol{T}(\boldsymbol{BG}) = (\boldsymbol{TB})\boldsymbol{G} = \boldsymbol{LG} \tag{2.4}$$

式中,$\boldsymbol{A}$ 是系数矩阵,$\boldsymbol{B}$ 是基矩阵,$\boldsymbol{T}$ 是参数矩阵,$\boldsymbol{G}$ 是几何矩阵,$\boldsymbol{L}$ 是 BF 矩阵。上面的表达式告诉我们 $\boldsymbol{L} = \boldsymbol{TB}$,即 BF 矩阵 $\boldsymbol{L}$ 只不过是参数矩阵 $\boldsymbol{T}$ 和基矩阵 $\boldsymbol{B}$ 的乘积。

下面总结了解决数值问题所需的所有相关关系:

$$\begin{cases} \boldsymbol{G}=\boldsymbol{CA} \\ \boldsymbol{B}=\mathrm{inv}(\boldsymbol{C}) \\ \boldsymbol{A}=\boldsymbol{BG} \\ \boldsymbol{P}=\boldsymbol{LG} \\ \boldsymbol{L}=\boldsymbol{TB} \\ \boldsymbol{P}=\boldsymbol{TA} \\ \boldsymbol{P}=\boldsymbol{TBG} \end{cases} \tag{2.5}$$

例 2.1　三次曲线具有以下 BF(其中 a、b 和 c 是常数)：$L_0=-4at$、$L_1=at^3$、$L_2=bt^2$、$L_3=-c$，找到它的基矩阵。

解：

从式(2.4)，有 $\boldsymbol{L}=\boldsymbol{TB}$。对三次曲线，$\boldsymbol{L}=[L_0\quad L_1\quad L_2\quad L_3]=[1\quad t\quad t^2\quad t^3]\boldsymbol{B}$。令

$$\boldsymbol{B}=\begin{bmatrix} x_{11} & x_{12} & x_{13} & x_{14} \\ x_{21} & x_{22} & x_{23} & x_{24} \\ x_{31} & x_{32} & x_{33} & x_{34} \\ x_{41} & x_{42} & x_{43} & x_{44} \end{bmatrix}$$

经查看，$x_{11}=0$、$x_{21}=-4a$、$x_{31}=0$、$x_{41}=0$。

类似地，以同样的方式获得其他项，并将它们结合在一起以形成基矩阵：

$$\boldsymbol{B}=\begin{bmatrix} 0 & 0 & 0 & -c \\ -4a & 0 & 0 & 0 \\ 0 & 0 & b & 0 \\ 0 & a & 0 & 0 \end{bmatrix}$$

验证：可以通过计算乘积 $\boldsymbol{TB}$ 来验证基矩阵的正确性，这将给出 $\boldsymbol{L}$ 矩阵。

MATLAB Code 2.1

```
clear; clc;
syms a b c t;
T = [1, t, t^2, t^3];
L01 = 0; L02 = -4*a*t; L03 = 0; L04 = 0;
L11 = 0; L12 = 0; L13 = 0; L14 = a*t^3;
L21 = 0; L22 = 0; L23 = b*t^2; L24 = 0;
L31 = -c; L32 = 0; L33 = 0; L34 = 0;

% Let B = [x11 x12 x13 x14; x21 x22 x23 x24; x31 x32 x33 x34; x41 x42 x43 x44]
x11 = L01 / T(1);
x21 = L02 / T(2);
x31 = L03 / T(3);
x41 = L04 / T(4);
x12 = L11 / T(1);
x22 = L12 / T(2);
x32 = L13 / T(3);
x42 = L14 / T(4);
x13 = L21 / T(1);
x23 = L22 / T(2);
x33 = L23 / T(3);
```

```
x43 = L24 / T(4);
x14 = L31 / T(1);
x24 = L32 / T(2);
x34 = L33 / T(3);
x44 = L34 / T(4);
B = [x11 x12 x13 x14; x21 x22 x23 x24; x31 x32 x33 x34; x41 x42 x43 x44]

% verification
fprintf('Verification : L = T * B\n');
T * B
```

2.3 插值样条的调和函数

尽管 BF 的概念是针对非插值曲线推导的,但也可以将其应用于插值曲线。事实上,这就是现在要做的,因为已经熟悉了插值曲线,这将帮助我们更容易地了解 BF 的概念。

对于线性插值样条,已在 1.3 节中看到:

$$\boldsymbol{B}=\begin{bmatrix}1 & 0\\1 & 1\end{bmatrix}^{-1}=\begin{bmatrix}1 & 0\\-1 & 1\end{bmatrix}$$

这给出:

$$\boldsymbol{L}(t)=\boldsymbol{TB}=[1\quad t]\begin{bmatrix}1 & 0\\-1 & 1\end{bmatrix}=[1-t\quad t] \tag{2.6}$$

分离出各个分量,单独的 BF 是:

$$\begin{cases}L_0=1-t\\L_1=t\end{cases} \tag{2.7}$$

通过将所有 t 的可能值从 0 变到 1,可以绘制上述 BF,如图 2.2 所示。

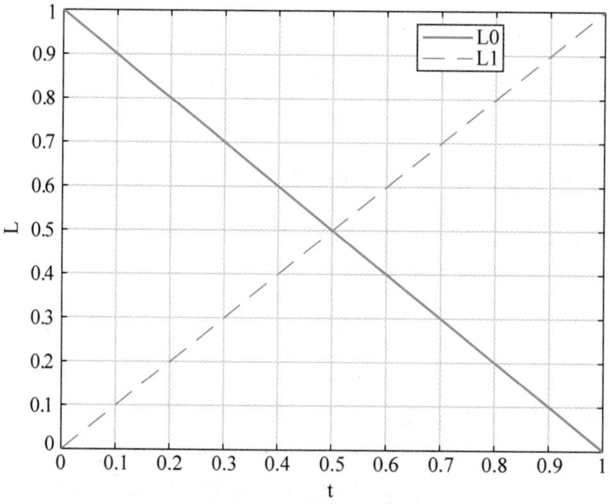

图 2.2 线性插值样条的调和函数

从图 2.2 中可以立即得出的一个观察结果是,约束 $\sum L_i=1$ 成立,即对于任何 t 值,L_0 和 L_1 的值之和始终等于 1。这是预期的,因为 $L_0+L_1=(1-t)+t=1$。

现在可以从上述讨论中推断出以下要点:

- BF 描述了 CP 的质量如何随着 t 值的变化而变化。
- 对于每个 t 值，BF 值之和始终等于 1。
- 尽管 BF 是 t 的函数，但在每个 CP 处，t 都有一个特定值，因此所有 BF 都成为标量常数。

对于二次插值样条，我们已经在 1.5 节看到下面的公式(其中 k 是细分比率)：

$$\boldsymbol{B}=\begin{bmatrix}1 & 0 & 0\\ 1 & k & k^2\\ 1 & 1 & 1\end{bmatrix}^{-1}$$

由此得到：

$$\boldsymbol{L}(t)=\boldsymbol{TB}=[1 \quad t \quad t^2]\begin{bmatrix}1 & 0 & 0\\ 1 & k & k^2\\ 1 & 1 & 1\end{bmatrix}^{-1} \tag{2.8}$$

例 2.2　找到具有细分比率 $k=0.8$ 的二次样条的 BF。

解：

根据式(2.8)：

$$\boldsymbol{L}(t)=[1 \quad t \quad t^2]\begin{bmatrix}1 & 0 & 0\\ 1 & 0.8 & 0.64\\ 1 & 1 & 1\end{bmatrix}^{-1}=[1 \quad t \quad t^2]\begin{bmatrix}1 & 0 & 0\\ -2.25 & 6.25 & -4\\ 1.25 & -6.25 & 5\end{bmatrix}$$

化简：

$$\boldsymbol{L}(t)=[1-2.25t+1.25t^2 \quad 6.25t-6.25t^2 \quad -4t+5t^2]$$

分离出 BF 的分量(见图 2.3)：

$$L_0=1-2.25t+1.25t^2$$

$$L_1=6.25t-6.25t^2$$

$$L_2=-4t+5t^2$$

MATLAB Code 2.2

```
clear all; clc;
syms t; k = 0.8;
C = [1 0 0; 1 k k^2; 1 1 1];
B = inv(C);
L = [1 t t^2] * B;
fprintf('Blending functions are :\n');
disp(L(1)), disp(L(2)), disp(L(3));

% plotting
% Method - 1
figure,
subplot(221), ezplot(L(1), [0,1]);
subplot(222), ezplot(L(2), [0,1]);
subplot(223), ezplot(L(3), [0,1]);

% Method - 2
figure,
```

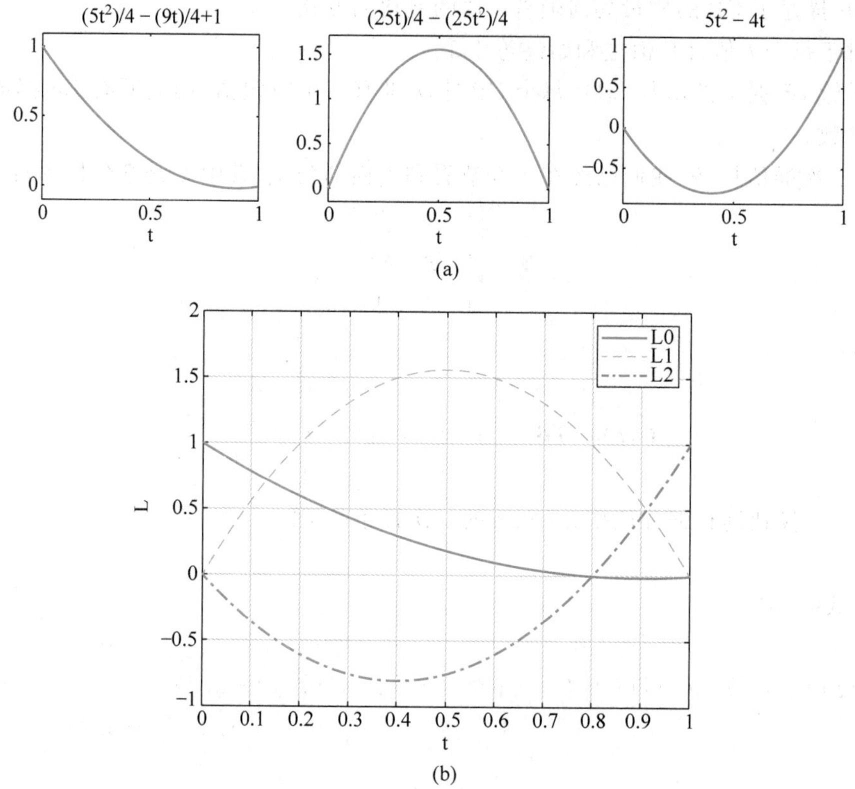

图 2.3　例 2.2 的绘图

```
tt = 0:.01:1;
L0 = subs(L(1), t, tt);
L1 = subs(L(2), t, tt);
L2 = subs(L(3), t, tt);
plot(tt, L0, 'k-', tt, L1, 'k--', tt, L2, 'k-.');
grid;
xlabel('t');
ylabel('L');
legend('L0','L1','L2');
```

注解

上面的代码显示了两种绘制 BF 的方法。在图 2.3(a)所示的第一种方法中，每个 BF 都是单独绘制的。在图 2.3(b)所示的第二种方法中，将所有 3 个 BF 绘制在一起，它显示了 BF 是如何相互关联的。例如，它表明在每个 CP 处仅有一个 BF 非零，即在 $t=0$、$t=0.8$ 和 $t=1$ 时。

disp：显示符号表达式，没有额外的行间距。

ezplot：直接绘制符号变量而不转换为矩阵值。

figure：生成一个新窗口来显示数字。

对于三次插值样条，我们已经在 1.7 节看到下面的公式(其中 m 和 n 是细分比率)：

$$\boldsymbol{B}=\begin{bmatrix}1 & 0 & 0 & 0\\ 1 & m & m^2 & m^3\\ 1 & n & n^2 & n^3\\ 1 & 1 & 1 & 1\end{bmatrix}^{-1}$$

由此得到：

$$\boldsymbol{L}(t)=\boldsymbol{TB}=\begin{bmatrix}1 & t & t^2\end{bmatrix}\begin{bmatrix}1 & 0 & 0 & 0\\ 1 & m & m^2 & m^3\\ 1 & n & n^2 & n^3\\ 1 & 1 & 1 & 1\end{bmatrix}^{-1} \tag{2.9}$$

例 2.3　找到具有细分比率 $m=0.1$ 和 $n=0.7$ 的三次样条的 BF。因此，表明在每个 CP 处，只有一个 BF 分量是非零的。

解：

根据式(2.9)：

$$\boldsymbol{L}(t)=\begin{bmatrix}1 & t & t^2\end{bmatrix}\begin{bmatrix}1 & 0 & 0 & 0\\ 1 & 0.1 & 0.01 & 0.001\\ 1 & 0.7 & 0.49 & 0.343\\ 1 & 1 & 1 & 1\end{bmatrix}^{-1}=\begin{bmatrix}1 & 0 & 0 & 0\\ -12.4286 & 12.963 & -0.7937 & 0.2593\\ 25.7143 & -31.4815 & 8.7302 & -2.963\\ -14.2857 & 18.5185 & -7.9365 & 3.7037\end{bmatrix}$$

化简并分离 BF 分量：

$$L_0=1-12.4286t+25.7143t^2-14.2857t^3$$

$$L_1=12.963t-31.4815t^2+18.5185t^3$$

$$L_2=-0.7937t+8.7302t^2-7.9365t^3$$

$$L_3=0.2593t-2.963t^2+3.7037t^3$$

在 CP1：设置 $t=0$、$L_0=1$、$L_1=L_2=L_3=0$。

在 CP2：设置 $t=0.1$、$L_1=1$、$L_0=L_2=L_3=0$。

在 CP3：设置 $t=0.7$、$L_2=1$、$L_0=L_1=L_3=0$。

在 CP4：设置 $t=1$、$L_3=1$、$L_0=L_1=L_2=0$(见图 2.4)。

MATLAB Code 2.3

```
clear all; clc;
syms t;
m = 0.1; n = 0.7;
C = [1 0 0 0; 1 m m^2 m^3; 1 n n^2 n^3; 1 1 1 1];
B = inv(C);
T = [1 t t^2 t^3];
L = T * B;
fprintf('Blending functions are :\n');
disp(L(1)), disp(L(2)), disp(L(3)), disp(L(4));

% plotting
% Method - 1
figure,
subplot(221), ezplot(L(1), [0,1]);
```

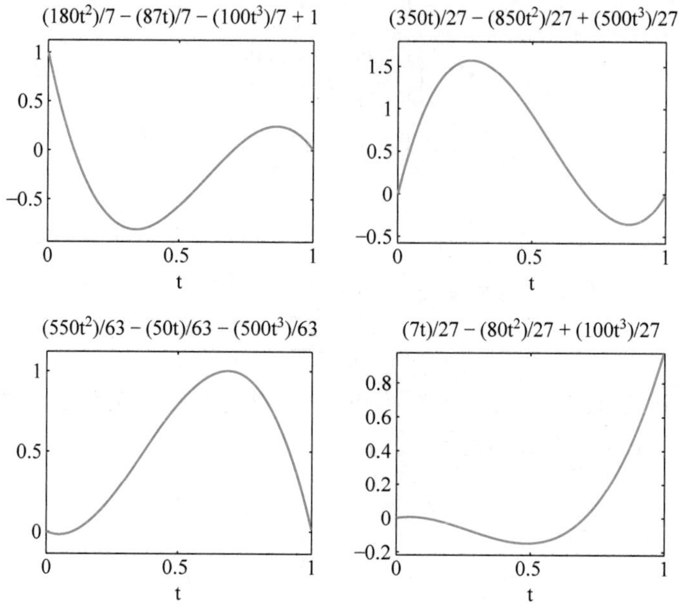

(a)

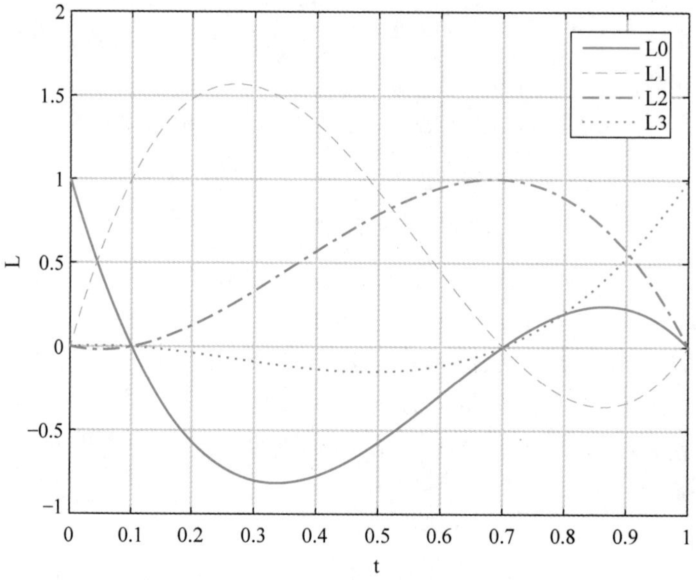

(b)

图 2.4　例 2.3 的绘图

```
subplot(222), ezplot(L(2), [0,1]);
subplot(223), ezplot(L(3), [0,1]);
subplot(224), ezplot(L(4), [0,1]);

% Method - 2
figure,
tt = 0:.01:1;
L0 = subs(L(1), t, tt);
L1 = subs(L(2), t, tt);
```

```
L2 = subs(L(3), t, tt);
L3 = subs(L(4), t, tt);
plot(tt, L0, 'k-', tt, L1, 'k--', tt, L2, 'k-.', tt, L3, 'k:');
grid;
xlabel('t');
ylabel('L');
legend('L0', 'L1', 'L2', 'L3');
fprintf('\nL(0) :'), disp(subs(L, t, 0));
fprintf('L(0.1) :'), disp(subs(L, t, 0.1));
fprintf('L(0.7) :'), disp(subs(L, t, 0.7));
fprintf('L(1) :'), disp(subs(L, t, 1));
```

上述讨论为得出重要结论铺平了道路。一般而言，近似样条不会通过任何 CP，因此曲线上任何点相对于 CP 的位置由所有质量加在一起的净引力(即质心)决定。然而，对于插值样条曲线，曲线实际上一个接一个地穿过它的所有 CP。从 BF 的角度分析这种行为，可以得出结论，在曲线实际通过 CP 的每个点，该点的质量必须大到可以抵消所有其他质量的影响并迫使质心转移到那个特定的 CP。因此，我们可以说，插值样条可以认为是近似样条的一种特殊情况，其中每个质量都足够大以抵消其他质量的影响并迫使样条的轨迹通过特定的 CP。从上面的 BF 图中也可以看出这一事实。在每个 CP 上，只有一个特定的 BF 的值等于 1，而所有其他的都减少为 0。注意 BF 图中用单个为 1 而其他均为零的位置来指示 CP 的位置。例如，对于上面的三次曲线，第一个 CP 在 $t=0$ 处，第二个 CP 在 $t=0.1$ 处，第三个 CP 在 $t=0.7$ 处，第四个 CP 在 $t=1$ 处。

2.4　厄米特样条

混合样条与插值样条的不同之处在于它仅通过其 CP 的一个子集，因此需要一些额外的信息来进行其独特的表征。我们要研究的第一个混合样条是厄米特样条，以法国数学家 Charles Hermite(厄米特)命名[Hearn and Baker，1996]。对于三次厄米特样条，只有起点 $P(0)$ 即 $t=0$ 处的 $P(t)$ 和终点 $P(1)$ 即 $t=1$ 处的 $P(t)$ 是已知的。为了唯一指定，还给出了两条附加信息：起点和终点的切线斜率，即 $T(0)=P(0)$ 和 $T(1)=P(1)$(见图 2.5)。

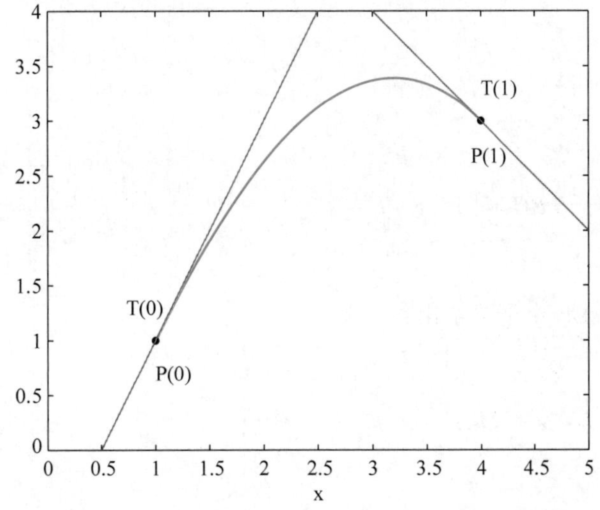

图 2.5　厄米特样条

为了找到三次厄米特样条的方程，从三次样条的一般方程开始：

$$P(t)=a+bt+ct^2+dt^3=\begin{bmatrix}1 & t & t^2 & t^3\end{bmatrix}\begin{bmatrix}a\\b\\c\\d\end{bmatrix}$$

起始方程的导数是

$$P'(t)=b+2ct+3dt^2 \tag{2.10}$$

将给定条件代入起始方程和导数方程：

$$\begin{cases}P(0)=a=P_0\\P(1)=a+b+c+d=P_1\\P'(0)=b\\P'(1)=b+2c+3d\end{cases} \tag{2.11}$$

重新排列和重写上述方程：

$$\begin{cases}P_0=a\\P_1=a+b+c+d\\P'(0)=b\\P'(1)=b+2c+3d\end{cases} \tag{2.12}$$

将方程写成矩阵形式 $\boldsymbol{G}=\boldsymbol{CA}$：

$$\begin{bmatrix}P_0\\P_1\\P'(0)\\P'(1)\end{bmatrix}=\begin{bmatrix}1&0&0&0\\1&1&1&1\\0&1&0&0\\0&1&2&3\end{bmatrix}\begin{bmatrix}a\\b\\c\\d\end{bmatrix} \tag{2.13}$$

解出 $\boldsymbol{A}$：

$$\begin{bmatrix}a\\b\\c\\d\end{bmatrix}=\begin{bmatrix}1&0&0&0\\0&0&1&0\\-3&3&-2&-1\\2&-2&1&1\end{bmatrix}\begin{bmatrix}P_0\\P_1\\P'(0)\\P'(1)\end{bmatrix} \tag{2.14}$$

代入起始方程：

$$P(t)=\boldsymbol{TBG}=\begin{bmatrix}1 & t & t^2 & t^3\end{bmatrix}\begin{bmatrix}1&0&0&0\\0&0&1&0\\-3&3&-2&-1\\2&-2&1&1\end{bmatrix}\begin{bmatrix}P_0\\P_1\\P'(0)\\P'(1)\end{bmatrix} \tag{2.15}$$

三次厄米特样条的 BF 由下式给出：

$$\boldsymbol{L}(t)=\boldsymbol{TB}=\begin{bmatrix}1 & t & t^2 & t^3\end{bmatrix}\begin{bmatrix}1&0&0&0\\0&0&1&0\\-3&3&-2&-1\\2&-2&1&1\end{bmatrix} \tag{2.16}$$

分离出矩阵分量：

$$\begin{cases} L_0 = 1 - 3t^2 + 2t^3 \\ L_1 = 3t^2 - 2t^3 \\ L_2 = t - 2t^2 + t^3 \\ L_3 = -t^2 + t^3 \end{cases} \tag{2.17}$$

图 2.6 显示了 4 个 BF 的图。可以观察到与图 2.4 中所示的三次插值样条的 BF 的一个差异。对于插值样条，BF 有 4 个点，其中只有一个不为零，而图 2.6 显示在这种情况下，只有两个这样的点(起点和终点)满足此条件。这反映了混合样条通过其 CP 的子集，即只有第一个点和最后一个点，而没有通过中间点。

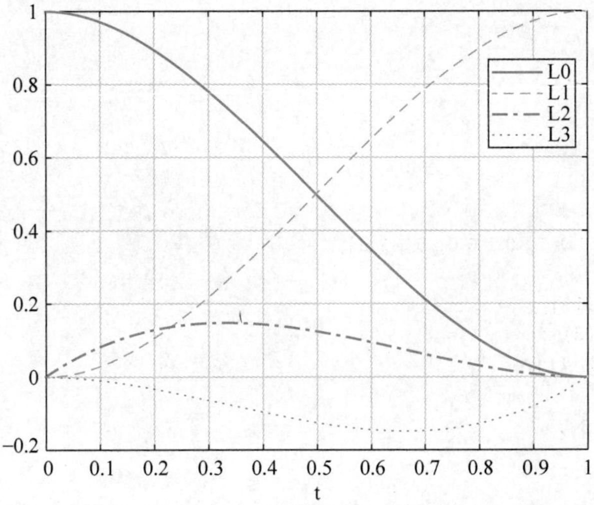

图 2.6　三次厄米特样条的调和函数

例 2.4　通过点(1,1)和(4,3)找到三次厄米特样条的参数方程，且在这些点处具有参数斜率(3,6)和(1,−1)。

解：

这里，$P_0=(1,1)$、$P_1=(4,3)$、$P'(0)=(3,6)$、$P'(1)=(1,-1)$。

根据式(2.14)：

$$\begin{bmatrix} \boldsymbol{a} \\ \boldsymbol{b} \\ \boldsymbol{c} \\ \boldsymbol{d} \end{bmatrix} = \begin{bmatrix} 1 & 0 & 0 & 0 \\ 0 & 0 & 1 & 0 \\ -3 & 3 & -2 & -1 \\ 2 & -2 & 1 & 1 \end{bmatrix} \begin{bmatrix} 1 & 1 \\ 4 & 3 \\ 3 & 6 \\ 1 & -1 \end{bmatrix} = \begin{bmatrix} 1 & 1 \\ 3 & 6 \\ 2 & -5 \\ -2 & 1 \end{bmatrix}$$

所需的参数方程：

$$x(t) = 1 + 3t + 2t^2 - 2t^3$$
$$y(t) = 1 + 6t - 5t^2 + t^3$$

验证(见图 2.7)：

$$x(0)=1,\quad y(0)=1,\quad x(1)=4,\quad y(1)=3$$
$$x'(0)=3,\quad y'(0)=6,\quad x'(1)=1,\quad y'(1)=-1$$

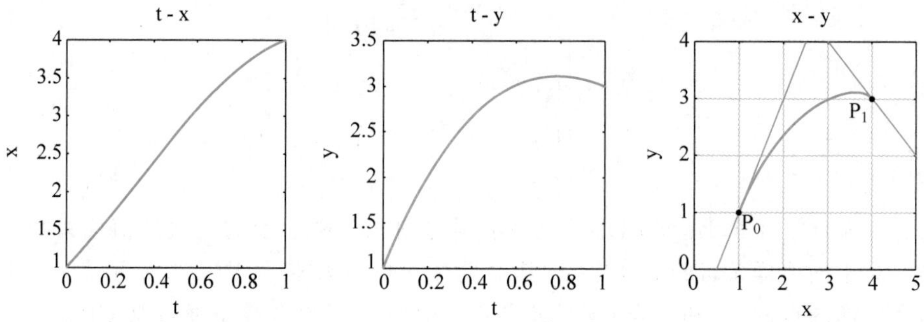

图 2.7　例 2.4 的绘图

MATLAB Code 2.4

```
clear all; clc
syms t;
P0 = [1, 1];
P1 = [4, 3];
T0 = [3, 6];
T1 = [1, -1];
C = [1 0 0 0; 1 1 1 1; 0 1 0 0; 0 1 2 3];
B = inv(C);
X = [P0(1), P1(1)];
Y = [P0(2), P1(2)];
G = [P0; P1; T0; T1];
A = B*G;
T = [1 t t^2 t^3];
P = T*A;
fprintf('Required equations :\n');
x = P(1)
y = P(2)

% plotting
tt = 0:.01:1;
xx = subs(P(1), t, tt);
yy = subs(P(2), t, tt);
subplot(131), plot(tt, xx);
xlabel('t'); ylabel('x'); axis square; title('t-x');
subplot(132), plot(tt, yy);
xlabel('t'); ylabel('y'); axis square; title('t-y');
subplot(133), plot(xx, yy, 'b-'); hold on;
scatter(X, Y, 20, 'r', 'filled');
xlabel('x'); ylabel('y'); axis square;
axis([0 5 0 4]); grid;
ezplot('(y-1) = 2*(x-1)'); colormap winter;
ezplot('(y-3) = -1*(x-4)');
title('x-y');
text(P0(1), P0(2)-0.5, 'P_0');
text(P1(1), P1(2)-0.5, 'P_1');
hold off;
```

注解

colormap：使用预定义的颜色查找表指定颜色方案。

2.5 基数样条

基数样条与厄米特样条相似,因为它实际上也通过两个具有已知梯度的给定点 P_1 和 P_2;但它与厄米特样条不同的是,这些梯度值没有显式地给出。它只是给出了两个附加点,即前一个点 P_0 和后一个点 P_3,P_1 和 P_2 处的梯度分别表示为连接 P_0 和 P_2 以及连接 P_1 和 P_3 的线段的梯度的标量倍数[Hearn and Baker,1996](见图 2.8)。

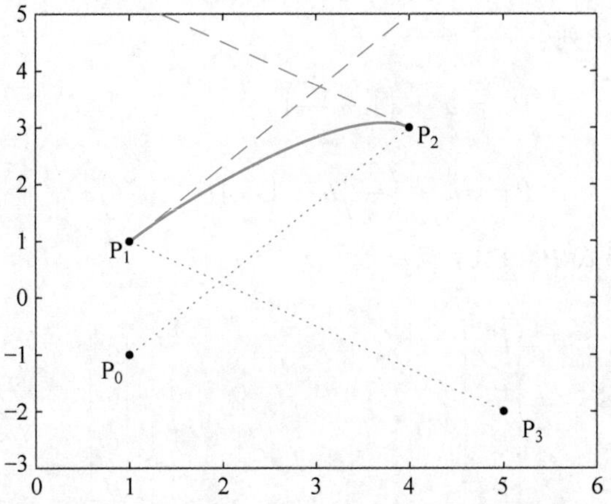

图 2.8 基数样条

连接 P_0 和 P_2 的线向量由它们的位置向量的差异给出,即(P_2-P_0)。P_1 处的梯度是该线向量的标量倍数,即 $P_1=s(P_2-P_0)$,其中 s 称为"形状参数"。同样,连接 P_1 和 P_3 的线向量由它们的位置向量的差异给出,即(P_3-P_1)。P_2 处的梯度是该线向量的标量倍数,即 $P_2=s(P_3-P_1)$。s 的值通常在 0~1。较小的 s 值产生更短和更紧致的曲线,较大的 s 值产生更长和更松散的曲线。若 $s>1$,则曲线与其他尺寸的切线交叉(见图 2.9)。

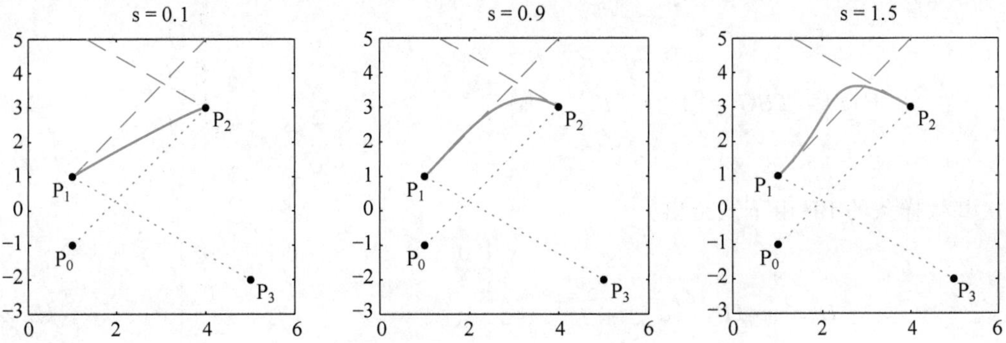

图 2.9 形状参数改变的影响

为了推导三次基数样条的方程,从一般的三次参数方程开始:

$$P(t)=a+bt+ct^2+dt^3=\begin{bmatrix}1 & t & t^2 & t^3\end{bmatrix}\begin{bmatrix}a\\b\\c\\d\end{bmatrix}$$

计算起始方程的导数：

$$P'(t)=b+2ct+3dt^2$$

将起始条件代入上述方程：

$$\begin{cases}P(0)=a=P_1\\P(1)=a+b+c+d=P_2\\P'(0)=b=P'(1)=s(P_2-P_0)\\P'(1)=b+2c+3d=P'(2)=s(P_3-P_1)\end{cases}\tag{2.18}$$

替换 P_1 和 P_2 并重新排列：

$$P_0=a+\left(1-\frac{1}{s}\right)b+c+d$$

$$P_1=a+\left(\frac{1}{s}\right)b+\left(\frac{2}{s}\right)c+\left(\frac{3}{s}\right)d$$

将所有方程写成矩阵形式 $\boldsymbol{P}=\boldsymbol{CA}$：

$$\begin{bmatrix}P_0\\P_1\\P_2\\P_3\end{bmatrix}=\begin{bmatrix}1&\frac{s-1}{s}&1&1\\1&0&0&0\\1&1&1&1\\1&\frac{1}{s}&\frac{2}{s}&\frac{3}{s}\end{bmatrix}\begin{bmatrix}a\\b\\c\\d\end{bmatrix}\tag{2.19}$$

解出 $\boldsymbol{A}$：

$$\begin{bmatrix}a\\b\\c\\d\end{bmatrix}=\begin{bmatrix}0&1&0&0\\-s&0&s&0\\2s&s-3&3-2s&-s\\-s&2-s&s-2&s\end{bmatrix}\begin{bmatrix}P_0\\P_1\\P_2\\P_3\end{bmatrix}\tag{2.20}$$

代入起始方程：

$$P(t)=\boldsymbol{TBG}=[1\quad t\quad t^2\quad t^3]\begin{bmatrix}0&1&0&0\\-s&0&s&0\\2s&s-3&3-2s&-s\\-s&2-s&s-2&s\end{bmatrix}\begin{bmatrix}P_0\\P_1\\P_2\\P_3\end{bmatrix}\tag{2.21}$$

三次基数样条的 BF 由下式给出：

$$\boldsymbol{L}(t)=\boldsymbol{TB}=[1\quad t\quad t^2\quad t^3]\begin{bmatrix}0&1&0&0\\-s&0&s&0\\2s&s-3&3-2s&-s\\-s&2-s&s-2&s\end{bmatrix}\tag{2.22}$$

分离出矩阵分量：

$$L_0=-st+2st^2-st^3$$

$$L_1=1+(s-3)t^2+(2-s)t^3$$

$$L_2=st+(3-2s)t^2+(s-2)t^3$$

$$L_3=-st^2+st^3\tag{2.23}$$

例 2.5 找到形状参数 $s=1.5$ 的三次基数样条的 BF，并生成一个图来可视化它们。

解：

根据式(2.23)，将 $s=1.5$ 代入(见图 2.10)：

$$L_0=-(3t^3)/2+3t^2-(3t)/2$$

$$L_1=t^3/2-(3t^2)/2+1$$

$$L_2=-t^3/2+(3t)/2$$

$$L_3=(3t^3)/2-(3t^2)/2$$

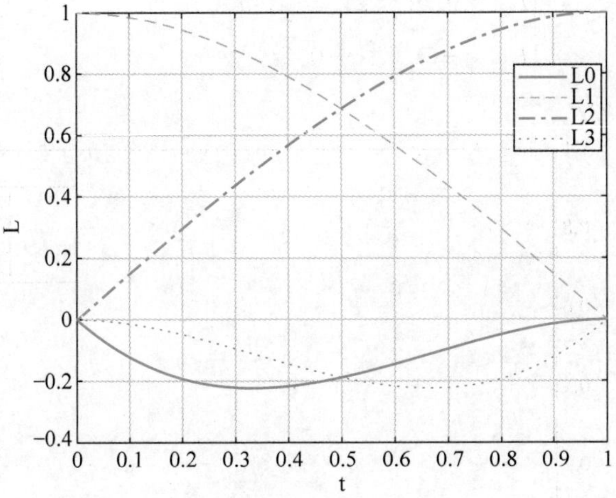

图 2.10 例 2.5 的绘图

MATLAB Code 2.5

```
clear all; clc;
syms t;
s = 1.5;
B = [0 1 0 0 ; - s 0 s 0 ; 2 * s s - 3 3 - 2 * s - s ; - s 2 - s s - 2 s];
T = [1 t t^2 t^3];
L = T * B;
fprintf('Blending functions are :\n');
disp(L(1)), disp(L(2)), disp(L(3)), disp(L(4));

% plotting
tt = 0:.01:1;
L0 = subs(L(1), t, tt);
L1 = subs(L(2), t, tt);
L2 = subs(L(3), t, tt);
L3 = subs(L(4), t, tt);
plot(tt, L0, 'k - ', tt, L1, 'k -- ', tt, L2, 'k - .', tt, L3, 'k:');
xlabel('t'); ylabel('L'); grid;
legend('L0', 'L1', 'L2', 'L3');
```

2.6 卡特穆尔-罗姆样条

形状参数 $s=0.5$ 的基数样条称为 C-R 样条，以美国科学家 Edwin Catmull(卡特穆尔)和以色列科学家 Raphael Rom(罗姆)的名字命名。通过将 $s=0.5$ 代入式(2.22)来计算 BF

和基矩阵，以获得以下结果：

$$\boldsymbol{B}=\begin{bmatrix}0 & 1 & 0 & 0\\ -0.5 & 0 & 0.5 & 0\\ 1 & -2.5 & 2 & -0.5\\ -0.5 & 1.5 & -1.5 & 0.5\end{bmatrix} \tag{2.24}$$

$$\begin{cases}L_0=-0.5t+t^2-0.5t^3\\ L_1=1-2.5t^2+1.5t^3\\ L_2=0.5t+2t^2-1.5t^3\\ L_3=-0.5t^2+0.5t^3\end{cases} \tag{2.25}$$

BF 的图如图 2.11 所示。

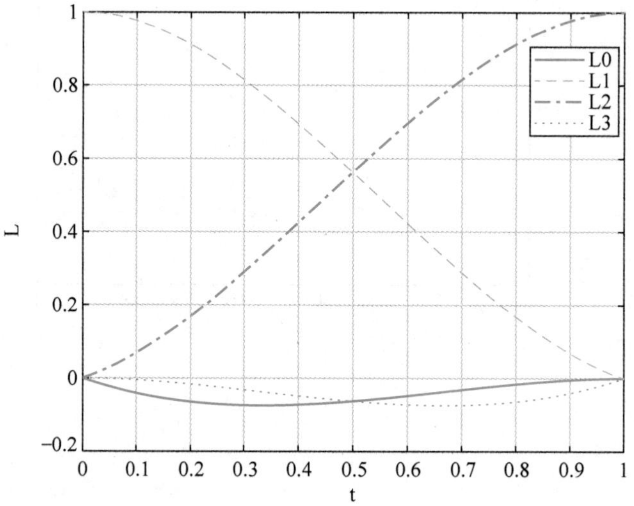

图 2.11 C-R 样条的调和函数

例 2.6 求与控制点(0，−1)、(1,1)、(4,3)和(5，−2)相关的三次 C-R 样条的参数方程。

解：

根据式(2.21)和式(2.24)，代入给定值：

$$\boldsymbol{P}(t)=\begin{bmatrix}1 & t & t^2 & t^3\end{bmatrix}\begin{bmatrix}0 & 1 & 0 & 0\\ -0.5 & 0 & 0.5 & 0\\ 1 & -2.5 & 2 & -0.5\\ -0.5 & 1.5 & -1.5 & 0.5\end{bmatrix}\begin{bmatrix}0 & -1\\ 1 & 1\\ 4 & 3\\ 5 & -2\end{bmatrix}$$

化简并分离各分量：

$$x(t)=-2t^3+3t^2+2t+1$$

$$y(t)=-3.5t^3+3.5t^2+2t+1$$

验证：$x(0)=1$、$y(0)=1$、$x(1)=4$、$y(1)=3$(见图 2.12)。

MATLAB Code 2.6

```
clear all; clc;
```

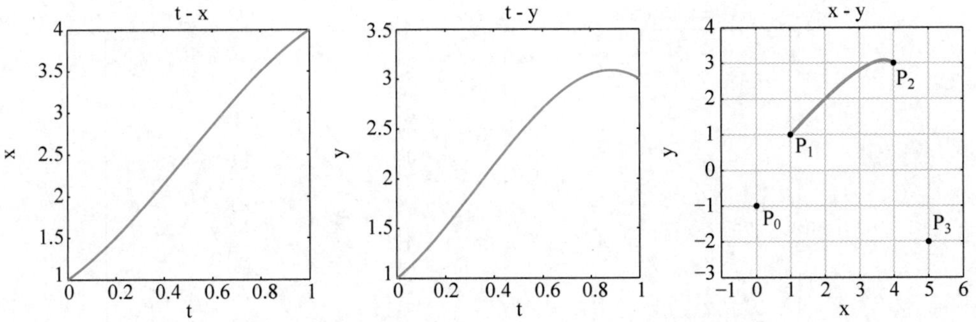

图 2.12 例 2.6 的绘图

```
syms t;
P0 = [0, -1]; P1 = [1, 1]; P2 = [4, 3]; P3 = [5, -2]; s = 0.5;
X = [P0(1) P1(1) P2(1) P3(1)]; Y = [P0(2) P1(2) P2(2) P3(2)];
T = [1 t t^2 t^3];
B = [0 1 0 0 ; -s 0 s 0 ; 2*s s-3 3-2*s -s ; -s 2-s s-2 s];
G = [P0; P1; P2; P3];
P = T*B*G;
x = P(1); y = P(2);
fprintf('Required equations are : \n');
x
y

%plotting
tt = linspace(0, 1);
xx = subs(x, t, tt);
yy = subs(y, t, tt);
subplot(131), plot(tt,xx); title('t-x');
xlabel('t'); ylabel('x'); axis square;
subplot(132), plot(tt,yy); title('t-y');
xlabel('t'); ylabel('y'); axis square;
subplot(133), plot(xx, yy, 'b-', 'LineWidth', 1.5);
xlabel('x'); ylabel('y'); axis square; title('x-y');
grid; hold on;
scatter(X, Y, 20, 'r', 'filled');
axis([-1 6 -3 4]);
text(P0(1), P0(2)-1, 'P_0');
text(P1(1), P1(2)-1, 'P_1');
text(P2(1), P2(2)-1, 'P_2');
text(P3(1), P3(2)+1, 'P_3');
hold off;
```

2.7 贝塞尔样条

贝塞尔样条以法国工程师皮埃尔·贝塞尔的名字命名，是一种流行的混合样条，它具有以下特点：①它穿过第一个和最后一个 CP；②连接第一个 CP 和第二个 CP 的线是相切的曲线；③连接最后一个 CP 和前一个 CP 的线是相切的曲线；④曲线完全包含在按顺序连接所有 CP 形成的凸包内(见图 2.13)。

为了满足上述条件，贝塞尔样条的 BF 由以俄国数学家 Sergei Bernstein(伯恩斯坦)的

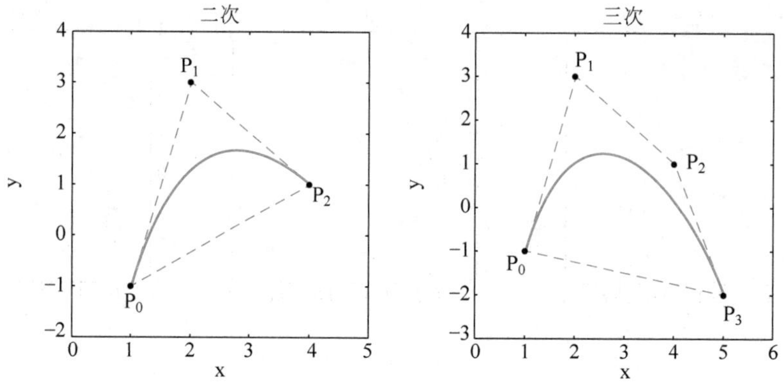

图 2.13 贝塞尔样条

名字命名的伯恩斯坦多项式[Hearn and Baker,1996]生成。次数为 n 的伯恩斯坦多项式如下所示,其中 C_n^k 表示 n 中的 k 项与 $0\leqslant t\leqslant 1$ 的组合。

$$L_k = C_n^k (1-t)^{n-k} t^k$$
$$C_n^k = \frac{n!}{k!\ (n-k)!} \tag{2.26}$$

曲线方程为 $\boldsymbol{P}=\boldsymbol{LG}$。这里,$P_k$ 表示 CP。

$$P(t) = \sum_{k=0}^{n} L_k P_k = \sum_{k=0}^{n} C_n^k (1-t)^{n-k} t^k P_k \tag{2.27}$$

二次贝塞尔曲线的阶次为 2 并与 3 个 CP,即 P_0、P_1 和 P_2 相关联。曲线方程是通过将 $n=2$ 代入伯恩斯坦多项式得出的:

$$P(t) = \sum_{k=0}^{2} L_k P_k = \sum_{k=0}^{2} C_2^k (1-t)^{2-k} t^k P_k \tag{2.28}$$

展开:

$$P(t) = (1-t)^2 P_0 + 2(1-t)tP_1 + t^2 P_2 \tag{2.29}$$

将 BF 的分量分离出来:

$$L_0 = (1-t)^2 = 1-2t+t^2$$
$$L_1 = 2(1-t)t = 2t-2t^2$$
$$L_2 = t^2 \tag{2.30}$$

调和函数图如图 2.14 所示。

由于 $\boldsymbol{L}=\boldsymbol{TB}$,基矩阵也可以如下简单地计算:

$$\boldsymbol{B} = \begin{bmatrix} 1 & 0 & 0 \\ -2 & 2 & 0 \\ 1 & -2 & 1 \end{bmatrix} \tag{2.31}$$

曲线方程可以表示为 $\boldsymbol{P}=\boldsymbol{TBG}$ 的形式:

$$P(t) = [1 \quad t \quad t^2] \begin{bmatrix} 1 & 0 & 0 \\ -2 & 2 & 0 \\ 1 & -2 & 1 \end{bmatrix} \begin{bmatrix} P_0 \\ P_1 \\ P_2 \end{bmatrix} \tag{2.32}$$

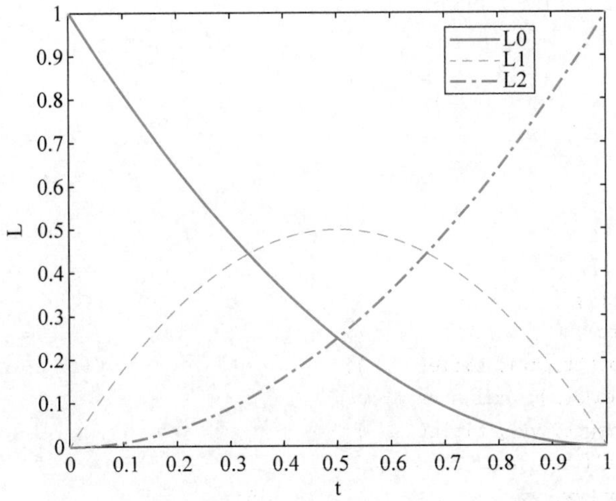

图 2.14　二次贝塞尔样条的 BF

例 2.7　求与控制点 $P_0(1,-1)$、$P_1(4,3)$和 $P_2(5,-2)$相关的二次贝塞尔样条的参数方程。

解:

根据式(2.32),替换给定条件:

$$\boldsymbol{P}(t)=[1\quad t\quad t^2]\begin{bmatrix}1 & 0 & 0\\ -2 & 2 & 0\\ 1 & -2 & 1\end{bmatrix}\begin{bmatrix}1 & -1\\ 4 & 3\\ 5 & -2\end{bmatrix}$$

分离出各个分量:

$$x(t)=1+6t-2t^2$$

$$y(t)=-1+8t-9t^2$$

验证: $x(0)=1$、$x(1)=5$、$y(0)=-1$、$y(1)=-2$(见图 2.15)。

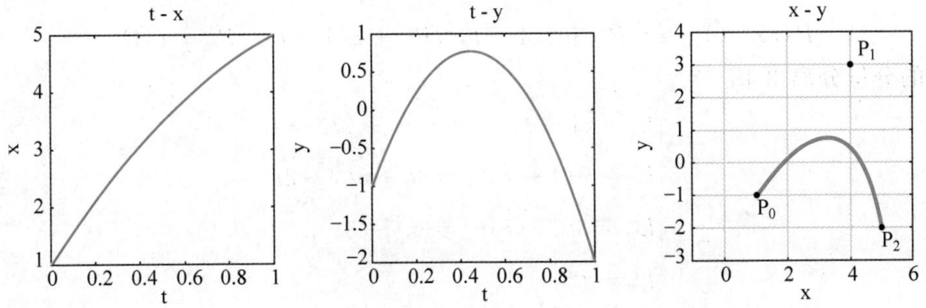

图 2.15　例 2.7 的绘图

MATLAB Code 2.7

```
clear all; clc;
syms t;
P0 = [1, -1]; P1 = [4, 3]; P2 = [5, -2];
X = [P0(1) P1(1) P2(1) ];
Y = [P0(2) P1(2) P2(2) ];
T = [1 t t^2 ];
```

```
B = [1 0 0 ; -2 2 0 ; 1 -2 1];
G = [P0; P1; P2];
P = T * B * G;
fprintf('Required equations :\n');
x = P(1)
y = P(2)

% plotting
tt = linspace(0,1);
xx = subs(x, t, tt);
yy = subs(y, t, tt);
subplot(131), plot(tt, xx); title('t-x');
xlabel('t'); ylabel('x'); axis square;
subplot(132), plot(tt, yy); title('t-y');
xlabel('t'); ylabel('y'); axis square;
subplot(133), plot(xx, yy, 'b-', 'LineWidth', 1.5);
title('x-y');
hold on;
scatter(X, Y, 20, 'r', 'filled');
xlabel('x'); ylabel('y'); axis square;
grid on; d = 0.5;
text(P0(1), P0(2) - d, 'P_0');
text(P1(1) + d, P1(2), 'P_1');
text(P2(1), P2(2) - d, 'P_2');
axis([-1 6 -3 4]);
hold off;
```

三次贝塞尔曲线的阶次为 3 次并与 4 个 CP，即 P_0、P_1、P_2 和 P_3 相关联。曲线方程是通过将 $n=3$ 代入伯恩斯坦多项式得出的[Foley et al.，1995；Shirley，2002]。

$$P(t)=\sum_{k=0}^{3}L_kP_k=\sum_{k=0}^{3}C_3^k(1-t)^{3-k}t^kP_k \tag{2.33}$$

展开：

$$P(t)=(1-t)^3P_0+3(1-t)^2tP_1+3(1-t)t^2P_2+t^3P_3 \tag{2.34}$$

将 BF 的分量分离出来：

$$\begin{cases}L_0=(1-t)^3=1-3t+3t^2-t^3\\L_1=3(1-t)^2t=3t-6t^2+3t^3\\L_2=3(1-t)t^2=3t^2-3t^3\\L_3=t^3\end{cases} \tag{2.35}$$

调和函数图如图 2.16 所示。

由于 $\boldsymbol{L}=\boldsymbol{TB}$，基矩阵也可以如下简单地计算：

$$\boldsymbol{B}=\begin{bmatrix}1&0&0&0\\-3&3&0&0\\3&-6&3&0\\-1&3&-3&1\end{bmatrix} \tag{2.36}$$

曲线方程可以表示为 $\boldsymbol{P}=\boldsymbol{TBG}$ 的形式：

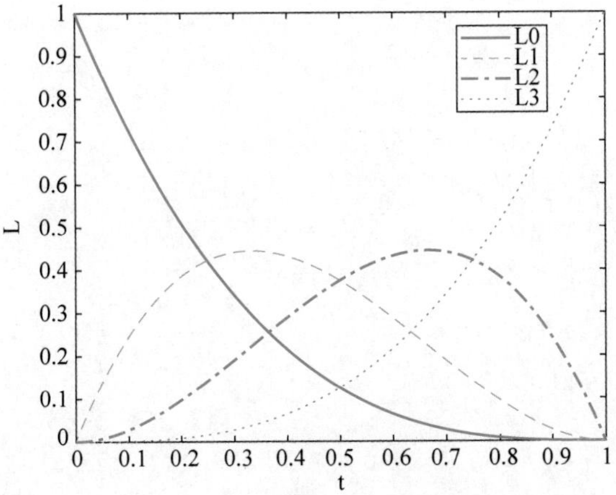

图 2.16　三次贝塞尔样条的 BF

$$P(t)=\begin{bmatrix}1 & t & t^2 & t^3\end{bmatrix}\begin{bmatrix}1 & 0 & 0 & 0\\ -3 & 3 & 0 & 0\\ 3 & -6 & 3 & 0\\ -1 & 3 & -3 & 0\end{bmatrix}\begin{bmatrix}P_0\\ P_1\\ P_2\\ P_3\end{bmatrix} \tag{2.37}$$

例 2.8　求与 4 个控制点 $P_0(1,-1)$、$P_1(1,1)$、$P_2(4,3)$和 $P_3(5,-2)$相关联的三次贝塞尔样条的参数方程。

解：

根据式(2.37)，替换给定条件：

$$\boldsymbol{P}(t)=\begin{bmatrix}1 & t & t^2 & t^3\end{bmatrix}\begin{bmatrix}1 & 0 & 0 & 0\\ -3 & 3 & 0 & 0\\ 3 & -6 & 3 & 0\\ -1 & 3 & -3 & 0\end{bmatrix}\begin{bmatrix}1 & -1\\ 1 & 1\\ 4 & 3\\ 5 & -2\end{bmatrix}$$

分离出各个分量：

$$x(t)=1+9t^2-5t^3$$

$$y(t)=-1+6t-7t^2$$

验证：$x(0)=1$、$x(1)=5$、$y(0)=-1$、$y(1)=-2$(见图 2.17)。

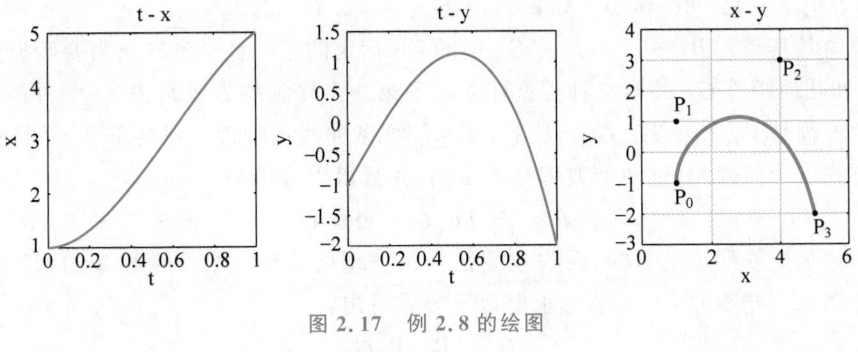

图 2.17　例 2.8 的绘图

MATLAB Code 2.8

```
clear all; clc;
syms t;
P0 = [1, -1]; P1 = [1, 1]; P2 = [4, 3]; P3 = [5, -2];
X = [P0(1) P1(1) P2(1) P3(1)];
Y = [P0(2) P1(2) P2(2) P3(2)];
T = [1 t t^2 t^3];
B = [1 0 0 0; -3 3 0 0; 3 -6 3 0; -1 3 -3 1];
G = [P0; P1; P2; P3];
P = T * B * G;
fprintf('Required equations :\n');
x = P(1)
y = P(2)

% plotting
tt = linspace(0,1);
xx = subs(x, t, tt);
yy = subs(y, t, tt);
subplot(131), plot(tt, xx); title('t-x');
xlabel('t'); ylabel('x'); axis square;
subplot(132), plot(tt, yy); title('t-y');
xlabel('t'); ylabel('y'); axis square;
subplot(133), plot(xx, yy, 'b-', 'LineWidth', 1.5);
xlabel('x'); ylabel('y'); axis square; hold on; grid;
scatter(X, Y, 20, 'r', 'filled'); title('x-y');
axis([0 6 -3 4]);
d = 0.5;
text(P0(1), P0(2) - d, 'P_0');
text(P1(1), P1(2) + d, 'P_1');
text(P2(1), P2(2) - d, 'P_2');
text(P3(1), P3(2) - d, 'P_3');
hold off;
```

2.8 样条转换

在结束本章之前，我们先来看看一种样条形式到另一种形式的转换。一种类型的样条可以表示为另一种类型的样条。由于样条在物理上保持不变，因此其方程不变。但是，基矩阵和 CP 发生了变化[Hearn and Baker，1996]。

假设由其基矩阵 $\boldsymbol{B}_1$ 和几何矩阵 $\boldsymbol{G}_1$ 中的 CP 指定的第一种类型样条需要转换为具有基矩阵 $\boldsymbol{B}_2$ 和几何矩阵 $\boldsymbol{G}_2$ 的第二种类型样条。则第一个样条的方程是 $\boldsymbol{P}_1(t)=\boldsymbol{T}\boldsymbol{B}_1\boldsymbol{G}_1$，第二个样条的方程是 $\boldsymbol{P}_2(t)=\boldsymbol{T}\boldsymbol{B}_2\boldsymbol{G}_2$。注意，实际的样条曲线在物理上保持不变，并且仅以两种不同的方式表示。因此，这两个方程是等价的，并且可以等价于：

$$\boldsymbol{P}(t)=\boldsymbol{T}\boldsymbol{B}_1\boldsymbol{G}_1=\boldsymbol{T}\boldsymbol{B}_2\boldsymbol{G}_2 \tag{2.38}$$

两个样条的基矩阵都是已知的，因为它们是样条类型的特征。第一个样条的 CP 也应该是已知的。第二个样条的 CP 可通过求解以下公式得出：

$$\boldsymbol{G}_2=\boldsymbol{B}_2^{-1}\boldsymbol{B}_1\boldsymbol{G}_1 \tag{2.39}$$

即使对于第一条曲线，CP 不明确，但曲线以参数形式$\{x(t),y(t)\}=\{(a_0+a_1t+a_2t^2+$

$a_3t^3),(b_0+b_1t+b_2t^2+b_3t^3)\}$表示，则可以将其表示为：

$$\{x(t),y(t)\}=[1 \quad t \quad t^2 \quad t^3]\begin{bmatrix} a_0 & b_0 \\ a_1 & b_1 \\ a_2 & b_2 \\ a_3 & b_3 \end{bmatrix}=\boldsymbol{T}(\boldsymbol{BG}) \tag{2.40}$$

第2个矩阵给出了 $\boldsymbol{B}$ 和 $\boldsymbol{G}$ 的乘积，可以直接代入式(2.39)计算 $\boldsymbol{G}_2$。

例 2.9 考虑通过 $P_0(1,-1)$、$P_1(1,4)$、$P_2(4,4)$和 $P_3(5,-2)$的 C-R 样条。将其转换为贝塞尔样条曲线并找到它的新 CP，还要比较两条曲线的方程。

解：

此时：

$$\boldsymbol{G}_{\mathrm{CR}}=\begin{bmatrix} 1 & -1 \\ 1 & 4 \\ 4 & 4 \\ 5 & -2 \end{bmatrix},\quad \boldsymbol{B}_{\mathrm{CR}}=\begin{bmatrix} 0 & 1 & 0 & 0 \\ -0.5 & 0 & 0.5 & 0 \\ 1 & -2.5 & 2 & -0.5 \\ -0/5 & 1.5 & -1.5 & 0.5 \end{bmatrix},\quad \boldsymbol{B}_{\mathrm{BZ}}=\begin{bmatrix} 1 & 0 & 0 & 0 \\ -3 & 3 & 0 & 0 \\ 3 & -6 & 3 & 0 \\ -1 & 3 & -3 & 1 \end{bmatrix}$$

根据式(2.39)：

$$\boldsymbol{G}_{\mathrm{BZ}}=\boldsymbol{B}_{\mathrm{BZ}}^{-1}\boldsymbol{B}_{\mathrm{CR}}\boldsymbol{G}_{\mathrm{CR}}=\begin{bmatrix} 1 & 4 \\ 1.5 & 4.83 \\ 3.33 & 5 \\ 4 & 4 \end{bmatrix}$$

这样，贝塞尔曲线的 CP 是 $Q_0(1,4)$、$Q_1(1.5,4.83)$、$Q_2(3.33,5)$、$Q_3(4,4)$。

验证这两者是否代表相同的物理样条。

C-R 样条方程：

$$\boldsymbol{P}_{\mathrm{CR}}=\boldsymbol{TB}_{\mathrm{CR}}\boldsymbol{G}_{\mathrm{CR}}=[1 \quad t \quad t^2 \quad t^3]\begin{bmatrix} 0 & 1 & 0 & 0 \\ -0.5 & 0 & 0.5 & 0 \\ 1 & -2.5 & 2 & -0.5 \\ -0.5 & 1.5 & -1.5 & 0.5 \end{bmatrix}\begin{bmatrix} 1 & -1 \\ 1 & 4 \\ 4 & 4 \\ 5 & -2 \end{bmatrix}$$

$$=[(1+1.5t+4t^2-2.5t^3),(4+2.5t-2t^2-0.5t^3)]$$

贝塞尔样条方程：

$$\boldsymbol{P}_{\mathrm{BZ}}=\boldsymbol{TB}_{\mathrm{BZ}}\boldsymbol{G}_{\mathrm{BZ}}=[1 \quad t \quad t^2 \quad t^3]\begin{bmatrix} 1 & 0 & 0 & 0 \\ -3 & 3 & 0 & 0 \\ 3 & -6 & 3 & 0 \\ -1 & 3 & -3 & 1 \end{bmatrix}\begin{bmatrix} 1 & 4 \\ 1.5 & 4.83 \\ 3.33 & 5 \\ 4 & 4 \end{bmatrix}$$

$$=[(1+1.5t+4t^2-2.5t^3),(4+2.5t-2t^2-0.5t^3)]$$

可以看出，这两个方程都指向相同的物理样条曲线，只有基矩阵和 CP 在每种情况下不同(见图 2.18)。

MATLAB Code 2.9

```
clear all; clc;
B_CR = [0, 1, 0, 0 ; -0.5, 0, 0.5, 0 ; 1, -2.5, 2, -0.5 ; -0.5, 1.5, -1.5, 0.5];
B_BZ = [1, 0, 0, 0 ; -3, 3, 0, 0 ; 3, -6, 3, 0 ; -1, 3, -3, 1];
```

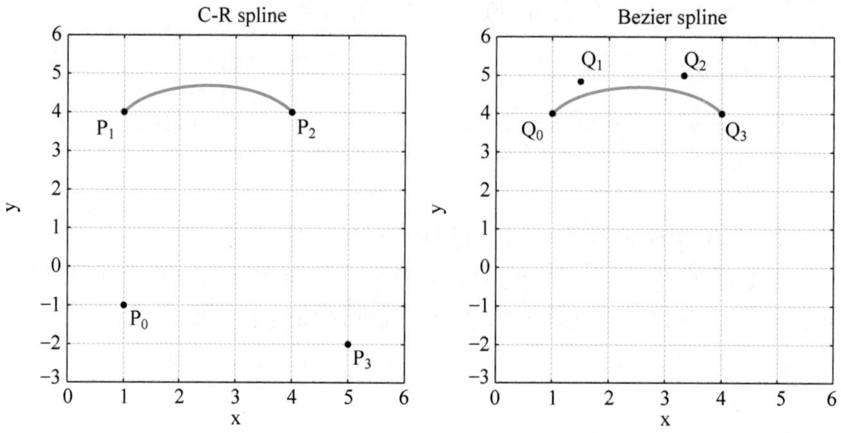

图 2.18 例 2.9 的绘图

```
G_CR = [1, -1 ; 1, 4 ; 4, 4 ; 5, -2];
G_BZ = inv(B_BZ) * B_CR * G_CR

% verification
syms t;
T = [1, t, t^2, t^3];
PCR = T * B_CR * G_CR
PBZ = T * B_BZ * G_BZ

% plotting
xc0 = G_CR(1,1); yc0 = G_CR(1,2);
xc1 = G_CR(2,1); yc1 = G_CR(2,2);
xc2 = G_CR(3,1); yc2 = G_CR(3,2);
xc3 = G_CR(4,1); yc3 = G_CR(4,2);
Xc = [xc0, xc1, xc2, xc3];
Yc = [yc0, yc1, yc2, yc3];
xb0 = G_BZ(1,1); yb0 = G_BZ(1,2);
xb1 = G_BZ(2,1); yb1 = G_BZ(2,2);
xb2 = G_BZ(3,1); yb2 = G_BZ(3,2);
xb3 = G_BZ(4,1); yb3 = G_BZ(4,2);
Xb = [xb0, xb1, xb2, xb3];
Yb = [yb0, yb1, yb2, yb3];
tt = linspace(1,0);
xcr = subs(PCR(1), t, tt);
ycr = subs(PCR(2), t, tt);
xbz = subs(PBZ(1), t, tt);
ybz = subs(PBZ(2), t, tt);
subplot(121), plot(xcr, ycr, 'b-', 'LineWidth', 1.5); hold on;
scatter(Xc, Yc, 20, 'r', 'filled'); grid;
axis([0, 6, -3, 6]); title('C-R spline'); axis square;
xlabel('x'); ylabel('y');
d = 0.5;
text(Xc(1), Yc(1)-d, 'P_0');
text(Xc(2), Yc(2)-d, 'P_1');
text(Xc(3), Yc(3)-d, 'P_2');
text(Xc(4), Yc(4)-d, 'P_3');
hold off;
```

```
subplot(122), plot(xbz, ybz, 'b-', 'LineWidth', 1.5); hold on;
scatter(Xb, Yb, 20, 'r', 'filled'); grid;
axis([0, 6, -3, 6]); title('Bezier spline'); axis square;
xlabel('x'); ylabel('y');
d = 0.5;
text(Xb(1), Yb(1) - d, 'Q_0');
text(Xb(2), Yb(2) + d, 'Q_1');
text(Xb(3), Yb(3) + d, 'Q_2');
text(Xb(4), Yb(4) - d, 'Q_3');
hold off;
```

注解

axis：指定按[xmin，xmax，ymin，ymax]顺序显示的值范围。

2.9　本章小结

以下几点总结了本章讨论的主题：

- BF 是用于导出非插值样条方程的参数变量 t 的函数。
- BF 是通过假设 CP 上的可变质量导出的，CP 对样条施加重力影响。
- 实际样条曲线是这些可变质量的质心轨迹。
- 样条方程可以表示为 BF 和 CP 位置的乘积。
- 厄米特样条由两个 CP 和这些点处的曲线斜率指定。
- 基数样条类似于厄米特样条，但没有直接指定斜率。
- 基数样条的斜率由连接这些点和两个附加点的线段确定。
- 基数样条也与形状参数"s"相关联，它决定了曲线的形状。
- C-R 样条是 $s=0.5$ 的基数样条的特例。
- 一条贝塞尔曲线穿过第一个和最后一个 CP，并完全包含在其凸包内。
- 贝塞尔样条的 BF 可以从相同次数的伯恩斯坦多项式导出。
- 一种类型的样条可以转换为具有不同 CP 集的另一种类型的样条。

2.10　复习题

1. BF 是什么意思？
2. BF 与基矩阵有什么关系？
3. 对于插值样条，在什么条件下 BF 为 0 和 1？
4. 证明插值样条是非插值样条的特例。
5. 指定厄米特样条的边界条件是什么？
6. 基数样条与厄米特样条有何不同？
7. 基数样条的形状参数决定什么？
8. 为什么 C-R 样条是基数样条的特例？
9. 为什么贝塞尔样条的 BF 是从伯恩斯坦多项式推导出来的？
10. 如何将一种样条转换为另一种样条？

2.11 练习题

1. 对于在起点和终点具有相等斜率的三次厄米特样条 $P(t)=1+bt-2at^2-bt^3$，求常数 a 和 b 之间的关系。

2. 通过(1，-1)、(1，1)、(4，3)和(5，-2)找到具有形状参数①$s=0.1$ 和②$s=0.9$ 的基数样条方程。

3. 三次曲线具有以下 BF，其中 a、b 和 c 是常数：$L_0=1-at+bt^2-2ct^3$，$L_1=2bt-ct^2+at^3$，$L_2=a-2t+3t^2$，$L_3=-3-at^2-ct^3$，求其基矩阵。

4. 将具有 CP，即(3，-4)、(2，3)、(-2，-3)和(1，0)以及细分比率 0.3 和 0.5 的三次插值样条转换为具有形状因子 0.7 的基数样条，求其 CP 和曲线方程。

5. 二次贝塞尔曲线与以下 CP 相关联：(2，2)、(0，0)和(-4，4)，求它的方程。

6. 求具有 CP，即(3，-4)、(2，3)、(0，0)和 (-2，-3)的三次贝塞尔样条的参数方程。

7. 证明对于具有 CP，即 P_0、P_1 和 P_2 的二次贝塞尔曲线，以下表达式成立：

$$P(0)+P'(1)=2(P_2-P_0)。$$

8. 证明对于具有 CP，即 P_0、P_1、P_2 和 P_3 的三次贝塞尔曲线，以下表达式为真：

$$P'(0)=3(P_1-P_0)，\quad P'(1)=3(P_3-P_2)。$$

9. 将参数曲线$(1+2t+3t^2, 4+5t+6t^2)$转换为二次贝塞尔曲线并找到其 CP。

10. 将具有 CP，即(3，-4)、(2，3)、(0，0)和(-2，-3)的三次贝塞尔样条转换为三次 C-R 样条并找到其 CP。

第3章

近似样条

3.1 引言

前面的章节讨论了如何使用控制点(CP)和调和函数(BF)来表征插值样条和混合样条。贝塞尔样条曲线是图形包中用于建模样条曲线的非常流行和广泛使用的工具。然而,贝塞尔样条有两个主要缺点,这一直是设计**近似样条**的动机。第一个缺点是 CP 的数量取决于曲线的阶数,即不可能在不增加多项式阶数和计算复杂度的情况下增加 CP 的数量以实现更平滑的控制。第二个缺点是没有提供**局部控制**,即移动单个 CP 的位置将改变整个样条的形状,而不是样条的局部部分。在局部图形中,控制通常是可取的,因为它可以对样条进行小幅调整[Hearn and Baker,1996]。

为了克服这些缺点,已经提出了一种称为 **B 样条**(B-spline)的新型样条。B 样条代表"基本样条",它们是真正的近似值,即通常它们不经过任何 CP,但在特殊条件下它们可能被迫这样做。本质上,B 样条由多个在连接点处具有连续性的曲线段组成。这可以实现局部控制,即当移动 CP 时,仅更改一组局部曲线段而不是整个曲线。B 样条的 BF 是使用算法(称为 **Cox de Boor 算法**)来计算的,该算法以德国数学家 Carl-Wilhelm Reinhold de Boor 命名。连接点处的参数变量 t 的值存储在称为"**结向量**(KV)"的向量中。若结点值是等间距的,则生成的样条称为均匀 B 样条;否则,称为**非均匀 B 样条**。当 KV 值重复时,称为开放均匀 B 样条。

BF 和 B 样条方程不是单个实体,而是每个段的表达式集合。例如,若有 4 个段,分别指定为 A、B、C 和 D,则每个 BF(记为 B)具有 4 个子分量 B_A、B_B、B_C 和 B_D,并表示为 $B=\{B_A,B_B,B_C,B_D\}$。若有 3 个 CP,即 P_0、P_1 和 P_2,则将有 3 个 BF:B_0、B_1 和 B_2,每个都有 4 个子分量,即 $B_{0A},\cdots,B_{0D},B_{1A},\cdots,B_{1D}$ 和 $B_{2A},\cdots,B_{2D}$。通常每行一个 BF 表示为

$$B_0=\{B_{0A},B_{0B},B_{0C},B_{0D}\}$$

$$B_1=\{B_{1A},B_{1B},B_{1C},B_{1D}\}$$

$$B_2=\{B_{2A},B_{2B},B_{2C},B_{2D}\}$$

类似地,曲线方程 P 也将具有 4 个子分量,$P=\{P_A,P_B,P_C,P_D\}$。我们之前已经看

到，曲线方程可以表示为 CP 和 BF 的乘积，因此子分量可以写为：$P_A = P_{0.B0A} + P_{1.B1A} + P_{2.B2A}$，$P_B = P_{0.B0B} + P_{1.B1B} + P_{2.B2B}$ 等。注意，子分量对 t 的不同范围有效，因此不能相加，但需要表示为值矩阵。通常，段 A 在 $t_0 \leqslant t < t_1$ 范围内有效，段 B 在 $t_1 \leqslant t < t_2$ 范围内有效，以此类推。由于曲线表达式可能非常大，在大多数情况下，方程是垂直而不是水平编写的，每个段的值范围都提到了，如下所示：

$$P = \begin{cases} P_A = P_{0.B0A} + P_{1.B1A} + P_{2.B2A} (t_0 \leqslant t < t_1) & [\text{段 } A] \\ P_B = P_{0.B0B} + P_{1.B1B} + P_{2.B2B} (t_1 \leqslant t < t_2) & [\text{段 } B] \\ P_C = P_{0.B0C} + P_{1.B1C} + P_{2.B2C} (t_2 \leqslant t < t_3) & [\text{段 } C] \end{cases}$$

以下各节将说明有关 B 和 P 值计算的详细信息。

3.2 线性均匀 B 样条

B 样条有两个定义参数：d 与样条的阶数有关，n 与 CP 的数量有关。样条的阶数实际上是$(d-1)$，CP 的数量是$(n+1)$。其他相关参数的推导如下所述。

对于线性 B 样条，我们从 $d=2$ 和 $n=2$ 开始：

曲线的阶数：$d-1=1$。

CP 数量：$n+1=3$。

BF 数量：$n+1=3$。

曲线段数：$d+n=4$。

KV 中的元素数：$d+n+1=5$。

将曲线段指定为 A、B、C 和 D，CP 为 P_0、P_1 和 P_2。将 KV 中的元素指定为$\{t_k\}$，其中 k 在值$\{0,1,2,3,4\}$上循环。在这种情况下，KV 为 $\boldsymbol{T}=[t_0, t_1, t_2, t_3, t_4]$。让 BF 以 $B_{k,d}$ 的形式指定。由于有 3 个 CP，曲线的 BF 由 $B_{0,2}$、$B_{1,2}$ 和 $B_{2,2}$ 给出，更高的 k 值在此不相关。曲线方程由下式给出：

$$P(t) = P_0 B_{0,2} + P_1 B_{1,2} + P_2 B_{2,2} \tag{3.1}$$

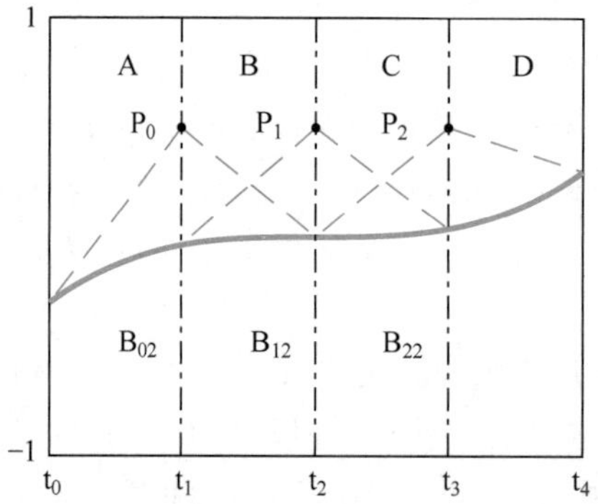

图 3.1 具有 3 个 CP 的线性均匀 B 样条

图 3.1 是一个示意图，显示了 3 个 CP，即 P_0、P_1 和 P_2 如何与 3 个 BF，即 $B_{0,2}$、$B_{1,2}$ 和 $B_{2,2}$，4 个段 A、B、C 和 D 以及五元 KV，即$[t_0, t_1, t_2, t_3, t_4]$相关。无论 CP 的实际位置如何，它们对特定段的影响保持不变。CP 中，P_0 对段 A 和 B 施加影响，P_1 对段 B 和 C 施加影响，P_2 对段 C 和 D 施加影响。这提供了 B 样条的局部控制特性：改变一个 CP 的位置只改变样条的两个段，而样条曲线的其余部分保持不变。图中虚线表示影响范围。在本节的其余部分，我们提供了对这一事实的验证。

BF 的表达式是使用 **Cox de Boor 算法**[Hearn and Baker，1996]来计算的，如下所示：

$$B_{k,1} = 1, \quad \text{if} \quad t_k \leqslant t \leqslant t_{k+1}, \quad \text{else } 0$$

$$B_{k,d} = \left(\frac{t - t_k}{t_{k+d-1} - t_k}\right) B_{k,d-1} + \left(\frac{t_{k+d} - t}{t_{k+d} - t_{k+1}}\right) B_{k+1,d-1} \tag{3.2}$$

第一行表明，若特定段的 t 值在特定范围内，则 BF 的 $d=1$ 的一阶项等于 1，否则为 0。第二行说明高阶项如何计算，对 $d>1$，根据一阶项计算。该算法将在后面说明。需要注意的一点是，该算法本质上是递归的，因为与 d 相关的高阶项是根据与 $d-1$ 阶相关的低阶项计算的。因此，即使曲线方程只需要有式(3.1)中所示的二阶项 $B_{k,2}$，还是首先需要计算一阶项 $B_{k,1}$。

要找到 BF 和曲线方程，必须分别分析每一段。但首先，需要 KV 的数值。让我们做一个简化的假设，KV 值如下：$t_0=0$、$t_1=1$、$t_2=2$、$t_3=3$、$t_4=4$。因此 KV 变为 $\boldsymbol{T}=[0,1,2,3,4]$。在适当时，我们将证明这个假设是正确的。

段 A：$t_0 \leqslant t < t_1$：

$$B_{0,1}=1,\quad B_{1,1}=0,\quad B_{2,1}=0,\quad B_{3,1}=0,\quad B_{4,1}=0$$

$$B_{0,2}=\left(\frac{t-t_0}{t_1-t_0}\right)B_{0,1}+\left(\frac{t_2-t}{t_2-t_1}\right)B_{1,1}=t$$

$$B_{1,2}=\left(\frac{t-t_1}{t_2-t_1}\right)B_{1,1}+\left(\frac{t_3-t}{t_3-t_2}\right)B_{2,1}=0$$

$$B_{2,2}=\left(\frac{t-t_2}{t_3-t_2}\right)B_{2,1}+\left(\frac{t_4-t}{t_4-t_3}\right)B_{3,1}=0$$

段 B：$t_1 \leqslant t < t_2$：

$$B_{0,1}=0,\quad B_{1,1}=1,\quad B_{2,1}=0,\quad B_{3,1}=0,\quad B_{4,1}=0$$

$$B_{0,2}=\left(\frac{t-t_0}{t_1-t_0}\right)B_{0,1}+\left(\frac{t_2-t}{t_2-t_1}\right)B_{1,1}=2-t$$

$$B_{1,2}=\left(\frac{t-t_1}{t_2-t_1}\right)B_{1,1}+\left(\frac{t_3-t}{t_3-t_2}\right)B_{2,1}=t-1$$

$$B_{2,2}=\left(\frac{t-t_2}{t_3-t_2}\right)B_{2,1}+\left(\frac{t_4-t}{t_4-t_3}\right)B_{3,1}=0$$

段 C：$t_2 \leqslant t < t_3$：

$$B_{0,1}=0,\quad B_{1,1}=0,\quad B_{2,1}=1,\quad B_{3,1}=0,\quad B_{4,1}=0$$

$$B_{0,2}=\left(\frac{t-t_0}{t_1-t_0}\right)B_{0,1}+\left(\frac{t_2-t}{t_2-t_1}\right)B_{1,1}=0$$

$$B_{1,2}=\left(\frac{t-t_1}{t_2-t_1}\right)B_{1,1}+\left(\frac{t_3-t}{t_3-t_2}\right)B_{2,1}=3-t$$

$$B_{2,2}=\left(\frac{t-t_2}{t_3-t_2}\right)B_{2,1}+\left(\frac{t_4-t}{t_4-t_3}\right)B_{3,1}=t-2$$

段 D：$t_3 \leqslant t < t_4$：

$$B_{0,1}=0,\quad B_{1,1}=0,\quad B_{2,1}=0,\quad B_{3,1}=1,\quad B_{4,1}=0$$

$$B_{0,2}=\left(\frac{t-t_0}{t_1-t_0}\right)B_{0,1}+\left(\frac{t_2-t}{t_2-t_1}\right)B_{1,1}=0$$

$$B_{1,2}=\left(\frac{t-t_1}{t_2-t_1}\right)B_{1,1}+\left(\frac{t_3-t}{t_3-t_2}\right)B_{2,1}=0$$

$$B_{2,2}=\left(\frac{t-t_2}{t_3-t_2}\right)B_{2,1}+\left(\frac{t_4-t}{t_4-t_3}\right)B_{3,1}=4-t$$

注意，每段都有一个特定的 k 值，但我们在计算 BF 时仍然在其他可能的值上循环 k，因为我们想找出其他 CP 对那个段的影响。例如，对于段 A，$B_{0,2}=0$，但是我们计算 $B_{1,2}$ 和 $B_{2,2}$ 来找出第二个 CP 和第三个 CP 对段 A 的影响。在这种情况下，我们看到 $B_{1,2}$ 和 $B_{2,2}$ 为零，表示段 A 仅受第一个 CP 即 P_0 控制，不受其他 CP 即 P_1 和 P_2 影响，见式(3.1)。同样对于段 B，$k=1$，但我们看到 $B_{0,2}$ 和 $B_{1,2}$ 都是非零值，这意味着段 B 受两个 CP，即 P_0 和 P_1 的影响。

现在根据式(3.1)，确定曲线公式所需的 BF 为 $B_{0,2}$、$B_{1,2}$ 和 $B_{3,2}$。然而，这些 BF 对于不同的段具有不同的值。因此，需要将所有这些值收集在一起，指定它们有效的段。这里使用单独的下标 A、B、C 和 D 来表示相关段。

$$\begin{cases}B_{0,2}=\{B_{0,2A},B_{0,2B},B_{0,2C},B_{0,2D}\}\\B_{1,2}=\{B_{1,2A},B_{1,2B},B_{1,2C},B_{1,2D}\}\\B_{2,2}=\{B_{2,2A},B_{2,2B},B_{2,2C},B_{2,2D}\}\end{cases}\tag{3.3}$$

表 3.1 总结了 BF 值的分段计算。如前所述，假设 KV 为 $\boldsymbol{T}=[0,1,2,3,4]$。

表 3.1 线性均匀 B 样条的 BF 计算

段	t	$B_{k,1}$	$B_{k,2}$
A	$t_0\leqslant t< t_1$	$B_{0,1}=1$	$B_{0,2}=t$
		$B_{1,1}=0$	$B_{1,2}=0$
		$B_{2,1}=0$	$B_{2,2}=0$
		$B_{3,1}=0$	
B	$t_1\leqslant t<t_2$	$B_{0,1}=0$	$B_{0,2}=2-t$
		$B_{1,1}=1$	$B_{1,2}=t-1$
		$B_{2,1}=0$	$B_{2,2}=0$
		$B_{3,1}=0$	
C	$t_2\leqslant t<t_3$	$B_{0,1}=0$	$B_{0,2}=0$
		$B_{1,1}=0$	$B_{1,2}=3-t$
		$B_{2,1}=1$	$B_{2,2}=t-2$
		$B_{3,1}=0$	
D	$t_3\leqslant t<t_4$	$B_{0,1}=0$	$B_{0,2}=0$
		$B_{1,1}=0$	$B_{1,2}=0$
		$B_{2,1}=0$	$B_{2,2}=4-t$
		$B_{3,1}=1$	

将上述值代入式(3.3)，得到：

$$\begin{cases}B_{0,2}=\{t,2-t,0,0\}\\B_{1,2}=\{0,t-1,3-t,0\}\\B_{2,2}=\{0,0,t-2,4-t\}\end{cases}\tag{3.4}$$

式(3.4)指定了具有 3 个 CP(由 3 个垂直行表示)和 4 个 CP(由每行 4 个元素向量表示)的线性均匀 B 样条的 BF。

式(3.5)显示了 BF 的另一种表示方式，其中仅指示非零值以及它们有效的段名称和 t 的范围。

$$
\begin{cases}
B_{0,2}=\begin{cases}t & (0\leqslant t<1)A\\ 2-t & (1\leqslant t<2)B\end{cases}\\
B_{1,2}=\begin{cases}t-1 & (1\leqslant t<2)B\\ 3-t & (2\leqslant t<3)C\end{cases}\\
B_{2,2}=\begin{cases}t-2 & (2\leqslant t<3)C\\ 4-t & (3\leqslant t<4)D\end{cases}
\end{cases}
\tag{3.5}
$$

式(3.5)表明 $B_{0,2}$ 并因此和 P_0 影响分段 A 和 B，$B_{1,2}$ 和 P_1 影响分段 B 和 C，而 $B_{2,2}$ 和 P_2 影响分段 C 和 D，这一事实已由图 3.1 中的虚线指出。

BF 的图如图 3.2 所示。每个 BF 具有相同的形状，但相对于前一个向右移动 1。因此，每个 BF 都可以通过将 t 替换为 $(t-1)$ 从前一个 BF 中获得，如式(3.5)所示。同样如式(3.4)所示，每个 BF 有四个细分，其中两个是非零的。$B_{0,2}$ 的第一条曲线对于分段 $A(0\leqslant t<1)$ 和 $B(1\leqslant t<2)$ 具有非零部分；$B_{1,2}$ 的第二条曲线对于分段 $B(1\leqslant t<2)$ 和 $C(2\leqslant t<3)$，$B_{2,2}$ 的第三条曲线对于段 $C(2\leqslant t<3)$ 和 $D(3\leqslant t<4)$ 也具有非零部分。由于 BF 与 CP 相关联，这再次提供了对样条局部控制属性的指示，即第一个 CP 对前两个段 A 和 B 有影响，第二个 CP 对 B 和 C 有影响，以此类推。这意味着如果第一个 CP 改变，它将只影响 4 条线段中的两条，而样条线的其余部分将保持不变。这与每个 BF 在整个 t 范围内有效的插值曲线和混合曲线形成对比。

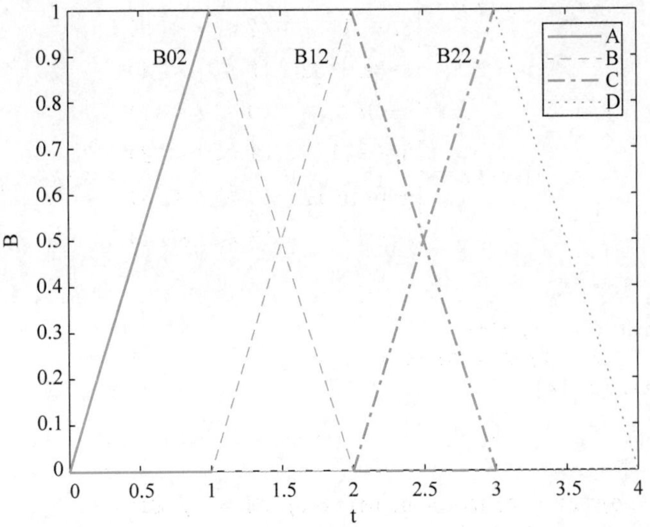

图 3.2　线性均匀 B 样条的 BF

样条方程是其四段方程的集合：

$$
P(t)=\begin{cases}P_A & (0\leqslant t<1)\\ P_B & (1\leqslant t<2)\\ P_C & (2\leqslant t<3)\\ P_D & (3\leqslant t<4)\end{cases}
\tag{3.6}
$$

其中，

$$\begin{cases} P_A = P_0 B_{0,2A} + P_1 B_{1,2A} + P_2 B_{2,2A} \\ P_B = P_0 B_{0,2B} + P_1 B_{1,2B} + P_2 B_{2,2B} \\ P_C = P_0 B_{0,2C} + P_1 B_{1,2C} + P_2 B_{2,2C} \\ P_D = P_0 B_{0,2D} + P_1 B_{1,2D} + P_2 B_{2,2D} \end{cases} \tag{3.7}$$

将表 3.1 中的 BF 值代入式(3.6),可以得到:

$$P(t) = \begin{cases} P_0 t & (0 \leqslant t < 1) \\ P_0(2-t) + P_1(t-1) & (1 \leqslant t < 2) \\ P_1(3-t) + P_2(t-2) & (2 \leqslant t < 3) \\ P_2(4-t) & (3 \leqslant t < 4) \end{cases} \tag{3.8}$$

式(3.8)表示具有 3 个 CP 和 4 个段的线性均匀 B 样条方程。这 4 部分是 4 个段的方程。

例 3.1 找到具有 CP(2,−3)、(5,5)和(8,−1)的线性均匀 B 样条的方程。还要编写一个程序来绘制 BF。

解:

根据式(3.8),代入给定 CP 的值:

$$x(t) = \begin{cases} 2t & (0 \leqslant t < 1) \\ 3t - 1 & (1 \leqslant t < 2) \\ 3t - 1 & (2 \leqslant t < 3) \\ -8t + 32 & (3 \leqslant t < 4) \end{cases}$$

$$y(t) = \begin{cases} -3t & (0 \leqslant t < 1) \\ 8t - 11 & (1 \leqslant t < 2) \\ -6t + 17 & (2 \leqslant t < 3) \\ t - 4 & (3 \leqslant t < 4) \end{cases}$$

MATLAB Code 3.1

```
clear all; format compact; clc;
t0 = 0; t1 = 1; t2 = 2; t3 = 3; t4 = 4;
T = [t0, t1, t2, t3, t4];
syms t P0 P1 P2;

% Segment A
B01 = 1; B11 = 0; B21 = 0; B31 = 0; B41 = 0; B51 = 0; B61 = 0;
S1 = (t - t0)/(t1 - t0); S2 = (t2 - t)/(t2 - t1); B02 = S1 * B01 + S2 * B11; B02A = B02;
S1 = (t - t1)/(t2 - t1); S2 = (t3 - t)/(t3 - t2); B12 = S1 * B11 + S2 * B21; B12A = B12;
S1 = (t - t2)/(t3 - t2); S2 = (t4 - t)/(t4 - t3); B22 = S1 * B21 + S2 * B31; B22A = B22;

% Segment B
B01 = 0; B11 = 1; B21 = 0; B31 = 0; B41 = 0; B51 = 0; B61 = 0;
S1 = (t - t0)/(t1 - t0); S2 = (t2 - t)/(t2 - t1); B02 = S1 * B01 + S2 * B11; B02B = B02;
S1 = (t - t1)/(t2 - t1); S2 = (t3 - t)/(t3 - t2); B12 = S1 * B11 + S2 * B21; B12B = B12;
S1 = (t - t2)/(t3 - t2); S2 = (t4 - t)/(t4 - t3); B22 = S1 * B21 + S2 * B31; B22B = B22;

% Segment C
B01 = 0; B11 = 0; B21 = 1; B31 = 0; B41 = 0; B51 = 0; B61 = 0;
S1 = (t - t0)/(t1 - t0); S2 = (t2 - t)/(t2 - t1); B02 = S1 * B01 + S2 * B11; B02C = B02;
S1 = (t - t1)/(t2 - t1); S2 = (t3 - t)/(t3 - t2); B12 = S1 * B11 + S2 * B21; B12C = B12;
```

```
S1 = (t - t2)/(t3 - t2); S2 = (t4 - t)/(t4 - t3); B22 = S1 * B21 + S2 * B31; B22C = B22;

% Segment D
B01 = 0; B11 = 0; B21 = 0; B31 = 1; B41 = 0; B51 = 0; B61 = 0;
S1 = (t - t0)/(t1 - t0); S2 = (t2 - t)/(t2 - t1); B02 = S1 * B01 + S2 * B11; B02D = B02;
S1 = (t - t1)/(t2 - t1); S2 = (t3 - t)/(t3 - t2); B12 = S1 * B11 + S2 * B21; B12D = B12;
S1 = (t - t2)/(t3 - t2); S2 = (t4 - t)/(t4 - t3); B22 = S1 * B21 + S2 * B31; B22D = B22;
fprintf('Blending functions :\n');
B02 = [B02A, B02B, B02C, B02D]
B12 = [B12A, B12B, B12C, B12D]
B22 = [B22A, B22B, B22C, B22D]
fprintf('\n');
fprintf('General Equation of Curve :\n');
P = P0 * B02 + P1 * B12 + P2 * B22
fprintf('\n');
x0 = 2; x1 = 5; x2 = 8;
y0 = -3; y1 = 5; y2 = -1;
fprintf('Actual Equation :\n');
x = subs(P, ([P0, P1, P2]), ([x0, x1, x2]))
y = subs(P, ([P0, P1, P2]), ([y0, y1, y2]))

% plotting BFs
tta = linspace(t0, t1);
ttb = linspace(t1, t2);
ttc = linspace(t2, t3);
ttd = linspace(t3, t4);
B02aa = subs(B02A, t, tta);
B02bb = subs(B02B, t, ttb);
B02cc = subs(B02C, t, ttc);
B02dd = subs(B02D, t, ttd);
B12aa = subs(B12A, t, tta);
B12bb = subs(B12B, t, ttb);
B12cc = subs(B12C, t, ttc);
B12dd = subs(B12D, t, ttd);
B22aa = subs(B22A, t, tta);
B22bb = subs(B22B, t, ttb);
B22cc = subs(B22C, t, ttc);
B22dd = subs(B22D, t, ttd);
figure
plot(tta, B02aa, 'k-', ttb,B02bb, 'k--', ttc,B02cc, 'k-.', ttd,B02dd, 'k:'); hold on;
plot(tta, B12aa, 'k-', ttb,B12bb, 'k--', ttc,B12cc, 'k-.', ttd,B12dd, 'k:');
plot(tta, B22aa, 'k-', ttb,B22bb, 'k--', ttc,B22cc, 'k-.', ttd,B22dd, 'k:'); hold off;
xlabel('t'); ylabel('B');
legend('A', 'B', 'C', 'D');
text(0.6, 0.9, 'B02'); text(1.6, 0.9, 'B12'); text(2.6, 0.9, 'B22');
```

> 注解
>
> 有关 BF 的图，请参见图 3.2。

3.3 改变控制点的数量

设计 B 样条的目标之一是进行局部控制，我们在 3.2 节中已经看到这一事实是合理的，因为不同的 CP 只影响特定的曲线段而不是整个曲线。另一个目标是使 CP 的数量与曲线的阶数无关。为了研究这一点,让我们现在将 CP 的数量增加 1 个,同时保持与以前相同的阶次,并找出这样的组合是否会产生有效的曲线方程。

对于这种情况,我们从 $d=2$ 和 $n=3$ 开始:

曲线的阶数: $d-1=1$。

CP 数量: $n+1=4$。

曲线段数: $d+n=5$。

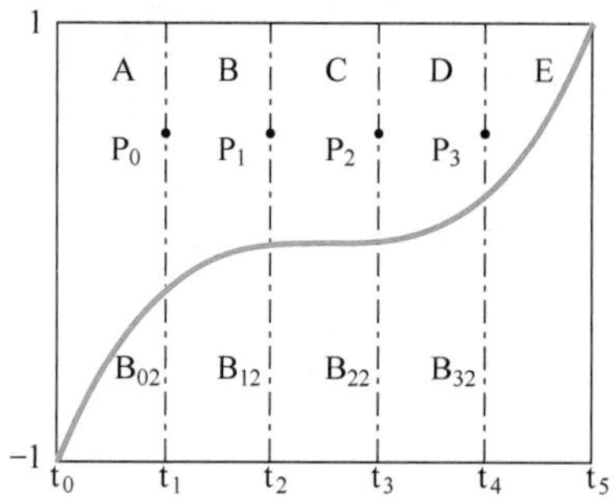

图 3.3 具有 4 个 CP 的线性均匀 B 样条

将曲线段指定为 A、B、C、D 和 E(见图 3.3),CP 为 P_0、P_1、P_2 和 P_3。

KV 中的元素数量: $d+n+1=6$。

将 KV 中的元素指定为 $T=\{t_k\}$,其中 k 在值$\{0,1,2,3,4,5\}$上循环。在这种情况下,$\boldsymbol{T}=[t_0,t_1,t_2,t_3,t_4,t_5]$。

BF 的数量与 CP 的数量相同,即 4。将 BF 指定为 $B_{k,d}$。在这种情况下,BF 是 $B_{0,2}$、$B_{1,2}$、$B_{2,2}$ 和 $B_{3,2}$。较高的 k 值无关紧要,因此不需要计算。曲线方程由下式给出:

$$P(t)=P_0B_{0,2}+P_1B_{1,2}+P_2B_{2,2}+P_3B_{3,2} \tag{3.9}$$

如果遵循 3.2 节中概述的过程,读者将能够验证这确实产生了有效的 B 样条。因此,它被留作练习。下面给出最终的 BF 和曲线方程作为参考。与式(3.5)和式(3.8)进行比较以查看差异。

$$B_{0,2}=\begin{cases}t & (0\leqslant t<1)\\ 2-t & (1\leqslant t<2)\end{cases}$$

$$B_{1,2}=\begin{cases}t-1 & (1\leqslant t<2)\\ 3-t & (2\leqslant t<3)\end{cases}$$

$$B_{2,2}=\begin{cases}t-2 & (2\leqslant t<3)\\ 4-t & (3\leqslant t<4)\end{cases}$$

$$B_{3,2}=\begin{cases}t-3 & (3\leqslant t<4)\\ 5-t & (4\leqslant t<5)\end{cases}$$

$$P(t)=\begin{cases}P_0t & (0\leqslant t<1)\\ P_0(2-t)+P_1(t-1) & (1\leqslant t<2)\\ P_1(3-t)+P_2(t-2) & (2\leqslant t<3)\\ P_2(4-t)+P_3(t-3) & (3\leqslant t<4)\\ P_3(5-t) & (4\leqslant t<5)\end{cases}$$

3.4 二次均匀 B 样条

为了生成二次 B 样条,我们从 $d=3$ 和 $n=3$ 开始:

曲线的阶数: $d-1=2$。

CP 数量: $n+1=4$。

BF 数量：$n+1=4$。

曲线段数：$d+n=6$。

KV 中的元素数：$d+n+1=7$。

设曲线段为 A、B、C、D、E 和 F，CP 为 P_0、P_1、P_2 和 P_3（见图 3.4）。

对于 $k=\{0,1,2,3,4,5,6\}$，令 KV 为 $T=\{t_k\}$。在这种情况下，$\boldsymbol{T}=[t_0,t_1,t_2,t_3,t_4,t_5,t_6]$。

设 BF 为 $B_{0,3}$、$B_{1,3}$、$B_{2,3}$ 和 $B_{3,3}$。

曲线方程为

$$P(t)=P_0B_{0,3}+P_1B_{1,3}+P_2B_{2,3}+P_3B_{3,3} \tag{3.10}$$

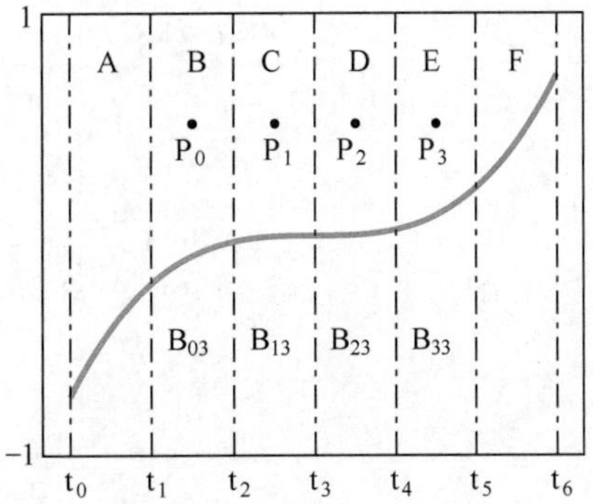

图 3.4 具有 4 个 CP 的二次均匀 B 样条

如前所述，我们假设 KV 为 $\boldsymbol{T}=[0,1,2,3,4,5,6]$。根据 Cox de Boor 算法的第一个条件，一阶项 $B_{0,3}$、$B_{0,1}$、$B_{1,1}$、$B_{2,1}$、$B_{3,1}$ 和 $B_{4,1}$ 将为 0 或 1。根据算法的第二个条件，二阶项计算如下：

$$\begin{cases} B_{0,2}=(t-0)B_{0,1}+(2-t)B_{1,1} \\ B_{1,2}=(t-1)B_{1,1}+(3-t)B_{2,1} \\ B_{2,2}=(t-2)B_{2,1}+(4-t)B_{3,1} \\ B_{3,2}=(t-3)B_{3,1}+(5-t)B_{4,1} \\ B_{4,2}=(t-4)B_{4,1}+(6-t)B_{5,1} \end{cases} \tag{3.11}$$

这里也有三阶项，可由二阶项计算得出：

$$\begin{cases} B_{0,3}=\left(\frac{1}{2}\right)(t-0)B_{0,2}+\left(\frac{1}{2}\right)(3-t)B_{1,2} \\ B_{1,3}=\left(\frac{1}{2}\right)(t-1)B_{1,2}+\left(\frac{1}{2}\right)(4-t)B_{2,2} \\ B_{2,3}=\left(\frac{1}{2}\right)(t-2)B_{2,2}+\left(\frac{1}{2}\right)(5-t)B_{3,2} \\ B_{3,3}=\left(\frac{1}{2}\right)(t-3)B_{3,2}+\left(\frac{1}{2}\right)(6-t)B_{4,2} \end{cases} \tag{3.12}$$

由于有 6 部分，每个 BF 包含 6 个子分量：

$$\begin{cases} B_{0,3}=\{B_{0,3A},B_{0,3B},B_{0,3C},B_{0,3D},B_{0,3E},B_{0,3F}\} \\ B_{1,3}=\{B_{1,3A},B_{1,3B},B_{1,3C},B_{1,3D},B_{1,3E},B_{1,3F}\} \\ B_{2,3}=\{B_{2,3A},B_{2,3B},B_{2,3C},B_{2,3D},B_{2,3E},B_{2,3F}\} \\ B_{3,3}=\{B_{3,3A},B_{3,3B},B_{3,3C},B_{3,3D},B_{3,3E},B_{3,3F}\} \end{cases} \tag{3.13}$$

表 3.2 总结了 BF 值的计算。

表 3.2 二次均匀 B 样条的 BF 计算

段	t	$B_{k,1}$	$B_{k,2}$	$B_{k,3}$
A	$0\leqslant t<1$	$B_{0,1}=1$	$B_{0,2}=t$	$B_{0,3}=(1/2)t^2$
		$B_{1,1}=0$	$B_{1,2}=0$	$B_{1,3}=0$

续表

段	t	$\boldsymbol{B}_{k,1}$	$\boldsymbol{B}_{k,2}$	$\boldsymbol{B}_{k,3}$
A	$0\leqslant t<1$	$B_{2,1}=0$	$B_{2,2}=0$	$B_{2,3}=0$
		$B_{3,1}=0$	$B_{3,2}=0$	$B_{3,3}=0$
		$B_{4,1}=0$	$B_{4,2}=0$	
		$B_{5,1}=0$		
B	$1\leqslant t<2$	$B_{0,1}=0$	$B_{0,2}=2-t$	$B_{0,3}=-t^2+3t-(3/2)$
		$B_{1,1}=1$	$B_{1,2}=t-1$	$B_{1,3}=(1/2)(t-1)^2$
		$B_{2,1}=0$	$B_{2,2}=0$	$B_{2,3}=0$
		$B_{3,1}=0$	$B_{3,2}=0$	$B_{3,3}=0$
		$B_{4,1}=0$	$B_{4,2}=0$	
		$B_{5,1}=0$		
C	$2\leqslant t<3$	$B_{0,1}=0$	$B_{0,2}=0$	$B_{0,3}=(1/2)(t-3)^2$
		$B_{1,1}=0$	$B_{1,2}=3-t$	$B_{1,3}=-t^2+5t-(11/2)$
		$B_{2,1}=1$	$B_{2,2}=t-2$	$B_{2,3}=(1/2)(t-2)^2$
		$B_{3,1}=0$	$B_{3,2}=0$	$B_{3,3}=0$
		$B_{4,1}=0$	$B_{4,2}=0$	
		$B_{5,1}=0$		
D	$3\leqslant t<4$	$B_{0,1}=0$	$B_{0,2}=0$	$B_{0,3}=0$
		$B_{1,1}=0$	$B_{1,2}=0$	$B_{1,3}=(1/2)(t-4)^2$
		$B_{2,1}=0$	$B_{2,2}=4-t$	$B_{2,3}=-t^2+7t-(23/2)$
		$B_{3,1}=1$	$B_{3,2}=t-3$	$B_{3,3}=(1/2)(t-3)^2$
		$B_{4,1}=0$	$B_{4,2}=0$	
		$B_{5,1}=0$		
E	$4\leqslant t<5$	$B_{0,1}=0$	$B_{0,2}=0$	$B_{0,3}=0$
		$B_{1,1}=0$	$B_{1,2}=0$	$B_{1,3}=0$
		$B_{2,1}=0$	$B_{2,2}=0$	$B_{2,3}=(1/2)(t-5)^2$
		$B_{3,1}=0$	$B_{3,2}=5-t$	$B_{3,3}=-t^2+9t-(39/2)$
		$B_{4,1}=1$	$B_{4,2}=t-4$	
		$B_{5,1}=0$		
F	$5\leqslant t<6$	$B_{0,1}=0$	$B_{0,2}=0$	$B_{0,3}=0$
		$B_{1,1}=0$	$B_{1,2}=0$	$B_{1,3}=0$
		$B_{2,1}=0$	$B_{2,2}=0$	$B_{2,3}=0$
		$B_{3,1}=0$	$B_{3,2}=0$	$B_{3,3}=(1/2)(t-6)^2$
		$B_{4,1}=0$	$B_{4,2}=6-t$	
		$B_{5,1}=1$		

将上述值代入式(3.13)，得到：

$$B_{0,3}=\begin{cases}(1/2)t^2 & (0\leqslant t<1)A\\ -t^2+3t-(3/2) & (1\leqslant t<2)B\\ (1/2)(t-3)^2 & (2\leqslant t<3)C\end{cases}$$

$$B_{1,3}=\begin{cases}(1/2)(t-1)^2 & (1\leqslant t<2)B\\ -t^2+5t-(11/2) & (2\leqslant t<3)C\\ (1/2)(t-4)^2 & (3\leqslant t<4)D\end{cases}$$

$$B_{2,3}=\begin{cases}(1/2)(t-2)^2 & (2\leqslant t<3)C\\ -t^2+7t-(23/2) & (3\leqslant t<4)D\\ (1/2)(t-5)^2 & (4\leqslant t<5)E\end{cases} \tag{3.14}$$

$$B_{3,3}=\begin{cases}(1/2)(t-3)^2 & (3\leqslant t<4)D\\ -t^2+9t-(39/2) & (4\leqslant t<5)E\\ (1/2)(t-6)^2 & (5\leqslant t<6)F\end{cases}$$

式(3.14)表示具有 4 个 CP 和 6 个段的二次均匀 B 样条的 BF。BF 的图如图 3.5 所示。每个 BF 具有相同的形状,但相对于前一个 BF 向右移动 1。因此,每个 BF 可以通过将 t 替换为$(t-1)$从前一个 BF 中获得。每个 BF 有 6 个细分,其中 3 个是非零的。$B_{0,3}$ 的第一条曲线对于段 $A(0\leqslant t<1)$、$B(1\leqslant t<2)$、$C(2\leqslant t<3)$具有非零部分,$B_{1,3}$ 的第二条曲线对于段 $B(1\leqslant t<2)$、$C(2\leqslant t<3)$、$D(3\leqslant t<4)$具有非零部分,$B_{2,3}$ 的第三条曲线对于段 $C(2\leqslant t<3)$、$D(3\leqslant t<4)$、$E(4\leqslant t<5)$具有非零部分,$B_{3,3}$ 的第四条曲线对于段 $D(3\leqslant t<4)$、$E(4\leqslant t<5)$、$F(5\leqslant t<6)$具有非零部分。

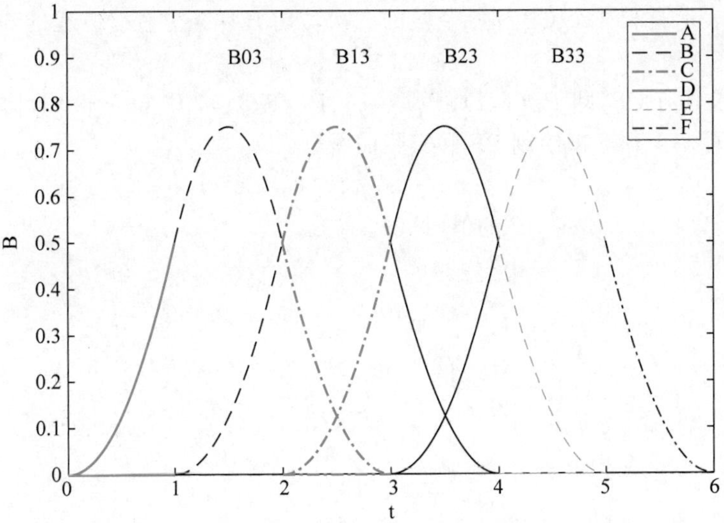

图 3.5 二次均匀 B 样条的 BF

样条方程是其六段方程的集合:

$$P(t)=\begin{cases}P_A & (0\leqslant t<1)\\ P_B & (1\leqslant t<2)\\ P_C & (2\leqslant t<3)\\ P_D & (3\leqslant t<4)\\ P_E & (4\leqslant t<5)\\ P_F & (5\leqslant t<6)\end{cases} \tag{3.15}$$

其中，

$$\begin{cases} P_A = P_0 B_{0,3A} + P_1 B_{1,3A} + P_2 B_{2,3A} + P_3 B_{3,3A} \\ P_B = P_0 B_{0,3B} + P_1 B_{1,3B} + P_2 B_{2,3B} + P_3 B_{3,3B} \\ P_C = P_0 B_{0,3C} + P_1 B_{1,3C} + P_2 B_{2,3C} + P_3 B_{3,3C} \\ P_D = P_0 B_{0,3D} + P_1 B_{1,3D} + P_2 B_{2,3D} + P_3 B_{3,3D} \\ P_E = P_0 B_{0,3E} + P_1 B_{1,3E} + P_2 B_{2,3E} + P_3 B_{3,3E} \\ P_F = P_0 B_{0,3F} + P_1 B_{1,3F} + P_2 B_{2,3F} + P_3 B_{3,3F} \end{cases} \tag{3.16}$$

将表 3.2 中的 BF 值代入式(3.15)并指定它们的有效范围，可以得到：

$$P(t) = \begin{cases} P_0(1/2)t^2 & (0 \leqslant t < 1) \\ P_0(-t^2 + 3t - 3/2) + P_1(1/2)(t-1)^2 & (1 \leqslant t < 2) \\ P_0(1/2)(t-3)^2 + P_1(-t^2 + 5t - 11/2) + P_2(1/2)(t-2)^2 & (2 \leqslant t < 3) \\ P_1(1/2)(t-4)^2 + P_2(-t^2 + 7t - 23/2) + P_3(1/2)(t-3)^2 & (3 \leqslant t < 4) \\ P_2(1/2)(t-5)^2 + P_3(-t^2 + 9t - 39/2) & (4 \leqslant t < 5) \\ P_3(1/2)(t-6)^2 & (5 \leqslant t < 6) \end{cases} \tag{3.17}$$

式(3.17)表示具有 4 个 CP 和 6 个段的二次均匀 B 样条方程。方程的 6 部分代表曲线的 6 个段。

例 3.2 求具有 CP，即 $P_0(1,2)$、$P_1(4,1)$、$P_2(6,5)$和 $P_3(8,-1)$的均匀二次 B 样条方程。还要编写一个程序来绘制 BF 和实际曲线。

解：

根据式(3.17)，代入给定 CP 的值(见图 3.6)：

$$x(t) = \begin{cases} t^2/2 & (0 \leqslant t < 1) \\ t^2 - t + 1/2 & (1 \leqslant t < 2) \\ -t^2/2 + 5t - 11/2 & (2 \leqslant t < 3) \\ 2t - 1 & (3 \leqslant t < 4) \\ -5t^2 + 42t - 81 & (4 \leqslant t < 5) \\ 4(t-6)^2 & (5 \leqslant t < 6) \end{cases}$$

$$y(t) = \begin{cases} t^2 & (0 \leqslant t < 1) \\ -3t^2/2 + 5t - 5/2 & (1 \leqslant t < 2) \\ 5t^2/2 - 11t + 27/2 & (2 \leqslant t < 3) \\ -5t^2 + 34t - 54 & (3 \leqslant t < 4) \\ 7t^2/2 - 34t + 82 & (4 \leqslant t < 5) \\ -(1/2)(t-6)^2 & (5 \leqslant t < 6) \end{cases}$$

MATLAB Code 3.2

```
clear all; format compact; clc;
t0 = 0; t1 = 1; t2 = 2; t3 = 3; t4 = 4; t5 = 5; t6 = 6;
```

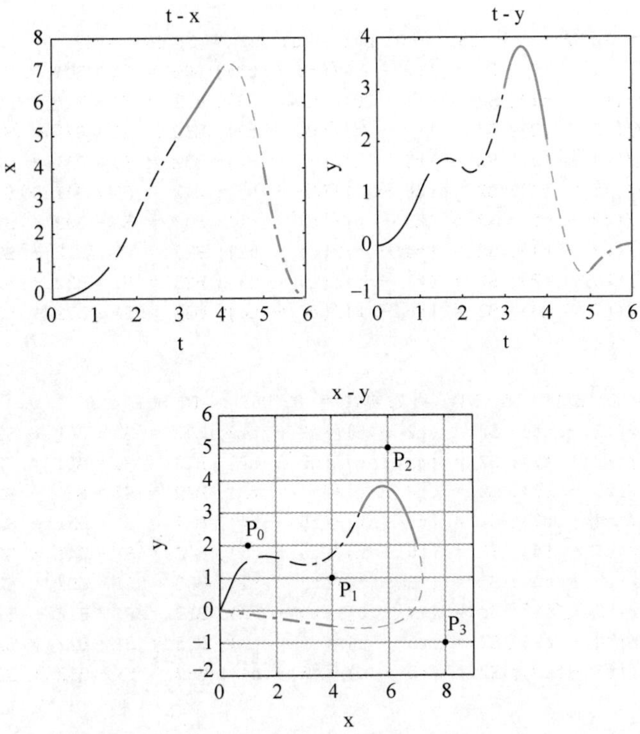

图 3.6 例 3.2 的绘图

```
T = [t0, t1, t2, t3, t4, t5, t6];
syms t P0 P1 P2 P3;

% Segment A
B01 = 1; B11 = 0; B21 = 0; B31 = 0; B41 = 0; B51 = 0; B61 = 0;
S1 = (t - t0)/(t1 - t0); S2 = (t2 - t)/(t2 - t1); B02 = S1 * B01 + S2 * B11; B02A = B02;
S1 = (t - t1)/(t2 - t1); S2 = (t3 - t)/(t3 - t2); B12 = S1 * B11 + S2 * B21; B12A = B12;
S1 = (t - t2)/(t3 - t2); S2 = (t4 - t)/(t4 - t3); B22 = S1 * B21 + S2 * B31; B22A = B22;
S1 = (t - t3)/(t4 - t3); S2 = (t5 - t)/(t5 - t4); B32 = S1 * B31 + S2 * B41; B32A = B32;
S1 = (t - t4)/(t5 - t4); S2 = (t6 - t)/(t6 - t5); B42 = S1 * B41 + S2 * B51; B42A = B42;
S1 = (t - t0)/(t2 - t0); S2 = (t3 - t)/(t3 - t1); B03 = S1 * B02 + S2 * B12; B03A = B03;
S1 = (t - t1)/(t3 - t1); S2 = (t4 - t)/(t4 - t2); B13 = S1 * B12 + S2 * B22; B13A = B13;
S1 = (t - t2)/(t4 - t2); S2 = (t5 - t)/(t5 - t3); B23 = S1 * B22 + S2 * B32; B23A = B23;
S1 = (t - t3)/(t5 - t3); S2 = (t6 - t)/(t6 - t4); B33 = S1 * B32 + S2 * B42; B33A = B33;

% Segment B
B01 = 0; B11 = 1; B21 = 0; B31 = 0; B41 = 0; B51 = 0; B61 = 0;
S1 = (t - t0)/(t1 - t0); S2 = (t2 - t)/(t2 - t1); B02 = S1 * B01 + S2 * B11; B02B = B02;
S1 = (t - t1)/(t2 - t1); S2 = (t3 - t)/(t3 - t2); B12 = S1 * B11 + S2 * B21; B12B = B12;
S1 = (t - t2)/(t3 - t2); S2 = (t4 - t)/(t4 - t3); B22 = S1 * B21 + S2 * B31; B22B = B22;
S1 = (t - t3)/(t4 - t3); S2 = (t5 - t)/(t5 - t4); B32 = S1 * B31 + S2 * B41; B32B = B32;
S1 = (t - t4)/(t5 - t4); S2 = (t6 - t)/(t6 - t5); B42 = S1 * B41 + S2 * B51; B42B = B42;
S1 = (t - t0)/(t2 - t0); S2 = (t3 - t)/(t3 - t1); B03 = S1 * B02 + S2 * B12; B03B = B03;
S1 = (t - t1)/(t3 - t1); S2 = (t4 - t)/(t4 - t2); B13 = S1 * B12 + S2 * B22; B13B = B13;
S1 = (t - t2)/(t4 - t2); S2 = (t5 - t)/(t5 - t3); B23 = S1 * B22 + S2 * B32; B23B = B23;
S1 = (t - t3)/(t5 - t3); S2 = (t6 - t)/(t6 - t4); B33 = S1 * B32 + S2 * B42; B33B = B33;
```

```
% Segment C
B01 = 0; B11 = 0; B21 = 1; B31 = 0; B41 = 0; B51 = 0; B61 = 0;
S1 = (t - t0)/(t1 - t0); S2 = (t2 - t)/(t2 - t1); B02 = S1 * B01 + S2 * B11; B02C = B02;
S1 = (t - t1)/(t2 - t1); S2 = (t3 - t)/(t3 - t2); B12 = S1 * B11 + S2 * B21; B12C = B12;
S1 = (t - t2)/(t3 - t2); S2 = (t4 - t)/(t4 - t3); B22 = S1 * B21 + S2 * B31; B22C = B22;
S1 = (t - t3)/(t4 - t3); S2 = (t5 - t)/(t5 - t4); B32 = S1 * B31 + S2 * B41; B32C = B32;
S1 = (t - t4)/(t5 - t4); S2 = (t6 - t)/(t6 - t5); B42 = S1 * B41 + S2 * B51; B42C = B42;
S1 = (t - t0)/(t2 - t0); S2 = (t3 - t)/(t3 - t1); B03 = S1 * B02 + S2 * B12; B03C = B03;
S1 = (t - t1)/(t3 - t1); S2 = (t4 - t)/(t4 - t2); B13 = S1 * B12 + S2 * B22; B13C = B13;
S1 = (t - t2)/(t4 - t2); S2 = (t5 - t)/(t5 - t3); B23 = S1 * B22 + S2 * B32; B23C = B23;
S1 = (t - t3)/(t5 - t3); S2 = (t6 - t)/(t6 - t4); B33 = S1 * B32 + S2 * B42; B33C = B33;

% Segment D
B01 = 0; B11 = 0; B21 = 0; B31 = 1; B41 = 0; B51 = 0; B61 = 0;
S1 = (t - t0)/(t1 - t0); S2 = (t2 - t)/(t2 - t1); B02 = S1 * B01 + S2 * B11; B02D = B02;
S1 = (t - t1)/(t2 - t1); S2 = (t3 - t)/(t3 - t2); B12 = S1 * B11 + S2 * B21; B12D = B12;
S1 = (t - t2)/(t3 - t2); S2 = (t4 - t)/(t4 - t3); B22 = S1 * B21 + S2 * B31; B22D = B22;
S1 = (t - t3)/(t4 - t3); S2 = (t5 - t)/(t5 - t4); B32 = S1 * B31 + S2 * B41; B32D = B32;
S1 = (t - t4)/(t5 - t4); S2 = (t6 - t)/(t6 - t5); B42 = S1 * B41 + S2 * B51; B42D = B42;
S1 = (t - t0)/(t2 - t0); S2 = (t3 - t)/(t3 - t1); B03 = S1 * B02 + S2 * B12; B03D = B03;
S1 = (t - t1)/(t3 - t1); S2 = (t4 - t)/(t4 - t2); B13 = S1 * B12 + S2 * B22; B13D = B13;
S1 = (t - t2)/(t4 - t2); S2 = (t5 - t)/(t5 - t3); B23 = S1 * B22 + S2 * B32; B23D = B23;
S1 = (t - t3)/(t5 - t3); S2 = (t6 - t)/(t6 - t4); B33 = S1 * B32 + S2 * B42; B33D = B33;

% Segment E
B01 = 0; B11 = 0; B21 = 0; B31 = 0; B41 = 1; B51 = 0; B61 = 0;
S1 = (t - t0)/(t1 - t0); S2 = (t2 - t)/(t2 - t1); B02 = S1 * B01 + S2 * B11; B02E = B02;
S1 = (t - t1)/(t2 - t1); S2 = (t3 - t)/(t3 - t2); B12 = S1 * B11 + S2 * B21; B12E = B12;
S1 = (t - t2)/(t3 - t2); S2 = (t4 - t)/(t4 - t3); B22 = S1 * B21 + S2 * B31; B22E = B22;
S1 = (t - t3)/(t4 - t3); S2 = (t5 - t)/(t5 - t4); B32 = S1 * B31 + S2 * B41; B32E = B32;
S1 = (t - t4)/(t5 - t4); S2 = (t6 - t)/(t6 - t5); B42 = S1 * B41 + S2 * B51; B42E = B42;
S1 = (t - t0)/(t2 - t0); S2 = (t3 - t)/(t3 - t1); B03 = S1 * B02 + S2 * B12; B03E = B03;
S1 = (t - t1)/(t3 - t1); S2 = (t4 - t)/(t4 - t2); B13 = S1 * B12 + S2 * B22; B13E = B13;
S1 = (t - t2)/(t4 - t2); S2 = (t5 - t)/(t5 - t3); B23 = S1 * B22 + S2 * B32; B23E = B23;
S1 = (t - t3)/(t5 - t3); S2 = (t6 - t)/(t6 - t4); B33 = S1 * B32 + S2 * B42; B33E = B33;

% Segment F
B01 = 0; B11 = 0; B21 = 0; B31 = 0; B41 = 0; B51 = 1; B61 = 0;
S1 = (t - t0)/(t1 - t0); S2 = (t2 - t)/(t2 - t1); B02 = S1 * B01 + S2 * B11; B02F = B02;
S1 = (t - t1)/(t2 - t1); S2 = (t3 - t)/(t3 - t2); B12 = S1 * B11 + S2 * B21; B12F = B12;
S1 = (t - t2)/(t3 - t2); S2 = (t4 - t)/(t4 - t3); B22 = S1 * B21 + S2 * B31; B22F = B22;
S1 = (t - t3)/(t4 - t3); S2 = (t5 - t)/(t5 - t4); B32 = S1 * B31 + S2 * B41; B32F = B32;
S1 = (t - t4)/(t5 - t4); S2 = (t6 - t)/(t6 - t5); B42 = S1 * B41 + S2 * B51; B42F = B42;
S1 = (t - t0)/(t2 - t0); S2 = (t3 - t)/(t3 - t1); B03 = S1 * B02 + S2 * B12; B03F = B03;
S1 = (t - t1)/(t3 - t1); S2 = (t4 - t)/(t4 - t2); B13 = S1 * B12 + S2 * B22; B13F = B13;
S1 = (t - t2)/(t4 - t2); S2 = (t5 - t)/(t5 - t3); B23 = S1 * B22 + S2 * B32; B23F = B23;
S1 = (t - t3)/(t5 - t3); S2 = (t6 - t)/(t6 - t4); B33 = S1 * B32 + S2 * B42; B33F = B33;
fprintf('Blending functions :\n');
B03 = [B03A, B03B, B03C, B03D, B03E, B03F]; B03 = simplify(B03)
B13 = [B13A, B13B, B13C, B13D, B13E, B13F]; B13 = simplify(B13)
B23 = [B23A, B23B, B23C, B23D, B23E, B23F]; B23 = simplify(B23)
B33 = [B33A, B33B, B33C, B33D, B33E, B33F]; B33 = simplify(B33)
fprintf('\n');
fprintf('General Equation of Curve :\n');
```

```
P = P0 * B03 + P1 * B13 + P2 * B23 + P3 * B33
fprintf('\n');
x0 = 1; x1 = 4; x2 = 6; x3 = 8;
y0 = 2; y1 = 1; y2 = 5; y3 = -1;
fprintf('Actual Equation :\n');
y = subs(P, ([P0, P1, P2, P3]), ([y0, y1, y2, y3])); y = simplify(y)

% plotting BF
tta = linspace(t0, t1);
ttb = linspace(t1, t2);
ttc = linspace(t2, t3);
ttd = linspace(t3, t4);
tte = linspace(t4, t5);
ttf = linspace(t5, t6);
B03aa = subs(B03A, t, tta);
B03bb = subs(B03B, t, ttb);
B03cc = subs(B03C, t, ttc);
B03dd = subs(B03D, t, ttd);
B03ee = subs(B03E, t, tte);
B03ff = subs(B03F, t, ttf);
B13aa = subs(B13A, t, tta);
B13bb = subs(B13B, t, ttb);
B13cc = subs(B13C, t, ttc);
B13dd = subs(B13D, t, ttd);
B13ee = subs(B13E, t, tte);
B13ff = subs(B13F, t, ttf);
B23aa = subs(B23A, t, tta);
B23bb = subs(B23B, t, ttb);
B23cc = subs(B23C, t, ttc);
B23dd = subs(B23D, t, ttd);
B23ee = subs(B23E, t, tte);
B23ff = subs(B23F, t, ttf);
B33aa = subs(B33A, t, tta);
B33bb = subs(B33B, t, ttb);
B33cc = subs(B33C, t, ttc);
B33dd = subs(B33D, t, ttd);
B33ee = subs(B33E, t, tte);
B33ff = subs(B33F, t, ttf);
figure,
plot(tta, B03aa, 'k-', ttb, B03bb, 'k--', ttc, B03cc, 'k-.', ...
  ttd, B03dd, 'b-', tte, B03ee, 'b--', ttf, B03ff, 'b-.');
hold on;
plot(tta, B13aa, 'k-', ttb, B13bb, 'k--', ttc, B13cc, 'k-.', ...
  ttd, B13dd, 'b-', tte, B13ee, 'b--', ttf, B13ff, 'b-.');
plot(tta, B23aa, 'k-', ttb, B23bb, 'k--', ttc, B23cc, 'k-.', ...
  ttd, B23dd, 'b-', tte, B23ee, 'b--', ttf, B23ff, 'b-.');
plot(tta, B33aa, 'k-', ttb, B33bb, 'k--', ttc, B33cc, 'k-.', ...
  ttd, B33dd, 'b-', tte, B33ee, 'b--', ttf, B33ff, 'b-.');
xlabel ('t'); ylabel('B'); title('B03 - B13 - B23 - B33');
legend('A', 'B', 'C', 'D', 'E', 'F');
hold off;
```

```
% plotting curve
xa = x(1); ya = y(1);
xb = x(2); yb = y(2);
xc = x(3); yc = y(3);
xd = x(4); yd = y(4);
xe = x(5); ye = y(5);
xf = x(6); yf = y(6);
xaa = subs(xa, t, tta); yaa = subs(ya, t, tta);
xbb = subs(xb, t, ttb); ybb = subs(yb, t, ttb);
xcc = subs(xc, t, ttc); ycc = subs(yc, t, ttc);
xdd = subs(xd, t, ttd); ydd = subs(yd, t, ttd);
xee = subs(xe, t, tte); yee = subs(ye, t, tte);
xff = subs(xf, t, ttf); yff = subs(yf, t, ttf);
X = [x0, x1, x2, x3]; Y = [y0, y1, y2, y3];
figure
subplot(131),
plot(tta, xaa, 'k-', ttb, xbb, 'k--', ttc, xcc, 'k-.', ...
  ttd, xdd, 'b-', tte, xee, 'b--', ttf, xff, 'b-.');
xlabel ('t'); ylabel('x'); axis square; title('t-x');
subplot(132),
plot(tta, yaa, 'k-', ttb, ybb, 'k--', ttc, ycc, 'k-.', ...
  ttd, ydd, 'b-', tte, yee, 'b--', ttf, yff, 'b-.')
xlabel ('t'); ylabel('y'); axis square; title('t-y');
subplot(133),
plot(xaa, yaa, 'k-', xbb, ybb, 'k--', xcc, ycc, 'k-.', ...
  xdd, ydd, 'b-', xee, yee, 'b--', xff, yff, 'b-.'); hold on;
scatter(X, Y, 20, 'r', 'filled');
xlabel ('x'); ylabel('y'); axis square; grid; title('x-y');
axis([0 9 -2 6]);
d = 0.5;
text(x0, y0 + d, 'P_0');
text(x1, y1 - d, 'P_1');
text(x2, y2 - d, 'P_2');
text(x3, y3 + d, 'P_3');
hold off;
```

注解

…：将当前命令或函数调用继续到下一行。

simplify：通过解决所有交集和嵌套来简化方程。

3.5 结向量值的证明

现在，是时候为选择我们迄今为止一直使用的[0,1,2,3,…]的KV值提供理由了。让我们首先选择其他一组值并观察我们得到的结果。因此，让我们假设对于均匀二次B样条，将KV更改为$\boldsymbol{T}=[0,5,10,15,20,25,30]$。我们可以任意选择任何一组值，唯一的约束是值之间的间距应该是一致的，这也是对均匀B样条的要求。因此，在这种情况下，我们选择了一个间距为早期值5倍的KV。如果我们按照与3.4节相同的步骤进行并计算BF，会得到如下所示的结果：

$$\left\{\begin{array}{l}B_{0,3}=\begin{cases}(1/50)t^2 & (0\leqslant t<1)A\\ -t^2/25+3t/5-(3/2) & (1\leqslant t<2)B\\ (1/50)(t-15)^2 & (2\leqslant t<3)C\end{cases}\\ B_{1,3}=\begin{cases}(1/50)(t-5)^2 & (1\leqslant t<2)B\\ -t^2/25+t-(11/2) & (2\leqslant t<3)C\\ (1/50)(t-20)^2 & (3\leqslant t<4)D\end{cases}\\ B_{2,3}=\begin{cases}(1/50)(t-10)^2 & (2\leqslant t<3)C\\ -t^2/25+7t/5-(23/2) & (3\leqslant t<4)D\\ (1/50)(t-25)^2 & (4\leqslant t<5)E\end{cases}\\ B_{3,3}=\begin{cases}(1/50)(t-15)^2 & (3\leqslant t<4)D\\ -t^2/25+9t/5-(39/2) & (4\leqslant t<5)E\\ (1/50)(t-30)^2 & (5\leqslant t<6)F\end{cases}\end{array}\right. \tag{3.18}$$

与式(3.14)比较可知，t 已被 $t/5$ 替换，即所有 t 值都已缩放 5 倍。所以现在要获得相同的 B 值需要 t 值比之前大 5 倍。这反映在图 3.7 中的 BF 图中，与图 3.5 中的 BF 图进行比较，它显示的 t 轴要扩大 5 倍。

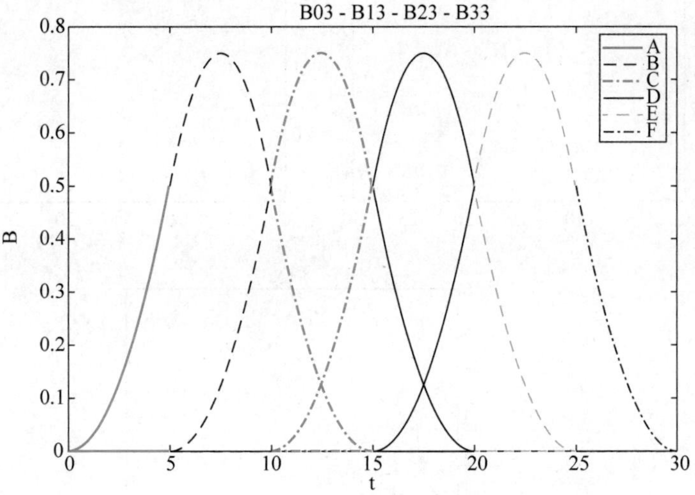

图 3.7　BF 随 KV 的变化而变化

将新的 KV 插入例 3.2 后，我们可以观察到对参数曲线的影响。可以看到下面显示的 $x(t)$ 和 $y(t)$ 的值受到类似于 BF 的影响，即这些值已按 5 倍进行了缩放。

$$x(t)=\begin{cases}t^2/50 & (0\leqslant t<5)\\ t^2/25-t/5+1/2 & (5\leqslant t<10)\\ -t^2/50+t-11/2 & (10\leqslant t<15)\\ 2t/5-1 & (15\leqslant t<20)\\ -t^2/5+42t/5-81 & (20\leqslant t<25)\\ (4/25)(t-30)^2 & (25\leqslant t<30)\end{cases}$$

$$y(t)=\begin{cases} t^2/25 & (0\leqslant t<5)\\ -3t^2/50+t-5/2 & (5\leqslant t<10)\\ t^2/10-11t/5+27/2 & (10\leqslant t<15)\\ -t^2/5+34t/5-54 & (15\leqslant t<20)\\ 7t^2/50-34t/5+82 & (20\leqslant t<25)\\ -(1/50)(t-30)^2 & (25\leqslant t<30)\end{cases}$$

在绘制实际曲线时，可以看到 x-t 和 y-t 图受到类似影响，即 t 值已更改 5 倍。请参见图 3.8，不同的线型表示分段间隔。然而，由于 x 和 y 值保持不变，x-y 图与以前完全相同，因为它不受 t 值的任何变化的影响，只要它以相同的量均匀地影响 x 和 y 值。例如，对于图 3.6，有 $t=2$，$x=2.5$，$y=1.5$，而对于图 3.8，有 $t=10$，$x=2.5$，$y=1.5$，这意味着 x 与 y 保持不变，即不受影响。这对所有点都是正确的，因此曲线的 x-y 图与以前相同。显然，对于任何改变 t 的比例因子都是如此。

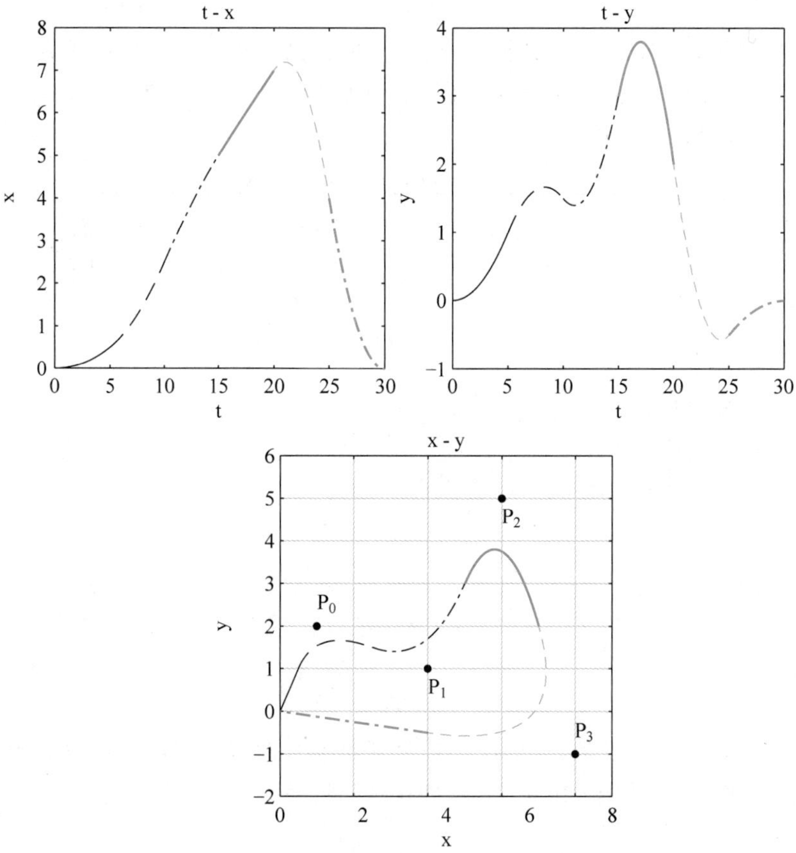

图 3.8 曲线方程随 KV 变化的变化

鼓励读者使用不同的 KV 值生成图表并验证结果，可以通过使用 MATLAB Code 3.2 并简单地更改程序第二行中的 KV 来轻松地做到这一点。

这使我们得出结论，空间域中的实际曲线与 KV 值无关，因为它不依赖于 t 值的比例因子。因此，习惯上选择最小的 t 值，即 0，1，2，…以降低方程的复杂性，但实际上，我们可以为 KV 选择任何值并得到相同的结果。

3.6 二次开放均匀 B 样条

在开放均匀样条曲线中，KV 是均匀的，除了重复 d 次的末端，其中 $(d-1)$ 是曲线的次数。重复值称为多重性。多重性意味着 Cox de Boor 项的分母在许多情况下都为零。因此，这里需要做一个重要的假设：除以零被视为零。

考虑一个 $d=3$ 和 $n=3$ 的二次开放均匀 B 样条。让 KV 选择为 $\boldsymbol{T}=\{1,1,1,2,3,3,3\}$。如前所述，进行分段分析，获得的结果列于表 3.3 中。

表 3.3 二次开放均匀 B 样条的 BF 计算

段	t	$B_{k,1}$	$B_{k,2}$	$B_{k,3}$
A	$0\leqslant t<1$	$B_{0,1}=1$	$B_{0,2}=0$	$B_{0,3}=0$
		$B_{1,1}=0$	$B_{1,2}=0$	$B_{1,3}=0$
		$B_{2,1}=0$	$B_{2,2}=0$	$B_{2,3}=0$
		$B_{3,1}=0$	$B_{3,2}=0$	$B_{3,3}=0$
		$B_{4,1}=0$	$B_{4,2}=0$	
		$B_{5,1}=0$		
B	$1\leqslant t<2$	$B_{0,1}=0$	$B_{0,2}=0$	$B_{0,3}=0$
		$B_{1,1}=1$	$B_{1,2}=0$	$B_{1,3}=0$
		$B_{2,1}=0$	$B_{2,2}=0$	$B_{2,3}=0$
		$B_{3,1}=0$	$B_{3,2}=0$	$B_{3,3}=0$
		$B_{4,1}=0$	$B_{4,2}=0$	
		$B_{5,1}=0$		
C	$2\leqslant t<3$	$B_{0,1}=0$	$B_{0,2}=0$	$B_{0,3}=(t-2)^2$
		$B_{1,1}=0$	$B_{1,2}=2-t$	$B_{1,3}=-(3/2)t^2+5t-(7/2)$
		$B_{2,1}=1$	$B_{2,2}=t-1$	$B_{2,3}=(1/2)(t-1)^2$
		$B_{3,1}=0$	$B_{3,2}=0$	$B_{3,3}=0$
		$B_{4,1}=0$	$B_{4,2}=0$	
		$B_{5,1}=0$		
D	$3\leqslant t<4$	$B_{0,1}=0$	$B_{0,2}=0$	$B_{0,3}=0$
		$B_{1,1}=0$	$B_{1,2}=0$	$B_{1,3}=(1/2)(t-3)^2$
		$B_{2,1}=0$	$B_{2,2}=3-t$	$B_{2,3}=-(3/2)t^2+7t-(15/2)$
		$B_{3,1}=1$	$B_{3,2}=t-2$	$B_{3,3}=(t-2)^2$
		$B_{4,1}=0$	$B_{4,2}=0$	
		$B_{5,1}=0$		
E	$4\leqslant t<5$	$B_{0,1}=0$	$B_{0,2}=0$	$B_{0,3}=0$
		$B_{1,1}=0$	$B_{1,2}=0$	$B_{1,3}=0$
		$B_{2,1}=0$	$B_{2,2}=0$	$B_{2,3}=0$
		$B_{3,1}=0$	$B_{3,2}=0$	$B_{3,3}=0$
		$B_{4,1}=1$	$B_{4,2}=0$	
		$B_{5,1}=0$		
F	$5\leqslant t<6$	$B_{0,1}=0$	$B_{0,2}=0$	$B_{0,3}=0$
		$B_{1,1}=0$	$B_{1,2}=0$	$B_{1,3}=0$

续表

段	t	$\boldsymbol{B}_{k,1}$	$\boldsymbol{B}_{k,2}$	$\boldsymbol{B}_{k,3}$
F	$5 \leqslant t < 6$	$B_{2,1}=0$	$B_{2,2}=0$	$B_{2,3}=0$
		$B_{3,1}=0$	$B_{3,2}=0$	$B_{3,3}=0$
		$B_{4,1}=0$	$B_{4,2}=0$	
		$B_{5,1}=1$		

将上述值代入式(3.13)，得到：

$$
\begin{cases}
B_{0,3}=(t-2)^2 \quad (2 \leqslant t < 3)C \\
B_{1,3}=\begin{cases} -(3/2)t^2+5t-(7/2) & (2 \leqslant t < 3)C \\ (1/2)(t-3)^2 & (3 \leqslant t < 4)D \end{cases} \\
B_{2,3}=\begin{cases} (1/2)(t-1)^2 & (2 \leqslant t < 3)C \\ -(3/2)t^2+7t-(15/2) & (3 \leqslant t < 4)D \end{cases} \\
B_{3,3}=(t-2)^2 \quad (3 \leqslant t < 4)D
\end{cases}
\tag{3.19}
$$

式(3.19)表示具有 4 个 CP 的二次开放均匀 B 样条的 BF。BF 的图如图 3.9 所示。仅存在与段 $C(2 \leqslant t < 3)$ 和 $D(3 \leqslant t < 4)$ 相关的部分。

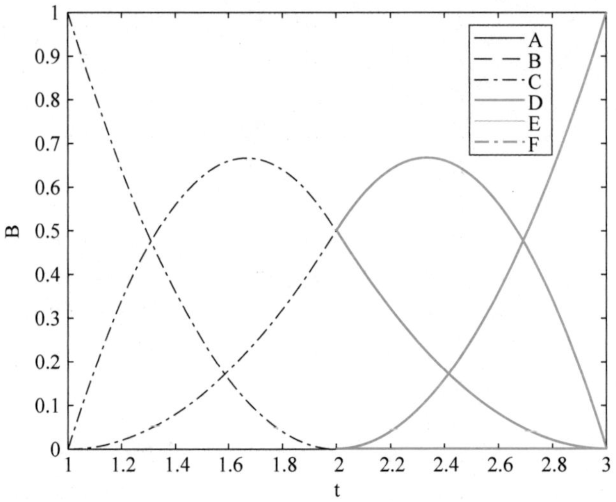

图 3.9 二次开放均匀 B 样条的 BF

曲线方程是通过将 BF 值代入式(3.15)得到的：

$$
P(t)=\begin{cases}
0 & (0 \leqslant t < 1) \\
0 & (1 \leqslant t < 2) \\
P_0(t-2)^2+P_1\left(-\dfrac{3}{2}t^2+5t-\dfrac{7}{2}\right)+P_2\left(\dfrac{1}{2}\right)(t-1)^2 & (2 \leqslant t < 3) \\
P_1\left(\dfrac{1}{2}\right)(t-3)^2+P_2\left(-\dfrac{3}{2}t^2+7t-\dfrac{15}{2}\right)+P_3(t-2)^2 & (3 \leqslant t < 4) \\
0 & (4 \leqslant t < 5) \\
0 & (5 \leqslant t < 6)
\end{cases}
\tag{3.20}
$$

图 3.10 中的曲线图显示了多重性对样条曲线的影响：它迫使曲线实际通过第一个和最后一个 CP。这创建了一条只有两条线段 C 和 D 的样条曲线，而其他线段 A、B、E 和 F 不存在。因此，我们可以得出结论，若 KV 具有重复值，则近似样条可以表现得像插值样条或混合样条那样。

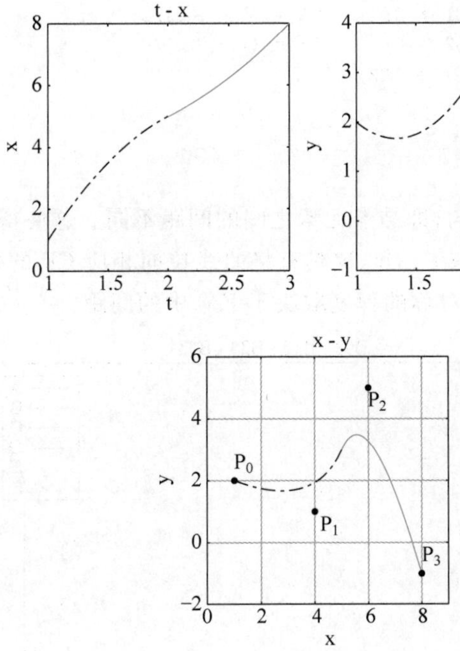

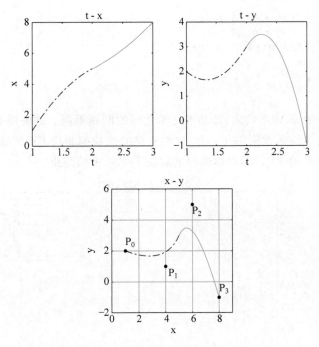

图 3.10 开放均匀二次 B 样条曲线

例 3.3 求具有 CP，即 $P_0(1,2)$、$P_1(4,1)$、$P_2(6,5)$和 $P_3(8,-1)$的开放均匀二次 B 样条方程。还要编写一个程序来绘制 BF 和实际曲线。

解：

根据式(3.20)，代入给定 CP 的值得到：

$$x(t)=\begin{cases}0 & (0\leqslant t<1)\\0 & (1\leqslant t<2)\\-2t^2+10t-7 & (2\leqslant t<3)\\t^2-2t+5 & (3\leqslant t<4)\\0 & (4\leqslant t<5)\\0 & (5\leqslant t<6)\end{cases}$$

$$y(t)=\begin{cases}0 & (0\leqslant t<1)\\0 & (1\leqslant t<2)\\3t^2-8t+7 & (2\leqslant t<3)\\-8t^2+36t-37 & (3\leqslant t<4)\\0 & (4\leqslant t<5)\\0 & (5\leqslant t<6)\end{cases}$$

MATLAB Code 3.3

该代码与 MATLAB Code 3.2 几乎完全相同，除了在计算每个 BF 之前进行额外检查以避免被零除的情况。如果存在被零除条件，则表达式将替换为 0；否则，应按正常流程计算。说明如下。

```
D = (t1 - t0); if D = = 0, S1 = 0; else S1 = (t - t0)/D; end;
D = (t2 - t1); if D = = 0, S2 = 0; else S2 = (t - t0)/D; end;
B02 = S1 * B01 + S2 * B11; B02A = B02;
```

3.7 二次非均匀 B 样条

在非均匀样条中，KV 不均匀，即结点元素之间的间距不同。这使得 BF 不对称，并且它们倾向于在间距较小的地方聚集在一起，这具有将曲线拉向相应 CP 的效果。图 3.11 显示了二次非均匀 B 样条的 BF。不对称的程度取决于 KV 中的间距。

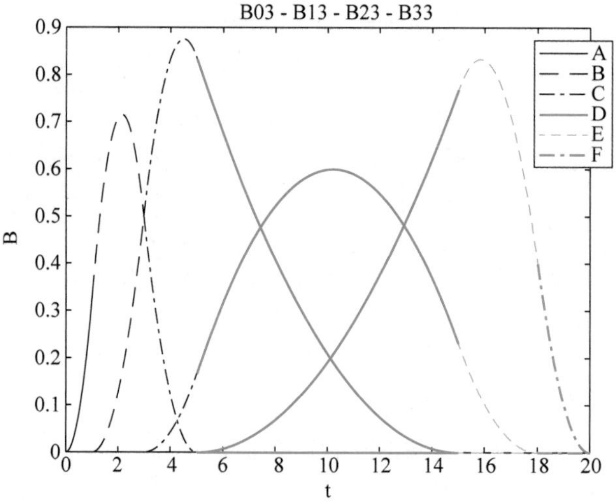

图 3.11 二次非均匀 B 样条的 BF

例 3.4 求具有 CP，即 $P_0(1,2)$、$P_1(4,1)$、$P_2(6,5)$ 和 $P_3(8,-1)$ 的二次非均匀 B 样条方程，假设 KV 为 $\boldsymbol{T}=[0,1,3,5,15,18,20]$。

解：

使用分段分析：

$$x(t)=\begin{cases} t^2/3 & (0 \leqslant t < 1) \\ 5t^2/24+t/4-1/8 & (1 \leqslant t < 2) \\ -7t^2/24+13t/4-37/8 & (2 \leqslant t < 3) \\ -t^2/780+9t/26+137/52 & (3 \leqslant t < 4) \\ -38t^2/65+232t/13-1672/13 & (4 \leqslant t < 5) \\ 4(t-20)^2/5 & (5 \leqslant t < 6) \end{cases}$$

$$y(t)=\begin{cases}2t^2/3 & (0\leqslant t<1)\\ -11t^2/24+9t/4-9/8 & (1\leqslant t<2)\\ 7t^2/24-9t/4+45/8 & (2\leqslant t<3)\\ -t^2/390+9t/13+95/26 & (3\leqslant t<4)\\ 43t^2/195-98t/13+830/13 & (4\leqslant t<5)\\ -(t-20)^2/10 & (5\leqslant t<6)\end{cases}$$

MATLAB Code 3.4

与 MATLAB Code 3.2 相同，但 KV 有所变化。

3.8 三次均匀 B 样条

三次均匀 B 样条的处理方式与二次均匀 B 样条的处理方式大致相同，但由 Cox de Boor 算法生成的四阶 BF 项产生了额外的复杂性。

为了生成三次均匀 B 样条，我们需要从 $d=4$ 和 $n=4$ 开始：

曲线的阶数：$d-1=3$。

CP 数量：$n+1=5$。

曲线段数：$d+n=8$。

KV 中的元素数：$d+n+1=9$。

设曲线段为 A、B、C、D、E、F、G 和 H，CP 为 P_0、P_1、P_2、P_3 和 P_4（见图 3.12）。

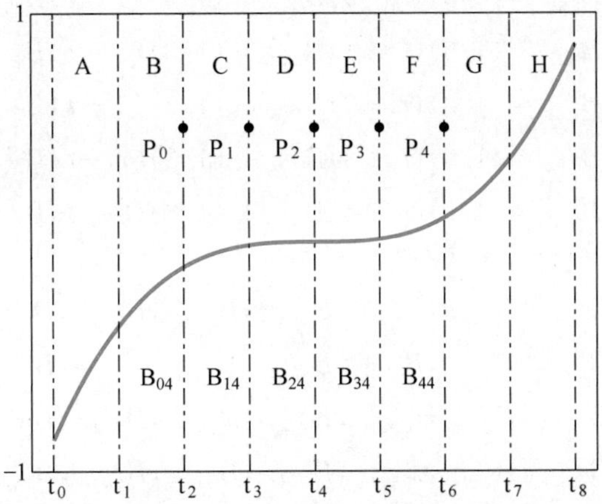

图 3.12 具有 5 个 CP 的三次均匀 B 样条

对于 $k=\{0,1,2,3,4,5,6,7,8\}$，令 KV 为 $\boldsymbol{T}=\{t_k\}$。在这种情况下，$\boldsymbol{T}=[t_0,t_1,t_2,t_3,t_4,t_5,t_6,t_7,t_8]$。

设 BF 为 $B_{0,4}$、$B_{1,4}$、$B_{2,4}$、$B_{3,4}$ 和 $B_{4,4}$。

曲线方程由下式给出：

$$P(t)=P_0B_{0,4}+P_1B_{1,4}+P_2B_{2,4}+P_3B_{3,4}+P_4B_{4,4} \tag{3.21}$$

如前所述，我们假设 KV 为 $\boldsymbol{T}=[0,1,2,3,4,5,6,7,8]$。根据第一个 Cox de Boor 算法的条件，一阶项 $B_{0,1}$，$B_{1,1}$，$B_{2,1}$，$B_{3,1}$，$B_{4,1}$，$B_{5,1}$，$B_{6,1}$，$B_{7,1}$ 和 $B_{8,1}$ 将为 0 或 1。二阶项计

算如下：

$$\begin{cases} B_{0,2}=(t-0)B_{0,1}+(2-t)B_{1,1} \\ B_{1,2}=(t-1)B_{1,1}+(3-t)B_{2,1} \\ B_{2,2}=(t-2)B_{2,1}+(4-t)B_{3,1} \\ B_{3,2}=(t-3)B_{3,1}+(5-t)B_{4,1} \\ B_{4,2}=(t-4)B_{4,1}+(6-t)B_{5,1} \\ B_{5,2}=(t-5)B_{5,1}+(7-t)B_{6,1} \\ B_{6,2}=(t-6)B_{6,1}+(8-t)B_{7,1} \\ B_{7,2}=(t-7)B_{7,1}+(9-t)B_{8,1} \end{cases} \tag{3.22}$$

三阶项由二阶项计算得出：

$$\begin{cases} B_{0,3}=(1/2)(t-0)B_{0,2}+(1/2)(3-t)B_{1,2} \\ B_{1,3}=(1/2)(t-1)B_{1,2}+(1/2)(4-t)B_{2,2} \\ B_{2,3}=(1/2)(t-2)B_{2,2}+(1/2)(5-t)B_{3,2} \\ B_{3,3}=(1/2)(t-3)B_{3,2}+(1/2)(6-t)B_{4,2} \\ B_{4,3}=(1/2)(t-4)B_{4,2}+(1/2)(7-t)B_{5,2} \\ B_{5,3}=(1/2)(t-5)B_{5,2}+(1/2)(8-t)B_{6,2} \\ B_{6,3}=(1/2)(t-6)B_{6,2}+(1/2)(9-t)B_{7,2} \end{cases} \tag{3.23}$$

四阶项由三阶项计算得出：

$$\begin{cases} B_{0,4}=(1/3)(t-0)B_{0,3}+(1/3)(4-t)B_{1,3} \\ B_{1,4}=(1/3)(t-1)B_{1,3}+(1/3)(5-t)B_{2,3} \\ B_{2,4}=(1/3)(t-2)B_{2,3}+(1/3)(6-t)B_{3,3} \\ B_{3,4}=(1/3)(t-3)B_{3,3}+(1/3)(7-t)B_{4,3} \\ B_{4,4}=(1/3)(t-4)B_{4,3}+(1/3)(8-t)B_{5,3} \end{cases} \tag{3.24}$$

由于有 8 个段，每个 BF 包含 8 个子分量：

$$\begin{cases} B_{0,4}=\{B_{0,4A},B_{0,4B},B_{0,4C},B_{0,4D},B_{0,4E},B_{0,4F},B_{0,4G},B_{0,4H}\} \\ B_{1,4}=\{B_{1,4A},B_{1,4B},B_{1,4C},B_{1,4D},B_{1,4E},B_{1,4F},B_{1,4G},B_{1,4H}\} \\ B_{2,4}=\{B_{2,4A},B_{2,4B},B_{2,4C},B_{2,4D},B_{2,4E},B_{2,4F},B_{2,4G},B_{2,4G}\} \\ B_{3,4}=\{B_{3,4A},B_{3,4B},B_{3,4C},B_{3,4D},B_{3,4E},B_{3,4F},B_{3,4G},B_{3,4H}\} \\ B_{4,4}=\{B_{4,4A},B_{4,4B},B_{4,4C},B_{4,4D},B_{4,4E},B_{4,4F},B_{4,4G},B_{4,4H}\} \end{cases} \tag{3.25}$$

表 3.4 总结了对 BF 值的计算。

表 3.4 三次均匀 B 样条的 BF 计算

段	t	$\boldsymbol{B}_{k,1}$	$\boldsymbol{B}_{k,2}$	$\boldsymbol{B}_{k,3}$	$\boldsymbol{B}_{k,4}$
A	$0\leqslant t<1$	$B_{0,1}=1$	$B_{0,2}=t$	$B_{0,3}=(1/2)t^2$	$B_{0,4}=(1/6)t^3$
		$B_{1,1}=0$	$B_{1,2}=0$	$B_{1,3}=0$	
		$B_{2,1}=0$	$B_{2,2}=0$	$B_{2,3}=0$	

续表

段	t	$B_{k,1}$	$B_{k,2}$	$B_{k,3}$	$B_{k,4}$
A	$0\leqslant t<1$	$B_{3,1}=0$	$B_{3,2}=0$	$B_{3,3}=0$	
		$B_{4,1}=0$	$B_{4,2}=0$		
		$B_{5,1}=0$			
		$B_{6,1}=0$			
		$B_{7,1}=0$			
B	$1\leqslant t<2$	$B_{0,1}=0$	$B_{0,2}=2-t$	$B_{0,3}=-t^2+3t-(3/2)$	$B_{0,4}=-(1/3)t^3+2t^2-2t+(2/3)$
		$B_{1,1}=1$	$B_{1,2}=t-1$	$B_{1,3}=(1/2)(t-1)^2$	$B_{1,4}=(1/6)(t-1)^3$
		$B_{2,1}=0$	$B_{2,2}=0$	$B_{2,3}=0$	
		$B_{3,1}=0$	$B_{3,2}=0$	$B_{3,3}=0$	
		$B_{4,1}=0$	$B_{4,2}=0$		
		$B_{5,1}=0$			
		$B_{6,1}=0$			
		$B_{7,1}=0$			
C	$2\leqslant t<3$	$B_{0,1}=0$	$B_{0,2}=0$	$B_{0,3}=(1/2)(t-3)^2$	$B_{0,4}=-(1/2)t^3-4t^2+10t-(22/3)$
		$B_{1,1}=0$	$B_{1,2}=3-t$	$B_{1,3}=-t^2+5t-(11/2)$	$B_{1,4}=-(1/2)t^3+(7/2)t^2-(15/2)t+(31/6)$
		$B_{2,1}=1$	$B_{2,2}=t-2$	$B_{2,3}=(1/2)(t-2)^2$	$B_{2,4}=(1/6)(t-2)^3$
		$B_{3,1}=0$	$B_{3,2}=0$	$B_{3,3}=0$	
		$B_{4,1}=0$	$B_{4,2}=0$		
		$B_{5,1}=0$			
		$B_{6,1}=0$			
		$B_{7,1}=0$			
D	$3\leqslant t<4$	$B_{0,1}=0$	$B_{0,2}=0$	$B_{0,3}=0$	$B_{0,4}=-(1/6)(t-4)^3$
		$B_{1,1}=0$	$B_{1,2}=0$	$B_{1,3}=(1/2)(t-4)^2$	$B_{1,4}=(1/2)t^3-(11/2)t^2+(39/2)t-(131/6)$
		$B_{2,1}=0$	$B_{2,2}=4-t$	$B_{2,3}=-t^2+7t-(23/2)$	$B_{2,4}=-(1/2)t^3+(5/2)t^2-16t+(50/3)$
		$B_{3,1}=1$	$B_{3,2}=t-3$	$B_{3,3}=(1/2)(t-3)^2$	$B_{3,4}=(1/6)(t-3)^3$
		$B_{4,1}=0$	$B_{4,2}=0$		
		$B_{5,1}=0$			
		$B_{6,1}=0$			
		$B_{7,1}=0$			

续表

段	t	$\boldsymbol{B}_{k,1}$	$\boldsymbol{B}_{k,2}$	$\boldsymbol{B}_{k,3}$	$\boldsymbol{B}_{k,4}$
E	$4\leqslant t<5$	$B_{0,1}=0$	$B_{0,2}=0$	$B_{0,3}=0$	
		$B_{1,1}=0$	$B_{1,2}=0$	$B_{1,3}=0$	$B_{1,4}=-(1/6)(t-5)^3$
		$B_{2,1}=0$	$B_{2,2}=0$	$B_{2,3}=(1/2)(t-5)^2$	$B_{2,4}=(1/2)t^3-(7/2)t^2+32t-(142/3)$
		$B_{3,1}=0$	$B_{3,2}=5-t$	$B_{3,3}=-t^2+9t-(39/2)$	$B_{3,4}=-(1/2)t^3+(13/2)t^2-(55/2)t+(229/6)$
		$B_{4,1}=1$	$B_{4,2}=t-4$	$B_{4,3}=(1/2)(t-4)^2$	$B_{4,4}=(1/6)(t-4)^3$
		$B_{5,1}=0$			
		$B_{6,1}=0$			
		$B_{7,1}=0$			
F	$5\leqslant t<6$	$B_{0,1}=0$	$B_{0,2}=0$	$B_{0,3}=0$	
		$B_{1,1}=0$	$B_{1,2}=0$	$B_{1,3}=0$	
		$B_{2,1}=0$	$B_{2,2}=0$	$B_{2,3}=0$	$B_{2,4}=-(1/6)(t-6)^3$
		$B_{3,1}=0$	$B_{3,2}=0$	$B_{3,3}=(1/2)(t-6)^2$	$B_{3,4}=(1/2)t^3-(17/2)t^2+(95/2)t-(521/6)$
		$B_{4,1}=0$	$B_{4,2}=6-t$	$B_{4,3}=-t^2+11t-(59/2)$	$B_{4,4}=-(1/2)t^3+8t^2-42t+(218/3)$
		$B_{5,1}=1$	$B_{5,2}=t-5$	$B_{5,3}=(1/2)(t-5)^2$	
		$B_{6,1}=0$			
		$B_{7,1}=0$			
G	$6\leqslant t<7$	$B_{0,1}=0$	$B_{0,2}=0$	$B_{0,3}=0$	
		$B_{1,1}=0$	$B_{1,2}=0$	$B_{1,3}=0$	
		$B_{2,1}=0$	$B_{2,2}=0$	$B_{2,3}=0$	
		$B_{3,1}=0$	$B_{3,2}=0$	$B_{3,3}=0$	$B_{3,4}=-(1/6)(t-7)^3$
		$B_{4,1}=0$	$B_{4,2}=0$	$B_{4,3}=(1/2)(t-7)^2$	$B_{4,4}=(1/2)t^3-10t^2+66t-(430/3)$
		$B_{5,1}=0$	$B_{5,2}=7-t$	$B_{5,3}=-t^2+13t-(83/2)$	
		$B_{6,1}=1$	$B_{6,2}=t-6$	$B_{6,3}=(1/2)(t-6)^2$	
		$B_{7,1}=0$			
H	$7\leqslant t<8$	$B_{0,1}=0$	$B_{0,2}=0$	$B_{0,3}=0$	
		$B_{1,1}=0$	$B_{1,2}=0$	$B_{1,3}=0$	
		$B_{2,1}=0$	$B_{2,2}=0$	$B_{2,3}=0$	
		$B_{3,1}=0$	$B_{3,2}=0$	$B_{3,3}=0$	
		$B_{4,1}=0$	$B_{4,2}=0$	$B_{4,3}=0$	$B_{4,4}=-(1/6)(t-8)^3$
		$B_{5,1}=0$	$B_{5,2}=0$	$B_{5,3}=(1/2)(t-8)^2$	
		$B_{6,1}=0$	$B_{6,2}=8-t$	$B_{6,3}=-(1/2)t^2+7t-24$	
		$B_{7,1}=1$	$B_{7,2}=t-7$		

将上述值代入式(3.25)，可以得到：

$$
\begin{cases}
B_{0,4}=\begin{cases}(1/6)t^3 & (0\leqslant t<1)A\\ -(1/3)t^3+2t^2-2t+(2/3) & (1\leqslant t<2)B\\ -(1/2)t^3-4t^2+10t-(22/3) & (2\leqslant t<3)C\\ -(1/6)(t-4)^3 & (3\leqslant t<4)D\end{cases}\\
B_{1,4}=\begin{cases}(1/6)(t-1)^3 & (1\leqslant t<2)B\\ -(1/2)t^3+(7/2)t^2-(15/2)t+(31/6) & (2\leqslant t<3)C\\ (1/2)t^3-(11/2)t^2+(39/2)t-(131/6) & (3\leqslant t<4)D\\ -(1/6)(t-5)^3 & (4\leqslant t<5)E\end{cases}\\
B_{2,4}=\begin{cases}(1/6)(t-2)^3 & (2\leqslant t<3)C\\ -(1/2)t^3+(5/2)t^2-16t+(50/3) & (3\leqslant t<4)D\\ (1/2)t^3-(7/2)t^2+32t-(142/3) & (4\leqslant t<5)E\\ -(1/6)(t-6)^3 & (5\leqslant t<6)F\end{cases}\\
B_{3,4}=\begin{cases}(1/6)(t-3)^3 & (3\leqslant t<4)D\\ -(1/2)t^3+(13/2)t^2-(55/2)t+(229/6) & (4\leqslant t<5)E\\ (1/2)t^3-(17/2)t^2+(95/2)t-(521/6) & (5\leqslant t<6)F\\ -(1/6)(t-7)^3 & (6\leqslant t<7)G\end{cases}\\
B_{4,4}=\begin{cases}(1/6)(t-4)^3 & (4\leqslant t<5)E\\ -(1/2)t^3+8t^2-42t+(218/3) & (5\leqslant t<6)F\\ (1/2)t^3-10t^2+66t-(430/3) & (6\leqslant t<7)G\\ -(1/6)(t-8)^3 & (7\leqslant t<8)H\end{cases}
\end{cases}
\tag{3.26}
$$

式(3.26)表示具有 5 个 CP 和 8 个段的三次均匀 B 样条的 BF。BF 的图如图 3.13 所示。每个 BF 具有相同的形状,但相对于前一个向右移动 1。因此,每个 BF 可以通过将 t 替换为 $(t-1)$ 从前一个 BF 获得。如式(3.26)所示,每个 BF 有 8 个细分,其中 4 个是非零的。$B_{0,4}$ 的第一条曲线对于分段 $A(0\leqslant t<1)$、$B(1\leqslant t<2)$、$C(2\leqslant t<3)$ 和 $D(3\leqslant t<4)$ 具有非零部分,$B_{1,4}$ 的第二条曲线对于分段 $B(1\leqslant t<2)$、$C(2\leqslant t<3)$、$D(3\leqslant t<4)$ 和 $E(4\leqslant t<5)$ 具有非零部分,$B_{2,4}$ 的第三条曲线对于分段 $C(2\leqslant t<3)$、$D(3\leqslant t<4)$、$E(4\leqslant t<5)$ 和 $F(5\leqslant t<6)$ 具有非零部分,$B_{3,4}$ 的第四条曲线对于分段 $D(3\leqslant t<4)$、$E(4\leqslant t<5)$、$F(5\leqslant t<6)$ 和 $G(6\leqslant t<7)$ 具有非零部分,$B_{4,4}$ 的第五条曲线对于分段 $E(4\leqslant t<5)$、$F(5\leqslant t<6)$、$G(6\leqslant t<7)$ 和 $H(7\leqslant t<8)$ 具有非零部分。由于 BF 与 CP 相关联,因此这提供了三次样条的局部控制属性的指示。第一个 CP 对前 4 个段 A、B、C 和 D 有影响,第二个 CP 对 B、C、D 和 E 有影响,以此类推。这意味着如果第一个 CP 发生更改,它将仅影响前 4 个段,而样条的其余部分将保持不变。

样条方程是其八段方程的集合:

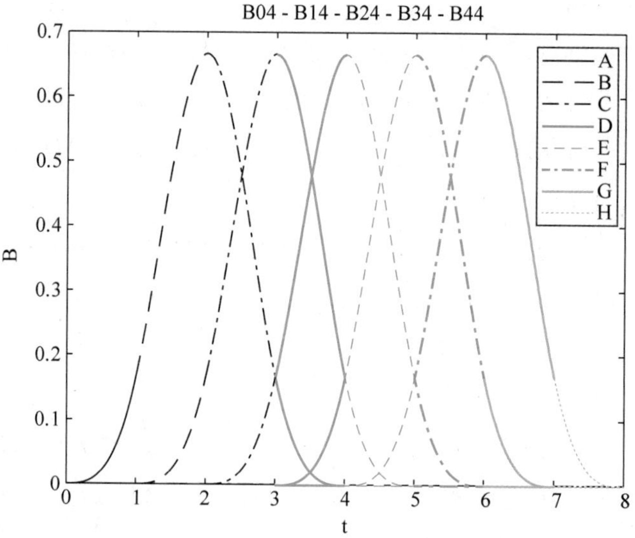

图 3.13　具有 5 个 CP 的三次均匀 B 样条的 BF

$$P(t)=\begin{cases}P_A & (0\leqslant t<1)\\ P_B & (1\leqslant t<2)\\ P_C & (2\leqslant t<3)\\ P_D & (3\leqslant t<4)\\ P_E & (4\leqslant t<5)\\ P_F & (5\leqslant t<6)\\ P_G & (6\leqslant t<7)\\ P_H & (7\leqslant t<8)\end{cases}\tag{3.27}$$

其中，

$$\begin{cases}P_A=P_0B_{0,4A}+P_1B_{1,4A}+P_2B_{2,4A}+P_3B_{3,4A}+P_4B_{4,4A}\\ P_B=P_0B_{0,4B}+P_1B_{1,4B}+P_2B_{2,4B}+P_3B_{3,4B}+P_4B_{4,4B}\\ P_C=P_0B_{0,4C}+P_1B_{1,4C}+P_2B_{2,4C}+P_3B_{3,4C}+P_4B_{4,4C}\\ P_D=P_0B_{0,4D}+P_1B_{1,4D}+P_2B_{2,4D}+P_3B_{3,4D}+P_4B_{4,4D}\\ P_E=P_0B_{0,4E}+P_1B_{1,4E}+P_2B_{2,4E}+P_3B_{3,4E}+P_4B_{4,4E}\\ P_F=P_0B_{0,4F}+P_1B_{1,4F}+P_2B_{2,4F}+P_3B_{3,4F}+P_4B_{4,4F}\\ P_G=P_0B_{0,4G}+P_1B_{1,4G}+P_2B_{2,4G}+P_3B_{3,4G}+P_4B_{4,4G}\\ P_H=P_0B_{0,4H}+P_1B_{1,4H}+P_2B_{2,4H}+P_3B_{3,4H}+P_4B_{4,4H}\end{cases}\tag{3.28}$$

将表 3.4 中的 BF 值代入式(3.28)，可以得到：

$$P(t)=\begin{cases}P_0\left(\frac{1}{6}\right)t^3\\ P_0\left(-\frac{t^3}{3}+2t^2-2t+\frac{2}{3}\right)+P_1\left(\frac{1}{6}\right)(t-1)^3\\ P_0\left(-\frac{t^3}{2}-4t^2+10t-\frac{22}{3}\right)+P_1\left(-\frac{t^3}{2}+\frac{7t^2}{2}-\frac{15t}{2}+\frac{31}{6}\right)+P_2\left(\frac{1}{6}\right)(t-2)^3\\ P_0\left(\frac{1}{6}\right)(4-t)^3+P_1\left(\frac{t^3}{2}-\frac{11t^2}{2}+\frac{39t}{2}-\frac{131}{6}\right)+P_2\left(-\frac{t^3}{2}+\frac{5t^2}{2}-16t+\frac{50}{3}\right)+P_3\left(\frac{1}{6}\right)(t-3)^3\\ P_1\left(\frac{1}{6}\right)(5-t)^3+P_2\left(\frac{t^3}{2}-\frac{7t^2}{2}+32t-\frac{142}{3}\right)+P_3\left(-\frac{t^3}{2}+\frac{13t^2}{2}-\frac{55t}{2}+\frac{229}{6}\right)+P_4\left(\frac{1}{6}\right)(t-4)^3\\ P_2\left(\frac{1}{6}\right)(6-t)^3+P_3\left(\frac{t^3}{2}-\frac{17t^2}{2}+\frac{95t}{2}-\frac{521}{6}\right)+P_4\left(-\frac{t^3}{2}+8t^2-42t+\frac{218}{3}\right)\\ P_3\left(\frac{1}{6}\right)(7-t)^3+P_4\left(\frac{t^3}{2}-10t^2+66t-\frac{430}{3}\right)\\ P_4\left(\frac{1}{6}\right)(8-t)^3\end{cases} \tag{3.29}$$

式(3.29)表示具有 5 个 CP 的三次均匀 B 样条曲线方程。方程的 8 个子分量代表 8 个段的部分。

例 3.5　找到具有 CP，即(−1,0)、(0,1)、(1,0)、(0,−1)和(−0.5,−0.5)的均匀三次 B 样条的方程。还要编写一个程序来绘制其 BF 和实际曲线。

解：

将得到的给定 CP 值代入式(3.29)，得到(见图 3.14)。

$$x(t)=\begin{cases}t^3/6 & (0\leqslant t<1)\\ t^3/3-2t^2+2t-2/3 & (1\leqslant t<2)\\ 2t^3/3+3t^2-32/3t+6 & (2\leqslant t<3)\\ -t^3/3+t^2/2-8t+6 & (3\leqslant t<4)\\ \frac{7}{12}t^3-5t^2+\frac{81}{2}t-125 & (4\leqslant t<5)\\ \frac{1}{12}t^3-2t^2+9t-47 & (5\leqslant t<6)\\ -t^3/4+5t^2-33t+215/3 & (6\leqslant t<7)\\ (t-8)^3/12 & (7\leqslant t<8)\end{cases}$$

$$y(t)=\begin{cases}0 & (0\leqslant t<1)\\ (t-1)^3/6 & (1\leqslant t<2)\\ -t^3/2+7t^2/2-15t/2+31/6 & (2\leqslant t<3)\\ t^3/3-4t^2+15t-52/3 & (3\leqslant t<4)\\ t^3/4-3t^2+11t-12 & (4\leqslant t<5)\\ -t^3/4+9t^2/2-53t/2+101/2 & (5\leqslant t<6)\\ -t^3/12+3t^2/2-17t/2+29/2 & (6\leqslant t<7)\\ (t-8)^3/12 & (7\leqslant t<8)\end{cases}$$

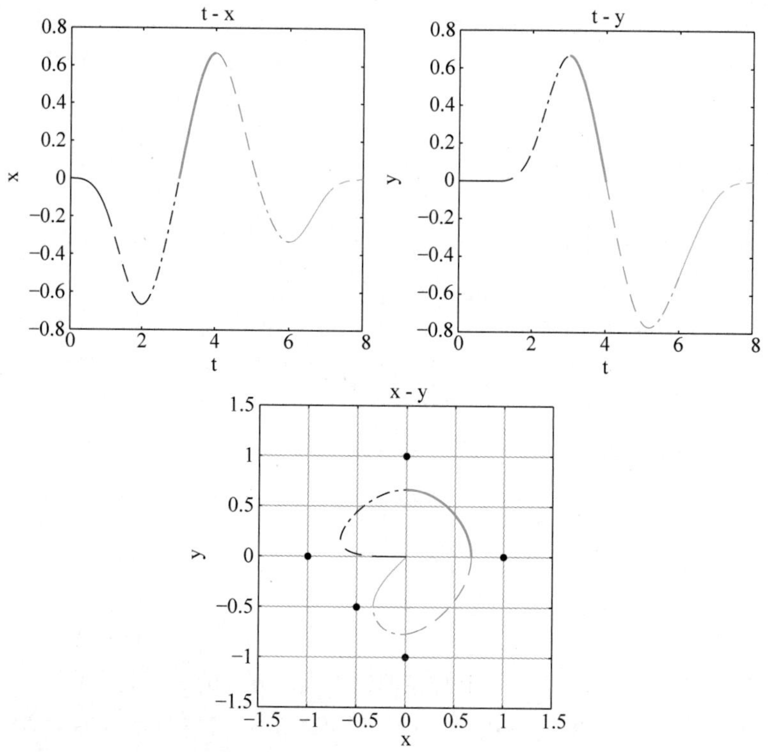

图 3.14 例 3.5 的绘图

MATLAB Code 3.5

```
clear all; format compact; clc;
x0 = -1; x1 = 0; x2 = 1; x3 = 0; x4 = -0.5;
y0 = 0; y1 = 1; y2 = 0; y3 = -1; y4 = -0.5;
t0 = 0; t1 = 1; t2 = 2; t3 = 3; t4 = 4; t5 = 5; t6 = 6; t7 = 7; t8 = 8;
T = [t0, t1, t2, t3, t4, t5, t6, t7, t8];
syms t P0 P1 P2 P3 P4;
syms B01 B11 B21 B31 B41 B51 B61 B71;
B02 = ((t - t0)/(t1 - t0)) * B01 + ((t2 - t)/(t2 - t1)) * B11;
B12 = ((t - t1)/(t2 - t1)) * B11 + ((t3 - t)/(t3 - t2)) * B21;
B22 = ((t - t2)/(t3 - t2)) * B21 + ((t4 - t)/(t4 - t3)) * B31;
B32 = ((t - t3)/(t4 - t3)) * B31 + ((t5 - t)/(t5 - t4)) * B41;
B42 = ((t - t4)/(t5 - t4)) * B41 + ((t6 - t)/(t6 - t5)) * B51;
B52 = ((t - t5)/(t6 - t5)) * B51 + ((t7 - t)/(t7 - t6)) * B61;
B62 = ((t - t6)/(t7 - t6)) * B61 + ((t8 - t)/(t8 - t7)) * B71;
B72 = ((t - t7)/(t8 - t7)) * B71 + 0;
B03 = ((t - t0)/(t2 - t0)) * B02 + ((t3 - t)/(t3 - t1)) * B12;
B13 = ((t - t1)/(t3 - t1)) * B12 + ((t4 - t)/(t4 - t2)) * B22;
B23 = ((t - t2)/(t4 - t2)) * B22 + ((t5 - t)/(t5 - t3)) * B32;
B33 = ((t - t3)/(t5 - t3)) * B32 + ((t6 - t)/(t6 - t4)) * B42;
B43 = ((t - t4)/(t6 - t4)) * B42 + ((t7 - t)/(t7 - t5)) * B52;
B53 = ((t - t5)/(t7 - t5)) * B52 + ((t8 - t)/(t8 - t6)) * B62;
B63 = ((t - t6)/(t8 - t6)) * B62 + 0;
B04 = ((t - t0)/(t3 - t0)) * B03 + ((t4 - t)/(t4 - t1)) * B13;
B14 = ((t - t1)/(t4 - t1)) * B13 + ((t5 - t)/(t5 - t2)) * B23;
B24 = ((t - t2)/(t5 - t2)) * B23 + ((t6 - t)/(t6 - t3)) * B33;
```

```
B34 = ((t - t3)/(t6 - t3)) * B33 + ((t7 - t)/(t7 - t4)) * B43;
B44 = ((t - t4)/(t7 - t4)) * B43 + ((t8 - t)/(t8 - t5)) * B53;
B54 = ((t - t5)/(t8 - t5)) * B53 + 0;

% Segment A
B02A = subs(B02, {B01,B11,B21,B31,B41,B51,B61,B71}, {1,0,0,0,0,0,0,0});
B12A = subs(B12, {B01,B11,B21,B31,B41,B51,B61,B71}, {1,0,0,0,0,0,0,0});
B22A = subs(B22, {B01,B11,B21,B31,B41,B51,B61,B71}, {1,0,0,0,0,0,0,0});
B32A = subs(B32, {B01,B11,B21,B31,B41,B51,B61,B71}, {1,0,0,0,0,0,0,0});
B42A = subs(B42, {B01,B11,B21,B31,B41,B51,B61,B71}, {1,0,0,0,0,0,0,0});
B52A = subs(B52, {B01,B11,B21,B31,B41,B51,B61,B71}, {1,0,0,0,0,0,0,0});
B62A = subs(B62, {B01,B11,B21,B31,B41,B51,B61,B71}, {1,0,0,0,0,0,0,0});
B72A = subs(B72, {B01,B11,B21,B31,B41,B51,B61,B71}, {1,0,0,0,0,0,0,0});
B03A = subs(B03, {B01,B11,B21,B31,B41,B51,B61,B71}, {1,0,0,0,0,0,0,0});
B13A = subs(B13, {B01,B11,B21,B31,B41,B51,B61,B71}, {1,0,0,0,0,0,0,0});
B23A = subs(B23, {B01,B11,B21,B31,B41,B51,B61,B71}, {1,0,0,0,0,0,0,0});
B33A = subs(B33, {B01,B11,B21,B31,B41,B51,B61,B71}, {1,0,0,0,0,0,0,0});
B43A = subs(B43, {B01,B11,B21,B31,B41,B51,B61,B71}, {1,0,0,0,0,0,0,0});
B53A = subs(B53, {B01,B11,B21,B31,B41,B51,B61,B71}, {1,0,0,0,0,0,0,0});
B63A = subs(B63, {B01,B11,B21,B31,B41,B51,B61,B71}, {1,0,0,0,0,0,0,0});
B04A = subs(B04, {B01,B11,B21,B31,B41,B51,B61,B71}, {1,0,0,0,0,0,0,0});
B14A = subs(B14, {B01,B11,B21,B31,B41,B51,B61,B71}, {1,0,0,0,0,0,0,0});
B24A = subs(B24, {B01,B11,B21,B31,B41,B51,B61,B71}, {1,0,0,0,0,0,0,0});
B34A = subs(B34, {B01,B11,B21,B31,B41,B51,B61,B71}, {1,0,0,0,0,0,0,0});
B44A = subs(B44, {B01,B11,B21,B31,B41,B51,B61,B71}, {1,0,0,0,0,0,0,0});
B54A = subs(B54, {B01,B11,B21,B31,B41,B51,B61,B71}, {1,0,0,0,0,0,0,0});

% Segment B
B02B = subs(B02, {B01,B11,B21,B31,B41,B51,B61,B71}, {0,1,0,0,0,0,0,0});
B12B = subs(B12, {B01,B11,B21,B31,B41,B51,B61,B71}, {0,1,0,0,0,0,0,0});
B22B = subs(B22, {B01,B11,B21,B31,B41,B51,B61,B71}, {0,1,0,0,0,0,0,0});
B32B = subs(B32, {B01,B11,B21,B31,B41,B51,B61,B71}, {0,1,0,0,0,0,0,0});
B42B = subs(B42, {B01,B11,B21,B31,B41,B51,B61,B71}, {0,1,0,0,0,0,0,0});
B52B = subs(B52, {B01,B11,B21,B31,B41,B51,B61,B71}, {0,1,0,0,0,0,0,0});
B62B = subs(B62, {B01,B11,B21,B31,B41,B51,B61,B71}, {0,1,0,0,0,0,0,0});
B72B = subs(B72, {B01,B11,B21,B31,B41,B51,B61,B71}, {0,1,0,0,0,0,0,0});
B03B = subs(B03, {B01,B11,B21,B31,B41,B51,B61,B71}, {0,1,0,0,0,0,0,0});
B13B = subs(B13, {B01,B11,B21,B31,B41,B51,B61,B71}, {0,1,0,0,0,0,0,0});
B23B = subs(B23, {B01,B11,B21,B31,B41,B51,B61,B71}, {0,1,0,0,0,0,0,0});
B33B = subs(B33, {B01,B11,B21,B31,B41,B51,B61,B71}, {0,1,0,0,0,0,0,0});
B43B = subs(B43, {B01,B11,B21,B31,B41,B51,B61,B71}, {0,1,0,0,0,0,0,0});
B53B = subs(B53, {B01,B11,B21,B31,B41,B51,B61,B71}, {0,1,0,0,0,0,0,0});
B63B = subs(B63, {B01,B11,B21,B31,B41,B51,B61,B71}, {0,1,0,0,0,0,0,0});
B04B = subs(B04, {B01,B11,B21,B31,B41,B51,B61,B71}, {0,1,0,0,0,0,0,0});
B14B = subs(B14, {B01,B11,B21,B31,B41,B51,B61,B71}, {0,1,0,0,0,0,0,0});
B24B = subs(B24, {B01,B11,B21,B31,B41,B51,B61,B71}, {0,1,0,0,0,0,0,0});
B34B = subs(B34, {B01,B11,B21,B31,B41,B51,B61,B71}, {0,1,0,0,0,0,0,0});
B44B = subs(B44, {B01,B11,B21,B31,B41,B51,B61,B71}, {0,1,0,0,0,0,0,0});
B54B = subs(B54, {B01,B11,B21,B31,B41,B51,B61,B71}, {0,1,0,0,0,0,0,0});

% Segment C
B02C = subs(B02, {B01,B11,B21,B31,B41,B51,B61,B71}, {0,0,1,0,0,0,0,0});
B12C = subs(B12, {B01,B11,B21,B31,B41,B51,B61,B71}, {0,0,1,0,0,0,0,0});
B22C = subs(B22, {B01,B11,B21,B31,B41,B51,B61,B71}, {0,0,1,0,0,0,0,0});
```

```
B32C = subs(B32, {B01,B11,B21,B31,B41,B51,B61,B71}, {0,0,1,0,0,0,0,0});
B42C = subs(B42, {B01,B11,B21,B31,B41,B51,B61,B71}, {0,0,1,0,0,0,0,0});
B52C = subs(B52, {B01,B11,B21,B31,B41,B51,B61,B71}, {0,0,1,0,0,0,0,0});
B62C = subs(B62, {B01,B11,B21,B31,B41,B51,B61,B71}, {0,0,1,0,0,0,0,0});
B72C = subs(B72, {B01,B11,B21,B31,B41,B51,B61,B71}, {0,0,1,0,0,0,0,0});
B03C = subs(B03, {B01,B11,B21,B31,B41,B51,B61,B71}, {0,0,1,0,0,0,0,0});
B13C = subs(B13, {B01,B11,B21,B31,B41,B51,B61,B71}, {0,0,1,0,0,0,0,0});
B23C = subs(B23, {B01,B11,B21,B31,B41,B51,B61,B71}, {0,0,1,0,0,0,0,0});
B33C = subs(B33, {B01,B11,B21,B31,B41,B51,B61,B71}, {0,0,1,0,0,0,0,0});
B43C = subs(B43, {B01,B11,B21,B31,B41,B51,B61,B71}, {0,0,1,0,0,0,0,0});
B53C = subs(B53, {B01,B11,B21,B31,B41,B51,B61,B71}, {0,0,1,0,0,0,0,0});
B63C = subs(B63, {B01,B11,B21,B31,B41,B51,B61,B71}, {0,0,1,0,0,0,0,0});
B04C = subs(B04, {B01,B11,B21,B31,B41,B51,B61,B71}, {0,0,1,0,0,0,0,0});
B14C = subs(B14, {B01,B11,B21,B31,B41,B51,B61,B71}, {0,0,1,0,0,0,0,0});
B24C = subs(B24, {B01,B11,B21,B31,B41,B51,B61,B71}, {0,0,1,0,0,0,0,0});
B34C = subs(B34, {B01,B11,B21,B31,B41,B51,B61,B71}, {0,0,1,0,0,0,0,0});
B44C = subs(B44, {B01,B11,B21,B31,B41,B51,B61,B71}, {0,0,1,0,0,0,0,0});
B54C = subs(B54, {B01,B11,B21,B31,B41,B51,B61,B71}, {0,0,1,0,0,0,0,0});

% Segment D
B02D = subs(B02, {B01,B11,B21,B31,B41,B51,B61,B71}, {0,0,0,1,0,0,0,0});
B12D = subs(B12, {B01,B11,B21,B31,B41,B51,B61,B71}, {0,0,0,1,0,0,0,0});
B22D = subs(B22, {B01,B11,B21,B31,B41,B51,B61,B71}, {0,0,0,1,0,0,0,0});
B32D = subs(B32, {B01,B11,B21,B31,B41,B51,B61,B71}, {0,0,0,1,0,0,0,0});
B42D = subs(B42, {B01,B11,B21,B31,B41,B51,B61,B71}, {0,0,0,1,0,0,0,0});
B52D = subs(B52, {B01,B11,B21,B31,B41,B51,B61,B71}, {0,0,0,1,0,0,0,0});
B62D = subs(B62, {B01,B11,B21,B31,B41,B51,B61,B71}, {0,0,0,1,0,0,0,0});
B72D = subs(B72, {B01,B11,B21,B31,B41,B51,B61,B71}, {0,0,0,1,0,0,0,0});
B03D = subs(B03, {B01,B11,B21,B31,B41,B51,B61,B71}, {0,0,0,1,0,0,0,0});
B13D = subs(B13, {B01,B11,B21,B31,B41,B51,B61,B71}, {0,0,0,1,0,0,0,0});
B23D = subs(B23, {B01,B11,B21,B31,B41,B51,B61,B71}, {0,0,0,1,0,0,0,0});
B33D = subs(B33, {B01,B11,B21,B31,B41,B51,B61,B71}, {0,0,0,1,0,0,0,0});
B43D = subs(B43, {B01,B11,B21,B31,B41,B51,B61,B71}, {0,0,0,1,0,0,0,0});
B53D = subs(B53, {B01,B11,B21,B31,B41,B51,B61,B71}, {0,0,0,1,0,0,0,0});
B63D = subs(B63, {B01,B11,B21,B31,B41,B51,B61,B71}, {0,0,0,1,0,0,0,0});
B04D = subs(B04, {B01,B11,B21,B31,B41,B51,B61,B71}, {0,0,0,1,0,0,0,0});
B14D = subs(B14, {B01,B11,B21,B31,B41,B51,B61,B71}, {0,0,0,1,0,0,0,0});
B24D = subs(B24, {B01,B11,B21,B31,B41,B51,B61,B71}, {0,0,0,1,0,0,0,0});
B34D = subs(B34, {B01,B11,B21,B31,B41,B51,B61,B71}, {0,0,0,1,0,0,0,0});
B44D = subs(B44, {B01,B11,B21,B31,B41,B51,B61,B71}, {0,0,0,1,0,0,0,0});
B54D = subs(B54, {B01,B11,B21,B31,B41,B51,B61,B71}, {0,0,0,1,0,0,0,0});

% Segment E
B02E = subs(B02, {B01,B11,B21,B31,B41,B51,B61,B71}, {0,0,0,0,1,0,0,0});
B12E = subs(B12, {B01,B11,B21,B31,B41,B51,B61,B71}, {0,0,0,0,1,0,0,0});
B22E = subs(B22, {B01,B11,B21,B31,B41,B51,B61,B71}, {0,0,0,0,1,0,0,0});
B32E = subs(B32, {B01,B11,B21,B31,B41,B51,B61,B71}, {0,0,0,0,1,0,0,0});
B42E = subs(B42, {B01,B11,B21,B31,B41,B51,B61,B71}, {0,0,0,0,1,0,0,0});
B52E = subs(B52, {B01,B11,B21,B31,B41,B51,B61,B71}, {0,0,0,0,1,0,0,0});
B62E = subs(B62, {B01,B11,B21,B31,B41,B51,B61,B71}, {0,0,0,0,1,0,0,0});
B72E = subs(B72, {B01,B11,B21,B31,B41,B51,B61,B71}, {0,0,0,0,1,0,0,0});
B03E = subs(B03, {B01,B11,B21,B31,B41,B51,B61,B71}, {0,0,0,0,1,0,0,0});
B13E = subs(B13, {B01,B11,B21,B31,B41,B51,B61,B71}, {0,0,0,0,1,0,0,0});
B23E = subs(B23, {B01,B11,B21,B31,B41,B51,B61,B71}, {0,0,0,0,1,0,0,0});
```

```
B33E = subs(B33, {B01,B11,B21,B31,B41,B51,B61,B71}, {0,0,0,0,1,0,0,0});
B43E = subs(B43, {B01,B11,B21,B31,B41,B51,B61,B71}, {0,0,0,0,1,0,0,0});
B53E = subs(B53, {B01,B11,B21,B31,B41,B51,B61,B71}, {0,0,0,0,1,0,0,0});
B63E = subs(B63, {B01,B11,B21,B31,B41,B51,B61,B71}, {0,0,0,0,1,0,0,0});
B04E = subs(B04, {B01,B11,B21,B31,B41,B51,B61,B71}, {0,0,0,0,1,0,0,0});
B14E = subs(B14, {B01,B11,B21,B31,B41,B51,B61,B71}, {0,0,0,0,1,0,0,0});
B24E = subs(B24, {B01,B11,B21,B31,B41,B51,B61,B71}, {0,0,0,0,1,0,0,0});
B34E = subs(B34, {B01,B11,B21,B31,B41,B51,B61,B71}, {0,0,0,0,1,0,0,0});
B44E = subs(B44, {B01,B11,B21,B31,B41,B51,B61,B71}, {0,0,0,0,1,0,0,0});
B54E = subs(B54, {B01,B11,B21,B31,B41,B51,B61,B71}, {0,0,0,0,1,0,0,0});

% Segment F
B02F = subs(B02, {B01,B11,B21,B31,B41,B51,B61,B71}, {0,0,0,0,0,1,0,0});
B12F = subs(B12, {B01,B11,B21,B31,B41,B51,B61,B71}, {0,0,0,0,0,1,0,0});
B22F = subs(B22, {B01,B11,B21,B31,B41,B51,B61,B71}, {0,0,0,0,0,1,0,0});
B32F = subs(B32, {B01,B11,B21,B31,B41,B51,B61,B71}, {0,0,0,0,0,1,0,0});
B42F = subs(B42, {B01,B11,B21,B31,B41,B51,B61,B71}, {0,0,0,0,0,1,0,0});
B52F = subs(B52, {B01,B11,B21,B31,B41,B51,B61,B71}, {0,0,0,0,0,1,0,0});
B62F = subs(B62, {B01,B11,B21,B31,B41,B51,B61,B71}, {0,0,0,0,0,1,0,0});
B72F = subs(B72, {B01,B11,B21,B31,B41,B51,B61,B71}, {0,0,0,0,0,1,0,0});
B03F = subs(B03, {B01,B11,B21,B31,B41,B51,B61,B71}, {0,0,0,0,0,1,0,0});
B13F = subs(B13, {B01,B11,B21,B31,B41,B51,B61,B71}, {0,0,0,0,0,1,0,0});
B23F = subs(B23, {B01,B11,B21,B31,B41,B51,B61,B71}, {0,0,0,0,0,1,0,0});
B33F = subs(B33, {B01,B11,B21,B31,B41,B51,B61,B71}, {0,0,0,0,0,1,0,0});
B43F = subs(B43, {B01,B11,B21,B31,B41,B51,B61,B71}, {0,0,0,0,0,1,0,0});
B53F = subs(B53, {B01,B11,B21,B31,B41,B51,B61,B71}, {0,0,0,0,0,1,0,0});
B63F = subs(B63, {B01,B11,B21,B31,B41,B51,B61,B71}, {0,0,0,0,0,1,0,0});
B04F = subs(B04, {B01,B11,B21,B31,B41,B51,B61,B71}, {0,0,0,0,0,1,0,0});
B14F = subs(B14, {B01,B11,B21,B31,B41,B51,B61,B71}, {0,0,0,0,0,1,0,0});
B24F = subs(B24, {B01,B11,B21,B31,B41,B51,B61,B71}, {0,0,0,0,0,1,0,0});
B34F = subs(B34, {B01,B11,B21,B31,B41,B51,B61,B71}, {0,0,0,0,0,1,0,0});
B44F = subs(B44, {B01,B11,B21,B31,B41,B51,B61,B71}, {0,0,0,0,0,1,0,0});
B54F = subs(B54, {B01,B11,B21,B31,B41,B51,B61,B71}, {0,0,0,0,0,1,0,0});

% Segment G
B02G = subs(B02, {B01,B11,B21,B31,B41,B51,B61,B71}, {0,0,0,0,0,0,1,0});
B12G = subs(B12, {B01,B11,B21,B31,B41,B51,B61,B71}, {0,0,0,0,0,0,1,0});
B22G = subs(B22, {B01,B11,B21,B31,B41,B51,B61,B71}, {0,0,0,0,0,0,1,0});
B32G = subs(B32, {B01,B11,B21,B31,B41,B51,B61,B71}, {0,0,0,0,0,0,1,0});
B42G = subs(B42, {B01,B11,B21,B31,B41,B51,B61,B71}, {0,0,0,0,0,0,1,0});
B52G = subs(B52, {B01,B11,B21,B31,B41,B51,B61,B71}, {0,0,0,0,0,0,1,0});
B62G = subs(B62, {B01,B11,B21,B31,B41,B51,B61,B71}, {0,0,0,0,0,0,1,0});
B72G = subs(B72, {B01,B11,B21,B31,B41,B51,B61,B71}, {0,0,0,0,0,0,1,0});
B03G = subs(B03, {B01,B11,B21,B31,B41,B51,B61,B71}, {0,0,0,0,0,0,1,0});
B13G = subs(B13, {B01,B11,B21,B31,B41,B51,B61,B71}, {0,0,0,0,0,0,1,0});
B23G = subs(B23, {B01,B11,B21,B31,B41,B51,B61,B71}, {0,0,0,0,0,0,1,0});
B33G = subs(B33, {B01,B11,B21,B31,B41,B51,B61,B71}, {0,0,0,0,0,0,1,0});
B43G = subs(B43, {B01,B11,B21,B31,B41,B51,B61,B71}, {0,0,0,0,0,0,1,0});
B53G = subs(B53, {B01,B11,B21,B31,B41,B51,B61,B71}, {0,0,0,0,0,0,1,0});
B63G = subs(B63, {B01,B11,B21,B31,B41,B51,B61,B71}, {0,0,0,0,0,0,1,0});
B04G = subs(B04, {B01,B11,B21,B31,B41,B51,B61,B71}, {0,0,0,0,0,0,1,0});
B14G = subs(B14, {B01,B11,B21,B31,B41,B51,B61,B71}, {0,0,0,0,0,0,1,0});
B24G = subs(B24, {B01,B11,B21,B31,B41,B51,B61,B71}, {0,0,0,0,0,0,1,0});
B34G = subs(B34, {B01,B11,B21,B31,B41,B51,B61,B71}, {0,0,0,0,0,0,1,0});
```

```
B44G = subs(B44, {B01,B11,B21,B31,B41,B51,B61,B71}, {0,0,0,0,0,0,1,0});
B54G = subs(B54, {B01,B11,B21,B31,B41,B51,B61,B71}, {0,0,0,0,0,0,1,0});

% Segment H
B02H = subs(B02, {B01,B11,B21,B31,B41,B51,B61,B71}, {0,0,0,0,0,0,0,1});
B12H = subs(B12, {B01,B11,B21,B31,B41,B51,B61,B71}, {0,0,0,0,0,0,0,1});
B22H = subs(B22, {B01,B11,B21,B31,B41,B51,B61,B71}, {0,0,0,0,0,0,0,1});
B32H = subs(B32, {B01,B11,B21,B31,B41,B51,B61,B71}, {0,0,0,0,0,0,0,1});
B42H = subs(B42, {B01,B11,B21,B31,B41,B51,B61,B71}, {0,0,0,0,0,0,0,1});
B52H = subs(B52, {B01,B11,B21,B31,B41,B51,B61,B71}, {0,0,0,0,0,0,0,1});
B62H = subs(B62, {B01,B11,B21,B31,B41,B51,B61,B71}, {0,0,0,0,0,0,0,1});
B72H = subs(B72, {B01,B11,B21,B31,B41,B51,B61,B71}, {0,0,0,0,0,0,0,1});
B03H = subs(B03, {B01,B11,B21,B31,B41,B51,B61,B71}, {0,0,0,0,0,0,0,1});
B13H = subs(B13, {B01,B11,B21,B31,B41,B51,B61,B71}, {0,0,0,0,0,0,0,1});
B23H = subs(B23, {B01,B11,B21,B31,B41,B51,B61,B71}, {0,0,0,0,0,0,0,1});
B33H = subs(B33, {B01,B11,B21,B31,B41,B51,B61,B71}, {0,0,0,0,0,0,0,1});
B43H = subs(B43, {B01,B11,B21,B31,B41,B51,B61,B71}, {0,0,0,0,0,0,0,1});
B53H = subs(B53, {B01,B11,B21,B31,B41,B51,B61,B71}, {0,0,0,0,0,0,0,1});
B63H = subs(B63, {B01,B11,B21,B31,B41,B51,B61,B71}, {0,0,0,0,0,0,0,1});
B04H = subs(B04, {B01,B11,B21,B31,B41,B51,B61,B71}, {0,0,0,0,0,0,0,1});
B14H = subs(B14, {B01,B11,B21,B31,B41,B51,B61,B71}, {0,0,0,0,0,0,0,1});
B24H = subs(B24, {B01,B11,B21,B31,B41,B51,B61,B71}, {0,0,0,0,0,0,0,1});
B34H = subs(B34, {B01,B11,B21,B31,B41,B51,B61,B71}, {0,0,0,0,0,0,0,1});
B44H = subs(B44, {B01,B11,B21,B31,B41,B51,B61,B71}, {0,0,0,0,0,0,0,1});
B54H = subs(B54, {B01,B11,B21,B31,B41,B51,B61,B71}, {0,0,0,0,0,0,0,1});
fprintf('Blending functions :\n');
B04 = [B04A, B04B, B04C, B04D, B04E, B04F, B04G, B04H]; B04 = simplify(B04)
B14 = [B14A, B14B, B14C, B14D, B14E, B14F, B14G, B14H]; B14 = simplify(B14)
B24 = [B24A, B24B, B24C, B24D, B24E, B24F, B24G, B24H]; B24 = simplify(B24)
B34 = [B34A, B34B, B34C, B34D, B34E, B34F, B34G, B34H]; B34 = simplify(B34)
B44 = [B44A, B44B, B44C, B44D, B44E, B44F, B44G, B44H]; B44 = simplify(B44)
fprintf('\n');
fprintf('General Equation of Curve :\n');
P = P0 * B04 + P1 * B14 + P2 * B24 + P3 * B34 + P4 * B44
fprintf('\n');
fprintf('Actual Equation :\n');
x = subs(P, ([P0, P1, P2, P3, P4]), ([x0, x1, x2, x3, x4])); x = simplify(x)
y = subs(P, ([P0, P1, P2, P3, P4]), ([y0, y1, y2, y3, y4])); y = simplify(y)

% plotting BF
tta = linspace(t0, t1);
ttb = linspace(t1, t2);
ttc = linspace(t2, t3);
ttd = linspace(t3, t4);
tte = linspace(t4, t5);
ttf = linspace(t5, t6);
ttg = linspace(t6, t7);
tth = linspace(t7, t8);
B04aa = subs(B04A, t, tta);
B04bb = subs(B04B, t, ttb);
B04cc = subs(B04C, t, ttc);
B04dd = subs(B04D, t, ttd);
B04ee = subs(B04E, t, tte);
B04ff = subs(B04F, t, ttf);
```

```
B04gg = subs(B04G, t, ttg);
B04hh = subs(B04H, t, tth);
B14aa = subs(B14A, t, tta);
B14bb = subs(B14B, t, ttb);
B14cc = subs(B14C, t, ttc);
B14dd = subs(B14D, t, ttd);
B14ee = subs(B14E, t, tte);
B14ff = subs(B14F, t, ttf);
B14gg = subs(B14G, t, ttg);
B14hh = subs(B14H, t, tth);
B24aa = subs(B24A, t, tta);
B24bb = subs(B24B, t, ttb);
B24cc = subs(B24C, t, ttc);
B24dd = subs(B24D, t, ttd);
B24ee = subs(B24E, t, tte);
B24ff = subs(B24F, t, ttf);
B24gg = subs(B24G, t, ttg);
B24hh = subs(B24H, t, tth);
B34aa = subs(B34A, t, tta);
B34bb = subs(B34B, t, ttb);
B34cc = subs(B34C, t, ttc);
B34dd = subs(B34D, t, ttd);
B34ee = subs(B34E, t, tte);
B34ff = subs(B34F, t, ttf);
B34gg = subs(B34G, t, ttg);
B34hh = subs(B34H, t, tth);
B44aa = subs(B44A, t, tta);
B44bb = subs(B44B, t, ttb);
B44cc = subs(B44C, t, ttc);
B44dd = subs(B44D, t, ttd);
B44ee = subs(B44E, t, tte);
B44ff = subs(B44F, t, ttf);
B44gg = subs(B44G, t, ttg);
B44hh = subs(B44H, t, tth);
figure,
plot(tta, B04aa, 'k-', ttb, B04bb, 'k--', ttc, B04cc, 'k-.', ttd, ...
B04dd, 'b-', tte, B04ee, 'b--', ttf, B04ff, 'b-.', ttg, B04gg, 'r-', tth, B04hh, 'r--');
hold on;
plot(tta, B14aa, 'k-', ttb, B14bb, 'k--', ttc, B14cc, 'k-.', ttd, ...
B14dd, 'b-', tte, B14ee, 'b--', ttf, B14ff, 'b-.', ttg, B14gg, 'r-', tth, B14hh, 'r--');
plot(tta, B24aa, 'k-', ttb, B24bb, 'k--', ttc, B24cc, 'k-.', ttd, ...
B24dd, 'b-', tte, B24ee, 'b--', ttf, B24ff, 'b-.', ttg, B24gg, 'r-', tth, B24hh, 'r--');
plot(tta, B34aa, 'k-', ttb, B34bb, 'k--', ttc, B34cc, 'k-.', ttd, ...
B34dd, 'b-', tte, B34ee, 'b--', ttf, B34ff, 'b-.', ttg, B34gg, 'r-', tth, B34hh, 'r--');
plot(tta, B44aa, 'k-', ttb, B44bb, 'k--', ttc, B44cc, 'k-.', ttd, ...
B44dd, 'b-', tte, B44ee, 'b--', ttf, B44ff, 'b-.', ttg, B44gg, 'r-', tth, B44hh, 'r--');
xlabel ('t'); ylabel('B'); title('B04 - B14 - B24 - B34 - B44');
legend('A', 'B', 'C', 'D', 'E', 'F', 'G', 'H');
hold off;

% plotting curve
xa = x(1); ya = y(1);
xb = x(2); yb = y(2);
xc = x(3); yc = y(3);
```

```
xd = x(4); yd = y(4);
xe = x(5); ye = y(5);
xf = x(6); yf = y(6);
xg = x(7); yg = y(7);
xh = x(8); yh = y(8);
xaa = subs(xa, t, tta); yaa = subs(ya, t, tta);
xbb = subs(xb, t, ttb); ybb = subs(yb, t, ttb);
xcc = subs(xc, t, ttc); ycc = subs(yc, t, ttc);
xdd = subs(xd, t, ttd); ydd = subs(yd, t, ttd);
xee = subs(xe, t, tte); yee = subs(ye, t, tte);
xff = subs(xf, t, ttf); yff = subs(yf, t, ttf);
xgg = subs(xg, t, ttg); ygg = subs(yg, t, ttg);
xhh = subs(xh, t, tth); yhh = subs(yh, t, tth);
X = [x0, x1, x2, x3, x4]; Y = [y0, y1, y2, y3, y4];
figure
subplot(131), plot(tta, xaa, 'k-', ttb, xbb, 'k--', ttc, xcc, 'k-.', ...
ttd, xdd, 'b-', tte, xee, 'b--', ttf, xff, 'b-.', ttg, xgg, 'r-', tth, xhh, 'r--');
xlabel('t'); ylabel('x'); title('t-x'); axis square;
subplot(132), plot(tta, yaa, 'k-', ttb, ybb, 'k--', ttc, ycc, 'k-.', ...
ttd, ydd, 'b-', tte, yee, 'b--', ttf, yff, 'b-.', ttg, ygg, 'r-', tth, yhh, 'r--');
xlabel('t'); ylabel('y'); title('t-y'); axis square;
subplot(133), plot(xaa, yaa, 'k-', xbb, ybb, 'k--', xcc, ycc, 'k-.', ...
xdd, ydd, 'b-', xee, yee, 'b--', xff, yff, 'b-.', xgg, ygg, 'r-', xhh, yhh, 'r--');
hold on;
scatter(X, Y, 20, 'r', 'filled');
xlabel('x'); ylabel('y'); title('x-y'); axis square; grid;
axis([-1.5 1.5 -1.5 1.5]);
hold off;
```

开放均匀样条和非均匀样条的概念与前面讨论的二次样条的概念相似，请读者自己扩展三次样条的概念。

3.9 本章小结

以下几点总结了本章讨论的主题：

- 近似样条一般不通过它们的任何 CP。
- B样条是为克服贝塞尔样条的缺点而提出的近似样条。
- B样条由多个在连接点处具有连续性的曲线段组成。
- 连接点处的参数变量 t 的值存储在 KV 中。
- 均匀 B 样条在 KV 中具有均匀的间隙。
- B样条的 BF 使用 Cox de Boor 算法计算。
- B样条有两个定义参数，d 与它的阶数有关，n 与 CP 的数量有关。
- CP 的数量可以独立于 B 样条的阶数进行更改。
- BF 和 B 样条方程由于分段而由多个部分组成。
- 均匀 B 样条的 BF 具有对称的形状，但相互偏移。
- 更改 CP 仅影响特定段而不是整个曲线。
- 空间 B 样条曲线与 KV 值无关。
- 开放均匀 B 样条具有重复值的 KV，称为多重性。

- 多重性迫使逼近 B 样条曲线表现得像混合样条曲线。
- 不均匀的 B 样条在 KV 中具有不均匀的间距。
- 非均匀 B 样条的 BF 在形状上是不对称的。

3.10　复习题

1. B 样条和贝塞尔样条的主要区别是什么?
2. 区分均匀 B 样条、开放均匀 B 样条和非均匀 B 样条。
3. 什么是 B 样条曲线的 KV?
4. 如何使用 Cox de Boor 算法计算 B 样条的 BF?
5. B 样条在什么条件下可以表现得像混合样条?
6. B 样条的局部控制属性是什么意思?
7. CP 的数量是否可以独立于 B 样条的次数而改变?
8. 改变 KV 对空间 B 样条曲线有何影响?
9. 为什么一个 B 样条曲线方程有多个子分量?
10. 什么是 KV 的多重性,它如何影响 BF 和样条曲线?

3.11　练习题

1. 找出与 CP,即(1,0)、(−1,1)和(1,−1)相关的线性均匀 B 样条方程。

2. 导出 $d=2$ 和 $n=3$ 的均匀线性 B 样条的 BF。

3. 导出与 5 个 CP 相关的二次均匀 B 样条的 BF。

4. 二次的 B 样条与 4 个 CP 相关联。若 KV 的形式为 $\boldsymbol{T}=[0,0.2,0.5,0.7,\cdots]$,请使用 Cox de Boor 算法为前两个曲线段 A 和 B 找到第一个 BF,即 B_{03} 的表达式。

5. 一阶均匀 B 样条与 3 个 CP,即 P_0、P_1 和 P_2 相关联。若 KV 的形式为 $\boldsymbol{T}=[0,0.4,0.5,0.8,\cdots]$,请使用 Cox de Boor 算法导出第二条曲线段的方程。

6. 非均匀 B 样条的阶数为 1,并与 3 个 CP,即 P_0、P_1 和 P_2 相关联。若 KV 为 $\boldsymbol{T}=[0,4,5,8,9]$,请导出第一和第二曲线段的方程。

7. 找到具有 CP,即(2,5)、(4,−1)、(5,8)和(7,−5)的二次均匀 B 样条的方程。

8. 找到具有 CP,即(2,5)、(4,−1)、(5,8)和(7,−5)且 KV 为 $\boldsymbol{T}=[0,4、5、8、9、13、15]$ 的二次非均匀 B 样条的方程。

9. 找到具有 CP,即(2,0)、(4,1)、(5,7)、(6,−5)和(8,−1)的三次均匀 B 样条的前两段的方程。

10. 找到 $d=4$ 和 $n=4$ 且 KV 为 $\boldsymbol{T}=[0,1,2,5,6,8,10,12,13]$ 的三次非均匀 B 样条的前两个 BF。

第4章

二 维 变 换

4.1 引言

二维变换使我们能够改变二维空间中样条线的位置、方向和形状。这些变换是单独或两个或多个组合应用的平移、旋转、缩放、反射和剪切[Hearn and Baker，1996]。给定一个点的已知坐标，这些变换中的每一个都由一个矩阵表示，当乘以原始坐标时，我们会得到一组新的坐标。通过变换样条的所有点来变换整个样条。在以下部分中，将导出变换矩阵并将其应用于原始点以给出新点。然而，在此之前，我们先引入齐次坐标的概念，它使我们能够以齐次或统一的方式表示所有类型的变换。为了计算坐标和方向，我们使用二维右手坐标系统。虽然我们一直在使用第1章中的点坐标，但现在我们要建立二维坐标系的正式定义，因为变换需要严格理解距离和角度是如何计算的，以及在变换操作过程中它们是如何变化的。

二维笛卡儿坐标系统的概念归因于17世纪法国数学家Rene Descartes(笛卡儿)，并广泛用于测量二维平面上的点相对于称为原点的参考点的位置。该位置表示为沿两条相互垂直的线(称为轴)在原点相交的一对带符号距离。有时，这些轴也称为主轴，以将它们与平行于它们的其他线区分开来。第一个轴通常表示为沿水平方向的数轴，称为 X 轴，而第二个轴表示为沿垂直方向的数轴，称为 Y 轴(见图4.1)。平面上沿 X 轴测量的点到原点的距离称为 x 坐标或横坐标，沿 Y 轴的距离称为 y 坐标或纵坐标。因此，一个点的位置表示为一对有序数字 (x,y)，称为其坐标。由于所有距离都是从原点开始测量的，因此原点本身具有坐标(0,0)并用 O 表示。在大多数情况下，原点被可视化为纸张中心的一个点，x 坐标被测量为向右为正和向左为负，y 坐标向上为正和向下为负。但是，在计算机显示的环境中，原点通常位于屏幕的左下角，轴朝向右侧和顶部，而在某些情况下，原点也显示在屏幕的左上角，并带有轴朝向屏幕的右侧和底部。由于轴相互垂直，因此该系统通常称为直角坐标系或正交坐标系。沿轴测量的数字通常可以是浮点数，尽管在某些情况下，例如测量屏幕上图像的像素尺寸，这些数字被认为只是整数。两个轴将平面分为称为象限的4部分，使得在第一象限(Q1)中 x 和 y 均为正值，在第二象限(Q2)中，x 为负值，在第三象限(Q3)中均为负值，在第四象限(Q4)中 y 为负值。为了固定这些轴相对于彼此的方向，经常使用称为右手定则的约定。如果右手的第一根手指和第二根手指彼此成直角伸出，那么从手到指尖的方向将分别表示正 x 方向和正 y 方向。当从轴的尖端朝向原点看时，在逆时针(CCW)方向上，围绕主轴的旋转角度被认为是正的。确定这一点的另一种方法是使用右手约定：右手拇指指向轴的正端(远离原点)，其他手指的弯曲方向表示围绕该轴的正旋转方向[O'Rourke，2003]。

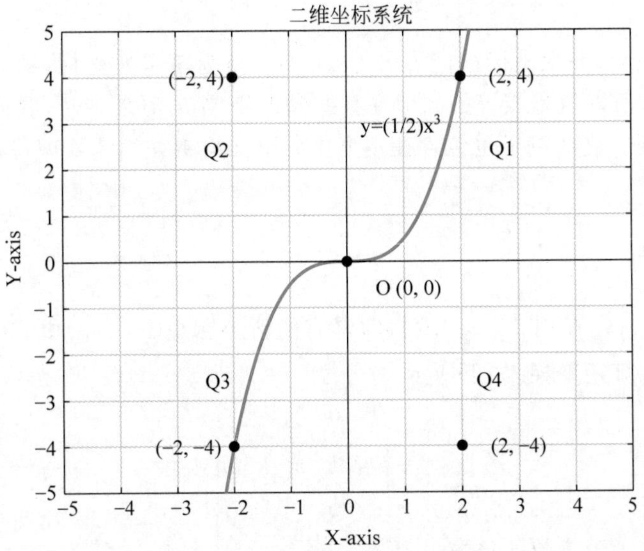

图 4.1 二维坐标系统

笛卡儿坐标系在图形中扮演着最重要的角色之一，因为它可以将样条曲线表示为一系列坐标点，例如样条 $y=0.5x^3$ 可以用包含坐标中满足方程的所有点的向量来描述。此外，可以根据显示系统的分辨率调整点的数量和它们之间的间距，以始终产生平滑的曲线。这导致了向量图形的发展。

4.2 齐次坐标

一个点 $P(x_1,y_1)$ 在用 (t_x,t_y) 变换时具有由[Foley et al.，1995]给出的新坐标 $Q(x_2,y_2)$：

$$x_2=x_1+t_x$$
$$y_2=y_1+t_y$$

写成矩阵形式为：

$$\begin{bmatrix}x_2\\y_2\end{bmatrix}=\begin{bmatrix}1&0\\0&1\end{bmatrix}\begin{bmatrix}x_1\\y_1\end{bmatrix}+\begin{bmatrix}t_x\\t_y\end{bmatrix}\tag{4.1}$$

由于两个主要原因，我们希望变换矩阵的表示形式与上面显示的形式略有不同。第一个原因是，当一个接一个地涉及多个变换时，我们更喜欢矩阵的乘法形式而不是加法形式。因为这将使我们能够将所有变换相乘并在最后计算最终坐标，而不是在每一步之后计算中间坐标。两个或多个变换矩阵的乘积称为“复合变换”矩阵，它提供了单个矩阵内多个变换的纯/净效应[Hearn and Baker，1996]。第二个原因是，我们更喜欢一个方形变换矩阵，它的逆会给出“逆变换”。由于这些原因，我们使用式(4.2)中的形式，称为“齐次坐标”[Hearn and Baker,1996]，而式(4.1)称为“笛卡儿坐标”。为了生成方阵，增加了第三行，但在计算新坐标后通常会忽略它。

$$\begin{bmatrix} x_2 \\ y_2 \\ 1 \end{bmatrix} = \begin{bmatrix} 1 & 0 & t_x \\ 0 & 1 & t_y \\ 0 & 0 & 1 \end{bmatrix} \begin{bmatrix} x_1 \\ y_1 \\ 1 \end{bmatrix} \tag{4.2}$$

由于矩阵有三行，齐次坐标被记为(x,y,h)，转换为笛卡儿坐标，即$(x/h,y/h)$。在大多数情况下$h=1$，所以值是相等的。但在某些情况下当h不是1时，我们需要从一个系统转换到另一个系统。这些例子也包含在本书中。下面将更详细地处理每种转换操作的转换矩阵。

4.3 平移

一个点$P(x_1,y_1)$在用(t_x,t_y)变换时具有的新坐标$Q(x_2,y_2)$由式(4.2)给出，可以通过取矩阵的逆来计算逆变换，如下所示：

$$\begin{bmatrix} x_1 \\ y_1 \\ 1 \end{bmatrix} = \begin{bmatrix} 1 & 0 & t_x \\ 0 & 1 & t_y \\ 0 & 0 & 1 \end{bmatrix}^{-1} \begin{bmatrix} x_2 \\ y_2 \\ 1 \end{bmatrix} \tag{4.3}$$

可以验证矩阵的逆等于参数的负数：

$$\begin{bmatrix} 1 & 0 & t_x \\ 0 & 1 & t_y \\ 0 & 0 & 1 \end{bmatrix}^{-1} = \begin{bmatrix} 1 & 0 & -t_x \\ 0 & 1 & -t_y \\ 0 & 0 & 1 \end{bmatrix} \tag{4.4}$$

象征性地，若用$\boldsymbol{T}$表示带有参数(t_x,t_y)的正向变换操作，而$\boldsymbol{T}'$表示反向变换，则上式可以写成：

$$\boldsymbol{T}'(t_x,t_y)=\boldsymbol{T}(-t_x,-t_y)$$

这是贯穿本书的惯例，即操作本身将用单个字母表示，例如$\boldsymbol{T}$、$\boldsymbol{S}$、$\boldsymbol{R}$等分别用于平移、缩放和旋转，而特定的变换矩阵将用带下标的字母表示。例如：

$$\boldsymbol{T}_1=\boldsymbol{T}(3,-4)=\begin{bmatrix} 1 & 0 & 3 \\ 0 & 1 & -4 \\ 0 & 0 & 1 \end{bmatrix}$$

例 4.1 具有顶点(0,0)、(1,0)、(1,1)和(0,1)的正方形的平移量为(−3,4)。找到它的新顶点。

解：

原始坐标矩阵：$\boldsymbol{C}=\begin{bmatrix} 0 & 1 & 1 & 0 \\ 0 & 0 & 1 & 1 \\ 1 & 1 & 1 & 1 \end{bmatrix}$；

平移矩阵：$\boldsymbol{T}_1=\boldsymbol{T}(-3,4)=\begin{bmatrix} 1 & 0 & -3 \\ 0 & 1 & 4 \\ 0 & 0 & 1 \end{bmatrix}$；

新坐标矩阵：$\boldsymbol{D}=\boldsymbol{T}_1\boldsymbol{C}=\begin{bmatrix}-3 & -2 & -2 & -3\\ 4 & 4 & 5 & 5\\ 1 & 1 & 1 & 1\end{bmatrix}$。

新顶点坐标为(−3,4)、(−2,4)、(−2,5)、(−3,5)，参见图 4.2。

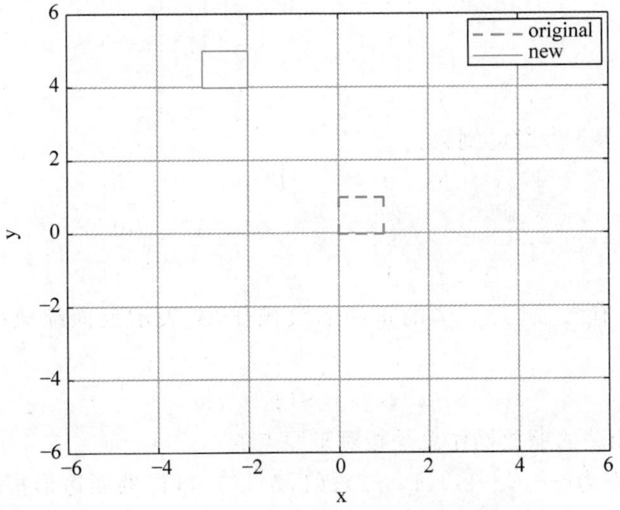

图 4.2　例 4.1 的绘图

MATLAB Code 4.1

```
clear all; clc;
X = [0 1 1 0 0];
Y = [0 0 1 1 0];
C = [X; Y; 1 1 1 1 1];
tx = - 3; ty = 4;
T1 = [1 0 tx; 0 1 ty; 0 0 1];
D = T1 * C;
fprintf('New vertices : \n');
for i = 1:4
    fprintf('( %.2f, %.2f) \n',D(1,i), D(2,i));
end

 % plotting
plot(C(1,:), C(2,:), 'b-- ', D(1,:),D(2,:), 'r');
xlabel('x');
ylabel('y');
legend('original', 'new');
axis([ - 6, 6, - 6, 6]);
grid;
```

注解

for：启动 for 循环以打印出所有顶点。

4.4　缩放

缩放操作通过将对象的每个点的 X 和 Y 坐标乘以缩放因子 s_x 和 s_y 来改变图形对象

的大小。若缩放因子小于1,它们会减小对象的尺寸;若它们大于1,则增加尺寸;若它们等于1,则保持尺寸不变。若因子为正,则尺寸沿原坐标轴方向增大;若它们是负数,则翻转坐标符号。若 s_x 和 s_y 相等,则缩放是均匀的,否则是不均匀的。

当按数量(s_x,s_y)缩放时,点 $P(x_1,y_1)$具有由下式给出的新坐标 $Q(x_2,y_2)$:

$$\begin{bmatrix} x_2 \\ y_2 \\ 1 \end{bmatrix} = \begin{bmatrix} s_x & 0 & 0 \\ 0 & s_y & 0 \\ 0 & 0 & 1 \end{bmatrix} \begin{bmatrix} x_1 \\ y_1 \\ 1 \end{bmatrix} \tag{4.5}$$

可以验证矩阵的逆等于参数的倒数:

$$\begin{bmatrix} s_x & 0 & 0 \\ 0 & s_y & 0 \\ 0 & 0 & 1 \end{bmatrix}^{-1} = \begin{bmatrix} 1/s_x & 0 & 0 \\ 0 & 1/s_y & 0 \\ 0 & 0 & 1 \end{bmatrix} \tag{4.6}$$

若用 $\boldsymbol{S}$ 表示具有参数(s_x,s_y)的正向缩放操作,$\boldsymbol{S}'$表示反向缩放操作,则式(4.6)可写成:

$$\boldsymbol{S}'(s_x,s_y)=\boldsymbol{S}(1/s_x,1/s_y)$$

注意,与上述矩阵相关的缩放操作总是相对于原点的。

例 4.2 将顶点为(−1,−1)、(1,−2)、(1,2)、(−1,1)的四边形按(−2,3)进行缩放。找到它的新顶点。

解:

原始坐标矩阵:$\boldsymbol{C}=\begin{bmatrix} -1 & 1 & 1 & -1 \\ -1 & -2 & 2 & 1 \\ 1 & 1 & 1 & 1 \end{bmatrix}$;

缩放矩阵:$\boldsymbol{S}_1=\boldsymbol{S}(-2,3)=\begin{bmatrix} -2 & 0 & 0 \\ 0 & 3 & 0 \\ 0 & 0 & 1 \end{bmatrix}$;

新坐标矩阵:$\boldsymbol{D}=\boldsymbol{S}_1\boldsymbol{C}=\begin{bmatrix} 2 & -2 & -2 & 2 \\ -3 & -6 & 6 & 3 \\ 1 & 1 & 1 & 1 \end{bmatrix}$。

新顶点坐标为(2,−3)、(−2,−6)、(−2,6)、(2,3),参见图4.3。

MATLAB Code 4.2

```
clear all; clc;
X = [-1 1 1 -1 -1];
Y = [-1 -2 2 1 -1];
C = [X;Y; 1 1 1 1 1];
sx = -2;
sy = 3;
S1 = [sx 0 0; 0 sy 0; 0 0 1];
D = S1 * C;
fprintf('New vertices : \n');
for i = 1:4
    fprintf('( %.2f, %.2f) \n',D(1,i), D(2,i));
end
```

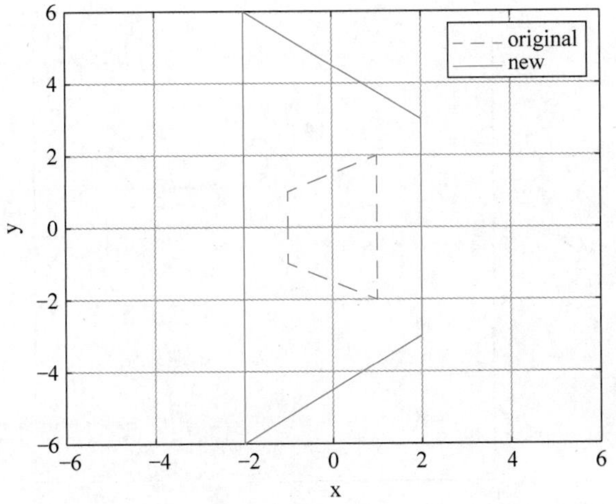

图 4.3　例 4.2 的绘图

```
% plotting
plot(C(1,:), C(2,:), 'b--', D(1,:),D(2,:), 'r');
xlabel('x');
ylabel('y');
legend('original', 'new');
axis([-6, 6, -6, 6]); grid;
```

注意,此处正方形的中心位于点(0,0),因此缩放相对于原点是一致的。

4.5　旋转

旋转操作沿圆的圆周移动一个点,该圆以原点为中心,半径等于该点到原点的距离。逆时针(CCW)方向的旋转被认为是正的,而顺时针(CW)方向的旋转被认为是负的。

点 $P(x_1,y_1)$在旋转角度(θ)后具有新坐标 $Q(x_2,y_2)$,由图 4.4 给出:

$$\begin{bmatrix} x_2 \\ y_2 \\ 1 \end{bmatrix} = \begin{bmatrix} \cos\theta & -\sin\theta & 0 \\ \sin\theta & \cos\theta & 0 \\ 0 & 0 & 1 \end{bmatrix} \begin{bmatrix} x_1 \\ y_1 \\ 1 \end{bmatrix} \tag{4.7}$$

为了获得上述表达式,令 OP 和 X 轴之间的角度为 ϕ,r 为 OP 的长度。

那么:$x_1 = r\cos\phi$,$y_1 = r\sin\phi$。

现在:$x_2 = r\cos(\phi+\theta) = r\cos\phi\cos\theta - r\sin\phi\sin\theta$。

类似地:$y_2 = r\sin(\phi+\theta) = r\cos\phi\sin\theta + r\sin\phi\cos\theta$。

化简:$x_2 = x_1\cos\theta - y_1\sin\theta$。

类似地:$y_2 = x_1\sin\theta + y_1\cos\theta$。

可以验证矩阵的逆等于参数的负数,记为 $\cos(-\theta) = \cos\theta$:

$$\begin{bmatrix} \cos\theta & -\sin\theta & 0 \\ \sin\theta & \cos\theta & 0 \\ 0 & 0 & 1 \end{bmatrix}^{-1} = \begin{bmatrix} \cos\theta & \sin\theta & 0 \\ -\sin\theta & \cos\theta & 0 \\ 0 & 0 & 1 \end{bmatrix} \tag{4.8}$$

若用 $\boldsymbol{R}$ 表示带有参数(θ)的正向旋转操作,而 $\boldsymbol{R}'$表示反向旋转操作,则上式可以写为:

$$\boldsymbol{R}'(\theta) = \boldsymbol{R}(-\theta)$$

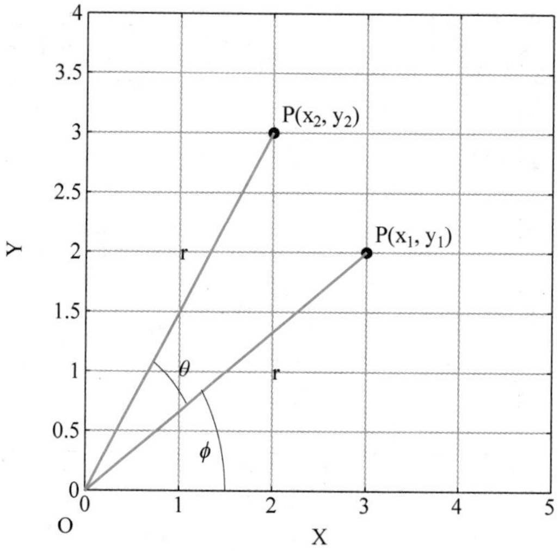

图 4.4 推导旋转矩阵

注意，与上述矩阵有关的旋转操作始终是相对于原点的。

例 4.3 将具有顶点(−1,−1)、(1,−1)、(1,1)和(−1,1)的正方形沿 CCW 方向绕原点旋转 30°。找到它的新顶点。

解：

原始坐标矩阵：$\boldsymbol{C}=\begin{bmatrix}-1 & 1 & 1 & -1\\ -1 & -1 & 1 & 1\\ 1 & 1 & 1 & 1\end{bmatrix}$；

旋转矩阵：$\boldsymbol{R}_1=\boldsymbol{R}(30°)=\begin{bmatrix}\cos 30° & -\sin 30° & 0\\ \sin 30° & \cos 30° & 0\\ 0 & 0 & 1\end{bmatrix}=\begin{bmatrix}0.87 & -0.5 & 0\\ 0.5 & 0.87 & 0\\ 0 & 0 & 1\end{bmatrix}$；

新坐标矩阵：$\boldsymbol{D}=\boldsymbol{R}_1\boldsymbol{C}=\begin{bmatrix}-0.37 & 1.37 & 0.37 & -1.37\\ -1.37 & -0.37 & 1.37 & 0.37\\ 1 & 1 & 1 & 1\end{bmatrix}$。

新顶点坐标为(−0.37,−1.37)、(1.37,−0.37)、(0.37,1.37)、(−1.37,0.37)，参见图 4.5。

MATLAB Code 4.3

```
clear all; clc;
X = [-1 1 1 -1 -1];
Y = [-1 -1 1 1 -1];
C = [X;Y; 1 1 1 1 1];
A = deg2rad(30);
R1 = [cos(A) - sin(A) 0; sin(A) cos(A) 0; 0 0 1];
D = R1 * C;
fprintf('New vertices : \n');
for i = 1:4
    fprintf('( %.2f, %.2f) \n',D(1,i), D(2,i));
end

% plotting
```

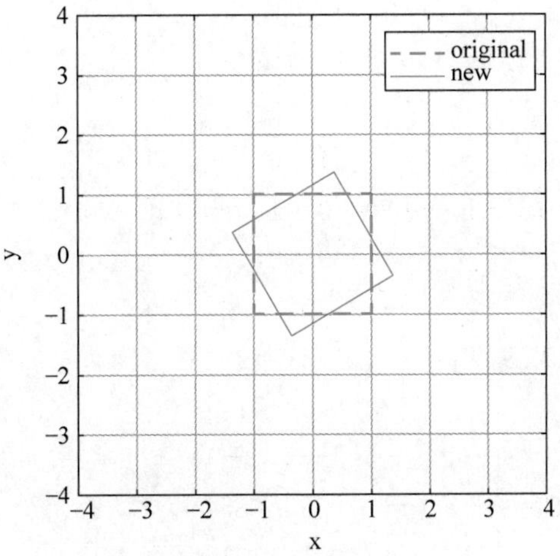

图 4.5　例 4.3 的绘图

```
plot(C(1,:), C(2,:), 'b--', D(1,:),D(2,:), 'r');
xlabel('x');
ylabel('y');
legend('original', 'new');
axis([ - 4, 4, - 4, 4]); grid;
axis square;
```

> 注解
>
> 这里,正方形的中心在点(0, 0),所以旋转是相对于原点的。
>
> cos:以弧度计算角度的余弦。
>
> deg2rad:将度数转换为弧度值。

4.6　定点缩放

对关于固定点(x_f,y_f)的一般定点缩放,采取以下步骤:

(1) 平移物体,使定点移动到原点:$\boldsymbol{T}_1=\boldsymbol{T}(-x_f,-y_f)$。

(2) 关于原点缩放对象:$\boldsymbol{S}_1=\boldsymbol{S}(s_x,s_y)$。

(3) 将对象反向平移到原始位置:$\boldsymbol{T}_2=\boldsymbol{T}(x_f,y_f)$。

复合变换:$\boldsymbol{M}=\boldsymbol{T}_2\boldsymbol{S}_1\boldsymbol{T}_1$。

例 4.4　将具有顶点(−1,−1)、(1,−1)、(1,1)和(−1,1)的正方形按其顶点之一(−1,−1)以(−2,3)缩放。找到它的新顶点。

解:

原始坐标矩阵:$\boldsymbol{C}=\begin{bmatrix}-1 & 1 & 1 & -1\\ -1 & -1 & 1 & 1\\ 1 & 1 & 1 & 1\end{bmatrix}$;

前向平移矩阵:$\boldsymbol{T}_1=\boldsymbol{T}(1,1)=\begin{bmatrix}1 & 0 & 1\\ 0 & 1 & 1\\ 0 & 0 & 1\end{bmatrix}$;

缩放矩阵：$\boldsymbol{S}_1=\boldsymbol{S}(-2,3)=\begin{bmatrix}-2 & 0 & 0\\ 0 & 3 & 0\\ 0 & 0 & 1\end{bmatrix}$；

反向平移矩阵：$\boldsymbol{T}_2=\boldsymbol{T}(-1,-1)=\begin{bmatrix}1 & 0 & -1\\ 0 & 1 & -1\\ 0 & 0 & 1\end{bmatrix}$；

复合变换矩阵：$\boldsymbol{M}=\boldsymbol{T}_2\boldsymbol{S}_1\boldsymbol{T}_1=\begin{bmatrix}-2 & 0 & -3\\ 0 & 3 & 2\\ 0 & 0 & 1\end{bmatrix}$；

新坐标矩阵：$\boldsymbol{D}=\boldsymbol{MC}=\begin{bmatrix}-1 & -5 & -5 & -1\\ -1 & -1 & 5 & 5\\ 1 & 1 & 1 & 1\end{bmatrix}$。

新顶点坐标为(−1,−1)、(−5,−1)、(−5,5)、(−1,5)，参见图4.6。

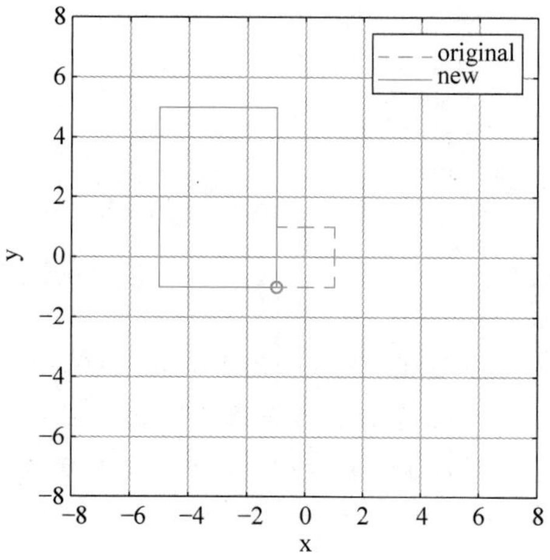

图 4.6 例 4.4 的绘图

MATLAB Code 4.4

```
clear all; clc;
X = [-1 1 1 -1 -1];
Y = [-1 -1 1 1 -1];
C = [X;Y; 1 1 1 1 1];
sx = -2; sy = 3;
xf = -1; yf = -1;
T1 = [1, 0, -xf ; 0, 1, -yf ; 0, 0, 1];
S1 = [sx, 0, 0 ; 0, sy, 0 ; 0, 0, 1];
T2 = [1, 0, xf ; 0, 1, yf ; 0, 0, 1];
M = T2 * S1 * T1 ;
D = M*C;
fprintf('New vertices : \n');
for i=1:4
    fprintf('( %.2f, %.2f) \n',D(1,i), D(2,i));
end

% plotting
plot(C(1,:), C(2,:), 'b--', D(1,:),D(2,:), 'r', xf, yf, 'ro');
xlabel('x');
ylabel('y');
legend('original', 'new');
axis([-8, 8, -8, 8]);
axis square; grid;
```

4.7 定点旋转

对关于固定点(x_f,y_f)的一般定点旋转，采取以下步骤[Foley et al.,1995]：

(1) 平移物体，使定点移动到原点：$\boldsymbol{T}_1=\boldsymbol{T}(-x_f,-y_f)$。

(2) 围绕原点缩放对象：$\boldsymbol{R}_1=\boldsymbol{R}(\theta)$。

(3) 将对象反向平移到原始位置：$\boldsymbol{T}_2=\boldsymbol{T}(x_f,y_f)$。

(4) 计算复合变换矩阵：$\boldsymbol{M}=\boldsymbol{T}_2\boldsymbol{R}_1\boldsymbol{T}_1$。

例 4.5　将具有顶点(−1,−1)、(1,−1)、(1,1)和(−1,1)的正方形绕其顶点之一(−1,−1)正方向旋转 30°。找到它的新顶点。

解：

原始坐标矩阵：$\boldsymbol{C}=\begin{bmatrix}-1 & 1 & 1 & -1\\ -1 & -1 & 1 & 1\\ 1 & 1 & 1 & 1\end{bmatrix}$；

前向平移矩阵：$\boldsymbol{T}_1=\boldsymbol{T}(1,1)=\begin{bmatrix}1 & 0 & 1\\ 0 & 1 & 1\\ 0 & 0 & 1\end{bmatrix}$；

旋转矩阵：$\boldsymbol{R}_1=\boldsymbol{R}(30°)=\begin{bmatrix}\cos30° & -\sin30° & 0\\ \sin30° & \cos30° & 0\\ 0 & 0 & 1\end{bmatrix}=\begin{bmatrix}0.87 & -0.5 & 0\\ 0.5 & 0.87 & 0\\ 0 & 0 & 1\end{bmatrix}$；

反向平移矩阵：$\boldsymbol{T}_2=\boldsymbol{T}(-1,-1)=\begin{bmatrix}1 & 0 & -1\\ 0 & 1 & -1\\ 0 & 0 & 1\end{bmatrix}$；

复合变换矩阵：$\boldsymbol{M}=\boldsymbol{T}_2\boldsymbol{R}_1\boldsymbol{T}_1=\begin{bmatrix}0.87 & -0.5 & -0.63\\ 0.5 & 0.87 & 0.37\\ 0 & 0 & 1\end{bmatrix}$；

新坐标矩阵：$\boldsymbol{D}=\boldsymbol{MC}=\begin{bmatrix}-1 & 0.73 & -0.27 & -2\\ -1 & 0 & 1.73 & 0.73\\ 1 & 1 & 1 & 1\end{bmatrix}$。

新顶点坐标为(−1,−1)、(0.73,0)、(−0.27,1.73)、(−2,0.73)，参见图 4.7。

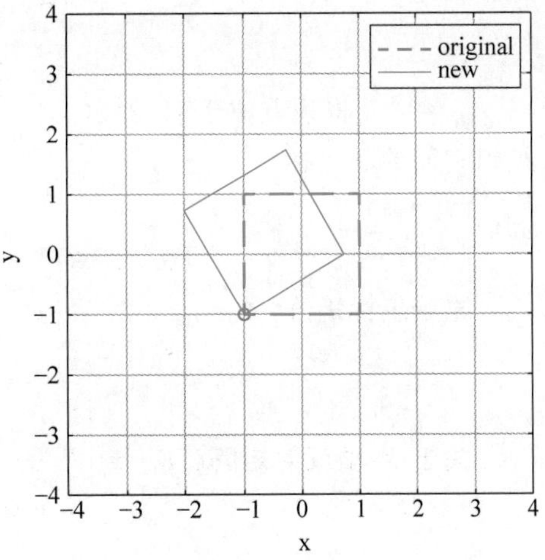

图 4.7　例 4.5 的绘图

MATLAB Code 4.5

```
clear all; clc;
X = [ -1 1 1 -1 -1];
Y = [ -1 -1 1 1 -1];
C = [X ; Y ; 1 1 1 1 1];
xf = -1;
yf = -1;
A = 30;
T1 = [1, 0, -xf ; 0, 1, -yf ; 0, 0, 1];
R1 = [cosd(A), -sind(A), 0 ; sind(A), cosd(A),
0 ; 0, 0, 1];
T2 = [1, 0, xf ; 0, 1, yf ; 0, 0, 1];
M = T2 * R1 * T1 ;
D = M * C;
fprintf('New vertices : \n');
for i = 1:4
    fprintf('( %.2f, %.2f) \n',D(1,i), D(2,i));
end

% plotting
```

```
plot(C(1,:), C(2,:), 'b--', D(1,:),D(2,:), 'r', xf, yf, 'ro');
xlabel('x');
ylabel('y');
legend('original', 'new');
axis([-4, 4, -4, 4]);
axis square; grid;
```

> 注解
>
> cosd：以度为单位计算角度的余弦值。
>
> sind：以度为单位计算角度的正弦值。

4.8 反射

关于轴的反射操作能反转垂直于轴的坐标的符号。例如，关于 X 轴的反射会反转点的 y 坐标。因此，反射矩阵由以下给出，其中下标表示发生反射的轴：

$$\boldsymbol{F}_x=\begin{bmatrix}1&0&0\\0&-1&0\\0&0&1\end{bmatrix} \tag{4.9}$$

$$\boldsymbol{F}_y=\begin{bmatrix}-1&0&0\\0&1&0\\0&0&1\end{bmatrix} \tag{4.10}$$

也可以关于原点发生反射，在这种情况下，x 坐标和 y 坐标都会反转。这由下标“o”表示：

$$\boldsymbol{F}_o=\begin{bmatrix}-1&0&0\\0&-1&0\\0&0&1\end{bmatrix} \tag{4.11}$$

例 4.6 将顶点位于(1,2)、(3,2)和(3,4)的三角形分别关于 X 轴、Y 轴和原点反射。找到它们的新坐标。

解：

原始坐标矩阵：$\boldsymbol{C}=\begin{bmatrix}1&3&3\\2&2&4\\0&0&1\end{bmatrix}$；

关于 X 轴反射矩阵：$\boldsymbol{F}_x=\begin{bmatrix}1&0&0\\0&-1&0\\0&0&1\end{bmatrix}$；

新坐标矩阵：$\boldsymbol{D}_x=\boldsymbol{F}_x\boldsymbol{C}=\begin{bmatrix}1&3&3\\-2&-2&-4\\0&0&1\end{bmatrix}$；

关于 Y 轴反射矩阵：$\boldsymbol{F}_y=\begin{bmatrix}-1&0&0\\0&1&0\\0&0&1\end{bmatrix}$；

新坐标矩阵：$\boldsymbol{D}_y=\boldsymbol{F}_y\boldsymbol{C}=\begin{bmatrix}-1 & -3 & -3\\ 2 & 2 & 4\\ 0 & 0 & 1\end{bmatrix}$；

关于原点反射矩阵：$\boldsymbol{F}_o=\begin{bmatrix}-1 & 0 & 0\\ 0 & -1 & 0\\ 0 & 0 & 1\end{bmatrix}$；

新坐标矩阵：$\boldsymbol{D}_o=\boldsymbol{F}_o\boldsymbol{C}=\begin{bmatrix}-1 & -3 & -3\\ -2 & -2 & -4\\ 0 & 0 & 1\end{bmatrix}$。

参见图 4.8。

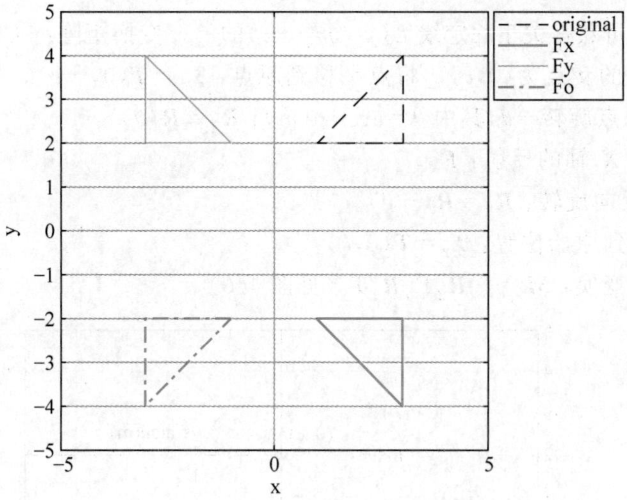

图 4.8 例 4.6 的绘图

MATLAB Code 4.6

```
clear all; clc;
X = [1, 3, 3, 1];
Y = [2, 2, 4, 2];
C = [X; Y; 1 1 1 1];
Fx = [1 0 0; 0 -1 0; 0 0 1];
Fy = [-1 0 0; 0 1 0; 0 0 1];
Fo = [-1 0 0; 0 -1 0; 0 0 1];
Dx = Fx * C;
Dy = Fy * C;
Do = Fo * C;
fprintf('New vertices X-axis : \n');
for i = 1:3
    fprintf('( %.2f, %.2f) \n',Dx(1,i), Dx(2,i));
end
fprintf('New vertices Y-axis : \n');
for i = 1:3
    fprintf('( %.2f, %.2f) \n',Dy(1,i), Dy(2,i));
end
fprintf('New vertices origin: \n');
```

```
for i = 1:3
    fprintf('( %.2f, %.2f) \n',Do(1,i), Do(2,i));
end

% plotting
plot(C(1,:), C(2,:), 'b--', Dx(1,:),Dx(2,:), 'r', ...
    Dy(1,:), Dy(2,:), 'r--', Do(1,:), Do(2,:), 'r-.');
xlabel('x'); ylabel('y');
axis([-5, 5, -5, 5]);
legend('original', 'Fx', 'Fy', 'Fo');
axis square; grid;
```

4.9 定线反射

使用以下步骤可获得关于固定线 $L(y=mx+c)$的反射变换矩阵：[Chakraborty,2010]：

(1) L 与 Y 轴的交点为$(0,c)$。将点平移到原点：$\boldsymbol{T}_1=\boldsymbol{T}(0,-c)$。

(2) 将 L 绕原点旋转$-\theta$,其中 $\theta=\arctan(m)$：$\boldsymbol{R}_1=\boldsymbol{R}(\theta)$。

(3) 应用关于 X 轴的反射：$\boldsymbol{F}_x$。

(4) 绕 X 轴反向旋转：$\boldsymbol{R}_2=\boldsymbol{R}(-\theta)$。

(5) 反向平移到原始位置：$\boldsymbol{T}_2=\boldsymbol{T}(0,c)$。

(6) 计算复合变换：$\boldsymbol{M}=\boldsymbol{T}_2\boldsymbol{R}_2\boldsymbol{F}_x\boldsymbol{R}_1\boldsymbol{T}_1$(见图 4.9)。

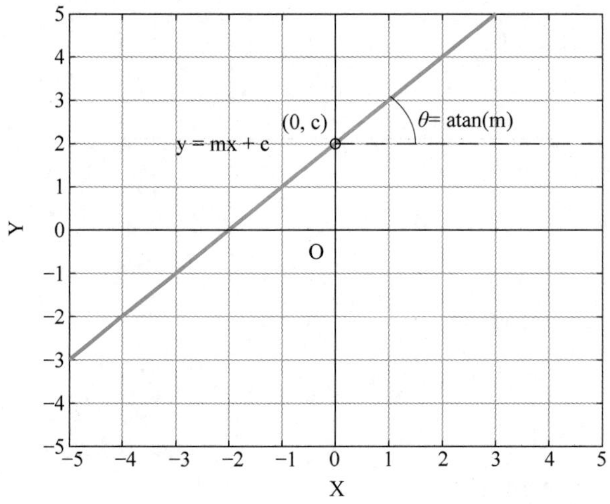

图 4.9 定线反射

例 4.7 将具有顶点(2,4)、(4,7)和(5,6)的三角形关于线 $y=0.5x+2$ 反射。找到它的新坐标。

解：

原始坐标矩阵：$\boldsymbol{C}=\begin{bmatrix}2 & 4 & 5\\4 & 7 & 6\\0 & 0 & 1\end{bmatrix}$；

对于给定的直线 L,有 $m=0.5,c=2,k=\arctan(m)=0.463\text{rad}=26.56°$。

前向平移矩阵：$\boldsymbol{T}_1=\boldsymbol{T}(0,-c)=\begin{bmatrix}1 & 0 & 0\\0 & 1 & -2\\0 & 0 & 1\end{bmatrix}$；

前向旋转矩阵：$\boldsymbol{R}_1=\boldsymbol{R}(k)=\begin{bmatrix}\cos k & -\sin k & 0\\\sin k & \cos k & 0\\0 & 0 & 1\end{bmatrix}=\begin{bmatrix}0.89 & 0.45 & 0\\-0.45 & 0.89 & 0\\0 & 0 & 1\end{bmatrix}$；

关于 X 轴反射矩阵：$\boldsymbol{F}_x=\begin{bmatrix}1 & 0 & 0\\0 & -1 & 0\\0 & 0 & 1\end{bmatrix}$；

反向旋转矩阵：$\boldsymbol{R}_2=\boldsymbol{R}(-k)=\begin{bmatrix}\cos k & \sin k & 0\\-\sin k & \cos k & 0\\0 & 0 & 1\end{bmatrix}=\begin{bmatrix}0.89 & -0.45 & 0\\0.45 & 0.89 & 0\\0 & 0 & 1\end{bmatrix}$；

反向平移矩阵：$\boldsymbol{T}_2=\boldsymbol{T}(0,c)=\begin{bmatrix}1 & 0 & 0\\0 & 1 & 2\\0 & 0 & 1\end{bmatrix}$；

复合变换矩阵：$\boldsymbol{M}=\boldsymbol{T}_2\boldsymbol{R}_2\boldsymbol{F}_x\boldsymbol{R}_1\boldsymbol{T}_1=\begin{bmatrix}0.6 & 0.8 & -1.6\\0.8 & -0.6 & 3.2\\0 & 0 & 1\end{bmatrix}$；

新坐标矩阵：$\boldsymbol{D}=\boldsymbol{MC}=\begin{bmatrix}2.8 & 6.4 & 6.2\\2.4 & 2.2 & 3.6\\1 & 1 & 1\end{bmatrix}$。

新的顶点坐标为(2.8,2.4)、(6.4,2.2)和(6.2,3.6)，参见图 4.10。

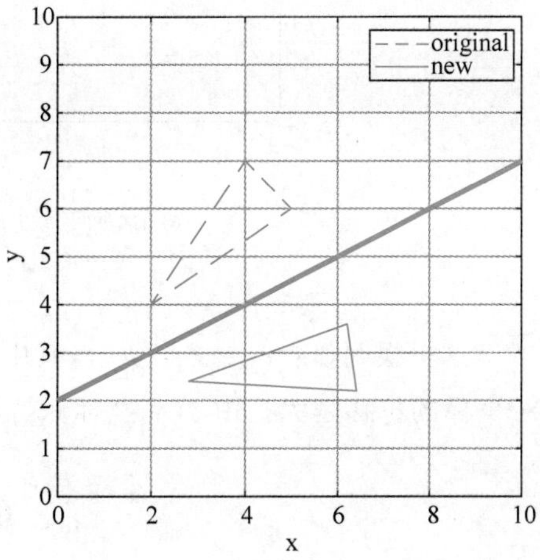

图 4.10　例 4.7 的绘图

MATLAB Code 4.7

```
clear all; clc;
m = 0.5; c = 2;
T1 = [1 0 0 ; 0 1 -c ; 0 0 1];
k = atan(m);
R1 = [cos(k), sin(k), 0 ; - sin(k), cos(k), 0 ; 0
0 1];
Fx = [1 0 0; 0 -1 0; 0 0 1];
R2 = inv(R1);
T2 = inv(T1);
M = T2 * R2 * Fx * R1 * T1;
C = [2 4 5 2; 4 7 6 4; 1 1 1 1];
D = M * C;
fprintf('New vertices : \n');
for i = 1:3
   fprintf('( %.2f, %.2f) \n',D(1,i), D(2,i));
end

%plotting
xx = linspace(0,10);
```

```
yy = m * xx + c;
plot(C(1,:),C(2,:), 'b--', D(1,:), D(2,:), 'r');
hold on;
plot(xx, yy, 'b-', 'LineWidth', 1.5);
legend('original', 'new'); axis([0, 10, 0, 10]);
grid; axis square;
xlabel('x'); ylabel('y');
hold off;
```

> 注解
>
> atan：计算弧度值的反正切。

4.10 剪切

剪切操作通过更改一组坐标值同时保持其他值不变来扭曲图形对象[Chakraborty, 2010]。可以有两种类型的剪切：一种沿 x 方向，另一种沿 y 方向。对于沿 x 方向的剪切，剪切点的 x 坐标值的偏移量与它们的 y 坐标成比例，而 y 坐标本身保持不变[见图 4.11(a)]。

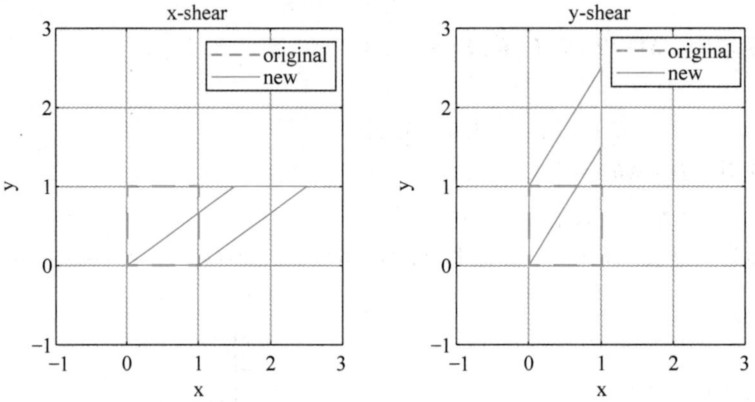

(a) 沿x方向剪切　　(b) 沿y方向剪切

图 4.11 剪切

这里很明显：$x_2=x_1+hy_1$，其中 h 是比例常数。这意味着一个点的 y 坐标越大，其沿 x 坐标的位移越大。由于 y 坐标保持不变，因此 $y_2=y_1$。矩阵形式：

$$\boldsymbol{H}_x=\begin{bmatrix}1 & h & 0\\0 & 1 & 0\\0 & 0 & 1\end{bmatrix} \tag{4.12}$$

类似地，y 方向剪切[见图 4.11(b)]将表示为：

$$\boldsymbol{H}_y=\begin{bmatrix}1 & 0 & 0\\h & 1 & 0\\0 & 0 & 1\end{bmatrix} \tag{4.13}$$

例 4.8 顶点在(−1,−1)、(1,−1)、(1,1)和(−1,1)的正方形在 X 轴方向受到值为 1.5 的剪切，然后在 Y 轴方向受到值为 2 的剪切。找到它的新顶点。

解：

原始坐标矩阵：$\boldsymbol{C}=\begin{bmatrix}-1 & 1 & 1 & -1\\ -1 & -1 & 1 & 1\\ 1 & 1 & 1 & 1\end{bmatrix}$；

沿 X 轴剪切矩阵：$\boldsymbol{H}_1=\boldsymbol{H}_x(1.5)=\begin{bmatrix}1 & 1.5 & 0\\ 0 & 1 & 0\\ 0 & 0 & 1\end{bmatrix}$；

沿 Y 轴剪切矩阵：$\boldsymbol{H}_2=\boldsymbol{H}_y(2)=\begin{bmatrix}1 & 0 & 0\\ 2 & 1 & 0\\ 0 & 0 & 1\end{bmatrix}$；

新坐标矩阵：$\boldsymbol{D}=\boldsymbol{H}_2\boldsymbol{H}_1C$。

新的顶点坐标是(−2.5,−6)、(−0.5,−2)、(2.5,6)和(0.5,2)，参见图 4.12。

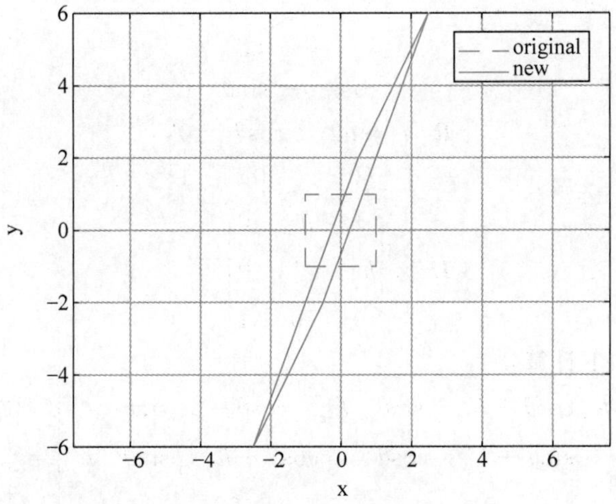

图 4.12　例 4.8 的绘图

MATLAB Code 4.8

```
clear all; clc;
X = [ - 1 1 1  - 1  - 1]; Y = [ - 1  - 1 1 1  - 1];
C = [X;Y; 1 1 1 1 1];
hx = 1.5; hy = 2;
Hx = [1, hx, 0 ; 0, 1, 0 ; 0, 0, 1];
Hy = [1, 0, 0 ; hy, 1, 0 ; 0, 0, 1];
D = Hy * Hx * C;
fprintf('New vertices : \n');
for i = 1:4
    fprintf('( %.2f, %.2f) \n',D(1,i), D(2,i));
end
plot(C(1,:), C(2,:), 'b-- ', D(1,:),D(2,:), 'r');
xlabel('x');
ylabel('y');
legend('original', 'new');
axis equal; grid;
```

4.11 仿射变换

包含平移、旋转、缩放和剪切组合的复合变换称为仿射变换[Hearn and Baker，1996；Shirley，2002]。仿射变换保留以下性质：若 P 是变换前位于连接端点 A 和 B 的线段上的任意点，则变换后的点 P'仍将位于连接变换后的端点 A'和 B'的线段上。一般来说，仿射变换下的矩形将被转换为平行四边形[Rovenski，2010]。

回顾一下，

$$\boldsymbol{T}=\begin{bmatrix}1 & 0 & t_x\\0 & 1 & t_y\\0 & 0 & 1\end{bmatrix}$$

$$\boldsymbol{S}=\begin{bmatrix}s_x & 0 & 0\\0 & s_y & 0\\0 & 0 & 1\end{bmatrix}$$

$$\boldsymbol{R}=\begin{bmatrix}\cos\theta & -\sin\theta & 0\\\sin\theta & \cos\theta & 0\\0 & 0 & 1\end{bmatrix}$$

$$\boldsymbol{H}=\begin{bmatrix}1 & h_x & 0\\h_y & 1 & 0\\0 & 0 & 1\end{bmatrix}$$

复合变换可以如下计算：

$$\boldsymbol{M}=\boldsymbol{TSRH}=\begin{bmatrix}s_x\cos\theta-h_y s_x\sin\theta & h_x s_x\cos\theta-s_x\sin\theta & t_x\\s_y\sin\theta+h_y s_y\cos\theta & s_y\cos\theta+h_x s_y\sin\theta & t_y\\0 & 0 & 1\end{bmatrix}=\begin{bmatrix}a & b & c\\d & e & f\\0 & 0 & 1\end{bmatrix}\tag{4.14}$$

因此在仿射变换下，一个点的变换坐标(x',y')与原始坐标(x,y)的关系如下：

$$\begin{aligned}x'&=ax+by+c\\y'&=dx+cy+f\end{aligned}\tag{4.15}$$

反射也可以添加到变换集合中，这将根据反射的类型简单地改变一些系数的符号。

例 4.9 在涉及以下变换的复合变换作用后找到具有顶点(1,1)、(1,−1)、(−1,−1)和(−1,1)的正方形的新坐标：$T(2,-4)$、$S(3,-1)$、$R(\pi/2)$和 $H(1,-2)$。

解：

先写出各个变换矩阵：

$$\boldsymbol{T}=\begin{bmatrix}1 & 0 & 2\\0 & 1 & -4\\0 & 0 & 1\end{bmatrix}$$

$$\boldsymbol{S}=\begin{bmatrix}3 & 0 & 0\\0 & -1 & 0\\0 & 0 & 1\end{bmatrix}$$

$$\boldsymbol{R}=\begin{bmatrix}\cos\pi/2 & -\sin\pi/2 & 0\\ \sin\pi/2 & \cos\pi/2 & 0\\ 0 & 0 & 1\end{bmatrix}=\begin{bmatrix}0 & -1 & 0\\ 1 & 0 & 0\\ 0 & 0 & 1\end{bmatrix}$$

$$\boldsymbol{H}=\begin{bmatrix}1 & 1 & 0\\ -2 & 1 & 0\\ 0 & 0 & 1\end{bmatrix}$$

复合变换：$\boldsymbol{M}=\begin{bmatrix}6 & -3 & 2\\ -1 & -1 & -4\\ 0 & 0 & 1\end{bmatrix}$；

原始坐标矩阵：$\boldsymbol{C}=\begin{bmatrix}-1 & 1 & 1 & -1\\ -1 & -1 & 1 & 1\\ 1 & 1 & 1 & 1\end{bmatrix}$；

新坐标矩阵：$\boldsymbol{D}=\boldsymbol{MC}=\begin{bmatrix}-1 & 11 & 5 & -7\\ -2 & -4 & -6 & -4\\ 1 & 1 & 1 & 1\end{bmatrix}$。

新顶点坐标：(−1,−2)、(11,−4)、(5,−6)、(−7,−4)，参见图 4.13。

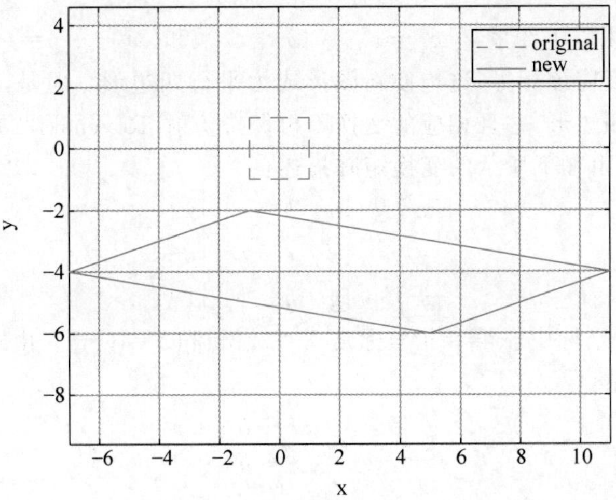

图 4.13　例 4.9 的绘图

MATLAB Code 4.9

```
clear all; clc;
syms tx ty sx sy A hx hy ;
X = [-1 1 1 -1 -1];
Y = [-1 -1 1 1 -1];
C = [X ; Y ; 1 1 1 1 1];
T = [1 0 tx; 0 1 ty; 0 0 1];
S = [sx 0 0; 0 sy 0; 0 0 1];
R = [cos(A) -sin(A) 0; sin(A) cos(A) 0; 0 0 1];
H = [1 hx 0; hy 1 0; 0 0 1];
M = T*S*R*H;
M1 = subs(M, [tx, ty, sx, sy, A, hx, hy], [2, -4, 3, -1, pi/2, 1, -2]);
D = M1 * C;
```

```
    fprintf('New vertices : \n');
for i = 1:4
fprintf('( %.2f, %.2f) \n',D(1,i), D(2,i));
end

 % plotting
plot(C(1,:), C(2,:), 'b--', D(1,:),D(2,:), 'r');
xlabel('x');ylabel('y');
legend('original', 'new');
axis equal; grid;
```

4.12 透视变换

上面我们已经看到,方程式(4.14)描述的仿射变换矩阵将矩形转换为平行四边形。具体描述如下,其中(x',y')是点(x,y)的变换后坐标。

$$\begin{bmatrix} x' \\ y' \\ 1 \end{bmatrix} = \begin{bmatrix} a & b & c \\ d & e & f \\ 0 & 0 & 1 \end{bmatrix} \begin{bmatrix} x \\ y \\ 1 \end{bmatrix} \tag{4.16}$$

新旧坐标之间的映射关系由式(4.16)给出。在此转换过程中,应用了一组约束,这些约束负责控制平行四边形的形状。若一个矩形有一组坐标为(x_0,y_0)、(x_1,y_1)、(x_2,y_2)和(x_3,y_3)的新顶点,则应用以下约束:$(x_1-x_0)=(x_2-x_3)$和$(y_1-y_0)=(y_2-y_3)$。这些约束只是说明对边的长度应该相等,这迫使新图形成为平行四边形。但是,若不应用约束,则矩形将被转换为任意四边形,并且相应的变换不再保持仿射[Rovenski,2010]。新的变换称为透视(或投影)变换,由如下所示的变换矩阵描述:

$$\begin{bmatrix} x' \\ y' \\ w \end{bmatrix} = \begin{bmatrix} a & b & c \\ d & e & f \\ g & h & 1 \end{bmatrix} \begin{bmatrix} x \\ y \\ 1 \end{bmatrix} \tag{4.17}$$

式中,x'和y'在齐次坐标中。笛卡儿坐标是$X=x/w$和$Y=y/w$。由式(4.17)可以推导出新旧坐标的映射关系:

$$\begin{aligned} X &= \frac{x'}{w} - \frac{ax+by+c}{gx+hy+1} \\ Y &= \frac{y'}{w} = \frac{dx+ey+f}{gx+hy+1} \end{aligned} \tag{4.18}$$

第8章将给出有关映射过程的详细信息。

例 4.10 根据以下变换找到顶点为(0,0)、(1,0)、(1,1)和(0,1)的正方形的新坐标:(a) $\begin{bmatrix} 5 & 2 & 5 \\ 2 & 5 & 5 \\ 0 & 0 & 1 \end{bmatrix}$,(b) $\begin{bmatrix} 5 & 2 & 5 \\ 2 & 5 & 5 \\ 5 & 2 & 1 \end{bmatrix}$。指定每种情况下的变换类型。

解:

(a)

原始坐标矩阵:$\boldsymbol{C}=\begin{bmatrix} 0 & 1 & 1 & 0 \\ 0 & 0 & 1 & 1 \\ 1 & 1 & 1 & 1 \end{bmatrix}$;

变换矩阵：$\boldsymbol{M}=\begin{bmatrix}5&2&5\\2&5&5\\0&0&1\end{bmatrix}$；

新坐标矩阵：$\boldsymbol{D}=\boldsymbol{MC}=\begin{bmatrix}5&10&12&7\\5&7&12&10\\1&1&1&1\end{bmatrix}$。

新的顶点坐标为(5.00,5.00)、(10.00,7.00)、(12.00,12.00)和(7.00,10.00)。

令 $x_0=5$、$y_0=5$、$x_1=10$、$y_1=7$、$x_2=12$、$y_2=12$、$x_3=7$、$y_3=10$。

现在 $d_1=x_1-x_0=5$、$d_2=x_2-x_3=5$、$d_3=y_1-y_0=2$、$d_4=y_2-y_3=2$。

由于 $d_1=d_2$ 和 $d_3=d_4$，变换本质上是仿射的(见图 4.14(a))。

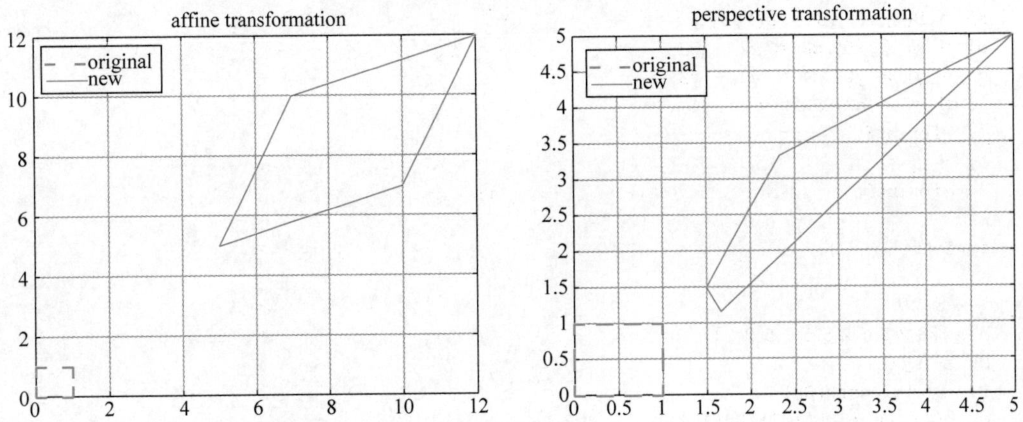

(a) 仿射变换　　(b) 透视变换

图 4.14　例 4.10 的绘图

(b) 变换矩阵：$\boldsymbol{M}=\begin{bmatrix}5&2&5\\2&5&5\\5&2&1\end{bmatrix}$；

新坐标矩阵：$\boldsymbol{D}_{\mathrm{h}}=\boldsymbol{MC}=\begin{bmatrix}5&10&12&7\\5&7&12&10\\1&6&8&3\end{bmatrix}$(齐次坐标)；

新坐标矩阵：$\boldsymbol{D}=\begin{bmatrix}5&1.67&1.5&2.33\\5&1.17&1.5&3.33\\1&1&1&1\end{bmatrix}$(笛卡儿坐标)。

新的顶点坐标为(5.00,5.00)、(1.67,1.17)、(1.50,1.50)和(2.33,3.33)。

设 $x_0=5$、$y_0=5$、$x_1=1.67$、$y_1=1.17$、$x_2=1.5$、$y_2=1.5$、$x_3=2.33$、$y_3=3.33$。

现在 $d_1=x_1-x_0=-3.33$，$d_2=x_2-x_3=-0.83$，$d_3=y_1-y_0=-3.83$，$d_4=y_2-y_3=-1.83$。

由于 $d_1\neq d_2$ 和 $d_3\neq d_4$，变换本质上是透视的(见图 4.14(b))。

MATLAB Code 4.10

```
clear all; clc; format compact;
```

```
% (a)
C = [0 1 1 0 0 ; 0 0 1 1 0 ; 1 1 1 1 1]
M = [5 2 5 ; 2 5 5 ; 0 0 1]
D = M*C
figure,
plot (C(1,:), C(2,:), 'b-- ', D(1,:), D(2,:), 'r- '); grid;
legend('original', 'new');
title('affine transformation');
fprintf('New vertices : \n');
for i = 1:4
    fprintf('( %.2f, %.2f) \n', D(1,i), D(2,i));
end
x0 = D(1,1); y0 = D(2,1);
x1 = D(1,2); y1 = D(2,2);
x2 = D(1,3); y2 = D(2,3);
x3 = D(1,4); y3 = D(2,4);
d1 = x1 - x0, d2 = x2 - x3,
d3 = y1 - y0, d4 = y2 - y3,
if d1 = = d2 && d3 = = d4
    fprintf('Transformation is affine\n');
else
    fprintf('Transformation is perspective\n');
end
fprintf('\n\n');

% (b)
M = [5 2 5 ; 2 5 5 ; 5 2 1]
Dh = M*C;
for i = 1:length(Dh)
    D(:,i) = Dh(:,i)/Dh(3,i);
end
fprintf('New vertices : \n');
for i = 1:4
    fprintf('( %.2f, %.2f) \n', D(1,i), D(2,i));
end
figure
plot (C(1,:), C(2,:), 'b-- ', D(1,:), D(2,:), 'r- '); grid;
legend('original', 'new');
title('perspective transformation');
x0 = D(1,1); y0 = D(2,1);
x1 = D(1,2); y1 = D(2,2);
x2 = D(1,3); y2 = D(2,3);
x3 = D(1,4); y3 = D(2,4);
d1 = x1 - x0, d2 = x2 - x3,
d3 = y1 - y0, d4 = y2 - y3,
if d1 = = d2 && d3 = = d4
    fprintf('Transformation is affine\n');
else
    fprintf('Transformation is perspective\n');
end
```

4.13 观察变换

观察变换与在显示设备上显示渲染的图形输出相关联。已经提到，像样条线和多边形这样的二维图形对象是在平面上生成并使用坐标系存储的。坐标系用于测量点的位置并将它们存储在向量中。生成的平面可以无限延伸，仅受硬件资源的限制。当该平面的一部分要显示在输出设备上时，图形显示系统需要两个额外的功能组件来实现这一点：窗口和视口。窗口由矩形区域的4个角使用图形应用软件的坐标系来定义，以选择需要显示的生成平面的特定部分。视口是窗口到监视器等输出设备坐标的映射版本，以使硬件能够在屏幕上显示存储的图形数据。视口也由矩形区域的4个角定义，但使用显示设备的坐标系。窗口和视口之间的映射统称为"观察变换"[Hearn and Baker，1996；Shirley，2002]，包括平移和缩放(见图4.15)。

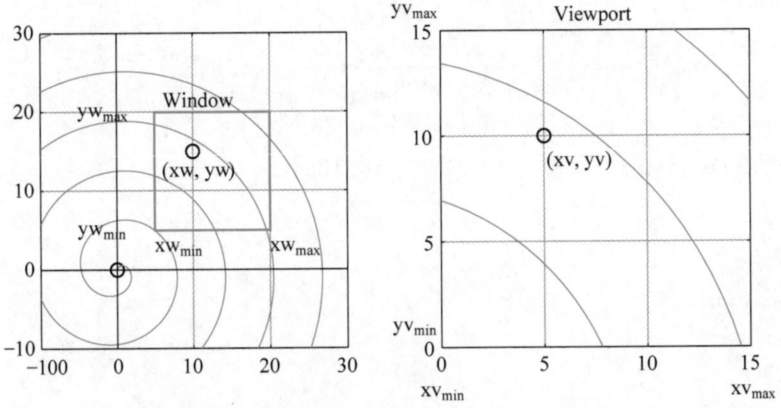

(a) 窗口 (b) 视口

图4.15 窗口和视口

图4.15(a)显示了使用应用程序指定坐标生成的样条曲线，矩形窗口的顶点定义为：

$A(\mathrm{xw}_{\min},\mathrm{yw}_{\min})$ $B(\mathrm{xw}_{\max},\mathrm{yw}_{\min})$ $C(\mathrm{xw}_{\max},\mathrm{yw}_{\max})$ $D(\mathrm{xw}_{\min},\mathrm{yw}_{\max})$；

窗口内的内容映射到图4.15(b)显示的设备视口，其顶点定义为：

$A'(\mathrm{xv}_{\min},\mathrm{yv}_{\min})$ $B'(\mathrm{xv}_{\max},\mathrm{yv}_{\min})$ $C'(\mathrm{xv}_{\max},\mathrm{yv}_{\max})$ $D'(\mathrm{xv}_{\min},\mathrm{yv}_{\max})$。

从窗口到视口的映射涉及以下步骤[Foley et al.，1995]：

(1) 将 A 平移到 A'：$\boldsymbol{T}_1=\boldsymbol{T}(\mathrm{xv}_{\min}-\mathrm{xw}_{\min},\mathrm{yv}_{\min}-\mathrm{yw}_{\min})$。

(2) 将 P 平移到原点：$\boldsymbol{T}_2=\boldsymbol{T}(-\mathrm{xv}_{\min},-\mathrm{yv}_{\min})$。

(3) 相对于原点进行缩放：$\boldsymbol{S}_1=\boldsymbol{S}(s_x,s_y)$。

(4) 反向平移回 A'：$\boldsymbol{T}_3=\boldsymbol{T}(\mathrm{xv}_{\min},\mathrm{yv}_{\min})$。

(5) 复合变换：$\boldsymbol{M}=\boldsymbol{T}_3\boldsymbol{S}_1\boldsymbol{T}_2\boldsymbol{T}_1$。

缩放因子涉及将窗口的尺寸更改为视口。视口的宽度为$(\mathrm{xv}_{\max}-\mathrm{xv}_{\min})$，窗口的宽度为$(\mathrm{xw}_{\max}-\mathrm{xw}_{\min})$。水平比例因子 s_x 将是它们的比率，即

$$s_x=\frac{\mathrm{xv}_{\max}-\mathrm{xv}_{\min}}{\mathrm{xw}_{\max}-\mathrm{xw}_{\min}} \tag{4.19}$$

视口的高度是$(\mathrm{yv}_{\max}-\mathrm{yv}_{\min})$，窗口的高度是$(\mathrm{yw}_{\max}-\mathrm{yw}_{\min})$。垂直比例因子 s_y 将是它们的比率，即

$$s_y=\frac{\mathrm{yv}_{\max}-\mathrm{yv}_{\min}}{\mathrm{yw}_{\max}-\mathrm{yw}_{\min}} \tag{4.20}$$

例4.11 计算一个变换，它将左下角在 $A(1,1)$ 和右上角在 $C(3,5)$ 的窗口映射到左下

角在 $P(0,0)$和右上角在 $Q(0.5,0.5)$的视口上。

解：

将 A 平移到 P：$\boldsymbol{T}_1=\boldsymbol{T}(-1,-1)$

应用关于 P 的缩放,因为 P 已经在原点：$\boldsymbol{S}_1=\boldsymbol{S}(s_x,s_y)$。

根据式(4.19),

$$s_x=\frac{\mathrm{xv}_{\max}-\mathrm{xv}_{\min}}{\mathrm{xw}_{\max}-\mathrm{xw}_{\min}}=\frac{0.5}{2}=0.25$$

根据式(4.20),

$$s_y=\frac{\mathrm{yv}_{\max}-\mathrm{yv}_{\min}}{\mathrm{yw}_{\max}-\mathrm{yw}_{\min}}=\frac{0.5}{4}=0.125$$

复合变换矩阵：$\boldsymbol{M}=\boldsymbol{S}_1\boldsymbol{T}_1=\begin{bmatrix}0.25 & 0 & -0.25\\ 0 & 0.125 & -0.125\\ 0 & 0 & 1\end{bmatrix}$。

MATLAB Code 4.11

```
clear all; clc;
xwmin = 1;
ywmin = 1;
xwmax = 3;
ywmax = 5;
xvmin = 0;
yvmin = 0;
xvmax = 0.5;
yvmax = 0.5;
tx = xvmin - xwmin;
ty = yvmin - ywmin;
T1 = [1 0 tx; 0 1 ty; 0 0 1];
sx = (xvmax - xvmin)/(xwmax - xwmin);
sy = (yvmax - yvmin)/(ywmax - ywmin);
S1 = [sx 0 0; 0 sy 0 ; 0 0 1];
M = S1 * T1
```

观察变换操作的另一个重点是将窗口中的特定点映射到视口后找到它的新坐标。设指定窗口中的点(xw,yw)映射到了视口坐标(xv,yv)。为了保持相对位置相同,我们需要以下条件才能成立：

$$\frac{\mathrm{xv}-\mathrm{xv}_{\min}}{\mathrm{xw}-\mathrm{xw}_{\min}}=\frac{\mathrm{xv}_{\max}-\mathrm{xv}_{\min}}{\mathrm{xw}_{\max}-\mathrm{xw}_{\min}} \tag{4.21}$$

$$\frac{\mathrm{yv}-\mathrm{yv}_{\min}}{\mathrm{yw}-\mathrm{yw}_{\min}}=\frac{\mathrm{yv}_{\max}-\mathrm{yv}_{\min}}{\mathrm{yw}_{\max}-\mathrm{yw}_{\min}} \tag{4.22}$$

求解(xv,yv),得到：

$$\begin{aligned}\mathrm{xv}&=\mathrm{xv}_{\min}+s_x(\mathrm{xw}-\mathrm{xw}_{\min})\\ \mathrm{yv}&=\mathrm{yv}_{\min}+s_y(\mathrm{yw}-\mathrm{yw}_{\min})\end{aligned} \tag{4.23}$$

例 4.12 用户在一个具有对角点坐标 $P(-2,-5)$和 $Q(8,5)$的方形窗口的坐标系上工作。用户的区域被映射到一个方形视口,其对角点坐标为 $P'(400,500)$和 $Q'(600,800)$。(a)找到窗口到视口的变换矩阵,(b)在映射到视口后找出用户坐标系的原点。

解：

(a)

这里，$xw_{min}=-2$、$yw_{min}=-5$，$xw_{max}=8$，$yw_{max}=5$，$xv_{min}=400$，$yv_{min}=500$，$xv_{max}=600$，$yv_{max}=800$；

$s_x=(xv_{max}-xv_{min})/(xw_{max}-xw_{min})=20$；

$s_y=(yv_{max}-yv_{min})/(yw_{max}-yw_{min})=30$；

正向平移：$\boldsymbol{T}_1=\boldsymbol{T}(xv_{min}-xw_{min},yv_{min}-yw_{min})$；

平移到原点：$\boldsymbol{T}_2=\boldsymbol{T}(-xv_{min},-yv_{min})$；

关于原点的缩放：$\boldsymbol{S}_1=\boldsymbol{S}(s_x,s_y)$；

反向平移：$\boldsymbol{T}_3=\boldsymbol{T}(xv_{min},yv_{min})$。

复合变换矩阵：$\boldsymbol{M}=\boldsymbol{T}_3\boldsymbol{S}_1\boldsymbol{T}_2\boldsymbol{T}_1=\begin{bmatrix}20 & 0 & 440\\0 & 30 & 650\\0 & 0 & 1\end{bmatrix}$。

验证：$\boldsymbol{MP}=\boldsymbol{P}'$，$\boldsymbol{MQ}=\boldsymbol{Q}'$。

(b)

这里，xw=0、yw=0、xv=?、yv=?

根据式(4.22)，$xv=xv_{min}+(xw-xw_{min})s_x=440$；

$yv=yv_{min}+(yw-yw_{min})s_y=650$。

因此，窗口的点(0,0)映射到视口的点(440,650)。

MATLAB Code 4.12

```
clear all; clc;
xwmin = -2;
ywmin = -5;
xwmax = 8;
ywmax = 5;
xvmin = 400;
yvmin = 500;
xvmax = 600;
yvmax = 800;
sx = (xvmax - xvmin)/(xwmax - xwmin);
sy = (yvmax - yvmin)/(ywmax - ywmin);
T1 = [1, 0, xvmin - xwmin ; 0, 1, yvmin - ywmin ; 0, 0, 1];
T2 = [1, 0, 0 - xvmin ; 0, 1, 0 - yvmin ; 0, 0, 1];
S1 = [sx, 0, 0 ; 0, sy, 0 ; 0, 0, 1];
T3 = [1, 0, xvmin ; 0, 1, yvmin ; 0, 0, 1];
M = T3 * S1 * T2 * T1
xw = 0; yw = 0;
xv = xvmin + (xw - xwmin) * sx; xv = round(xv)
yv = yvmin + (yw - ywmin) * sy; yv = round(yv)
```

4.14 坐标系统变换

考虑两个原点位于(0,0)和(x_0,y_0)且 x 轴和 X 轴之间的角度为 θ 的笛卡儿系统。要将点从 xy 系统转换为 XY 系统，请遵循以下步骤[Hearn and Baker, 1996; Shirley, 2002]：

(1) 将原点(x_0, y_0)平移到(0,0)点：$\boldsymbol{T}_1=\boldsymbol{T}(-x_0,-y_0)$；

(2) 将 X 轴旋转到 x 轴上：$\boldsymbol{R}_1=\boldsymbol{R}(-\theta)$；

(3) 复合变换：$\boldsymbol{M}=\boldsymbol{R}_1\boldsymbol{T}_1$(见图 4.16)。

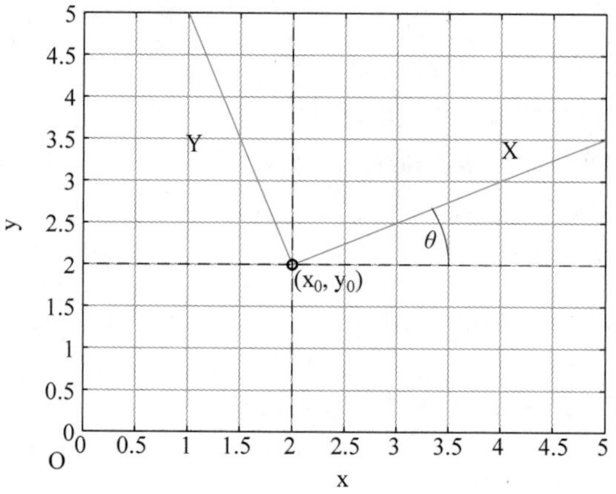

图 4.16 坐标系统变换

例 4.13 求直线 $y=2x+3$ 在 XY 坐标系中的方程，它是由 xy 坐标系旋转 90°得到的。

解：

原方程：$y=mx+c$；

原线上的两个点 $A(0,c)$和 $B(-c/m,0)$；

要从 xy 转换到 XY 系统，后者必须旋转$-90°$以与 xy 重合；

因此，旋转矩阵为 $\boldsymbol{R}_1=\boldsymbol{R}(-90°)$；

新坐标：$\boldsymbol{P}=\boldsymbol{R}_1\boldsymbol{A}=(c,0)$；

新坐标：$\boldsymbol{Q}=\boldsymbol{R}_1\boldsymbol{B}=(0,c/m)$；

连接 $\boldsymbol{P}$ 和 $\boldsymbol{Q}$ 的线方程：$(Y-0)/(X-c)=(c/m-0)/(0-c)$；

简化：$Y=(-1/m)X+(1/m)c$；

代入 m 和 c 的值，可以得到：

原始方程：$y=2x+3$；

新方程：$Y=(-1/2)X+(3/2)$。

MATLAB Code 4.13

```
clear all; clc;
m = 2; c = 3;
syms x y X Y;
T = -90;
R = [cosd(T), -sind(T), 0 ; sind(T), cosd(T), 0 ; 0, 0, 1];
A = [0 ; c ; 1];
B = [-c/m ; 0 ; 1];
P = R*A;
Q = R*B;
fprintf('Original equation : \n'); y = m*x + c
fprintf('New equation : \n');
X1 = P(1); Y1 = P(2); X2 = Q(1); Y2 = Q(2);
```

```
M = (Y2 - Y1)/(X2 - X1);
Y = M*(X - X1) + Y1;
Y = eval(Y)
```

4.15 本章小结

以下几点总结了本章讨论的主题：

- 变换改变样条的位置、尺寸、方向和形状。
- 这些变换是平移、缩放、旋转、反射和剪切。
- 齐次坐标用于以统一的方式表示所有变换。
- 变换矩阵与原始坐标相乘以获得新坐标。
- 平移通过将增量添加到它们的坐标来改变样条的位置。
- 缩放通过将缩放因子乘以它们的坐标来改变样条的尺寸。
- 旋转通过沿圆形路径移动样条来改变它们的方向。
- 反射通过翻转它们的一些坐标来创建样条的镜像。
- 剪切通过改变一些坐标而使其他坐标保持不变来扭曲样条。
- 仿射变换将矩形转换为平行四边形。
- 透视变换将矩形转换为任意四边形。
- 默认情况下，变换是相对于坐标系的原点进行的。
- 观察变换将数据从应用程序窗口映射到设备视口。
- 坐标系变换涉及原点的平移和轴的旋转。

4.16 复习题

1. 右手坐标系是什么意思？
2. 齐次坐标相对笛卡儿坐标有什么优势？
3. 在平移和缩放操作过程中，点的原始坐标如何变化？
4. 负比例因子和分数比例因子有什么影响？
5. 一般旋转和定点旋转操作有什么区别？
6. 什么是关于轴的反射和关于原点的反射？
7. 仿射变换和透视变换有什么区别？
8. x 方向和 y 方向剪切有什么区别？
9. 什么是窗口和视口的映射？
10. 坐标如何从一个坐标系转换到另一个坐标系？

4.17 练习题

1. 证明绕线 $y=x$ 的反射等价于先做关于 x 轴反射，然后逆时针旋转 90°。

2. 获得一个变换，将由点 $A(0,0)$、$B(5,0)$、$C(5,4)$和 $D(0,4)$形成的矩形 $ABCD$ 缩小到其原始尺寸的一半，同时保持点 D 不变。

3. 围绕线 $x=2y-1$ 反射三角形(2,5)、(3,7)和(4,6)，并找到它的新坐标。

4. 在动画序列中放置一个正方形，其中心位于(5,5)。随后在每个连续帧中将缩小其尺寸的1/50。确定每一帧对应的变换矩阵。

5. 什么变换将三角形 ABC：$A(0,0)$、$B(5,0)$和 $C(5,4)$映射到单个点 C？

6. 将三角形(−1,0)、(0,1)和(1,0)与正方形(0,0)、(0,1)、(1,1)和(1,0)进行组合以创建一个设计，其中三角形位于(1,1)、(1.5,2)和(2,1)，正方形位于(1,1)、(1,2)、(2,2)和(2,1)。找到相应的变换。

7. 若 XY 坐标系由 xy 坐标系旋转 90°产生，则在 xy 坐标系中求直线 $Y=mX+c$ 的方程。

8. 若一个剪切 $x=ax+by$ 后跟另一个剪切 $y=bx+ay$，则复合变换是什么，其中 a 和 b 是常数。

9. 找到一个变换，它使用矩形 $A(1,1)$、$B(5,3)$、$C(4,5)$和 $D(0,3)$作为窗口，并用矩形顶点(0,0)、(1,0)、(1,1)和(0,1)作为视口。

10. 求顶点为(0,0)、(1,0)、(1,1)、(0,1)的正方形在以下变换后的新坐标：

$$\text{(a)}\ \begin{bmatrix} -9 & -8 & 7 \\ 6 & -5 & -4 \\ 0 & 0 & 1 \end{bmatrix},\quad \text{(b)}\ \begin{bmatrix} -9 & -8 & 7 \\ 6 & -5 & -4 \\ 3 & 2 & 1 \end{bmatrix}。$$

第5章

样条性质

5.1 引言

本章讨论样条曲线的几个常见性质，以及如何从样条方程计算这些性质[Mathews, 2004]。第一个性质是称为最小点和最大点的样条曲线的关键点(有时也称临界点或极值点)。此外，对于3次或以上的样条曲线，拐点(POI)很重要，这是曲率从凹变为凸或从凸变为凹的位置。第二个性质是样条曲线的切线和法线。曲线的切线是曲线方程的导数，而法线是垂直于切线的直线。切线和法线可以用直线方程表示，或者若它们是针对曲线上的特定点计算的，则可以表示为特定的向量。对参数曲线和隐式曲线都讨论了切线和法线的计算。第三个性质是任意两个给定点之间的样条曲线的长度，这可以通过空间曲线和参数曲线来计算。曲线段的长度通过对许多小线段求和来近似。第四个性质是曲线下的面积，本章对于 $y=f(x)$ 和 $x=f(y)$ 形式的曲线都进行了讨论。该面积的计算方法是考虑曲线下的一个非常薄的矩形区域，然后对所有这些矩形区域求和。对此的扩展是计算由两条曲线界定的面积，这是上曲线下的面积减去下曲线下的面积。第五个性质是曲线下区域的质心，它是使用矩计算的。接下来讨论各种插值和曲线拟合的方法。当我们对某些给定数据点之间的某个中间值感兴趣时，就会进行插值。通过考虑连接相邻数据点的直线，插值可以是线性的，也可以通过考虑连接数据点的更高次曲线来非线性实现。本章还为此目的提到了内置的 MATLAB 函数。曲线拟合试图将多项式曲线拟合到给定的数据点并估计多项式的系数。这样可以通过多项式函数表示任意数据。本章最后回顾了 MATLAB 中包含的几个二维绘图函数。这些函数大致分为两种类型：一种使用符号变量，另一种使用值的集合。这些函数也可以是显式或隐式或参数化的。其中，一些函数的参数可用于指定颜色和透明度值。

5.2 关键点

关键点这里表示样条的最大点和最小点以及3次或以上样条的拐点(POI，参见图5.1)。对于最小点和最大点，曲线的斜率为零，因为线是水平的。曲线 $y=f(x)$ 的这两种点都可

以通过计算 $f'(x)=0$ 的根来找到。

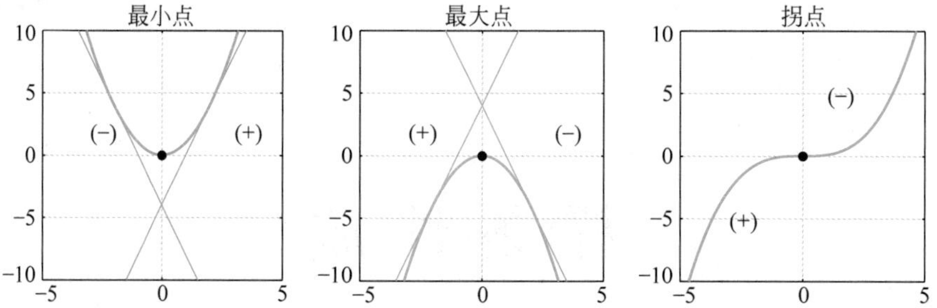

图 5.1 关键点

令 r 为方程 $f'(x)=0$ 的根。要确定根对应于最小点还是最大点，请考虑 r 左右两侧的小位移 δ。对于最小点，左侧(LHS)斜率应为负，右侧(RHS)斜率应为正。这意味着：

$$f'(r-\delta)<0 \quad 和 \quad f'(r+\delta)>0 \tag{5.1}$$

或者，由于斜率从负变为正，则斜率变化率为正，即

$$f''(r)>0 \tag{5.2}$$

对于最大点，LHS 斜率应为正，RHS 斜率应为负。这意味着：

$$f'(r-\delta)>0 \quad 和 \quad f'(r+\delta)<0 \tag{5.3}$$

或者，由于斜率从正变为负，则斜率变化率为负，即

$$f''(r)<0 \tag{5.4}$$

最小点或最大点的坐标由 $[r,f(r)]$ 给出。

拐点是曲率从正(凸)变为负(凹)的位置，反之亦然。要满足的必要条件是在拐点处的曲率应为零，并且两侧的曲率符号应相反。令 r 为方程 $f''(x)=0$ 的根。考虑 r 左右两侧的小位移 δ。拐点存在的必要条件是

$$\begin{aligned}&f''(x)=0\\&\operatorname{sign}\{f''(r-\delta)\}\neq\operatorname{sign}\{f''(r+\delta)\}\end{aligned} \tag{5.5}$$

例 5.1 找到三次曲线的关键点：$y=2+13x-31x^2+18x^3$。

解：

从给定的方程：

$$\begin{aligned}f(x)&=2+13x-31x^2+18x^3\\f'(x)&=13x-62x+54x^2\\f''(x)&=-62+108x\end{aligned}$$

设 $f(x)=13-62x+54x^2=0$ 的根为 $r_1=0.87$、$r_2=0.28$。令 $\delta=0.1$。

现在，$f(r_1-\delta)=f(0.87-0.1)=13-62(0.77)+54(0.77)^2=-2.72<0$。

此外，$f(r_1+\delta)=f(0.87+0.1)=13-62(0.97)+54(0.97)^2=+3.67>0$。

因此，在 $x=0.87$ 处有一个最小点。

由于 $f(0.87)=1.7$，最小点的坐标为 $(0.87,1.7)$。

验证：$f(0.87)=-62+108(0.87)=-62+93.96=31.96>0$。

另外，$f(r_2-\delta)=f(0.28-0.1)=13-62(0.18)+54(0.18)^2=+3.59>0$。

并且，$f(r_2+\delta)=f(0.28+0.1)=13-62(0.38)+54(0.38)^2=-2.76<0$。

因此，在 $x=0.28$ 处有一个最大点。

由于 $f(0.28)=3.6$，最大点坐标为(0.28，3.6)。

验证：$f(0.28)=-62+108(0.28)=-62+30.24=-31.76<0$。

对于拐点，设 $f(x)=-62+108x=0$，根 $r=0.574$。

现在 $\text{sign}\{f(r-\delta)\}=\text{sign}\{f(0.574-0.1)\}=\text{sign}\{-62+108(0.474)\}=\text{sign}(-10.8)=-1$。

并且 $\text{sign}\{f(r+\delta)\}=\text{sign}\{f(0.574+0.1)\}=\text{sign}\{-62+108(0.674)\}=\text{sign}(10.8)=+1$。

由于符号相反，在 $r=0.574$ 处有一个拐点。

拐点的坐标：$[0.574, f(0.574)]$ 即(0.574，2.662)(见图 5.2)。

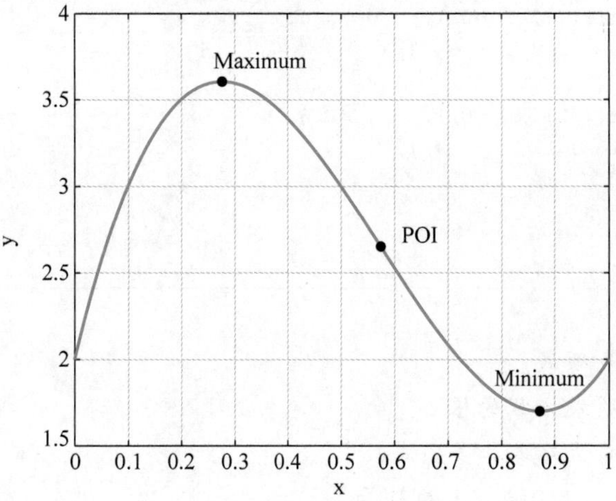

图 5.2　例 5.1 的绘图

MATLAB Code 5.1

```
clear all; clc;

% ax^3 + bx^2 + cx + d
p = [18, -31, 13, 2];
dp = polyder(p);
d2p = polyder(dp);
r = roots(dp);
if polyval(d2p, r(1)) > 0, m1 = 0; else m1 = 1; end;
b1 = polyval(p, r(1));
if m1 = = 0, fprintf('minimum point : ( %.2f, %.2f)\n', r(1), b1); end;
if m1 = = 1, fprintf('maximum point : ( %.2f, %.2f)\n', r(1), b1); end;
if polyval(d2p, r(2)) > 0, m2 = 0; else m2 = 1; end;
b2 = polyval(p, r(2));
if m2 = = 0, fprintf('minimum point : ( %.2f, %.2f)\n', r(2), b2); end;
if m2 = = 1, fprintf('maximum point : ( %.2f, %.2f)\n', r(2), b2); end;
s = roots(d2p);
s1 = polyval(d2p, s - 0.1);
s2 = polyval(d2p, s + 0.1);
b3 = polyval(p, s);
if (sign(s1) = = sign(s2)), fprintf('no poi');
```

```
else fprintf('poi : ( %.2f, %.2f)\n', s, b3); end;

%plotting
syms x;
y = p(1)*x^3 + p(2)*x^2 + p(3)*x + p(4);
X = [r(1), r(2), s]; Y = [b1, b2, b3];
xx = linspace(min([r(1), r(2), s]), max([r(1), r(2), s]));
yy = subs(y, x, xx);
plot(xx, yy, 'b-', 'LineWidth', 1.5); hold on;
scatter(X, Y, 20, 'r', 'filled');
plot(X, Y, 'ko');
grid; xlabel('x'); ylabel('y');

%labeling
if m1 == 0, text(r(1), b1+0.1, 'Minimum');
else text(r(1), b1+0.1, 'Maximum');
end;
if m2 == 0, text(r(2), b2+0.1, 'Minimum');
else text(r(2), b2+0.1, 'Maximum');
end;
text(s, b3+0.1, 'POI');
hold off;
```

注解

polyder：微分多项式。

roots：找到多项式方程的根。

polyval：在指定值处计算多项式。

sign：返回参数+1、0或−1的符号。

5.3 切线和法线

参数曲线可以表示为有序对，即

$$\boldsymbol{C}(t)=\{x(t),y(t)\} \tag{5.6}$$

切向量由一阶导数获得：

$$\boldsymbol{T}(t)=\boldsymbol{C}'(t)=\{x'(t),y'(t)\} \tag{5.7}$$

单位切向量通过除以其大小获得：

$$\boldsymbol{T}(t)/|\boldsymbol{T}(t)|=\boldsymbol{C}'(t)=\{x'(t),y'(t)\}/|x'(t),y'(t)| \tag{5.8}$$

法向量通过将切向量旋转90°得到：

$$\boldsymbol{N}(t)=\boldsymbol{R}(90°)\boldsymbol{T}(t) \tag{5.9}$$

展开：

$$\boldsymbol{N}(t)=\begin{bmatrix}0 & -1 & 0\\1 & 0 & 0\\0 & 0 & 1\end{bmatrix}\begin{bmatrix}x'(t)\\y'(t)\\1\end{bmatrix}=\begin{bmatrix}-y'(t)\\x'(t)\\1\end{bmatrix} \tag{5.10}$$

写成有序对：

$$\boldsymbol{N}(t)=\{-y'(t),x'(t)\} \tag{5.11}$$

单位法向量通过除以其大小获得：

$$\boldsymbol{N}(t)/|\boldsymbol{N}(t)|=\{-y'(t),x'(t)\}/|\{-y'(t),x'(t)\}| \tag{5.12}$$

通过曲线上一点(x_1,y_1)的切线方程：

$$\frac{y-y_1}{x-x_1}=\frac{y'(t)}{x'(t)} \tag{5.13}$$

通过曲线上一点(x_1,y_1)的法线方程：

$$\frac{y-y_1}{x-x_1}=\frac{-x'(t)}{y'(t)} \tag{5.14}$$

例 5.2　对于圆 $\boldsymbol{C}(t)=\{\cos t,\sin t\}$，求点 $P(1/\sqrt{2},1/\sqrt{2})$处的单位切向量、单位法向量、切线和法线。

解：

给定曲线：$\boldsymbol{C}(t)=\{\cos t,\sin t\}$，

切向量：$\boldsymbol{T}(t)=\boldsymbol{C}'(t)=\{x'(t),y'(t)\}=\{-\sin t,\cos t\}$=单位切向量；

法向量：$\boldsymbol{R}(90°)\boldsymbol{C}'(t)=\{-y'(t),x'(t)\}=\{-\cos t,-\sin t\}$=单位法向量。

现在在点 $P(1/\sqrt{2},1/\sqrt{2})$处，求解 $\cos t=1/\sqrt{2}$，必须有 $t=\pi/4$，

P 处的单位切向量：$\{-\sin(\pi/4),\cos(\pi/4)\}=\{-1/\sqrt{2},1/\sqrt{2}\}$；

P 处的单位法向量：$\{-\cos(\pi/4),-\sin(\pi/4)\}=\{-1/\sqrt{2},-1/\sqrt{2}\}$。

P 处的切线：$\dfrac{y-y_1}{x-x_1}=\dfrac{y'(t)}{x'(t)}$，

替换值：$\dfrac{y-1/\sqrt{2}}{x-1/\sqrt{2}}=\dfrac{\cos(\pi/4)}{-\sin(\pi/4)}=-1$，

化简：$x+y-\sqrt{2}=0$。

P 处的法线：$\dfrac{y-y_1}{x-x_1}=\dfrac{-x'(t)}{y'(t)}$，

替换值：$\dfrac{y-1/\sqrt{2}}{x-1/\sqrt{2}}=\dfrac{\sin(\pi/4)}{\cos(\pi/4)}=1$，

化简：$x-y=0$。

例 5.2 的绘图如图 5.3 所示。

MATLAB Code 5.2

```
clear all; clc; format compact;
P = [1/sqrt(2), 1/sqrt(2)];
syms t;
x = cos(t); y = sin(t);
C = [x, y];
fprintf('Tangent vector \n');
T = [diff(x), diff(y)]
fprintf('Normal vector \n');
N = [-diff(y), diff(x)]
R = solve(sin(t) == 1/sqrt(2), cos(t) ==
1/sqrt(2));
fprintf('Tangent vector at P \n');
```

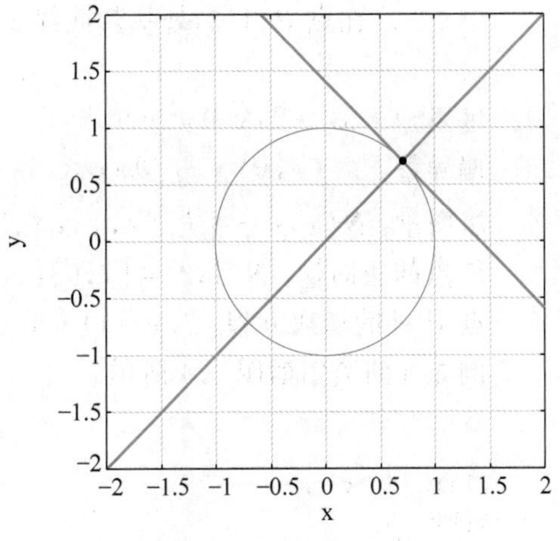

图 5.3　例 5.2 的绘图

```
TP = subs(T, 't', R)
fprintf('Normal vector at P \n');
NP = subs(N, 't', R)
syms X Y;
fprintf('Tangent Line at P\n');
Y1 = (TP(2)/TP(1)) * (X - P(1)) + P(2)
fprintf('Normal Line at P\n');
Y2 = ( - TP(1)/TP(2)) * (X - P(1)) + P(2)

% plotting
ezplot(x, y);hold on;
axis([ - 2 2 - 2 2]);
xx = linspace( - 2,2);
yy1 = subs(Y1, X, xx);
yy2 = subs(Y2, X, xx);
plot(xx, yy1, 'r - ', xx, yy2, 'r - ');
scatter(P(1), P(2), 20, 'r', 'filled');
grid; hold off;
```

注解

diff：计算导数和偏导数。

solve：生成方程的解。

若曲线方程以隐式形式 $f(x,y)=0$ 表示，则曲线方程在 $P(x_0,y_0)$处的切线方程可通过首先计算在给定点的偏导数来进行，它为我们提供了该点的法向量：

$$\boldsymbol{N}(x,y)=\left(\frac{\partial f}{\partial x},\frac{\partial f}{\partial y}\right) \tag{5.15}$$

因此，点 P 的法线由下式给出：

$$\boldsymbol{N}_p=\left(\frac{\partial f_p}{\partial x},\frac{\partial f_p}{\partial y}\right) \tag{5.16}$$

P 处的法线方程计算为

$$T_p:=\frac{\partial f_p}{\partial x}(x-x_0)+\frac{\partial f_p}{\partial y}(y-y_0) \tag{5.17}$$

例 5.3 在点 $P(1,2)$处找到曲线 $x^3+2xy+y^2=9$ 的法向量和切线。

解：

这里，$f=x^3+2xy+y^2-9$，

偏导数：$f_x(x,y)=\partial f/\partial x=3x^2+2y$ 和 $f_y(x,y)=\partial f/\partial y=2x+2y$；

法向量：$\boldsymbol{N}(x,y)=[f_x(x,y),f_y(x,y)]=[3x^2+2y,2x+2y]$；

P 点的法向量：$\boldsymbol{N}(1,2)=[7,6]$；

点 P 处的切线方程：$7(x-1)+6(y-2)=0$，即 $7x+6y-19=0$。

例 5.3 的绘图如图 5.4 所示。

MATLAB Code 5.3

```
clear all; clc;
syms x y;
f = x^3 + 2 * x * y + y^2 - 9;
```

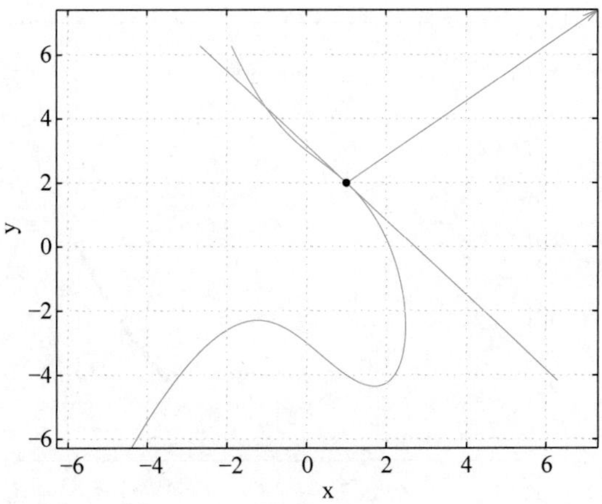

图 5.4 例 5.3 的绘图

```
df = [diff(f, x), diff(f, y)];
p = [1, 2];
fprintf('Normal vector : \n');
n = subs(df, [x, y], [p(1), p(2)])
fprintf('Tangent line : \n');
t = dot(n, [x - 1, y - 2])

% plotting
ezplot(f); hold on; grid;
ezplot(t);
quiver(p(1), p(2), n(1), n(2));
scatter(p(1), p(2), 20, 'r', 'filled');
hold off;
```

注解

dot：计算向量点积。

quiver：将向量描述为带有方向和大小的箭头。

5.4 曲线长度

空间域中点 $x=a$ 和 $x=b$ 之间的曲线 $y=f(x)$ 的长度由下式给出：

$$L=\int_a^b \sqrt{1+\left(\frac{\mathrm{d}y}{\mathrm{d}x}\right)^2}\,\mathrm{d}x \tag{5.18}$$

这个表达式的推导假设一条曲线可以用许多小线段来近似(见图 5.5)。对于如此小的线段，若 δx 是水平距离，δy 是垂直距离，则线段的长度可以近似为：

$$\delta r=\sqrt{(\delta x)^2+(\delta y)^2} \tag{5.19}$$

整条曲线的长度是 $x=a$ 和 $x=b$ 之间这些小段距离的总和。积分：

$$L=\int_a^b \sqrt{(\mathrm{d}x)^2+(\mathrm{d}y)^2} \tag{5.20}$$

化简：

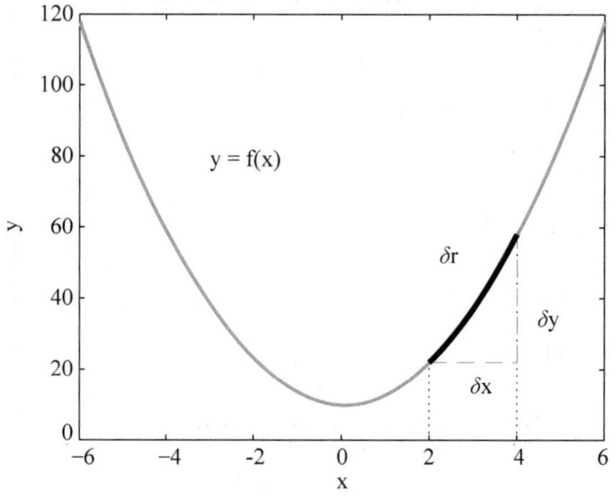

图 5.5 曲线长度的推导

$$L=\int_a^b\sqrt{\left(\frac{\mathrm{d}x}{\mathrm{d}x}\right)^2+\left(\frac{\mathrm{d}y}{\mathrm{d}x}\right)^2}\,\mathrm{d}x=\int_a^b\sqrt{1+\left(\frac{\mathrm{d}y}{\mathrm{d}x}\right)^2}\,\mathrm{d}x \tag{5.21}$$

例 5.4 求 $x=1$ 和 $x=5$ 之间曲线 $y=3x+2$ 的长度。

解：

这里，$\mathrm{d}y/\mathrm{d}x=3$，根据式(5.21)，可以得到

$$L=\int_a^b\sqrt{1+\left(\frac{\mathrm{d}y}{\mathrm{d}x}\right)^2}\,\mathrm{d}x=\int_a^b\sqrt{1+(3)^2}\,\mathrm{d}x=\int_a^b\sqrt{10}\,\mathrm{d}x=4\sqrt{10}=12.65$$

验证：$y(1)=5$、$y(5)=17$、$P_1=(1,5)$、$P_2=(5,17)$、距离$(P_1,P_2)=\sqrt{16+144}=12.65$。

MATLAB Code 5.4

```
clear all; clc;
syms x;
y = 3 * x + 2;
d = diff(y);
e = sqrt(1 + d^2);
f = int(e, 1, 5);
fprintf('Length of curve : % f\n', eval(f));
```

> 注解
>
> int：整数符号表达。

若曲线方程以参数形式表示，即 $x(t)$ 和 $y(t)$，则由式(5.19)得出：

$$\mathrm{d}r=\sqrt{(\mathrm{d}x)^2+(\mathrm{d}y)^2}$$

对 t 的微分：

$$\frac{\mathrm{d}r}{\mathrm{d}t}=\sqrt{\left(\frac{\mathrm{d}x}{\mathrm{d}t}\right)^2+\left(\frac{\mathrm{d}y}{\mathrm{d}t}\right)^2}$$

积分：

$$L = \int_a^b \sqrt{\left(\frac{dx}{dt}\right)^2 + \left(\frac{dy}{dt}\right)^2}\, dt \tag{5.22}$$

例 5.5　对 $0 \leqslant t \leqslant 2\pi$，确定参数曲线 $x = 3\sin t, y = 3\cos t$ 的长度。

解：

这里，$dx/dt = 3\cos t, dy/dt = -3\sin t$。

根据式(5.22)，

$$L = \int_a^b \sqrt{\left(\frac{dx}{dt}\right)^2 + \left(\frac{dy}{dt}\right)^2}\, dt = \int_0^{2\pi} \sqrt{(3\cos t)^2 + (-3\sin t)^2}\, dt = \int_0^{2\pi} 3dt = 6\pi$$

验证：由于这代表一个半径为 3 的圆，所以圆的周长 $= 2\pi \times 3 = 6\pi$。

MATLAB Code 5.5

```
clear all; clc;
syms t;
x = 3 * sin(t);
y = 3 * cos(t);
dx = diff(x);
dy = diff(y);
r = sqrt((dx)^2 + (dy)^2);
f = int(r, 0, 2 * pi);
fprintf('Length : % f\n', eval(f));
```

5.5　曲线下面积

$x = a$ 和 $x = b$ 之间的曲线 $y = f(x)$ 下方的面积是通过考虑一个宽度为 dx 且高度为 $y = f(x)$ 的非常小的矩形区域来计算的(见图 5.6)。这个矩形区域的面积是 $f(x)dx$。

为了找到整个区域，需要将小矩形区域在指定的范围内积分。

$$A = \int_a^b f(x) dx \tag{5.23}$$

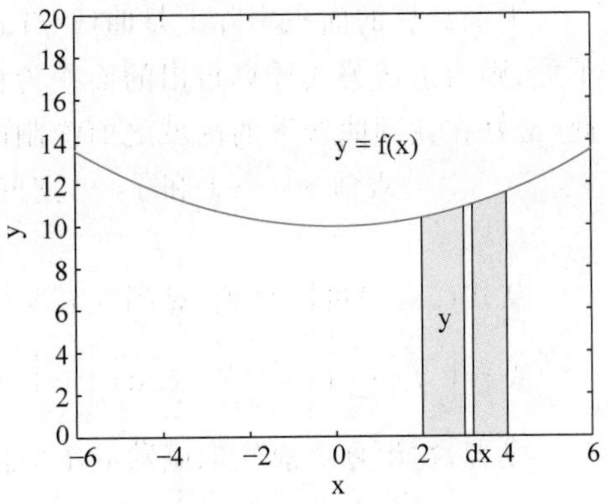

图 5.6　曲线下面积

例 5.6　求曲线 $y = 10 - x^2$ 在值 $x = -1$ 和 $x = 2$ 之间的面积。

解：

从式(5.23)可以得到(见图 5.7)：

$$A = \int_a^b f(x) dx = \int_{-1}^{2} (10 - x^2) dx = 27$$

MATLAB Code 5.6

```
clear; clc;
syms x;
y = 10 - x^2;
f = int(y, -1, 2);
eval(f);
fprintf('Area : % f\n', eval(f));
```

```
%plotting
xx = linspace(-4, 4);
yy = subs(y, x, xx);
plot(xx, yy);
xlabel('x'); ylabel('y');
grid; hold on;
axis([-5 5, 0 12]);
text(-3, 9, 'y = 10 - x^2');

%filling
x = linspace(-1, 2);
y1 = 10 - x.^2;
y2 = zeros(1,100);
X = [x,fliplr(x)];
Y = [y1,fliplr(y2)];
fill(X,Y,'g');
alpha(0.25);
hold off;
```

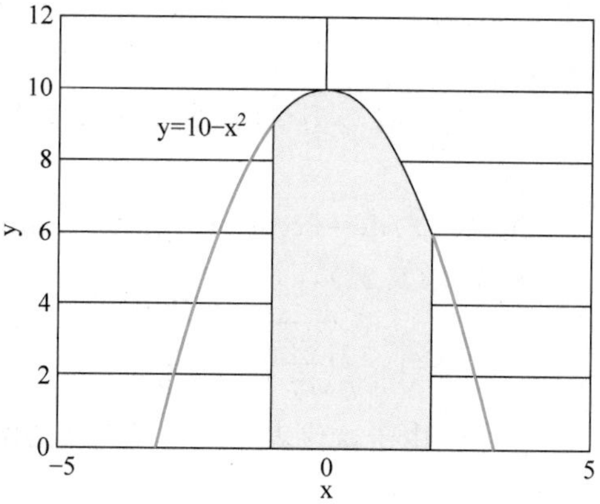

图 5.7　例 5.6 的绘图

注解

zeros：生成一个用零填充的矩阵。

fliplr：左右方向翻转数组。

fill：用颜色填充多边形。

alpha：设置透明度值。

上面计算的面积实际上是曲线 $f(x)$和 x 轴之间的面积。但是，若曲线本身位于 x 轴下方，则由上述公式计算得出的面积为负值。在这种情况下，我们需要取面积的绝对值。因此，最好在找到曲线下的区域之前绘制曲线。

例 5.7　求值 $x=-1$ 和 $x=2$ 之间的曲线 $y=x^3$ 下的面积。

解：

从式(5.23)可以得到(见图 5.8)：

$$A=\int_a^b f(x)\mathrm{d}x=\left|\int_{-1}^0 x^3\mathrm{d}x\right|+\int_0^2 x^3\mathrm{d}x=\left|\frac{x^4}{4}\right|_{-1}^0+\left|\frac{x^4}{4}\right|_0^2=\frac{1}{4}+\frac{16}{4}=\frac{17}{4}=4.25$$

或者，在积分之前先取函数的绝对值：

$$A=\int_{-1}^2 |x^3|\mathrm{d}x=\left|\frac{x^4\operatorname{sign}(x)}{4}\right|_{-1}^2=\frac{16}{4}-\frac{1(-1)}{4}=\frac{17}{4}$$

与不正确的、没考虑符号而直接取积分的结果进行比较：

$$A=\int_{-1}^2 x^3\mathrm{d}x=\left|\frac{x^4}{4}\right|_{-1}^2=\frac{16}{4}-\frac{1}{4}=\frac{15}{4}$$

MATLAB Code 5.7

```
clear; clc;
syms x;
y = x^3;
f1 = abs(int(y, -1, 0));
f2 = int(y, 0, 2);
f = f1 + f2;
```

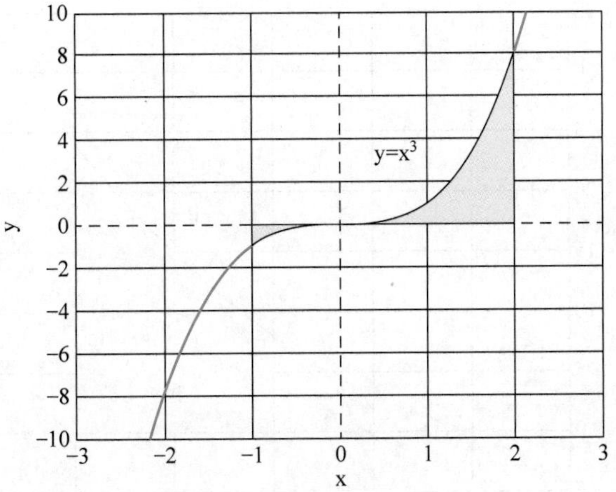

图 5.8 例 5.7 的绘图

```
fprintf('Area : %f\n', eval(f));

% alternative
f3 = int(abs(y), -1, 2);
fprintf('Alternatively : %f\n', eval(f3));

% plotting
xx = linspace(-3, 3);
yy = subs(y, x, xx);
plot(xx, yy);
xlabel('x'); ylabel('y');
hold on;
X = [-3 3]; Y = [0, 0]; plot(X, Y, 'k--');
X = [0 0]; Y = [-10, 10]; plot(X, Y, 'k--');
axis([-3 3, -10 10]); grid;
text(0.5, 4, 'y = x^3');
x = linspace(-1, 2);
y1 = x.^3;
y2 = zeros(1,100);
X = [x,fliplr(x)];
Y = [y1,fliplr(y2)];
fill(X,Y,'g'); alpha(0.25);
hold off;
```

若需要曲线和 y 轴之间的面积，则通过扩展先前的想法，我们首先以 $x=f(y)$ 的形式表示曲线，然后通过绘制一系列宽度为 dy 和高度 $x=f(y)$ 的非常小的矩形区域来计算，我们在指定的限制范围 $c \sim d$ 上积分。在这种情况下，

$$A=\int_c^d f(y)\mathrm{d}y \tag{5.24}$$

例 5.8 求值 $y=3$ 和 $y=5$ 之间的曲线 $y=x+1$ 下的面积。

解：

重写 $x=f(y)=y^2-1$。

从式(5.24)可以得到(见图 5.9)：

$$A=\int_c^d f(y)\mathrm{d}y=\int_3^5 (y^2-1)\mathrm{d}y=30.67$$

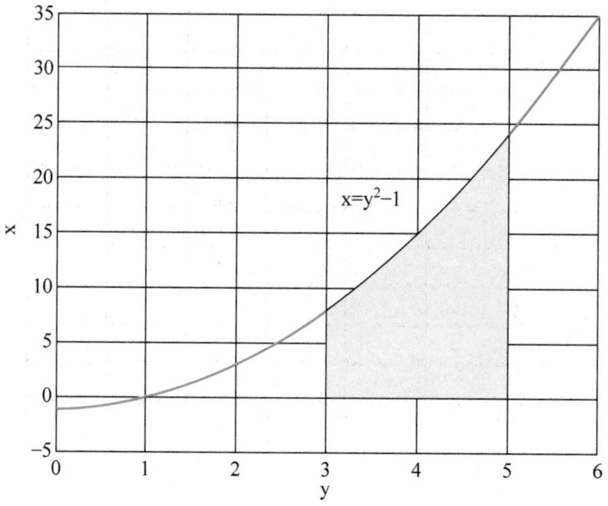

图 5.9　例 5.8 的绘图

MATLAB Code 5.8

```
clear all; clc;
syms y;
x = y^2 - 1;
f = int(x, 3, 5);
fprintf('Area : %f\n', eval(f));

%plotting
yy = linspace(0, 6);
xx = subs(x, y, yy);
plot(yy, xx);
xlabel('y'); ylabel('x');
hold on;
X = [3, 3]; Y = [0, subs(x, y, 3)]; plot(X, Y, 'r');
X = [5, 5]; Y = [0, subs(x, y, 5)]; plot(X, Y, 'r');
plot([0, 6], [0, 0], 'k-'); grid;
x = linspace(3, 5);
y1 = x.^2 - 1;
y2 = zeros(1,100);
X = [x,fliplr(x)];
Y = [y1,fliplr(y2)];
fill(X,Y,'g'); alpha(0.25);
text(3, 20, 'x = y^2 - 1');
hold off;
```

由两条曲线 $f(x)$和 $g(x)$界定的面积是上曲线与 x 轴之间的面积减去下曲线与 x 轴之间的面积：

$$A=\int_a^b |f(y)-g(x)|\,\mathrm{d}x \tag{5.25}$$

例 5.9　在值 $x=-1$ 和 $x=1$ 之间找到曲线 $y=x^3$ 和 $y=x$ 所包围的区域面积。

解：

根据式(5.25)，可以得到(见图 5.10)：

$$A = \int_a^b | f(y) - g(x) | \, dx = \int_{-1}^{1} | x^3 - x | \, dx = 0.5$$

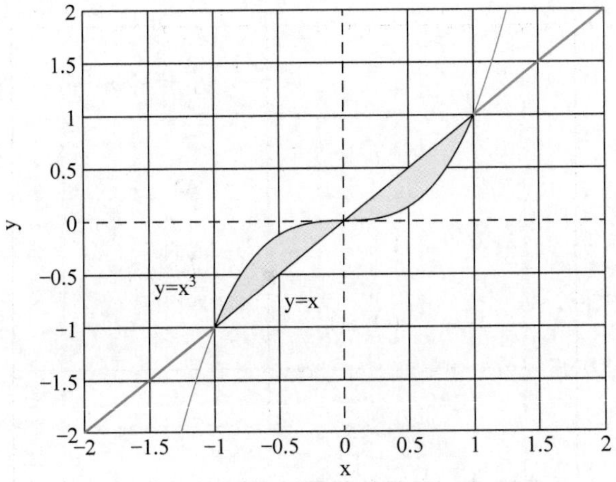

图 5.10 例 5.9 的绘图

MATLAB Code 5.9

```
clear; clc;
syms x;
y1 = x;
y2 = x^3;
f = int(abs(y1 - y2), -1, 1);
fprintf('Area : %f\n', eval(f));

%plotting
xx = linspace(-2,2);
yy1 = subs(y1, x, xx);
yy2 = subs(y2, x, xx);
plot(xx, yy1, xx, yy2);
xlabel('x'); ylabel('y');
axis([-2 2 -2 2]); hold on; grid;
plot([-2, 2], [0, 0], 'k--');
plot([0, 0], [-2, 2], 'k--');
text(-1.5, -0.5, 'y = x^3');
text(-0.5, -0.75, 'y = x');
x = linspace(-1, 1);
y1 = x;
y2 = x.^3;
X = [x,fliplr(x)];
Y = [y1,fliplr(y2)];
fill(X,Y,'y'); alpha(0.25);
hold off;
```

5.6 质心

地球对实体物体的每个粒子都施加引力。若所有这些力都被一个等效的力代替，则这个力将通过一个称为重心的点起作用。假设物体的密度是均匀的，重心将与质心重合。若密度均匀的物体是一块薄板，则质心将与该区域的质心重合。因此，板的质心是一个点，通过它可以平衡板的整个重量。很明显,对于矩形或圆形,质心正好在中心。在找到任意形状的质心之前,让我们首先考虑一些随机维度的多边形,如图 5.11 所示。

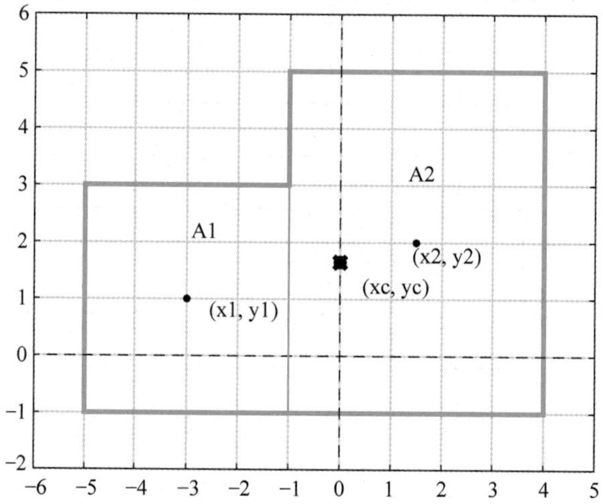

图 5.11 推导多边形的质心

为了找到多边形的质心,将它分成两个矩形,每个矩形的质心都在它的中心。左侧矩形的宽度为 4,高度为 4,因此其面积为 $A_1=4\times 4=16$,其中心位于$(x_1,y_1)=(-3,1)$。右侧矩形的宽度为 5,高度为 6,因此其面积为 $A_2=5\times 6=30$,其中心位于$(x_2,y_2)=(1.5,2)$。为了找到多边形的质心,我们相对于 X 轴和 Y 轴计算各个组成矩形的矩,并使它们的总和等于整个区域的矩。令 x 和 y 表示质心的坐标,A 是它的整个区域面积。通过使关于 X 轴和 Y 轴的矩相等,可以得到:

$$A_1x_1+A_2x_2=A\bar{x}$$

$$A_1y_1+A_2y_2=A\bar{y}$$

代入数值,整个区域的质心由下式给出:

$$\bar{x}=\frac{A_1x_1+A_2x_2}{A}=\frac{16(-3)+30(1.5)}{16+30}=-0.065$$

$$\bar{y}=\frac{A_1y_1+A_2y_2}{A}=\frac{16(1)+30(2)}{16+30}=1.652$$

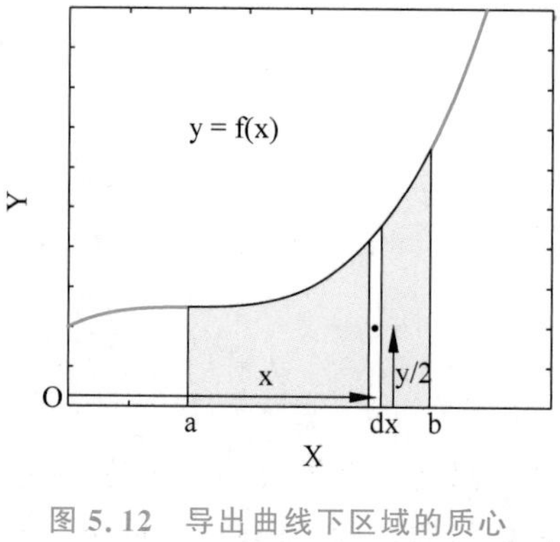

图 5.12 导出曲线下区域的质心

综上所述,我们可以制定一个一般规则,即一个区域的质心等于其组成部分的矩之和除以整个区域面积。

图 5.12 描绘了函数 $y=f(x)$的图形,需要找到由线 $x=a$ 和 $x=b$ 界定的曲线下方区域的质心。考虑一条宽度为 dx 的非常薄的条带,其与 Y 轴距离为 x,高度为 $y=f(x)$,因此条带的面积为 $y\mathrm{d}x$。因此,条带沿 x 方向的力矩为$(y\mathrm{d}x)x$,条带沿 y 方向的力矩为$(y\mathrm{d}x)(y/2)$,因为条带的中心正好位于沿条带高度的中间,因此,使区域内所有此类条带的矩相等并除以区

域面积本身，我们得到区域的质心，如下所示：

$$\bar{x}=\frac{\int_a^b xf(x)\mathrm{d}x}{\int_a^b f(x)\mathrm{d}x}$$

$$\bar{y}=\frac{\int_a^b \{f(x)\}^2\mathrm{d}x}{2\int_a^b f(x)\mathrm{d}x} \tag{5.26}$$

例 5.10 求曲线 $y=x^3$、$x=0$ 和 $x=2$ 所围区域的质心。

解：

根据式(5.23)，面积：$\int_a^b f(x)\mathrm{d}x=\int_0^2 x^3\mathrm{d}x=4$。

根据式(5.26)，质心坐标：

$$\bar{x}=\frac{\int_0^2 xx^3\mathrm{d}x}{4}=1.6$$

$$\bar{y}=\frac{\int_0^2 x^6\mathrm{d}x}{2\times 4}=2.29$$

MATLAB Code 5.10

```
clear all; clc;
syms x y;
y = x^3;
a = int(y, 0, 2);
eval(a);
fprintf('Area : %f\n', eval(a));
m1 = int(x * y, 0, 2);
m2 = int(0.5 * y^2, 0, 2);
xc = m1/a;
yc = m2/a;
fprintf('Centroid : (%.2f, %.2f) \n', eval(xc), eval(yc));
```

若一个区域由区间$[a,b]$上的两条曲线 $f(x)$和 $g(x)$界定，则有界区域的质心如下所示：

$$\bar{x}=\frac{\int_a^b x[f(x)-g(x)]\mathrm{d}x}{\int_a^b [f(x)-g(x)]\mathrm{d}x}$$

$$\bar{y}=\frac{\int_a^b \{[f(x)]^2-[g(x)]^2\}\mathrm{d}x}{2\int_a^b [f(x)-g(x)]\mathrm{d}x} \tag{5.27}$$

5.7 插值和曲线拟合

为了结束关于样条的话题，我们最后看一下 MATLAB 提供的几个函数，这些函数用于执行与样条相关的两个重要任务，即插值和曲线拟合。这些任务仅专门使用编程工具完成，因此不会出现可以手动计算相关数值的问题。

当存在一些粗略的数据点并且我们有兴趣在点之间找到一些中间值时可以进行插值，但这些值不是直接提供的[Mathews,2004]。因此，可以对给定的数据进行插值以找到这些值。MATLAB 提供的第一个函数是 interp1，它代表一维插值，默认情况下在给定数据之间使用线性插值。它还有许多其他选项，如图 5.13 所示，其中使用了两种类型的数据模式，分别是阶跃函数和正弦函数。第一行表示使用“线性”选项进行插值，第二行表示使用“最近邻居”选项进行插值，第三行表示使用“前一个邻居”选项进行插值，第四行表示使用“下一个邻居”选项进行插值。

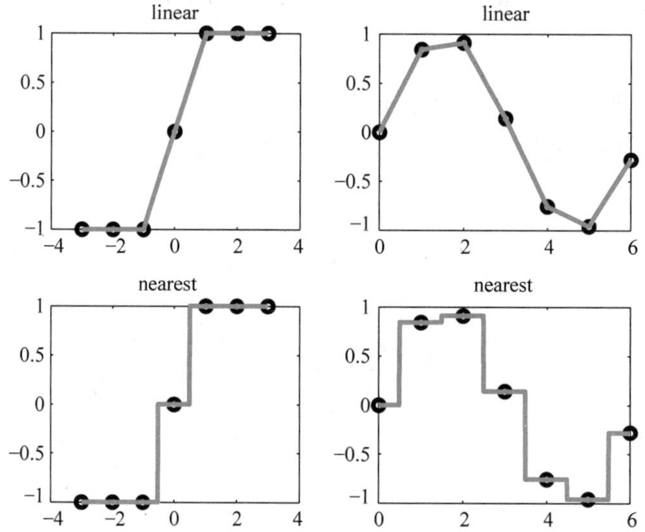

(a) 线性和最近邻居

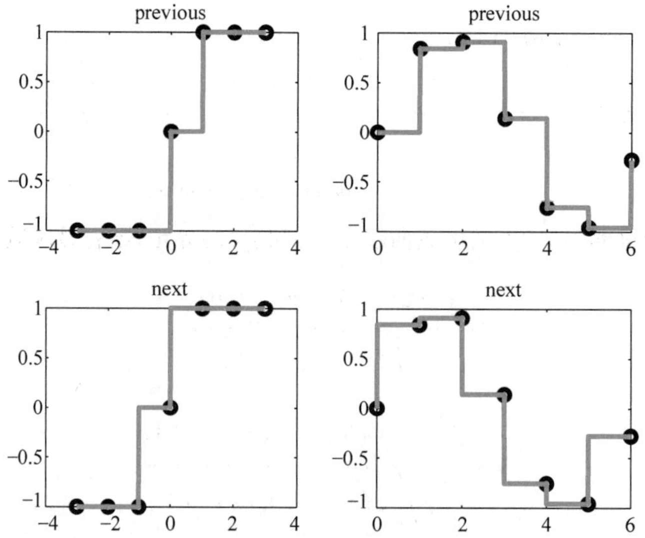

(b) 前一个邻居和下一个邻居

图 5.13　使用带有选项的 interp1 进行插值

生成显示图的相应代码如下：

MATLAB Code 5.11

```
clear; clc;
x = -3:3;
y = [-1 -1 -1 0 1 1 1];
t = -3:.01:3;
subplot (221)
plot(x,y,'o',t,interp1(x,y,t, 'linear'), 'r-', 'LineWidth', 2); title('linear');
subplot (223)
plot(x,y,'o',t,interp1(x,y,t, 'nearest'), 'r-', 'LineWidth', 2); title('nearest');
x = 0:2*pi;
y = sin(x);
t = 0:.01:2*pi;
subplot (222)
plot(x,y,'o',t,interp1(x,y,t, 'linear'), 'r-', 'LineWidth', 2); title('linear');
subplot (224)
plot(x,y,'o',t,interp1(x,y,t, 'nearest'), 'r-', 'LineWidth', 2); title('nearest');
figure
x = -3:3;
y = [-1 -1 -1 0 1 1 1];
t = -3:.01:3;
subplot (221)
plot(x,y,'o',t,interp1(x,y,t, 'previous'), 'r-', 'LineWidth', 2); title('previous');
subplot (223)
plot(x,y,'o',t,interp1(x,y,t, 'next'), 'r-', 'LineWidth', 2);title('next');
x = 0:2*pi;
y = sin(x);
t = 0:.01:2*pi;
subplot (222)
plot(x,y,'o',t,interp1(x,y,t, 'previous'), 'r-', 'LineWidth', 2); title('previous');
subplot (224)
plot(x,y,'o',t,interp1(x,y,t, 'next'), 'r-', 'LineWidth', 2);title('next');
```

注解

interp1：执行一维插值。

第二个函数是pchip，代表"分段三次厄米特插值多项式"。它提供了数值的保形分段三次厄米特插值的分段多项式形式。对于每个子区间，它在端点之间进行插值，并且还保持端点处的斜率是连续的。如图5.14所示，图(a)是阶跃函数，图(b)是正弦函数。

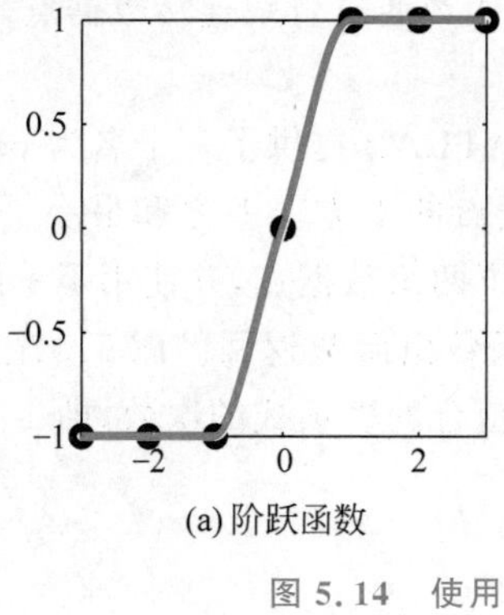

(a) 阶跃函数

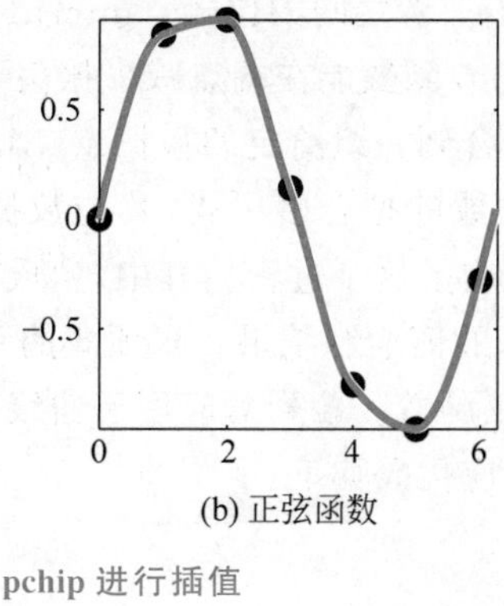

(b) 正弦函数

图5.14 使用pchip进行插值

生成绘图的相应代码如下：

MATLAB Code 5.12

```
clear; clc;
x = -3:3; y = [-1 -1 -1 0 1 1 1]; t = -3:.01:3;
subplot (121)
plot(x,y,'o',t, pchip(x,y,t), 'r-', 'LineWidth', 2);
axis tight; axis square;
x = 0:2*pi; y = sin(x); t = 0:.01:2*pi;
subplot (122)
plot(x,y,'o',t, pchip(x,y,t), 'r-', 'LineWidth', 2);
axis tight; axis square;
```

第三个函数是 spline，代表"分段三次样条插值多项式"。它在数据值上提供了三次样条的分段多项式形式。阶跃函数和正弦函数如图 5.15 所示。

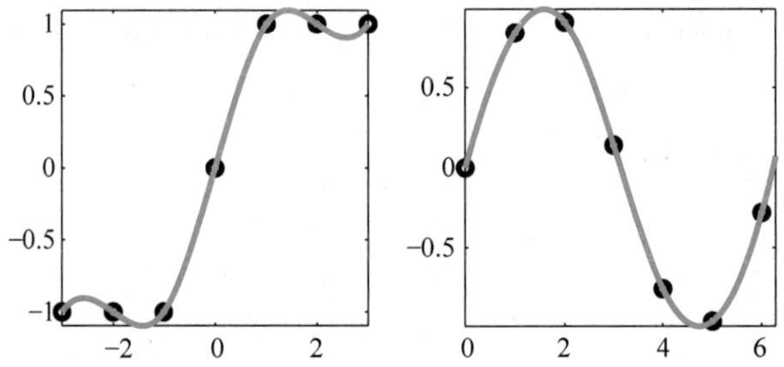

(a) 阶跃函数　　(b) 正弦函数

图 5.15　使用 spline 插值

生成绘图的相应代码如下：

MATLAB Code 5.13

```
clear; clc;
x = -3:3; y = [-1 -1 -1 0 1 1 1]; t = -3:.01:3;
subplot (121)
plot(x,y,'o',t, spline(x,y,t), 'r-', 'LineWidth', 2);
axis tight; axis square;
x = 0:2*pi; y = sin(x); t = 0:.01:2*pi;
subplot (122)
plot(x,y,'o',t,spline(x,y,t), 'r-', 'LineWidth', 2);
axis tight; axis square;
```

图 5.16 提供了三者之间的比较。interp1 函数通过直线连接数据点，spline 函数提供最平滑的曲线，而 pchip 函数能在端点减少振荡。

为了将曲线拟合到一组给定的数据点，MATLAB 提供了一个名为 polyfit 的函数，该函数创建一个指定次数的拟合多项式，其与数据点的平方误差之和最小，并返回多项式的系数。下面的代码说明了这个过程。其中，生成了两组数据点，并使用了不同阶的曲线来拟合数据。通过改变 d 的值绘制结果。多项式的系数由函数返回。图 5.17 上一行显示阶跃函数，下一行显示正弦函数。各列对应用于曲线拟合的多项式的次数，即 1、3 和 9。

生成绘图的相应代码如下：

```
clear; clc;
x = -10:10;
```

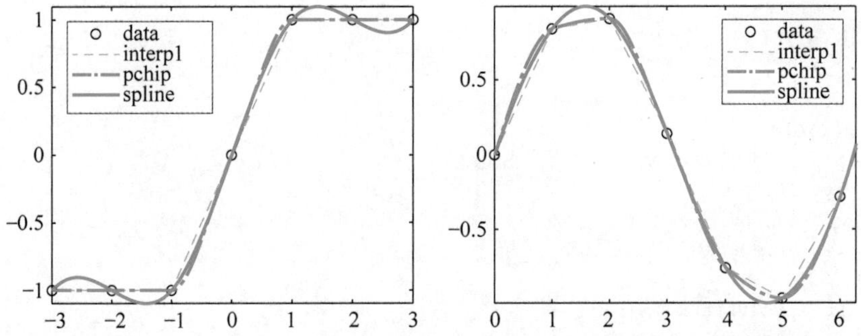

图 5.16 插值方法之间的比较

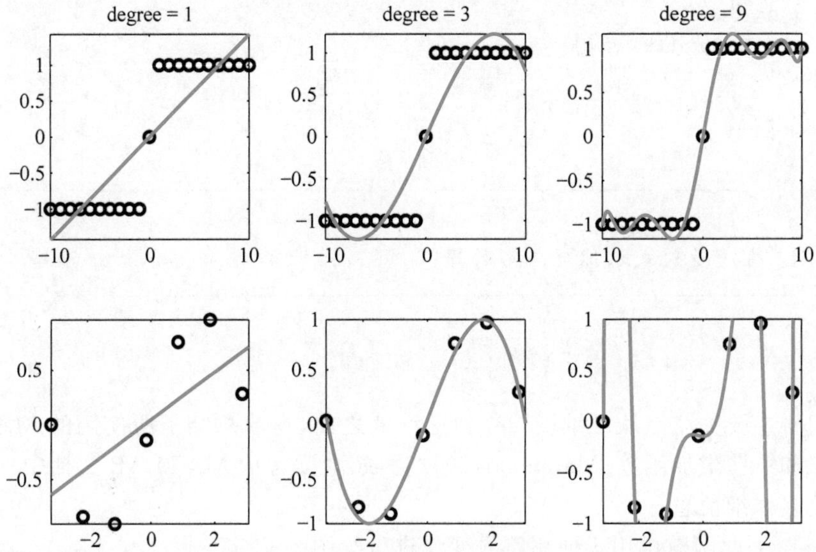

图 5.17 使用 polyfit 的曲线拟合

```
y = [ -1 -1 -1 -1 -1 -1 -1 -1 -1 -1 0 1 1 1 1 1 1 1 1 1 1];
t = -10:.01:10;
subplot (231)
d = 1; pf = polyfit(x, y, d);
pv = polyval(pf, t);
plot(x,y,'o',t, pv, 'LineWidth', 2);
axis tight; axis square;
title('degree = 1');
subplot (232)
d = 3; pf = polyfit(x, y, d);
pv = polyval(pf, t);
plot(x,y,'o',t, pv, 'LineWidth', 2);
axis tight; axis square;
title('degree = 3');
subplot (233)
d = 9; pf = polyfit(x, y, d);
pv = polyval(pf, t);
plot(x,y,'o',t, pv, 'LineWidth', 2);
axis tight; axis square;
title('degree = 9');
```

```
clear x y t pf pv;
x = -pi:pi;
y = sin(x);
t = -pi:.1:pi;
subplot (234)
d = 1; pf = polyfit(x, y, d);
pv = polyval(pf, t);
plot(x,y,'o',t, pv, 'LineWidth', 2);
axis tight; axis square;
subplot (235)
d = 3; pf = polyfit(x, y, d);
pv = polyval(pf, t);
plot(x,y,'o',t, pv, 'LineWidth', 2);
axis tight; axis square;
subplot (236)
d = 9; pf = polyfit(x, y, d);
pv = polyval(pf, t);
plot(x,y,'o',t, pv, 'LineWidth', 2);
axis tight; axis square;
axis([-pi pi -1 1]);
```

注解

polyfit：生成多项式以拟合给定数据。

5.8 关于二维绘图函数的说明

在我们将主要关注点从二维域转移到三维域之前，本节总结了所使用的 MATLAB 二维绘图函数和一些附加函数[Marchand,2002]。鼓励读者从 MATLAB 文档中探索有关这些函数的更多详细信息。

(1) ezplot：此函数可用于使用符号变量进行绘图。

① 一个变量(见图 5.18)：

```
ezplot('1 - 2.25 * t + 1.25 * t^2');
```

② 两个变量(见图 5.19)：

```
ezplot('x^4 + y^3 = 2 * x * y');
```

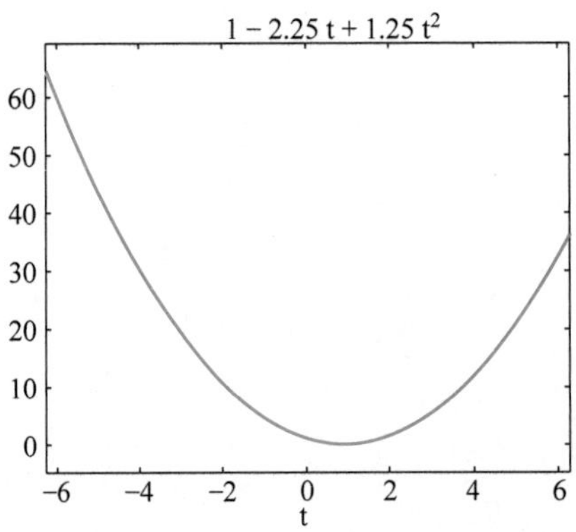

图 5.18　使用 ezplot 绘制一个变量

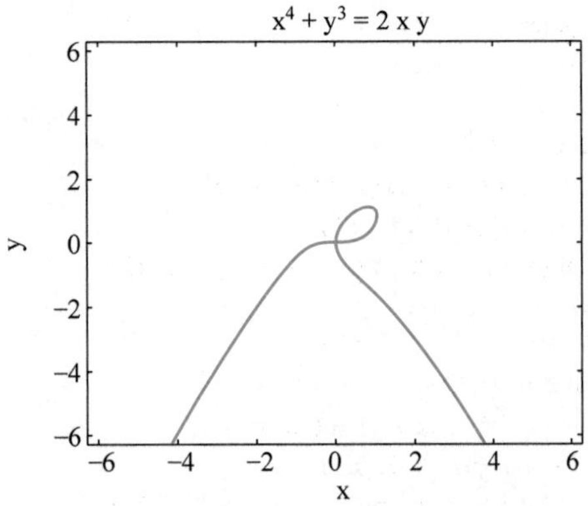

图 5.19　使用 ezplot 绘制两个变量

③ 参数变量(见图 5.20):

```
ezplot('cos(t)', 'sin(t)');
```

(2) plot:此函数可用于使用值向量进行绘图。

① 参数方程(见图 5.21):

```
t = 0:pi/50:10 * pi; plot(t. * sin(t),t. * cos(t));
```

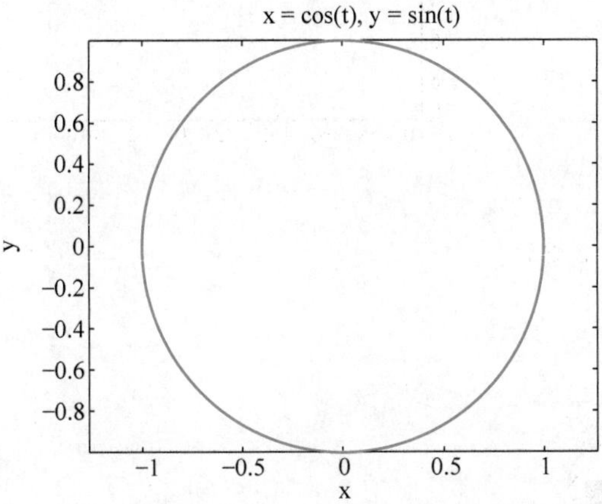

图 5.20 使用 ezplot 绘制参数变量

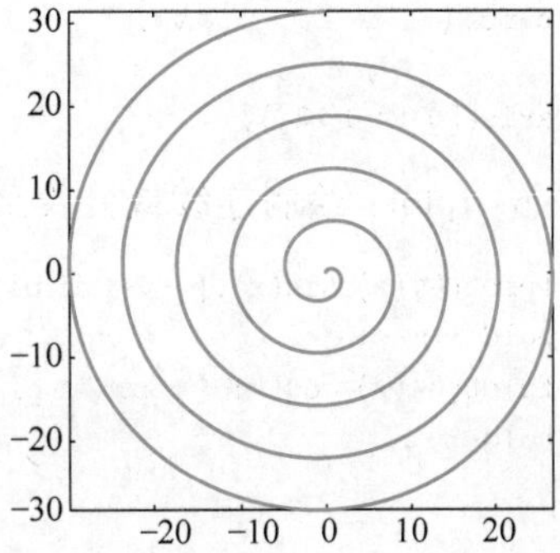

图 5.21 使用 plot 绘制一个变量

② 显式方程(见图 5.22):

```
x = - pi:.1:pi; y = tan(sin(x)) - sin(tan(x));
plot(x,y);
```

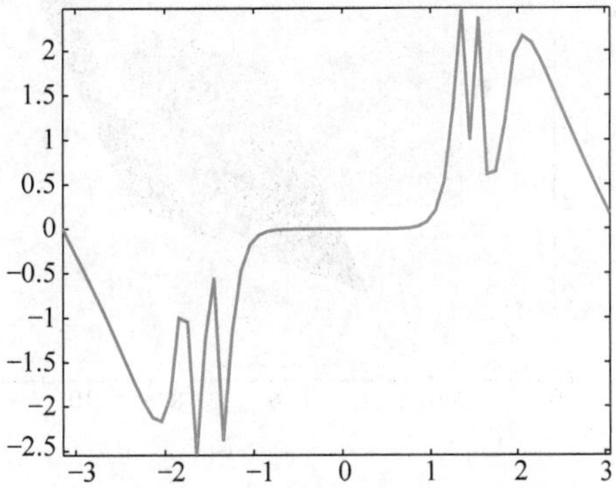

图 5.22 使用 plot 绘制显式方程

(3) ezcontour:等高线图,一个版本只有边缘,另一个是填充版本(见图 5.23)。

```
ezcontour ('x * exp( - x^2 - y^2)');
ezcontourf ('x * exp( - x^2 - y^2)');
```

(4) fimplicit:绘制隐式函数(从 MATLAB 2016 版引入)。已安装 MATLAB 包的版本可以通过在命令行输入 ver 来检查(见图 5.24)。

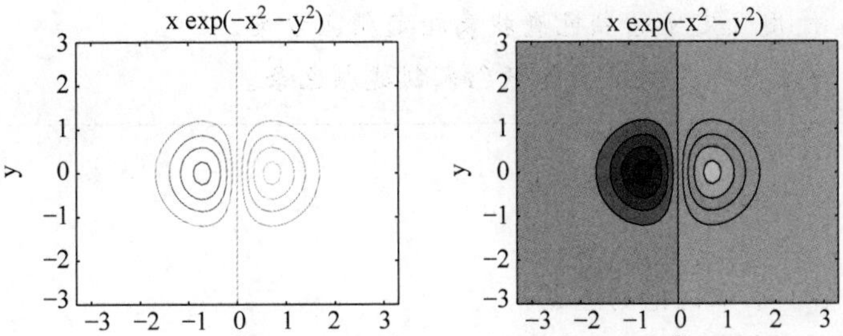

图 5.23 使用 ezcontour 绘制的等高线图

```
fimplicit(@(x,y) sin(x.^2 + y.^2) + cos(x.^2 + y.^2) - 1, [ - 10 10]);
```

(5) patch：根据顶点和颜色创建填充多边形(见图 5.25)。

```
x = [4 6 11 9];
y = [2 7 9 4];
c = [0 4 6 8];
colormap(jet);
patch(x,y,c);
colorbar;
hold;
v1 = [2 4; 2 10; 8 4];
patch ( 'Vertices', v1, 'FaceColor', 'red', '
FaceAlpha', 0.3, 'EdgeColor', 'red');
axis([0 12 0 12]);
```

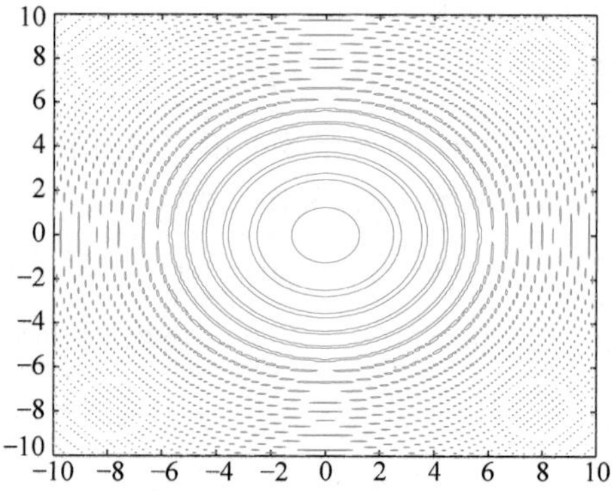

图 5.24 使用 fimplicit 绘制的隐式函数图

(6) fplot：绘制连续或分段函数(见图 5.26)。

```
fplot(@(x) sin(x),[ - 2 * pi pi],'b');
hold on;
fplot(@(x) cos(x),[ - pi 2 * pi],'r');
hold off;
```

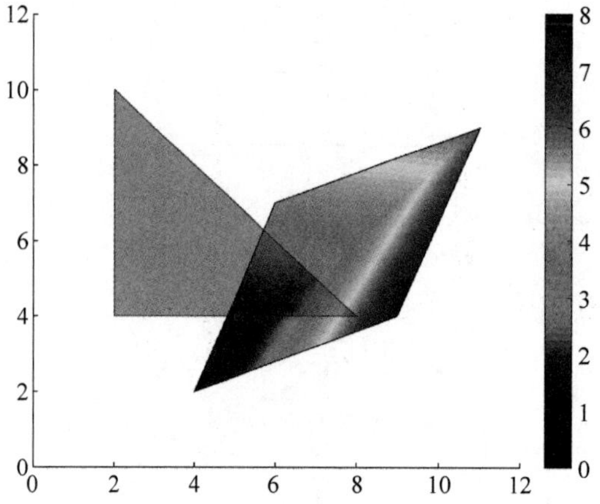

图 5.25 使用 patch 绘图

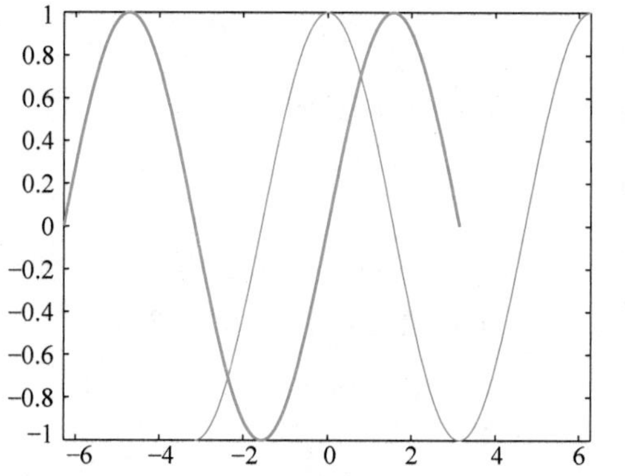

图 5.26 使用 fplot 绘图

注解

colormap：使用预定义的颜色查找表指定颜色方案。

colorbar：通过在颜色图中附加颜色来创建颜色条。

5.9 本章小结

以下几点总结了本章讨论的主题：

- 样条曲线的关键点是最大点、最小点和拐点。
- 对于最小点，斜率变化率为正。
- 对于最大点，斜率变化率为负。
- 对于拐点，曲率应为零且两侧应有相反的符号。

- 曲线的切线由曲线方程的一阶导数获得。
- 曲线的法线通过将切线旋转 90°获得。
- 曲线段的长度是通过将非常小的段的长度相加得到的。
- 曲线下的面积是通过将非常小的矩形的面积相加而获得的。
- 面积在 x 轴上方为正,在 x 轴下方为负。
- 由两条曲线界定的面积是两条曲线下面积的绝对差。
- 两个数据点之间的插值可以使用许多选项线性地完成。
- 三次样条插值可以提供更平滑的插值曲线。
- 可以使用特定次数的多项式对一组数据点进行曲线拟合。
- MATLAB 为隐式、显式和参数表达式提供了许多绘图函数。

5.10 复习题

1. 样条曲线的关键点是什么意思?
2. 如何用曲线的梯度区分最小点和最大点?
3. 曲线的拐点是如何确定的? 为什么三次曲线总是有一个拐点?
4. 用有序对表示参数曲线,切线和法线如何计算?
5. 如何确定两个给定点之间的曲线长度的表达式?
6. 一条曲线与两条垂直线所包围的 x 轴之间的面积是如何确定的?
7. 计算 x 轴上方和下方的区域面积要遵循什么约定?
8. 两条给定曲线之间的面积是如何确定的?
9. 观察到的线性插值和三次样条插值有什么区别?
10. 为了获得一组数据点的最佳拟合曲线,需要满足哪些标准?

5.11 练习题

1. 求 $y=x^{1.5}$ 在 $x=0$ 和 $x=5$ 之间的长度。
2. 对 $0\leqslant x\leqslant\pi/4$,确定曲线 $y=\ln(\sec x)$的长度。
3. 从 $x=0$ 到 $x=1$ 找到 $y=x^2$ 和 $x=y^2$ 之间的区域。
4. 求曲线 $x=y+1$ 和 $x=0.5y^2-3$ 之间的完全封闭区域。
5. 找出曲线的最小点、最大点和拐点:$y=-2.67x+0.67x^3$。
6. 求曲线(t,t^2)在点(1,1)处的切向量、法向量和切线方程。
7. 求参数曲线 $x=t^3$、$y=t^2$ 在(−8,4)处的单位切向量和单位法向量。
8. 对于隐式曲线 $x^3+y^2-x=4$,求点(−1,2)处的切线和法向量。
9. 对于摆线$(t+\sin t,1-\cos t)$,求 $t=\pi/2$ 处的切向量和法向量。
10. 求曲线 $y=\sqrt{x}$ 和 $y=x^3$ 所围区域的质心。

第6章

向　量

6.1　引言

向量涉及幅度和方向。若两个向量具有相同的大小和方向，则它们相等。即使向量 $\boldsymbol{a}$ 和 $\boldsymbol{b}$ 具有相同的大小，它们也不相等。向量 $-\boldsymbol{c}$ 被定义为与 $\boldsymbol{c}$ 具有相同大小但方向相反。将向量乘以标量会改变其大小但保持原来方向，例如 $2\boldsymbol{a}$。默认情况下，向量是“自由的”，即平行移动不会改变它们的大小或方向。向量也可以“绑定”，即不能移动，例如点 P 相对于原点 O 的位置向量[Olive,2003]（见图 6.1）。

向量加法意味着找到两个向量的合成。有两种方法可以做到这一点，这两种方法本质上是等效的。三角形规则指出，若 p 和 q 代表三角形的两条边，则 $p+q$ 由第三条边给出。平行四边形规则指出，若 P 和 Q 是平行四边形的两个相邻边，则 $P+Q$ 由其对角线给出[Shirley,2002]。若有两个以上的向量，则使用多边形规则，它表示任意数量的向量的相加是通过将它们首尾相接并闭合所得多边形的最后一条边来获得的，即 $r=a+b+c+d$（见图 6.2）。对于三维向量，它们将在三维空间中首尾相连。

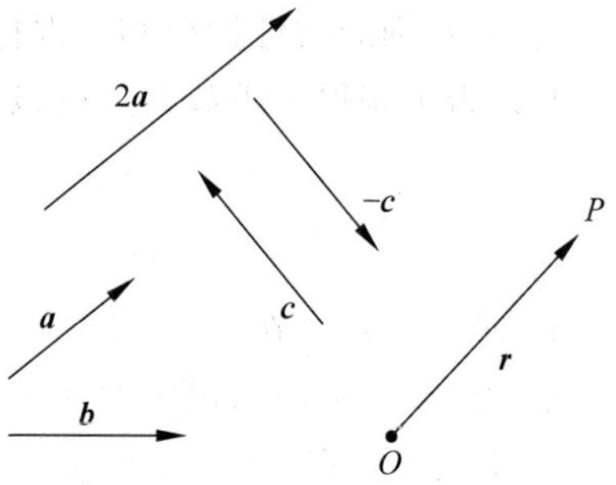

图 6.1　向量示例

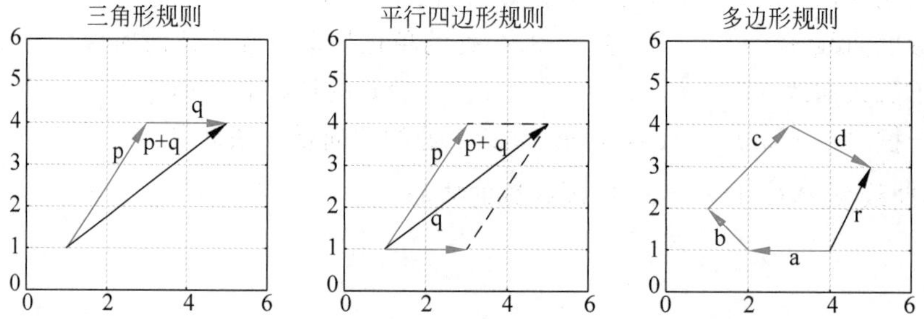

图 6.2　向量加法

向量可以用一些选定的参考分量来表示。在实际中，参考向量被选择为正交（垂直）且具有单位长度。单位向量的标准符号是沿 X 轴的 $\boldsymbol{i}$、沿 Y 轴的 $\boldsymbol{j}$ 和沿 Z 轴的 $\boldsymbol{k}$。从坐标系原点测量的位置向量写为 $\boldsymbol{P}=a\boldsymbol{i}+b\boldsymbol{j}$（二维坐标系）和 $\boldsymbol{P}=a\boldsymbol{i}+b\boldsymbol{j}+c\boldsymbol{k}$（三维坐标系），其中 a、b 和 c 是比例因子。向量通常可以用两种形式表示：使用分量，如 $\boldsymbol{r}=a\boldsymbol{i}+b\boldsymbol{j}+c\boldsymbol{k}$，或作为向量空间中的坐标，如 $\boldsymbol{r}=(a,b,c)$。在坐标表示法中，单位向量变为 $\boldsymbol{i}=(1,0,0)$、$\boldsymbol{j}=(0,1,0)$、$\boldsymbol{k}=(0,0,1)$。两个向量 $\boldsymbol{p}=a\boldsymbol{i}+b\boldsymbol{j}+c\boldsymbol{k}$ 和 $\boldsymbol{q}=d\boldsymbol{i}+e\boldsymbol{j}+f\boldsymbol{k}$ 的合向量等于 $\boldsymbol{r}=(a+d)\boldsymbol{i}+(b+e)\boldsymbol{j}+(c+f)\boldsymbol{k}$。图 6.3(a)指示向量 $\boldsymbol{P}=3\boldsymbol{i}+4\boldsymbol{j}$ 可以分成两个正交分量：沿 X 轴的 $3\boldsymbol{i}$ 和沿 Y 轴的 $4\boldsymbol{j}$。这些分量又可以表示为缩放的单位向量，即 $\boldsymbol{i}$ 向量的 3 倍和 $\boldsymbol{j}$ 向量的 4 倍。图 6.3(b)指示向量 $\boldsymbol{P}=2\boldsymbol{i}+3\boldsymbol{j}+2\boldsymbol{k}$ 可以分成 3 个正交分量：沿 X 轴的 $2\boldsymbol{i}$、沿 Y 轴的 $3\boldsymbol{j}$ 和沿 Z 轴的 $2\boldsymbol{k}$。这些分量又可以表示为缩放的单位向量，即 $\boldsymbol{i}$ 向量的 2 倍、$\boldsymbol{j}$ 向量的 3 倍和 $\boldsymbol{k}$ 向量的 2 倍。

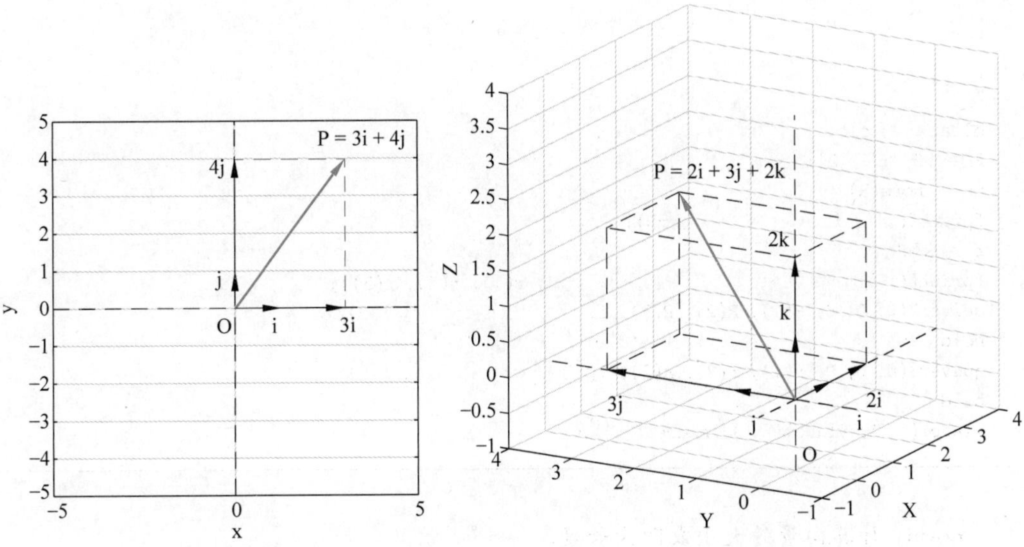

(a) 二维平面　　(b) 三维空间

图 6.3　向量和分量

6.2　单位向量

向量 $\boldsymbol{R}=a\boldsymbol{i}+b\boldsymbol{j}+c\boldsymbol{k}$ 的大小由下式给出：

$$|\boldsymbol{R}|=\sqrt{a^2+b^2+c^2} \tag{6.1}$$

这也称为向量起点和终点之间的欧氏长度。沿 $\boldsymbol{R}$ 方向的单位向量由下式给出：

$$\boldsymbol{r}=\frac{\boldsymbol{R}}{|\boldsymbol{R}|}=\frac{(a\boldsymbol{i}+b\boldsymbol{j}+c\boldsymbol{k})}{\sqrt{a^2+b^2+c^2}} \tag{6.2}$$

例 6.1　求指定向量 $R=2\boldsymbol{i}-\boldsymbol{j}+2\boldsymbol{k}$ 方向上的幅值和单位向量。

解：

根据式(6.1)，$|\boldsymbol{R}|=\sqrt{a^2+b^2+c^2}=\sqrt{4+1+4}=3$。

由式(6.2)得出：$\boldsymbol{r}=(1/3)*(2\boldsymbol{i}-\boldsymbol{j}+2\boldsymbol{k})=(2/3)\boldsymbol{i}-(1/3)\boldsymbol{j}+(2/3)\boldsymbol{k}$。

例 6.1 的绘图如图 6.4 所示。

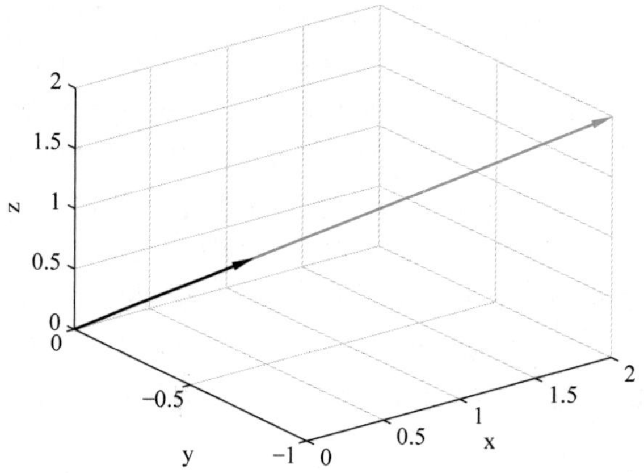

图 6.4 例 6.1 的绘图

MATLAB Code 6.1

```
clear all; clc;
R = [2, -1, 2];
nR = norm(R);
fprintf('Magnitude : %f \n', nR);
r = R/nR;
fprintf('Unit vector : (%f, %f, %f)\n', r(1), r(2), r(3));
quiver3(0, 0, 0, R(1), R(2), R(3), 1, 'b', 'LineWidth', 1.5);
hold on;
quiver3(0, 0, 0, r(1), r(2), r(3), 1, 'r', 'LineWidth', 1.5);
hold off;
xlabel('x'); ylabel('y'); zlabel('z');
```

注解

norm：计算向量的大小或欧氏长度。

quiver3：将三维向量描绘为带有方向和大小的箭头。

6.3 方向余弦

令 A、B 和 C 为向量 $\boldsymbol{R}=a\boldsymbol{i}+b\boldsymbol{j}+c\boldsymbol{k}$ 与三个主轴所成的角度。这三个角的余弦 $\cos A$、$\cos B$ 和 $\cos C$ 称为方向余弦。

$$\begin{aligned}\cos A &= \frac{a}{\sqrt{a^2+b^2+c^2}}\\ \cos B &= \frac{b}{\sqrt{a^2+b^2+c^2}}\\ \cos C &= \frac{c}{\sqrt{a^2+b^2+c^2}}\end{aligned} \tag{6.3}$$

由上可知：$\cos^2 A+\cos^2 B+\cos^2 C=1$。

例 6.2　找到向量 $\boldsymbol{R}=3\boldsymbol{i}+5\boldsymbol{j}-2\boldsymbol{k}$ 与坐标轴之间的角度和方向余弦。

解：

根据式(6.3)，

$$\cos A=\frac{a}{\sqrt{a^2+b^2+c^2}}=\frac{3}{\sqrt{38}}\approx 0.4867$$

$$\cos B=\frac{b}{\sqrt{a^2+b^2+c^2}}=\frac{5}{\sqrt{38}}\approx 0.8111$$

$$\cos C=\frac{c}{\sqrt{a^2+b^2+c^2}}=\frac{-2}{\sqrt{38}}\approx -0.3244$$

$$A=\arccos(0.4867)=60.87^\circ$$

$$B=\arccos(0.8111)=35.79^\circ$$

$$C=\arccos(-0.3244)=108.93^\circ$$

MATLAB Code 6.2

```
clear all;clc;
R = [3, 5, -2];
nR = norm(R);
cosA = R(1)/norm(R)
cosB = R(2)/norm(R)
cosC = R(3)/norm(R)
A = rad2deg(acos(cosA))
B = rad2deg(acos(cosB))
C = rad2deg(acos(cosC))

% alternatively
A = acosd(cosA)
B = acosd(cosB)
C = acosd(cosC)
```

> 注解
>
> rad2deg：将弧度转换为度。
>
> acos：以弧度计算反余弦。
>
> acosd：以度为单位计算的反余弦。

6.4 点积

两个向量 $\boldsymbol{A}=a\boldsymbol{i}+b\boldsymbol{j}+c\boldsymbol{k}$ 和 $\boldsymbol{P}=p\boldsymbol{i}+q\boldsymbol{j}+r\boldsymbol{k}$ 的点积(它们之间的角度为 θ)由下式给出[Shirley,2002]：

$$\boldsymbol{A}\cdot\boldsymbol{P}=|\boldsymbol{A}||\boldsymbol{P}|\cos\theta \tag{6.4}$$

它们之间的角度(方向余弦)：

$$\cos\theta=\boldsymbol{A}\cdot\boldsymbol{P}/(|\boldsymbol{A}||\boldsymbol{P}|) \tag{6.5}$$

尽管点积是两个向量的乘积，但点积结果是一个标量数。为了看看这是怎么可能的，我们扩展式(6.4)：

$$\boldsymbol{A}\cdot\boldsymbol{P}=(a\boldsymbol{i}+b\boldsymbol{j}+c\boldsymbol{k})(p\boldsymbol{i}+q\boldsymbol{j}+r\boldsymbol{k})=ap+bq+cr \tag{6.6}$$

上面的表达式是正确的，因为 $\boldsymbol{i}\cdot\boldsymbol{i}=\boldsymbol{j}\cdot\boldsymbol{j}=\boldsymbol{k}\cdot\boldsymbol{k}=1$，因为每项的大小都为 1，它们之间的角度为 0。此外，$\boldsymbol{i}\cdot\boldsymbol{j}=\boldsymbol{j}\cdot\boldsymbol{k}=\boldsymbol{k}\cdot\boldsymbol{i}=0$，因为每对之间的角度为 90°。

推论 1：若向量是平行的，则 $\theta=0$，因此 $\boldsymbol{A}\cdot\boldsymbol{P}=|\boldsymbol{A}||\boldsymbol{P}|$。

推论 2：若向量是垂直的，则 $\theta=90°$，因此 $\boldsymbol{A}\cdot\boldsymbol{P}=0$。

例 6.3 (a) 判断向量 $\boldsymbol{A}=3\boldsymbol{i}+5\boldsymbol{j}-2\boldsymbol{k}$ 和 $\boldsymbol{B}=2\boldsymbol{i}-2\boldsymbol{j}-2\boldsymbol{k}$ 是否相互垂直。

(b) 判断向量 $\boldsymbol{A}=3\boldsymbol{i}+5\boldsymbol{j}-2\boldsymbol{k}$ 和 $\boldsymbol{B}=0.5\boldsymbol{i}+(5/6)\boldsymbol{j}-0.333\boldsymbol{k}$ 是否相互平行。

(c) 求向量 $\boldsymbol{A}=2\boldsymbol{i}-3\boldsymbol{j}+\boldsymbol{k}$ 和 $\boldsymbol{B}=4\boldsymbol{i}+\boldsymbol{j}-3\boldsymbol{k}$ 之间的角度。

解：

(a) 根据式(6.4)，

$$\boldsymbol{A}\cdot\boldsymbol{B}=3\times2-5\times2+2\times2=6-10+4=0$$

所以，$\boldsymbol{A}$ 和 $\boldsymbol{B}$ 相互垂直。

(b) 根据式(6.4)，

$$\boldsymbol{A}\cdot\boldsymbol{B}=(3)(0.5)+(5)(5/6)+(-2)(-1/3)=3/2+25/6+2/3=(9+25+4)/6$$
$$=38/6=19/3$$

根据式(6.1)，

$$|\boldsymbol{A}|=\sqrt{9+25+4}=\sqrt{38}$$
$$|\boldsymbol{B}|=\sqrt{1/4+25/36+1/9}=\sqrt{9+25+4}/\sqrt{36}=\sqrt{38}/6$$
$$|\boldsymbol{A}||\boldsymbol{B}|=\sqrt{38}\times\sqrt{38}/6=38/6=\boldsymbol{A}\cdot\boldsymbol{B}$$

所以，$\boldsymbol{A}$ 和 $\boldsymbol{B}$ 相互平行。

(c) 根据式(6.5)，

$$\cos\theta=(\boldsymbol{A}\cdot\boldsymbol{B})/(|\boldsymbol{A}||\boldsymbol{B}|)$$
$$\boldsymbol{A}\cdot\boldsymbol{B}=(2)(4)+(-3)(1)+(1)(-3)=8-3-3=2$$
$$|\boldsymbol{A}|=\sqrt{4+9+1}=\sqrt{14}$$
$$|\boldsymbol{B}|=\sqrt{16+1+9}=\sqrt{26}$$
$$\cos\theta=(\boldsymbol{A}\cdot\boldsymbol{B})/(|\boldsymbol{A}||\boldsymbol{B}|)=2/(\sqrt{14}\sqrt{26})\approx2/19.0788\approx0.1048$$
$$\theta=\arccos(0.1048)=83.98°$$

MATLAB Code 6.3

```
clear all; clc; format compact;

% (a)
A = [3, 5, -2];
B = [2, -2, -2];
C = dot(A, B);
if C == 0
    fprintf('Perpendicular\n');
else
    fprintf('Not perpendicular\n');
end

% (b)
clear all;
A = [3, 5, -2];
```

```
B = [0.5, 5/6, -0.333];
C = dot(A,B);
nA = norm(A);
nB = norm(B);
P = nA * nB;
if (C - P) < 0.001
    fprintf('Parallel\n');
else
    fprintf('Not parallel\n');
end

% (c)
clear all;
A = [2, -3, 1];
B = [4, 1, -3];
C = dot(A, B);
nA = norm(A);
nB = norm(B);
D = C/(nA * nB);
angle = acosd(D);
fprintf('Angle : %f deg\n', angle);
```

注解

dot：计算向量的点积。

6.5 叉积

两个向量 $\boldsymbol{A}=a\boldsymbol{i}+b\boldsymbol{j}+c\boldsymbol{k}$ 和 $\boldsymbol{P}=p\boldsymbol{i}+q\boldsymbol{j}+r\boldsymbol{k}$ 的(向量)叉积(它们之间的角度为 θ)由下式给出[Shirley,2002]：

$$\boldsymbol{A}\times\boldsymbol{P}=|\boldsymbol{A}||\boldsymbol{P}|\sin\theta\cdot\boldsymbol{n} \tag{6.7}$$

合向量是 $\boldsymbol{n}$ 方向上的向量，这是一个垂直于 $\boldsymbol{A}$ 和 $\boldsymbol{P}$ 的向量。$\boldsymbol{n}$ 的正方向由右手螺旋规则控制，该规则表示，若右手螺旋从 $\boldsymbol{A}$ 旋转到 $\boldsymbol{P}$，则 $\boldsymbol{n}$ 的正向将是螺旋前进的方向。

通过替换上述表达式中的分量，可以得到：

$$\boldsymbol{A}\times\boldsymbol{P}=(a\boldsymbol{i}+b\boldsymbol{j}+c\boldsymbol{k})\times(p\boldsymbol{i}+q\boldsymbol{j}+r\boldsymbol{k})$$

回想一下：$\boldsymbol{i}\times\boldsymbol{i}=\boldsymbol{j}\times\boldsymbol{j}=\boldsymbol{k}\times\boldsymbol{k}=0$ 和 $\boldsymbol{i}\times\boldsymbol{j}=\boldsymbol{k}$、$\boldsymbol{j}\times\boldsymbol{k}=\boldsymbol{i}$、$\boldsymbol{k}\times\boldsymbol{i}=\boldsymbol{j}$、$\boldsymbol{j}\times\boldsymbol{i}=-\boldsymbol{k}$、$\boldsymbol{k}\times\boldsymbol{j}=-\boldsymbol{i}$、$\boldsymbol{i}\times\boldsymbol{k}=-\boldsymbol{j}$，因此，上述表达式可以化简如下：

$$\boldsymbol{A}\times\boldsymbol{P}=(br-cq)\boldsymbol{i}+(cp-ar)\boldsymbol{j}+(aq-bp)\boldsymbol{k} \tag{6.8}$$

例 6.4 求同时垂直于 $\boldsymbol{A}=3\boldsymbol{i}+5\boldsymbol{j}-2\boldsymbol{k}$ 和 $\boldsymbol{B}=2\boldsymbol{i}-2\boldsymbol{j}-2\boldsymbol{k}$ 的向量。

解：

根据式(6.8)，

$$\boldsymbol{A}\times\boldsymbol{B}=(-10-4)\boldsymbol{i}+(-4+6)\boldsymbol{j}+(-6-10)\boldsymbol{k}=-14\boldsymbol{i}+2\boldsymbol{j}-16\boldsymbol{k}$$

MATLAB Code 6.4

```
clear all; clc;
A = [3, 5, -2];
B = [2, -2, -2];
C = cross(A, B)
```

```
% verification
dot(C,A) % should be 0
dot(C,B) % should be 0
```

> 注解
>
> cross：计算向量的叉积。

6.6 直线的向量方程

考虑图6.5中的虚线，它的向量方程需要计算。一条直线上的任何位置向量都应该满足一条直线的向量方程。关于直线，应该知道两个参数。首先，在线上的已知点 A，其次，直线沿给定向量 $\boldsymbol{b}$ 的方向[Olive,2003]。将 A 与原点 O 连接，我们得到点 A 的位置向量 $\boldsymbol{a}$。设 P 是线上的任何其他点，则 $\boldsymbol{r}$ 是 P 的位置向量。根据三角形规则，$\boldsymbol{OA}+\boldsymbol{AP}=\boldsymbol{OP}$ 即 $\boldsymbol{a}+\boldsymbol{AP}=\boldsymbol{r}$。现在沿 $\boldsymbol{b}$ 方向的 $\boldsymbol{AP}$ 可以表示为 $\boldsymbol{b}$ 的标量倍数。设标量倍数为 t，使得 $\boldsymbol{AP}=t\boldsymbol{b}$。将上述符号组合在一起，直线的向量方程可写为：

$$\boldsymbol{r}=\boldsymbol{a}+t\boldsymbol{b} \tag{6.9}$$

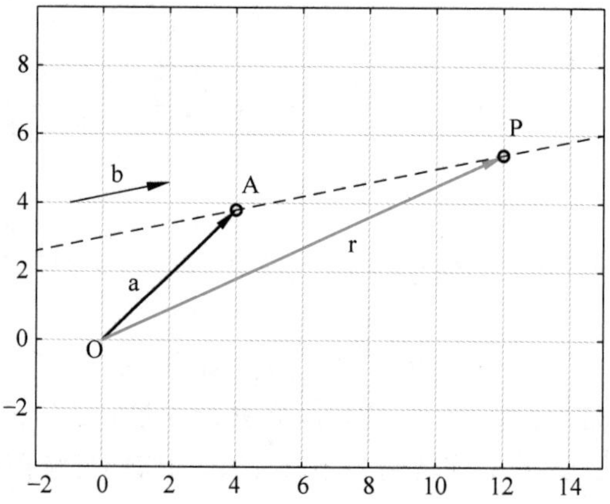

图6.5 导出直线的向量方程

AP 线上的任何点都对应于标量 t 的某个值，并且应该满足上述等式[Shirley,2002]。将 $\boldsymbol{AP}$ 重写为$(\boldsymbol{r}-\boldsymbol{a})$并将其代入式(6.9)可以得到：$\boldsymbol{r}=\boldsymbol{a}+t(\boldsymbol{r}-\boldsymbol{a})$。设 $t=0$ 给出点 A，设 $t=1$ 给出点 P。设 $t=0.5$ 给出线段 AP 的中点。

要将向量方程转换为笛卡儿方程，需执行以下步骤：

根据三维分量展开式(6.9)，$\boldsymbol{a}=a_1\boldsymbol{i}+a_2\boldsymbol{j}+a_3\boldsymbol{k}$，$\boldsymbol{b}=b_1\boldsymbol{i}+b_2\boldsymbol{j}+b_3\boldsymbol{k}$，$\boldsymbol{r}=x\boldsymbol{i}+y\boldsymbol{j}+z\boldsymbol{k}$。

$$x\boldsymbol{i}+y\boldsymbol{j}+z\boldsymbol{k}=(a_1\boldsymbol{i}+a_2\boldsymbol{j}+a_3\boldsymbol{k})+t(b_1\boldsymbol{i}+b_2\boldsymbol{j}+b_3\boldsymbol{k})$$

为此，$\boldsymbol{i}$、$\boldsymbol{j}$ 和 $\boldsymbol{k}$ 分量应分别相等。即

$$x=a_1+tb_1$$
$$y=a_2+tb_2$$
$$z=a_3+tb_3$$

重新排列：

$$t=\frac{x-a_1}{b_1}=\frac{y-a_2}{b_2}=\frac{z-a_3}{b_3} \tag{6.10}$$

式(6.10)是直线在三维空间中的笛卡儿表示，因为它满足直线上坐标为(x,y,z)的任意点。

例 6.5 一条直线穿过点(6,3,−5)和(2,1,−4)，确定其向量形式和笛卡儿形式的方程。

解：

位置向量：$\boldsymbol{P}=6\boldsymbol{i}+3\boldsymbol{j}-5\boldsymbol{k}$，$\boldsymbol{Q}=2\boldsymbol{i}+\boldsymbol{j}-4\boldsymbol{k}$。

沿 $\boldsymbol{QP}$ 的方向向量：$\boldsymbol{Q}-\boldsymbol{P}=(2\boldsymbol{i}+\boldsymbol{j}-4\boldsymbol{k})-(6\boldsymbol{i}+3\boldsymbol{j}-5\boldsymbol{k})=-4\boldsymbol{i}-2\boldsymbol{j}+\boldsymbol{k}$。

根据式(6.9)的向量方程：

$$\boldsymbol{r}=\boldsymbol{P}+t(\boldsymbol{Q}-\boldsymbol{P})=(6\boldsymbol{i}+3\boldsymbol{j}-5\boldsymbol{k})+t(-4\boldsymbol{i}-2\boldsymbol{j}+\boldsymbol{k})=(6-4t)\boldsymbol{i}+(3-2t)\boldsymbol{j}+(t-5)\boldsymbol{k}$$

由式(6.10)，

$$t=\frac{x-6}{2-6}=-x/4+3/2$$

$$t=\frac{y-3}{1-3}=-y/2+3/2$$

$$t=\frac{z+5}{-4+5}=z+5$$

笛卡儿方程：$\dfrac{-x+6}{4}=\dfrac{-y+3}{2}=\dfrac{z+5}{1}$。

验证：

将点(6,3,−5)代入方程：在所有情况下 $t=0$。

将点(2,1,−4) 代入方程：在所有情况下 $t=1$。

MATLAB Code 6.5

```
clear all; clc;
P = [6, 3, -5];
Q = [2, 1, -4];
syms t;
fprintf('Vector equation : \n');
r = P + t*(Q - P)
syms x, syms y, syms z;
x1 = P(1); x2 = Q(1);
y1 = P(2); y2 = Q(2);
z1 = P(3); z2 = Q(3);
dx = x2 - x1;
dy = y2 - y1;
dz = z2 - z1;
nx = (x - x1);
ny = (y - y1);
nz = (z - z1);
fprintf('\nCartesian equation : \n');
disp(nx/dx), disp(' = '), disp(ny/dy), disp(' = '), disp(nz/dz)
```

6.7 平面的向量方程

要导出平面的向量方程，需要考虑两种情况：①原点位于平面上，②原点位于平面外

[Olive,2003]。对于第一种情况,若平面通过原点,设 $\boldsymbol{a}$ 和 $\boldsymbol{b}$ 是位于平面上的任意两个非平行向量,设 P 是平面上的任意点(见图 6.6(a)),则点 P 的**位置向量** $\boldsymbol{r}$ 可以表示为 $\boldsymbol{a}$ 和 $\boldsymbol{b}$ 的缩放版本的组合:

$$\boldsymbol{r}=s\boldsymbol{a}+t\boldsymbol{b} \tag{6.11}$$

式中,s 和 t 分别是向量 $\boldsymbol{a}$ 和 $\boldsymbol{b}$ 的比例因子。这是平面的向量方程,因为平面上的任何点 P 对于不同的 s 和 t 值都满足式(6.11)。

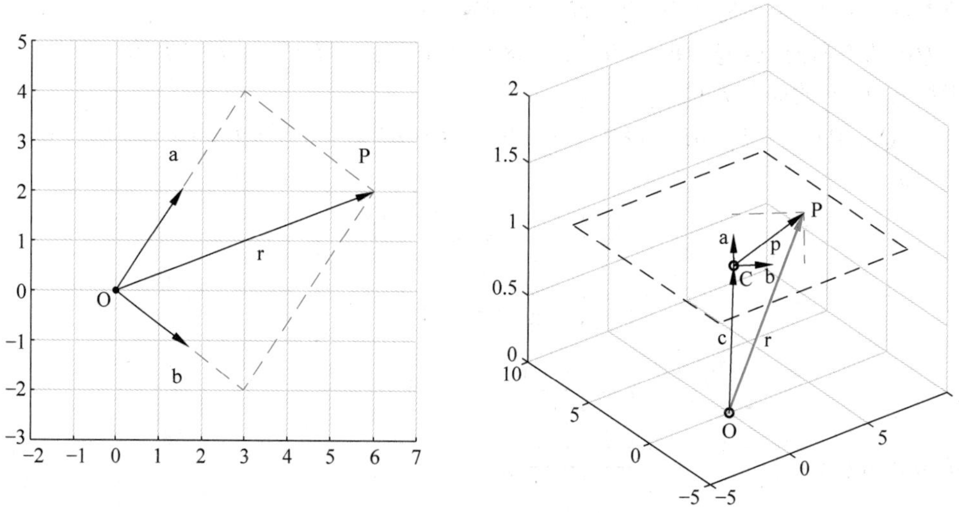

(a) 通过原点　　(b) 不通过原点

图 6.6　导出平面的向量方程

对于第二种情况,若平面不通过原点,则需要额外的向量 $\boldsymbol{c}$ 来定义点 C(向量 $\boldsymbol{a}$ 和 $\boldsymbol{b}$ 相交点)的位置向量。然后,平面上任意点 P 的位置向量 $\boldsymbol{r}$ 可以表示为向量 $\boldsymbol{a}$、$\boldsymbol{b}$ 和 $\boldsymbol{c}$ 的缩放版本的组合(见图 6.6(b))。

$$\boldsymbol{r}=\boldsymbol{c}+\boldsymbol{p}=\boldsymbol{c}+s\boldsymbol{a}+t\boldsymbol{b} \tag{6.12}$$

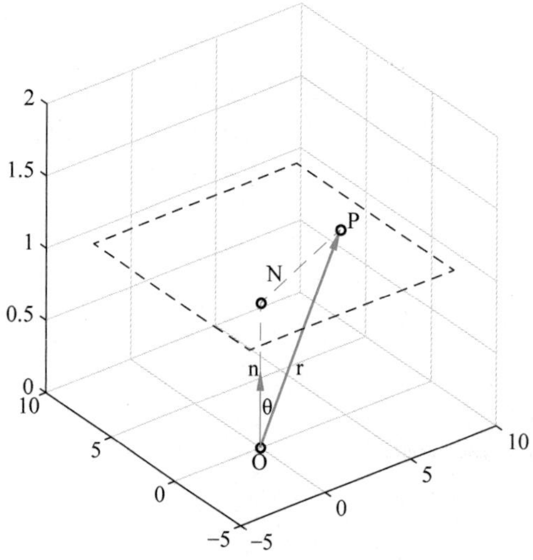

图 6.7　推导平面的笛卡儿方程

要导出平面的笛卡儿方程,请考虑图 6.7,其中 ON 是从原点 O 到平面 N 的垂线,设 $\boldsymbol{n}$ 是沿 ON 的单位向量。令 ON 的长度为 D。如前所述,令 P 为平面上的任意点,令 $\boldsymbol{r}$ 为其位置向量。还设 ON 和 OP 之间的角度为 θ。

现在根据式(6.4),

$$\boldsymbol{r}\cdot\boldsymbol{n}=|\boldsymbol{r}||\boldsymbol{n}|\cos\theta=|\boldsymbol{r}|1\cos\theta=D \tag{6.13}$$

换句话说,式(6.13)意味着平面上任意点 P 的位置向量与单位法向量的点积等于平面到原点的垂直距离 D。若 $\boldsymbol{n}=n_1\boldsymbol{i}+n_2\boldsymbol{j}+n_3\boldsymbol{k}$ 和 $\boldsymbol{r}=x\boldsymbol{i}+y\boldsymbol{j}+z\boldsymbol{k}$,则展开为分量,得到:

$$\boldsymbol{r}\cdot\boldsymbol{n}=xn_1+yn_2+zn_3=D \tag{6.14}$$

平面笛卡儿方程的一般形式由下式给出[Hearn

and Baker,1996]:

$$Ax + By + Cz = D \tag{6.15}$$

比较式(6.14)和式(6.15):

$$\begin{cases} A = n_1 \\ B = n_2 \\ C = n_3 \end{cases} \tag{6.16}$$

因此,平面笛卡儿方程的系数等于从原点到平面的单位法向量的分量。

例 6.6 平面的向量方程为 $\boldsymbol{r}=\boldsymbol{c}+\boldsymbol{a}s+\boldsymbol{b}t$,其中 $\boldsymbol{c}=2\boldsymbol{i}+4\boldsymbol{j}-3\boldsymbol{k}$,$\boldsymbol{a}=-3\boldsymbol{i}+3\boldsymbol{j}-3\boldsymbol{k}$,$\boldsymbol{b}=4\boldsymbol{i}+2\boldsymbol{j}+3\boldsymbol{k}$,$s$ 和 t 是标量。求从原点到平面笛卡儿方程的法向量 $\boldsymbol{N}$ 和法向距离 D。

解:

设 P 为平面上 $\boldsymbol{OP}=\boldsymbol{r}=x\boldsymbol{i}+y\boldsymbol{j}+z\boldsymbol{k}$ 的任意点,

设 $\boldsymbol{N}$ 是平面的法向量,

则 $\boldsymbol{N}=\boldsymbol{a}\times\boldsymbol{b}=15\boldsymbol{i}-3\boldsymbol{j}-18\boldsymbol{k}$;

幅度 $|\boldsymbol{N}|=\sqrt{225+9+324}=23.622$,

单位向量 $\boldsymbol{n}=\boldsymbol{N}/|\boldsymbol{N}|=0.6350\boldsymbol{i}-0.1270\boldsymbol{j}-0.7620\boldsymbol{k}$,

因此,对于平面 $Ax+By+Cz=D$,我们得到 $A=0.6350$,$B=-0.1270$,$C=-0.7620$。

现在,对于平面上的任何点 C,根据式(6.13)必然得到 $\boldsymbol{c}\cdot\boldsymbol{n}=D$,

因此,$D=(2\boldsymbol{i}+4\boldsymbol{j}-3\boldsymbol{k})(0.6350\boldsymbol{i}-0.1270\boldsymbol{j}-0.7620\boldsymbol{k})=3.048$,

平面的笛卡儿方程为 $0.6350x-0.1270y-0.7620z=3.048$。

验证:由于 $C(2,4,-3)$ 是平面上的点,它应该满足平面方程,即

$$0.6350(2)-0.1270(4)-0.7620(-3)-3.048=0$$

MATLAB Code 6.6

```
clear all; clc;
c = [2, 4, -3];
a = [-3, 3, -3];
b = [4, 2, 3];
N = cross(a, b);
fprintf('Normal vector : \n');
N
n = N/norm(N);
d = dot(c, n);
fprintf('Distance : \n');
d
n1 = n(1);
n2 = n(2);
n3 = n(3);
fprintf('Cartesian equation : \n (%.2f)x + (%.2f)y + (%.2f)z = %.2f\n', n1, n2, n3, d);

% verification
x = c(1); y = c(2); z = c(3);
f = n1*x + n2*y + n3*z - d; % should be zero
```

6.8 向量对齐(二维)

位置向量 $\boldsymbol{P}=a\boldsymbol{i}+b\boldsymbol{j}$ 可以通过旋转由 $\arctan(b/a)$ 给出的适当角度沿正方向或负方向与主轴对齐。根据原始向量的方向和要对齐的主轴,旋转角度可以是正的也可以是负的。若向量($a\boldsymbol{i}+b\boldsymbol{j}$)相对于$+X$轴的方向角为$\theta$,则向量($-a\boldsymbol{i}+b\boldsymbol{j}$)的方向角为$(180°-\theta)$,向量($-a\boldsymbol{i}-b\boldsymbol{j}$)的方向角为$(180°+\theta)$,向量($a\boldsymbol{i}-b\boldsymbol{j}$)的方向角为$-\theta$。将这些向量与$+X$轴对齐的旋转角度将只是这些方向角的负值,即分别为$-\theta$、$-(180°-\theta)$、$-(180°+\theta)$、$+\theta$。角度沿逆时针(CCW)方向测量为正,沿顺时针(CW)方向测量为负。旋转矩阵是根据后一组旋转角度值计算的(见图6.8)。

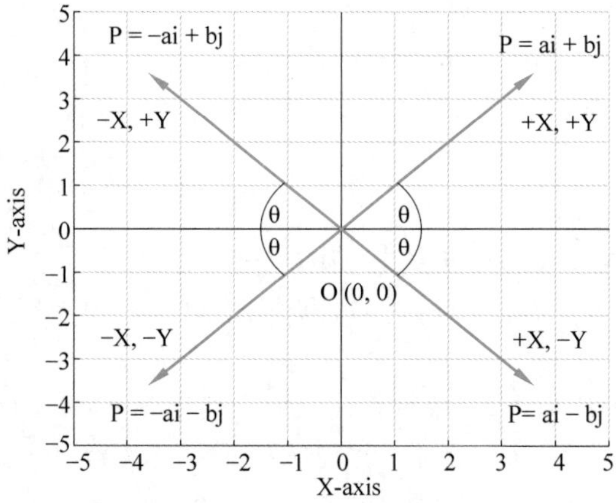

图6.8 向量的方向角

例6.7 对于以下每个向量,找到它与正X轴和旋转矩阵的角度以使其与正X轴对齐:(a) $3\boldsymbol{i}+4\boldsymbol{j}$,(b) $-3\boldsymbol{i}+4\boldsymbol{j}$,(c) $-3\boldsymbol{i}-4\boldsymbol{j}$ 和(d) $3\boldsymbol{i}-4\boldsymbol{j}$。同样对于每种情况,通过将向量与旋转矩阵相乘来验证对齐。

解:

(a)

$\boldsymbol{P}=3\boldsymbol{i}+4\boldsymbol{j}=[3,4]$;

$\theta=\arctan(4/3)=53.13°$;

$\boldsymbol{R}_1=\boldsymbol{R}(-53.13°)$;

验证:$\boldsymbol{Q}=\boldsymbol{R}_1\boldsymbol{P}=[5,0,1]^{\mathrm{T}}$。

(b)

$\boldsymbol{P}=-3\boldsymbol{i}+4\boldsymbol{j}=[-3,4]$;

$\theta=180°-\arctan(4/3)=126.87°$;

$\boldsymbol{R}_1=\boldsymbol{R}(-126.87°)$;

验证:$\boldsymbol{Q}=\boldsymbol{R}_1\boldsymbol{P}=[5,0,1]^{\mathrm{T}}$。

(c)

$\boldsymbol{P}=-3\boldsymbol{i}-4\boldsymbol{j}=[-3,-4]$;

$\theta=180°+\arctan(4/3)=233.13°$;

$\boldsymbol{R}_1=\boldsymbol{R}(-233.13°)$；

验证：$\boldsymbol{Q}=\boldsymbol{R}_1\boldsymbol{P}=[5,0,1]^{\mathrm{T}}$。

(d)

$\boldsymbol{P}=3\boldsymbol{i}-4\boldsymbol{j}=[3,-4]$；

$\theta=-\arctan(4/3)=-53.13°$；

$\boldsymbol{R}_1=\boldsymbol{R}(53.13°)$；

验证：$\boldsymbol{Q}=\boldsymbol{R}_1\boldsymbol{P}=[5,0,1]^{\mathrm{T}}$。

MATLAB Code 6.7

```
clear; clc;
P = [3, 4]
B = atan(abs(P(2))/abs(P(1)));
ang = rad2deg(B)
A = -B;
R = [cos(A) -sin(A) 0 ; sin(A) cos(A) 0 ; 0 0 1];
Q = R * [P, 1]';
P = [-3, 4]
B = pi - atan(abs(P(2))/abs(P(1)));
ang = rad2deg(B)
A = -B;
R = [cos(A) -sin(A) 0 ; sin(A) cos(A) 0 ; 0 0 1];
Q = R * [P, 1]';
P = [-3, -4]
B = pi + atan(P(2)/P(1));
ang = rad2deg(B)
A = -B;
R = [cos(A) -sin(A) 0 ; sin(A) cos(A) 0 ; 0 0 1];
Q = R * [P, 1]';
P = [3, -4]
B = -atan(abs(P(2))/abs(P(1)));
ang = rad2deg(B)
A = -B;
R = [cos(A) -sin(A) 0 ; sin(A) cos(A) 0 ; 0 0 1];
Q = R * [P, 1]';
```

除了$+X$轴，还可以计算相对于其他主轴的方向角。若θ是与$+X$轴的夹角，则与$+Y$轴的夹角为$(90°-\theta)$，与$-X$轴的夹角为$(180°-\theta)$，与$-Y$轴的夹角为$(90°+\theta)$。可以通过观察是沿顺时针还是沿逆时针方向移动来计算符号。例如，对于Q1象限中的向量$(a\boldsymbol{i}+b\boldsymbol{j})$，当从$+X$轴测量角度时，沿CCW方向移动，因此$+\theta$；当从$-X$轴测量时，沿CW方向移动，因此$-(180°-\theta)$；当从$+Y$轴测量时，沿CW方向移动，因此$-(90°-\theta)$；当从$-Y$轴测量时，沿CCW方向移动，因此$+(90°+\theta)$。表6.1给出了$a$和$b$为正的可能情况。第1列显示向量，第2列显示向量所在的象限，第3～6列显示角度和方向值(CCW取正向量和CW取负向量)。需要注意的是，对于实际中将向量与相应轴对齐的情况，角度的符号将只是表中给出的负数。例如，对于$(a\boldsymbol{i}+b\boldsymbol{j})$，与$-X$轴的角度为$-(180°-\theta)$，因为它是在CW方向上测量的，但要将向量与$-X$轴对齐，向量需要在CCW方向，因此对齐角度为$+(180°-\theta)$。与位于Q3中的$-a\boldsymbol{i}-b\boldsymbol{j}$类似，与$+Y$轴对齐的角度为$-(90°+\theta)$，因为向量需要沿CW方向旋转。

表 6.1 向量的方向角

向量	象限	$+X$ 轴	$-X$ 轴	$+Y$ 轴	$-Y$ 轴
$\boldsymbol{P}=ai+bj$	Q1	$+\theta$	$-(180°-\theta)$	$-(90°-\theta)$	$+(90°+\theta)$
$\boldsymbol{P}=-ai+bj$	Q2	$+(180°-\theta)$	$-\theta$	$+(90°-\theta)$	$-(90°+\theta)$
$\boldsymbol{P}=-ai-bj$	Q3	$+(180°+\theta)$	$+\theta$	$+(90°+\theta)$	$-(90°-\theta)$
$\boldsymbol{P}=ai-bj$	Q4	$-\theta$	$+(180°-\theta)$	$-(90°+\theta)$	$+(90°-\theta)$

例 6.8 对于以下每个向量，找到旋转矩阵以将其与指定的主轴对齐：(a) $3\boldsymbol{i}-4\boldsymbol{j}$ 与正 Y 轴，(b) $-3\boldsymbol{i}-4\boldsymbol{j}$ 与负 X 轴。同样对于每种情况，通过将向量与旋转矩阵相乘来验证对齐。

解：

(a)

$\boldsymbol{P}=3\boldsymbol{i}-4\boldsymbol{j}=[3,-4]$；

$\theta=\arctan(4/3)=53.13°$；

要与$+Y$ 轴对齐，向量需要在 CCW 方向上旋转$(90+53.13)°=143.13°$，

$\boldsymbol{R}_1=\boldsymbol{R}(143.13°)$。

验证：$\boldsymbol{Q}=\boldsymbol{R}_1\boldsymbol{P}=[0,5,1]^{\mathrm{T}}$。

(b)

$\boldsymbol{P}=-3\boldsymbol{i}-4\boldsymbol{j}=[-3,-4]$；

$\theta=\arctan(4/3)=53.13°$；

$\theta=180°+\arctan(4/3)=233.13°$；

要与$-X$ 轴对齐，向量需要在 CW 方向上旋转 $53.13°$，

$\boldsymbol{R}_1=\boldsymbol{R}(-53.13°)$。

验证：$\boldsymbol{Q}=\boldsymbol{R}_1\boldsymbol{P}=[-5,0,1]^{\mathrm{T}}$。

MATLAB Code 6.8

```
clear; clc;
P = [3, -4]
B = atan(abs(P(2))/abs(P(1)));
A = B + pi/2;
R = [cos(A) - sin(A) 0 ; sin(A) cos(A) 0 ; 0 0 1];
fprintf('verification \n');
Q = R * [P, 1]'
P = [-3, -4]
B = atan(abs(P(2))/abs(P(1)));
A = -B;
R = [cos(A) - sin(A) 0 ; sin(A) cos(A) 0 ; 0 0 1];
fprintf('verification \n');
Q = R * [P, 1]'
```

> 注解
>
> 第 7 章将讨论三维中的向量对齐。

6.9 齐次坐标(二维)中的向量方程

我们知道直线的笛卡儿方程是 $ax+by+c=0$。令(X,Y,W)是点(x,y)的齐次坐标，即 $x=X/W,y=Y/W$。代入直线方程：

$$aX+bY+cW=0 \tag{6.17}$$

这称为齐次直线方程[Marsh,2005]，向量$\boldsymbol{L}=(a,b,c)$表示为线向量。若$\boldsymbol{P}(X,Y,W)$是直线上的一个点，则必定有：

$$\boldsymbol{L}\cdot\boldsymbol{P}=(a,b,c)\cdot(X,Y,Z)=aX+bY+cW=0 \tag{6.18}$$

因此对于通过$\boldsymbol{P}(X,Y,W)$的直线$\boldsymbol{L}=(a,b,c)$，必定有$\boldsymbol{L}\cdot\boldsymbol{P}=0$。

让直线$\boldsymbol{L}$通过两个给定点$\boldsymbol{P}_1(X_1,Y_1,W_1)$和$\boldsymbol{P}_2(X_2,Y_2,W_2)$。从上面的等式，$\boldsymbol{L}\cdot\boldsymbol{P}_1=0$和$\boldsymbol{L}\cdot\boldsymbol{P}_2=0$，这意味着向量$\boldsymbol{L}$垂直于$\boldsymbol{P}_1$和$\boldsymbol{P}_2$，这可以表示为$\boldsymbol{L}=\boldsymbol{P}_1\times\boldsymbol{P}_2$。

因此，对于通过两个点$\boldsymbol{P}_1(X_1,Y_1,W_1)$和$\boldsymbol{P}_2(X_2,Y_2,W_2)$的直线$\boldsymbol{L}=(a,b,c)$，必定有：

$$\boldsymbol{L}=\boldsymbol{P}_1\times\boldsymbol{P}_2 \tag{6.19}$$

设两条不平行的直线$\boldsymbol{L}_1$和$\boldsymbol{L}_2$有一个交点$\boldsymbol{P}$。由于$\boldsymbol{P}$位于两条线上，肯定有$\boldsymbol{L}_1\cdot\boldsymbol{P}=0$和$\boldsymbol{L}_2\cdot\boldsymbol{P}=0$，这意味着向量$\boldsymbol{P}$垂直于这两条直线，这可以表示为$\boldsymbol{P}=\boldsymbol{L}_1\times\boldsymbol{L}_2$。因此，两条线$\boldsymbol{L}_1$和$\boldsymbol{L}_2$的交点$\boldsymbol{P}$由下式给出：

$$\boldsymbol{P}=\boldsymbol{L}_1\times\boldsymbol{L}_2 \tag{6.20}$$

例 6.9 使用基于向量的方法解决以下问题：(a) 找出点(0,5)、(2,1)和(10/3,0)中的哪一个位于 $3x+4y-10=0$ 的直线上；(b) 求通过点(1,8)和(6,−7)的直线方程；(c) 找到直线 $x-2y+3=0$ 和 $4x-5y+6=0$ 的交点。

解：

(a)

这里，$\boldsymbol{L}=[3,4,-10]$、$\boldsymbol{P}_1=[0,5,1]$、$\boldsymbol{P}_2=[2,1,1]$、$\boldsymbol{P}_3=[10/3,0,1]$。

根据式(6.18)，

$\boldsymbol{L}\cdot\boldsymbol{P}_1=(3)(0)+(4)(5)+(-10)(1)=0+20-10\neq 0$，

因此，点(0,5)不在 $3x+4y-10=0$ 的直线上；

$\boldsymbol{L}\cdot\boldsymbol{P}_2=(3)(2)+(4)(1)+(-10)(1)=6+4-10=0$，

因此，点(2,1)在 $3x+4y-10=0$ 的直线上；

$\boldsymbol{L}\cdot\boldsymbol{P}_3=(3)(10/3)+(4)(0)+(-10)(1)=10+0-10=0$，

因此，点(10/3,0)在 $3x+4y-10=0$ 的直线上。

(b)

这里，$\boldsymbol{P}_1=[1,8,1]$，$\boldsymbol{P}_2=[6,-7,1]$。

根据式(6.19)，

$\boldsymbol{L}=\boldsymbol{P}_1\times\boldsymbol{P}_2=\{(8)(1)-(1)(7)\}\boldsymbol{i}+\{(1)(6)-(1)(1)\}\boldsymbol{j}+\{(1)(-7)-(8)(6)\}\boldsymbol{k}=15\boldsymbol{i}+5\boldsymbol{j}-55\boldsymbol{k}$。

需要的直线方程：$15x+5y-55=0$。

验证：$\boldsymbol{P}_1$和$\boldsymbol{P}_2$都是这条直线上的点：$15(1)+5(8)-55=0$，$15(6)+5(-7)-55=0$。

(c)

这里，$\boldsymbol{L}_1=[1,-2,3]$，$\boldsymbol{L}_2=[4,-5,6]$。

根据式(6.20)，$\boldsymbol{P}=\boldsymbol{L}_1\times\boldsymbol{L}_2=[3,6,3]$(齐次坐标)；

转换到笛卡儿坐标，交点 $\boldsymbol{P}=(3/3,6/3)=(1,2)$。

验证：$\boldsymbol{P}$ 对两条线都满足：$1(1)+(-2)(2)+3=0$，$4(1)+(-5)(2)+6=0$。

MATLAB Code 6.9

```
%(a)
clear all; clc;
L = [3, 4, -10];
P1 = [0, 5, 1];
P2 = [2, 1, 1];
P3 = [10/3, 0, 1];
D1 = dot(L, P1);
if D1 == 0 fprintf('Point P1 lies on line L\n'),
else fprintf('Point P1 does not lie on line L\n'), end;
D2 = dot(L, P2);
if D2 == 0 fprintf('Point P2 lies on line L\n'),
else fprintf('Point P2 does not lie on line L\n'), end;
D3 = dot(L, P3);
if D3 == 0 fprintf('Point P3 lies on line L\n'),
else fprintf('Point P3 does not lie on line L\n'), end;

%(b)
clear all;
P1 = [1, 8, 1];
P2 = [6, -7, 1];
L = cross(P1, P2);
fprintf('Equation of required line : (%.2f)x + (%.2f)y + (%.2f) = 0\n', L(1), L(2),
L(3));

%(c)
clear all;
L1 = [1, -2, 3];
L2 = [4, -5, 6];
P = cross(L1, L2);
fprintf('Point in Cartesian coordinates : {(%.2f), (%.2f)}\n', P(1)/P(3), P(2)/P(3));
```

6.10 齐次坐标(三维)中的向量方程

我们知道三维空间中平面的笛卡儿方程为 $ax+by+cz+d=0$。令(X,Y,Z,W)为点(x,y,z)的齐次坐标，即 $x=X/W$，$y=Y/W$，$z=Z/W$。

代入平面方程：

$$aX+bY+cZ+dW=0 \tag{6.21}$$

这称为齐次平面方程[Marsh，2005]，向量 $\boldsymbol{N}=(a,b,c,d)$记为平面向量。

设 $\boldsymbol{P}(X,Y,Z,W)$是平面上的一个点，则必有：

$$\boldsymbol{N}\cdot\boldsymbol{P}=(a,b,c,d)\cdot(X,Y,Z,W)=aX+bY+cZ+dW=0 \tag{6.22}$$

因此，对于通过点 $\boldsymbol{P}(X,Y,Z,W)$的平面 $\boldsymbol{N}=(a,b,c,d)$，必有：$\boldsymbol{N}\cdot\boldsymbol{P}=0$。

让平面 $\boldsymbol{N}$ 通过 3 个给定点 $\boldsymbol{P}_1(X_1,Y_1,Z_1,W_1)$，$\boldsymbol{P}_2(X_2,Y_2,Z_2,W_2)$，$\boldsymbol{P}_3(X_3,Y_3,Z_3,$

W_3)。从上面的等式,有 $\boldsymbol{N} \cdot \boldsymbol{P}_1=0, \boldsymbol{N} \cdot \boldsymbol{P}_2=0, \boldsymbol{N} \cdot \boldsymbol{P}_3=0$,这意味着向量 $\boldsymbol{N}$ 垂直于 $\boldsymbol{P}_1$、$\boldsymbol{P}_2$ 和 $\boldsymbol{P}_3$。

发生这种情况的条件由向量行列式给出:

$$\boldsymbol{N}=\begin{bmatrix} \boldsymbol{e}_1 & \boldsymbol{e}_2 & \boldsymbol{e}_3 & \boldsymbol{e}_4 \\ X_1 & Y_1 & Z_1 & W_1 \\ X_2 & Y_2 & Z_2 & W_2 \\ X_3 & Y_3 & Z_3 & W_3 \end{bmatrix} \tag{6.23}$$

其中 $\boldsymbol{e}_1=(1,0,0,0)$, $\boldsymbol{e}_2=(0,1,0,0)$, $\boldsymbol{e}_3=(0,0,1,0)$ 和 $\boldsymbol{e}_4=(0,0,0,1)$ 是沿 4 个正交方向的单位向量。

设 3 个不平行的平面 $\boldsymbol{N}_1(a_1,b_1,c_1,d_1)$、$\boldsymbol{N}_2(a_2,b_2,c_2,d_2)$、$\boldsymbol{N}_3(a_3,b_3,c_3,d_3)$ 有一个交点 $\boldsymbol{P}$。因为 $\boldsymbol{P}$ 位于所有平面上,必须有 $\boldsymbol{N}_1 \cdot \boldsymbol{P}=0, \boldsymbol{N}_2 \cdot \boldsymbol{P}=0, \boldsymbol{N}_3 \cdot \boldsymbol{P}=0$,这意味着向量 $\boldsymbol{P}$ 垂直于所有平面。发生这种情况的条件由以下向量行列式给出,其中 $\boldsymbol{e}_1$、$\boldsymbol{e}_2$、$\boldsymbol{e}_3$ 和 $\boldsymbol{e}_4$ 是沿 4 个正交方向的单位向量:

$$\boldsymbol{P}=\begin{bmatrix} \boldsymbol{e}_1 & \boldsymbol{e}_2 & \boldsymbol{e}_3 & \boldsymbol{e}_4 \\ a_1 & b_1 & c_1 & d_1 \\ a_2 & b_2 & c_2 & d_2 \\ a_3 & b_3 & c_3 & d_3 \end{bmatrix} \tag{6.24}$$

例 6.10 使用基于向量的方法解决以下问题:(a) 找到连接 3 个点(1,2,3)、(−4,−5,−6)和(7,8,9)的平面;(b) 找到 3 个平面 $x+2y-3z+4=0$、$3x+4y-2z+1=0$ 和 $5x+6y-4z+3=0$ 的交点。

解:

(a)

这里,$\boldsymbol{P}_1=[1,2,3]$, $\boldsymbol{P}_2=[-4,-5,-6]$ 和 $\boldsymbol{P}_3=[7,8,9]$。

令 $\boldsymbol{e}_1$、$\boldsymbol{e}_2$、$\boldsymbol{e}_3$ 和 $\boldsymbol{e}_4$ 是沿 4 个正交方向的单位向量,

根据式(6.23),

$$\boldsymbol{N}=\begin{bmatrix} \boldsymbol{e}_1 & \boldsymbol{e}_2 & \boldsymbol{e}_3 & \boldsymbol{e}_4 \\ X_1 & Y_1 & Z_1 & W_1 \\ X_2 & Y_2 & Z_2 & W_2 \\ X_3 & Y_3 & Z_3 & W_3 \end{bmatrix}=\begin{bmatrix} \boldsymbol{e}_1 & \boldsymbol{e}_2 & \boldsymbol{e}_3 & \boldsymbol{e}_4 \\ 1 & 2 & 3 & 1 \\ -4 & -5 & -6 & 1 \\ 7 & 8 & 9 & 1 \end{bmatrix}$$

$$d_1=\det\left\{\begin{bmatrix} 2 & 3 & 1 \\ -5 & -6 & 1 \\ 8 & 9 & 1 \end{bmatrix}\right\}=12$$

$$d_2=-\det\left\{\begin{bmatrix} 1 & 3 & 1 \\ -4 & -6 & 1 \\ 7 & 9 & 1 \end{bmatrix}\right\}=-24$$

$$d_3=\det\left\{\begin{bmatrix} 1 & 2 & 1 \\ -4 & -5 & 1 \\ 7 & 8 & 1 \end{bmatrix}\right\}=12$$

$$d_4=-\det\left\{\begin{bmatrix}1 & 2 & 3\\ -4 & -5 & -6\\ 7 & 8 & 9\end{bmatrix}\right\}=0$$

平面方程：$12x-24y+12z=0$。

验证：$\boldsymbol{P}_1$、$\boldsymbol{P}_2$、$\boldsymbol{P}_3$ 都满足这个方程。

(b)

这里，$\boldsymbol{N}_1=[1,2,-3,4]$，$\boldsymbol{N}_2=[3,4,-2,1]$和 $\boldsymbol{N}_3=[5,6,-4,3]$。

令 $\boldsymbol{e}_1$、$\boldsymbol{e}_2$、$\boldsymbol{e}_3$ 和 $\boldsymbol{e}_4$ 是沿 4 个正交方向的单位向量，

根据式(6.24)，

$$\boldsymbol{P}=\begin{bmatrix}\boldsymbol{e}_1 & \boldsymbol{e}_2 & \boldsymbol{e}_3 & \boldsymbol{e}_4\\ a_1 & b_1 & c_1 & d_1\\ a_2 & b_2 & c_2 & d_2\\ a_3 & b_3 & c_3 & d_3\end{bmatrix}=\begin{bmatrix}\boldsymbol{e}_1 & \boldsymbol{e}_2 & \boldsymbol{e}_3 & \boldsymbol{e}_4\\ 1 & 2 & -3 & 4\\ 3 & 4 & -2 & 1\\ 5 & 6 & -4 & 3\end{bmatrix}$$

$$d_1=\det\left\{\begin{bmatrix}2 & -3 & 4\\ 4 & -2 & 1\\ 6 & -4 & 3\end{bmatrix}\right\}=-2$$

$$d_2=-\det\left\{\begin{bmatrix}1 & -3 & 4\\ 3 & -2 & 1\\ 5 & -4 & 3\end{bmatrix}\right\}=-2$$

$$d_3=\det\left\{\begin{bmatrix}1 & 2 & 4\\ 3 & 4 & 1\\ 5 & 6 & 3\end{bmatrix}\right\}=-10$$

$$d_4=-\det\left\{\begin{bmatrix}1 & 2 & -3\\ 3 & 4 & -2\\ 5 & 6 & -4\end{bmatrix}\right\}=-6$$

齐次坐标中的点：$(-2,-2,-10,-6)$；

笛卡儿坐标中的点：$(1/3,1/3,5/3)$。

验证：点 $\boldsymbol{P}$ 满足所有 3 个平面方程。

MATLAB Code 6.10

```
%(a)
clear all; clc;
syms e1 e2 e3 e4;
P1 = [1, 2, 3];
P2 = [-4, -5, -6];
P3 = [7, 8, 9];
N = [e1, e2, e3, e4 ; P1(1), P1(2), P1(3), 1 ; P2(1), P2(2), P2(3), 1 ; P3(1), P3(2), P3(3),
1];
d1 = det([N(2,2), N(2,3), N(2,4) ; N(3,2), N(3,3), N(3,4) ; N(4,2), N(4,3), N(4,4)]);
d2 = -det([N(2,1), N(2,3), N(2,4) ; N(3,1), N(3,3), N(3,4) ; N(4,1), N(4,3), N(4,4)]);
d3 = det([N(2,1), N(2,2), N(2,4) ; N(3,1), N(3,2), N(3,4) ; N(4,1), N(4,2), N(4,4)]);
```

```
d4 = - det([N(2,1), N(2,2), N(2,3) ; N(3,1), N(3,2), N(3,3) ; N(4,1), N(4,2), N(4,3)]);
d1 = double(d1); d2 = double(d2); d3 = double(d3); d4 = double(d4);
fprintf('Equation of plane : ( %.2f)x + ( %.2f)y + ( %.2f)z + ( %0.2f) = 0\n', d1, d2, d3,
d4)

%(b)
clear all;
syms e1 e2 e3 e4;
N1 = [1, 2, - 3, 4];
N2 = [3, 4, - 2, 1];
N3 = [5, 6, - 4, 3];
N = [e1, e2, e3, e4 ; N1(1), N1(2), N1(3), N1(4) ; ...N2(1), N2(2), N2(3), N2(4) ; N3(1),
N3(2), N3(3), N3(4)];
d1 = det([N(2,2), N(2,3), N(2,4) ; N(3,2), N(3,3), N(3,4) ;... N(4,2), N(4,3), N(4,4)]);
d2 = - det([N(2,1), N(2,3), N(2,4) ; N(3,1), N(3,3), N(3,4) ;... N(4,1), N(4,3), N(4,4)]);
d3 = det([N(2,1), N(2,2), N(2,4) ; N(3,1), N(3,2), N(3,4) ;... N(4,1), N(4,2), N(4,4)]);
d4 = - det([N(2,1), N(2,2), N(2,3) ; N(3,1), N(3,2), N(3,3) ;... N(4,1), N(4,2), N(4,3)]);
d1 = double(d1); d2 = double(d2); d3 = double(d3); d4 = double(d4);
fprintf('Point in Cartesian coordinates : {( %.2f), ( %.2f), ( %.2f)}\n', d1/d4, d2/d4, d3/
d4);
```

> 注解
>
> det：计算矩阵的行列式。

6.11 法向量和切向量

给定一个隐式形式的函数 $w=f(x,y)$，曲线 $f(x,y)=k$ 点处的梯度 ∇f 垂直于该点处的曲线并给出法向量[Shirley,2002]。令 $\boldsymbol{P}(x_0,y_0)$ 为曲线上的一个点，使得 $(x_0,y_0)=k$。令曲线的参数表示为 $g(t)=f[x(t),y(t)]=k$。也令在 $\boldsymbol{P}$ 处，$t=t_0$。

在 $\boldsymbol{P}$ 处对 t 进行微分，可以得到：

$$\frac{\mathrm{d}g}{\mathrm{d}t}=\left.\frac{\partial f}{\partial x}\right|_P\cdot\left.\frac{\mathrm{d}x}{\mathrm{d}t}\right|_{t_0}+\left.\frac{\partial f}{\partial y}\right|_P\cdot\left.\frac{\mathrm{d}y}{\mathrm{d}t}\right|_{t_0}=0 \tag{6.25}$$

重写成矩阵形式：

$$\left(\left.\frac{\partial f}{\partial x}\right|_P,\left.\frac{\partial f}{\partial y}\right|_P\right)\cdot\left(\left.\frac{\mathrm{d}x}{\mathrm{d}t}\right|_{t_0},\left.\frac{\mathrm{d}y}{\mathrm{d}t}\right|_{t_0}\right)=0 \tag{6.26}$$

式(6.26)中的第二项给出了切向量，由于点积为零，梯度向量垂直于曲线的法向量。注意，切向量也可以通过将法向量旋转 90°获得。

例 6.11 对于曲线 $x^2+y^2=4$，求出曲线上某点的法向量和切向量。还导出通过该点的切线方程。

解：

设 $f(x,y)=x^2+y^2-4$，设 $\boldsymbol{P}(1,3)$是曲线上的一个点。

微分，$\nabla f=\left(\frac{\partial f}{\partial x},\frac{\partial f}{\partial y}\right)=(2x,2y)$；

$\boldsymbol{P}$ 处的梯度：$\nabla f|_P=(2,2\sqrt{3})=\boldsymbol{N}_P(n_1,n_2)$，这是 $\boldsymbol{P}$ 处的法向量，即 $\boldsymbol{N}_P=2\boldsymbol{i}+3.46\boldsymbol{j}$。

切向量通过将法线旋转 90°获得，即

$$\boldsymbol{T}_P=\boldsymbol{R}(90°)\cdot\boldsymbol{N}=\begin{bmatrix}0&-1&0\\1&0&0\\0&0&1\end{bmatrix}\begin{bmatrix}n_1\\n_2\\1\end{bmatrix}=\begin{bmatrix}-n_2\\n_1\\1\end{bmatrix}=\begin{bmatrix}-2\sqrt{3}\\2\\1\end{bmatrix}\quad 即\ \boldsymbol{T}_P=-3.46\boldsymbol{i}+2\boldsymbol{j}$$

切线方程可以通过 $\boldsymbol{P}$ 得到，斜率与 $\boldsymbol{T}_P$ 相同

$$\frac{(y-y_0)}{(x-x_0)}=\frac{n_1}{-n_2}$$

$\boldsymbol{P}$ 处的切线方程由 $\boldsymbol{T}_{LP}$ 给出：$2x+2\sqrt{3}y-8=0$。

验证：点 $\boldsymbol{P}$ 满足切线方程(见图 6.9)。

MATLAB Code 6.11

```
clear all; clc; format compact;
syms x y;
f = x^2 + y^2 - 4;
df = [diff(f, x), diff(f, y)];
p = [1, sqrt(3)];
nv = subs(df, [x, y], [p(1), p(2)]);
    % normal vector
r90 = [cosd(90), - sind(90), 0 ; sind(90), cosd
(90), 0 ; 0 0 1];
tv = r90 * [nv 1]'; % tangent vector
tl = nv(1) * (x - p(1)) + nv(2) * (y - p(2));
% tangent line
fprintf('Normal vector : ( %.2f)i + ( %.2f)j \n',
eval(nv(1)), eval(nv(2)));
fprintf('Tangent vector : ( %.2f)i + ( %.2f)j \n', eval(tv(1)), eval(tv(2)));
fprintf('Tangent line : ');
disp(simplify(tl))

% plotting
ezplot(f); hold on; grid;
plot(p(1), p(2), 'ro');
quiver(p(1), p(2), nv(1), nv(2));
ezplot(tl);
quiver(p(1), p(2), tv(1), tv(2));
axis equal; hold off;
```

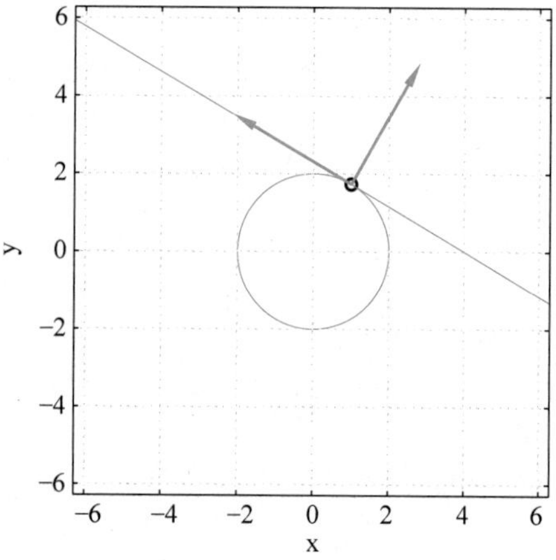

图 6.9 例 6.11 的绘图

> **注解**
>
> sind：以度为单位计算角度的正弦。
>
> cosd：以度为单位计算角度的余弦。

与二维曲线的情况类似，曲面在 $f(x,y,z)=k$ 点处的梯度 ∇f 垂直于该点处的曲线并给出法向量[Shirley,2002]。向量形式：

$$\left(\left.\frac{\partial f}{\partial x}\right|_P,\left.\frac{\partial f}{\partial y}\right|_P,\left.\frac{\partial f}{\partial z}\right|_P\right)\cdot\left(\left.\frac{\mathrm{d}x}{\mathrm{d}t}\right|_{t_0},\left.\frac{\mathrm{d}y}{\mathrm{d}t}\right|_{t_0},\left.\frac{\mathrm{d}z}{\mathrm{d}t}\right|_{t_0}\right)=0 \tag{6.27}$$

上述方程中的第一组项给出法向量 $\boldsymbol{N}(n_1,n_2,n_3)$，第二组项给出点 (x_0,y_0,z_0) 处的切向

量 $\boldsymbol{T}(t_1,t_2,t_3)$，其点积为零。通过 $\boldsymbol{P}(x_0,y_0,z_0)$的切平面的方程由下式给出：

$$n_1(x-x_0)+n_2(y-y_0)+n_3(z-z_0)=0 \tag{6.28}$$

例 6.12　对于曲面 $x^2+y^2+z^2=12$，找到曲面上某点的法向量和切平面。

解：

设 $f(x,y)=x^2+y^2+z^2-12$，设 $\boldsymbol{P}(2,2,2)$是曲面上的一个点。

微分：$\nabla f=\left(\dfrac{\partial f}{\partial x},\dfrac{\partial f}{\partial y},\dfrac{\partial f}{\partial z}\right)=(2x,2y,2z)$。

$\boldsymbol{P}$ 处的梯度：$\nabla f|_P=(4,4,4)=\boldsymbol{N}_P(n_1,n_2,n_3)$，这是 $\boldsymbol{P}$ 处的法向量。

切平面 $\boldsymbol{T}_{PP}$ 至 $\boldsymbol{P}$ 的方程式如下(见图 6.10)：

$$4(x-2)+4(y-2)+4(z-2)=0$$

化简，得到：$4x+4y+4z-24=0$。

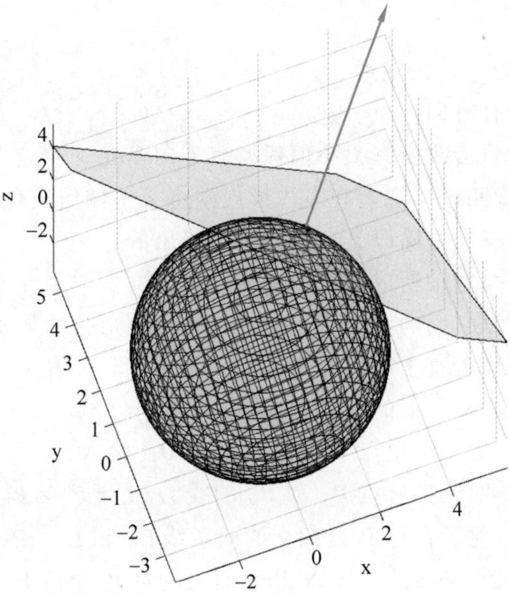

图 6.10　例 6.12 的绘图

MATLAB Code 6.12

```
clear all; clc;
syms x y z;
f = x^2 + y^2 + z^2 - 12;
df = [diff(f, x), diff(f, y), diff(f, z)];
p = [2, 2, 2];
n = subs(df, [x, y, z], [p(1), p(2) p(3)]);
t = n(1) * (x - p(1)) + n(2) * (y - p(2)) + n(3) * (z - p(3));
fprintf('Normal vector : ( %.2f)i + ( %.2f)j + ( %.2f)k \n', eval(n(1)), eval(n(2)), eval(n
(3)));
fprintf('Tangent plane : ');
disp(t)

 % plotting
fimplicit3(f, 'FaceColor', 'y', 'FaceAlpha',0.3);
axis square; hold on;
```

```
plot3(p(1), p(2), p(3), 'ro')
quiver3(p(1), p(2), p(3), n(1), n(2), n(3));
fimplicit3(t, 'MeshDensity', 2, 'FaceColor', 'y', 'FaceAlpha',0.3);
view( - 20, 66);
xlabel('x');ylabel('y');zlabel('z');
hold off;
```

注解

fimplicit3：生成隐式函数的三维绘图。

plot3：从一组值创建三维图形绘图。

view：指定查看三维场景的水平和垂直角度。

6.12 本章小结

以下几点总结了本章讨论的主题：

- 向量既有大小又有方向。
- 将向量乘以标量只会改变其大小但保持其方向不变。
- 三角形规则、平行四边形规则和多边形规则定义了如何组合多个向量。
- 单位向量是通过将向量除以其自身的大小得出的。
- 方向余弦是向量与主轴所成角度的余弦。
- 两个向量的点积是它们的大小和它们之间夹角的余弦的乘积。
- 两个向量的叉积是垂直于它们的向量。
- 线的向量方程可以从线上的一点和方向向量导出。
- 以齐次坐标表示，对于穿过点 $\boldsymbol{P}$ 的线 $\boldsymbol{L}$，$\boldsymbol{L}\cdot\boldsymbol{P}=0$。
- 以齐次坐标表示，对于穿过点 $\boldsymbol{P}_1$ 和 $\boldsymbol{P}_2$ 的线 $\boldsymbol{L}$，$\boldsymbol{L}=\boldsymbol{P}_1\times\boldsymbol{P}_2$。
- 以齐次坐标表示，对于在点 $\boldsymbol{P}$ 处相交的两条线 $\boldsymbol{L}_1$ 和 $\boldsymbol{L}_2$，$\boldsymbol{P}=\boldsymbol{L}_1\times\boldsymbol{L}_2$。
- 在齐次坐标中，对于平面的法线 $\boldsymbol{N}$ 和平面上的点 $\boldsymbol{P}$，$\boldsymbol{N}\cdot\boldsymbol{P}=0$。
- 对于法线 $\boldsymbol{N}$ 穿过点 $\boldsymbol{P}_1$、$\boldsymbol{P}_2$ 和 $\boldsymbol{P}_3$ 的平面；$\boldsymbol{N}\cdot\boldsymbol{P}_1=0$，$\boldsymbol{N}\cdot\boldsymbol{P}_2=0$，$\boldsymbol{N}\cdot\boldsymbol{P}_3=0$。
- 对于在 $\boldsymbol{P}$ 处相交的三个非平行平面 $\boldsymbol{N}_1$、$\boldsymbol{N}_2$ 和 $\boldsymbol{N}_3$，有 $\boldsymbol{N}_1\cdot\boldsymbol{P}=0$，$\boldsymbol{N}_2\cdot\boldsymbol{P}=0$，$\boldsymbol{N}_3\cdot\boldsymbol{P}=0$。

6.13 复习题

1. 两个向量相等需要满足什么条件？
2. 如何将多个向量组合成一个合向量？
3. 如何计算向量的大小和方向？
4. 如何用两个向量的点积来判断它们是否正交？
5. 如果两个向量的叉积为零，说明什么？
6. 对于三个向量 $\boldsymbol{A}$、$\boldsymbol{B}$ 和 $\boldsymbol{C}$，指定结果：(a) $\boldsymbol{A}\cdot\boldsymbol{B}\times\boldsymbol{C}$ 和(b) $\boldsymbol{A}\times\boldsymbol{B}\cdot\boldsymbol{C}$。
7. 为什么直线或平面的向量方程不唯一？
8. 如果 $\boldsymbol{N}$ 是平面的法线，平面上的任意一点是 $\boldsymbol{r}$，$\boldsymbol{N}\cdot\boldsymbol{r}$ 的值是多少？

9. 如果 θ 是向量与 $+X$ 轴的方向角，它与 $-X$、$+Y$ 和 $-Y$ 轴的角度是多少？

10. 如果 $a\boldsymbol{i}+b\boldsymbol{j}$ 与 $+X$ 轴的方向角为 θ，$a\boldsymbol{i}-b\boldsymbol{j}$、$-a\boldsymbol{i}+b\boldsymbol{j}$ 和 $-a\boldsymbol{i}-b\boldsymbol{j}$ 的角度是多少？

6.14 练习题

1. 求向量 $\boldsymbol{p}=a\boldsymbol{i}+b\boldsymbol{j}+c\boldsymbol{k}$ 和 $(\cos A)\boldsymbol{i}+(\cos B)\boldsymbol{j}+(\cos C)\boldsymbol{k}$ 之间的关系，其中 A、B 和 C 是向量 $\boldsymbol{p}$ 与三个主轴的夹角。

2. 将直线 $3x+4y=12$ 的笛卡儿方程转换为向量方程。

3. 考虑两条线 $\boldsymbol{A}=\boldsymbol{i}-\boldsymbol{j}+4\boldsymbol{k}+s(\boldsymbol{i}-\boldsymbol{j}+\boldsymbol{k})$ 和 $\boldsymbol{B}=2\boldsymbol{i}+4\boldsymbol{j}+7\boldsymbol{k}+t(2\boldsymbol{i}+\boldsymbol{j}+3\boldsymbol{k})$，其中 s 和 t 是比例因子。当 s 和 t 值是多少时直线相交？

4. 用向量方程 $\boldsymbol{r}=(2\boldsymbol{i}+3\boldsymbol{j}-4\boldsymbol{k})+t(3\boldsymbol{i}-\boldsymbol{j}+2\boldsymbol{k})$ 求直线的笛卡儿方程。

5. 考虑平面 $3x+4y+5z=12$。求通过平面与 X 轴和 Y 轴交点的直线方程。

6. 判断直线 $\boldsymbol{L}: \boldsymbol{r}=(3,2,5)+a(5,-5,1)$ 是否垂直于平面 $\boldsymbol{P}: \boldsymbol{r}=(3,-2,5)+b(3,2,-5)+c(2,3,5)$，其中 a、b 和 c 是标量。

7. 直线 $\boldsymbol{r}=(1,3,5)+t(2,-4,6)$ 在何处与平面 $x-2y+3z=-4$ 相交？

8. 确定直线 $\boldsymbol{L}: \boldsymbol{r}=(1,3,8)+u(-2,5,7)$ 是否平行于平面 $\boldsymbol{P}: \boldsymbol{r}=(0.3,0.25,-0.5)+\boldsymbol{s}(4,-1,2)+\boldsymbol{t}(6,-15,-21)$。

9. 求两个平面 $\boldsymbol{P}_1: \boldsymbol{r}=(2,0,0)+\boldsymbol{s}_1(2,-3,0)+\boldsymbol{t}_1(2,0,-4)$ 和 $\boldsymbol{P}_2: \boldsymbol{r}=(5,0,0)+\boldsymbol{s}_2(5,1,0)+\boldsymbol{t}_2(5,0,4)$ 相交线的向量方程。

10. 确定使位置向量(a) $-4\boldsymbol{i}+5\boldsymbol{j}$ 与正 X 轴对齐和(b) $4\boldsymbol{i}+5\boldsymbol{j}$ 与负 Y 轴对齐的变换。

第7章

三维变换

7.1 引言

三维变换使我们能够改变三维空间中样条的位置、方向和形状。这些变换是单独或两个或多个组合应用的平移、旋转、缩放、反射和剪切。给定一个点的已知坐标，这些变换中的每一个都由一个矩阵表示；当乘以原始坐标时，我们会得到一组新的坐标。与二维变换的情况类似，我们使用齐次坐标来导出变换矩阵。使用右手坐标系统测量点的坐标。这里，每个点的位置由三个数字测量，这些数字表示沿相互成直角或 90°的 X 轴、Y 轴和 Z 轴的坐标。轴的正方向是使用右手定则定义的，即若将右手的拇指、食指和中指伸展开以使它们相互成直角，则拇指表示 X 轴正方向，食指表示 Y 轴正方向，中指表示 Z 轴正方向[O'Rourke,2003]。当从主轴的尖端观察到在逆时针(CCW)方向上测量时，角度被认为是正的，而在顺时针(CW)方向上是负的。除了三个主轴外，还有三个主平面，它们一起将坐标空间分成 8 个卦限(见图 7.1)。XY 平面(以绿色显示)位于 $Z=0$ 并将空间划分为顶部和底部，YZ 平面(以红色显示)位于 $X=0$ 并将空间划分为左右两部，XZ 平面(以黄色显示)位于 $Y=0$ 并将空间分为前部和后部。三个主轴和三个主平面在原点相交。

7.2 平移

平移操作通过将平移因子(t_x, t_y, t_z)添加到对象每个点的 X、Y、Z 坐标来更改点和图形对象的位置[Hearn and Baker,1996; Shirley,2002]。若因子为正，则物体沿坐标轴的正方向移动；若因子为负，则物体沿坐标轴的负方向移动。

一个点 $\boldsymbol{P}(x_1, y_1, z_1)$在按数量$(t_x, t_y, t_z)$平移后具有新坐标 $\boldsymbol{Q}(x_2, y_2, z_2)$，这由下式给出：

$$\begin{bmatrix} x_2 \\ y_2 \\ z_2 \\ 1 \end{bmatrix} = \begin{bmatrix} 1 & 0 & 0 & t_x \\ 0 & 1 & 0 & t_y \\ 0 & 0 & 1 & t_z \\ 0 & 0 & 0 & 1 \end{bmatrix} \begin{bmatrix} x_1 \\ y_1 \\ z_1 \\ 1 \end{bmatrix} \tag{7.1}$$

通过取矩阵的逆来计算逆变换，如下式所示：

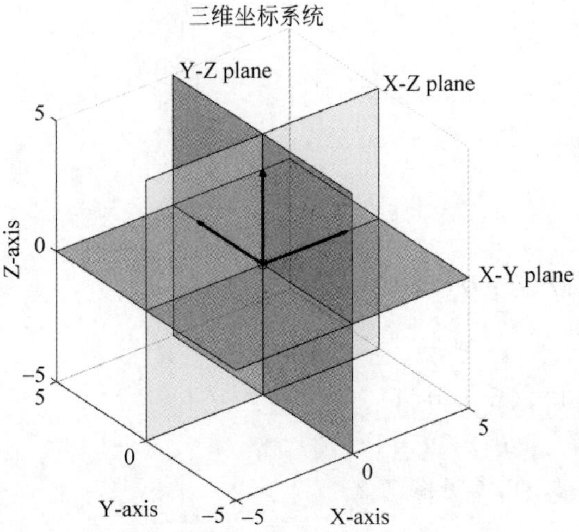

图 7.1 三维坐标系统

$$\begin{bmatrix} x_1 \\ y_1 \\ z_1 \\ 1 \end{bmatrix} = \begin{bmatrix} 1 & 0 & 0 & t_x \\ 0 & 1 & 0 & t_y \\ 0 & 0 & 1 & t_z \\ 0 & 0 & 0 & 1 \end{bmatrix}^{-1} \begin{bmatrix} x_2 \\ y_2 \\ z_2 \\ 1 \end{bmatrix} \tag{7.2}$$

可以验证矩阵的逆等于参数的负数。

$$\begin{bmatrix} 1 & 0 & 0 & t_x \\ 0 & 1 & 0 & t_y \\ 0 & 0 & 1 & t_z \\ 0 & 0 & 0 & 1 \end{bmatrix}^{-1} = \begin{bmatrix} 1 & 0 & 0 & -t_x \\ 0 & 1 & 0 & -t_y \\ 0 & 0 & 1 & -t_z \\ 0 & 0 & 0 & 1 \end{bmatrix} \tag{7.3}$$

象征性地，若用 $\boldsymbol{T}$ 表示带有参数(t_x, t_y, t_z)的正向变换操作，$\boldsymbol{T}'$表示反向变换操作，则上式可以写成：

$$\boldsymbol{T}'(t_x, t_y, t_z) = \boldsymbol{T}(-t_x, -t_y, -t_z)$$

和以前一样，这是本书通篇遵循的约定，即操作本身将用单个字母表示，例如 $\boldsymbol{T}$、$\boldsymbol{S}$、$\boldsymbol{R}$ 等用于平移、缩放和旋转，而特定的矩阵将用数字加一个下标表示，如 $\boldsymbol{T}_1$。例如：

$$\boldsymbol{T}_1 = \boldsymbol{T}(3, -4, 5) = \begin{bmatrix} 1 & 0 & 0 & 3 \\ 0 & 1 & 0 & -4 \\ 0 & 0 & 1 & 5 \\ 0 & 0 & 0 & 1 \end{bmatrix}$$

例 7.1 将一个中心在原点，顶点在(−1,1,1)、(1,1,1)、(1,−1,1)、(−1,−1,1)、(−1,1,−1)、(1,1,−1)、(1,−1,−1)和(−1,−1,−1)的立方体平移(−2,−1,3)的量。找到它的新顶点。

解：

原始坐标矩阵：$\boldsymbol{C} = \begin{bmatrix} -1 & 1 & 1 & -1 & -1 & 1 & 1 & -1 \\ 1 & 1 & -1 & -1 & 1 & 1 & -1 & -1 \\ 1 & 1 & 1 & 1 & -1 & -1 & -1 & -1 \\ 1 & 1 & 1 & 1 & 1 & 1 & 1 & 1 \end{bmatrix}$；

平移矩阵：$\boldsymbol{T}_1=\boldsymbol{T}(-2,-1,3)=\begin{bmatrix}1&0&0&-2\\0&1&0&-1\\0&0&1&3\\0&0&0&1\end{bmatrix}$；

根据式(7.1)，新坐标矩阵：$\boldsymbol{D}=\boldsymbol{T}_1\boldsymbol{C}=\begin{bmatrix}-3&-1&-1&-3&-3&-1&-1&-3\\0&0&-2&-2&0&0&-2&-2\\4&4&4&4&2&2&2&2\\1&1&1&1&1&1&1&1\end{bmatrix}$；

新坐标是(−3,0,4)、(−1,0,4)、(−1,−2,4)、(−3,−2,4)、(−3,0,2)、(−1,0,2)、(−1,−2,2)和(−3,−2,2)，参见图 7.2。

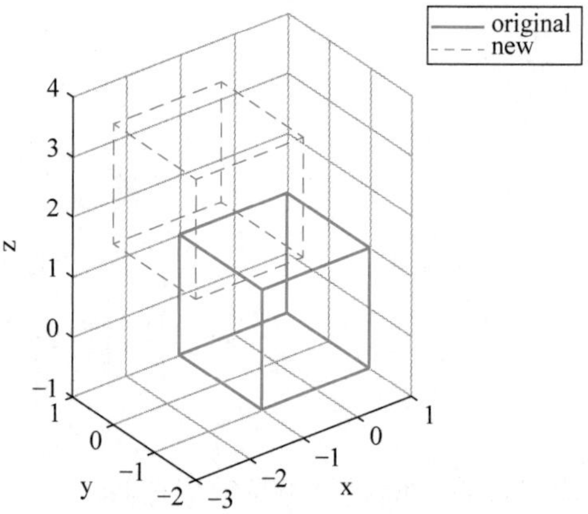

图 7.2　例 7.1 的绘图

MATLAB Code 7.1

```
clear all; clc;
p1 = [ - 1,1,1];
p2 = [1,1,1];
p3 = [1, - 1,1];
p4 = [ - 1, - 1,1];
p5 = [ - 1,1, - 1];
p6 = [1,1, - 1];
p7 = [1, - 1, - 1];
p8 = [ - 1, - 1, - 1];
C = [p1' p2' p3' p4' p5' p6' p7' p8' ;
1 1 1 1 1 1 1 1 ]
tx = - 2; ty = - 1; tz = 3;
T1 = [1 0 0 tx ; 0 1 0 ty ; 0 0 1 tz ; 0 0 0 1];
D = T1 * C
fprintf('New vertices : \n');
for i = 1:8
    fprintf('( % .2f, % .2f, % .2f) \n', D(1,i), D(2,i), D(3,i));
end;

% plotting
C = [p1' p2' p3' p4' p1' p5' p6' p7' p8' p5' p8' p4' p3' p7' p6' p2' ;
1 1 1 1 1 1 1 1 1 1 1 1 1 1 1 1];
D = T1 * C;
plot3(C(1,:), C(2,:), C(3,:), 'b'); hold on;
plot3(D(1,:), D(2,:), D(3,:), 'r');
xlabel('x'); ylabel('y'); zlabel('z');
legend('original', 'new'); axis equal; grid; hold off;
```

7.3 缩放

缩放操作通过将图形对象的每个点的 X、Y、Z 坐标乘以缩放因子 s_x、s_y、s_z 来改变对象的大小。若缩放因子小于 1，则它们会减小对象的尺寸；若它们大于 1，则它们会增加尺寸；若它们等于 1，则它们会保持尺寸不变[Hearn and Baker，1996；Shirley，2002]。若因子为正，则尺寸沿坐标轴的正方向增加，若因子为负，则尺寸沿负方向增加。若所有因子都相等,则缩放是均匀的,否则是不均匀的。

当按数量(s_x,s_y,s_z)缩放时,点 $\boldsymbol{P}(x_1,y_1,z_1)$ 具有由下式给出的新坐标 $\boldsymbol{Q}(x_2,y_2,z_2)$:

$$\begin{bmatrix} x_2 \\ y_2 \\ z_2 \\ 1 \end{bmatrix} = \begin{bmatrix} s_x & 0 & 0 & 0 \\ 0 & s_y & 0 & 0 \\ 0 & 0 & s_z & 0 \\ 0 & 0 & 0 & 1 \end{bmatrix} \begin{bmatrix} x_1 \\ y_1 \\ z_1 \\ 1 \end{bmatrix} \tag{7.4}$$

可以验证矩阵的逆等于参数的倒数。

$$\begin{bmatrix} s_x & 0 & 0 & 0 \\ 0 & s_y & 0 & 0 \\ 0 & 0 & s_z & 0 \\ 0 & 0 & 0 & 1 \end{bmatrix}^{-1} = \begin{bmatrix} 1/s_x & 0 & 0 & 0 \\ 0 & 1/s_y & 0 & 0 \\ 0 & 0 & 1/s_z & 0 \\ 0 & 0 & 0 & 1 \end{bmatrix} \tag{7.5}$$

符号化:$\boldsymbol{S}'(s_x,s_y,s_z)=\boldsymbol{S}(1/s_x,1/s_y,1/s_z)$。

与上述矩阵相关的缩放操作始终与原点相关。

例 7.2 将一个中心在原点,顶点在(−1,1,1)、(1,1,1)、(1,−1,1)、(−1,−1,1)、(−1,1,−1)、(1,1,−1)、(1,−1,−1)和(−1,−1,−1)的立方体按数量(2,1,3)进行缩放。找到它的新顶点。

解:

起始坐标矩阵:$\boldsymbol{C}=\begin{bmatrix} -1 & 1 & 1 & -1 & -1 & 1 & 1 & -1 \\ 1 & 1 & -1 & -1 & 1 & 1 & -1 & -1 \\ 1 & 1 & 1 & 1 & -1 & -1 & -1 & -1 \\ 1 & 1 & 1 & 1 & 1 & 1 & 1 & 1 \end{bmatrix}$;

缩放矩阵:$\boldsymbol{S}_1=\boldsymbol{S}(2,1,3)=\begin{bmatrix} 2 & 0 & 0 & 0 \\ 0 & 1 & 0 & 0 \\ 0 & 0 & 3 & 0 \\ 0 & 0 & 0 & 1 \end{bmatrix}$;

根据式(7.4),新坐标矩阵:$\boldsymbol{D}=\boldsymbol{S}_1\boldsymbol{C}=\begin{bmatrix} -2 & 2 & 2 & -2 & -2 & 2 & 2 & -2 \\ 1 & 1 & -1 & -1 & 1 & 1 & -1 & -1 \\ 3 & 3 & 3 & 3 & -3 & -3 & -3 & -3 \\ 1 & 1 & 1 & 1 & 1 & 1 & 1 & 1 \end{bmatrix}$;

新坐标是(−2,1,3)、(2,1,3)、(2,−1,3)、(−2,−1,3)、(−2,1,−3)、(2,1,−3)、(2,−1,−3)和(−2,−1,−3),参见图 7.3。

MATLAB Code 7.2

```
clear all; clc;
p1 = [ - 1,1,1];
p2 = [1,1,1];
p3 = [1, - 1,1];
p4 = [ - 1, - 1,1];
p5 = [ - 1,1, - 1];
p6 = [1,1, - 1];
```

```
p7 = [1, - 1, - 1];
p8 = [ - 1, - 1, - 1];
C = [p1' p2' p3' p4' p5' p6' p7' p8' ;
1 1 1 1 1 1 1 1 ]
sx = 2; sy = 1; sz = 3;
S1 = [sx 0 0 0 ; 0 sy 0 0 ; 0 0 sz 0 ; 0 0 0 1];
D = S1 * C
fprintf('New vertices : \n');
for i = 1:8
    fprintf('( %.2f, %.2f, %.2f) \n', D(1,i), D
(2,i), D(3,i));
end;

% plotting
C = [p1' p2' p3' p4' p1' p5' p6' p7' p8' p5' p8' p4' p3' p7
' p6' p2' ;
1 1 1 1 1 1 1 1 1 1 1 1 1 1 1 1];
D = S1 * C;
plot3(C(1,:), C(2,:), C(3,:), 'b'); hold on;
plot3(D(1,:), D(2,:), D(3,:), 'r');
xlabel('x'); ylabel('y'); zlabel('z');
legend('original', 'new'); axis equal; grid; hold off;
```

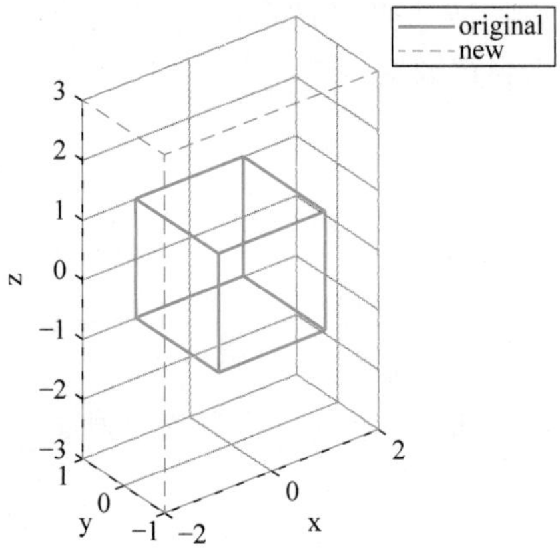

图 7.3 例 7.2 的绘图

7.4 旋转

旋转操作将一个点沿圆的圆周移动，该圆以原点为中心，半径等于该点到原点的距离。逆时针方向的旋转被认为是正的，顺时针方向的旋转被认为是负的。与存在单个旋转矩阵的二维情况不同，对于三维情况，存在 3 个不同的旋转矩阵，具体取决于 3 个主轴中的哪一个是旋转轴[Hearn and Baker，1996；Shirley，2002]。

绕 X 轴旋转：

$$\boldsymbol{R}_x(\theta)=\begin{bmatrix}1 & 0 & 0 & 0\\ 0 & \cos\theta & -\sin\theta & 0\\ 0 & \sin\theta & \cos\theta & 0\\ 0 & 0 & 0 & 1\end{bmatrix} \tag{7.6}$$

绕 Y 轴旋转：

$$\boldsymbol{R}_y(\theta)=\begin{bmatrix}\cos\theta & 0 & \sin\theta & 0\\ 0 & 1 & 0 & 0\\ -\sin\theta & 0 & \cos\theta & 0\\ 0 & 0 & 0 & 1\end{bmatrix} \tag{7.7}$$

绕 Z 轴旋转：

$$\boldsymbol{R}_z(\theta)=\begin{bmatrix}\cos\theta & -\sin\theta & 0 & 0\\ \sin\theta & \cos\theta & 0 & 0\\ 0 & 0 & 1 & 0\\ 0 & 0 & 0 & 1\end{bmatrix} \tag{7.8}$$

默认情况下，旋转始终相对于原点围绕 3 个主轴中的任何一个进行。

例 7.3 将一个中心在原点，顶点在(−1,1,1)、(1,1,1)、(1,−1,1)、(−1,−1,1)、(−1,1,−1)、(1,1,−1)、(1,−1,−1)和(−1,−1,−1)的立方体绕 X 轴旋转 45°。确定它的新顶点。

解：

起始坐标矩阵：$\boldsymbol{C}=\begin{bmatrix}-1 & 1 & 1 & -1 & -1 & 1 & 1 & -1\\ 1 & 1 & -1 & -1 & 1 & 1 & -1 & -1\\ 1 & 1 & 1 & 1 & -1 & -1 & -1 & -1\\ 1 & 1 & 1 & 1 & 1 & 1 & 1 & 1\end{bmatrix}$；

旋转矩阵：$\boldsymbol{R}_x(45°)=\begin{bmatrix}1 & 0 & 0 & 0\\ 0 & \cos 45° & -\sin 45° & 0\\ 0 & \sin 45° & \cos 45° & 0\\ 0 & 0 & 0 & 1\end{bmatrix}=\begin{bmatrix}1 & 0 & 0 & 0\\ 0 & 0.71 & -0.71 & 0\\ 0 & 0.71 & 0.71 & 0\\ 0 & 0 & 0 & 1\end{bmatrix}$；

新坐标矩阵：$\boldsymbol{D}=\boldsymbol{R}_x(45°)\cdot\boldsymbol{C}=\begin{bmatrix}-1 & 1 & 1 & -1 & -1 & 1 & 1 & -1\\ 0 & 0 & -1.41 & -1.41 & 1.41 & 1.41 & 0 & 0\\ 1.41 & 1.41 & 0 & 0 & 0 & 0 & -1.41 & -1.41\\ 1 & 1 & 1 & 1 & 1 & 1 & 1 & 1\end{bmatrix}$；

新顶点：(−1.00,0,1.41)、(1.00,0,1.41)、(1.00,−1.41,0)、(−1.00,−1.41,0)、(−1.00,1.41,0)、(1.00,1.41,0)、(1.00,0,−1.41)和(−1.00,0,−1.41)，参见图 7.4。

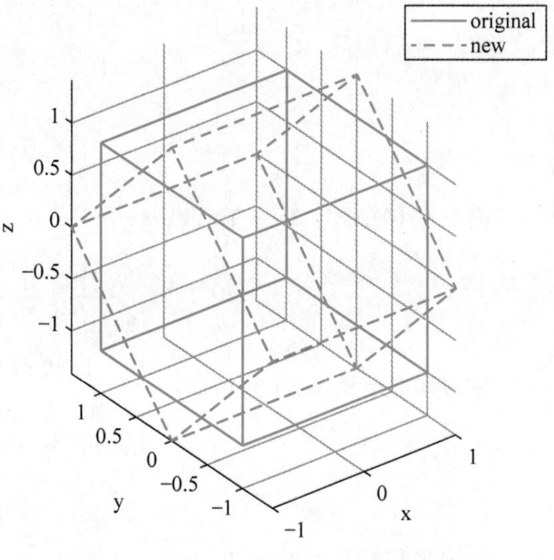

图 7.4 例 7.3 的绘图

MATLAB Code 7.3

```
clear all; clc;
p1 = [ - 1,1,1];
p2 = [1,1,1];
p3 = [1, - 1,1];
p4 = [ - 1, - 1,1];
p5 = [ - 1,1, - 1];
p6 = [1,1, - 1];
p7 = [1, - 1, - 1];
p8 = [ - 1, - 1, - 1];
C = [p1'p2'p3'p4'p5'p6'p7'p8';
1 1 1 1 1 1 1 1 ];
A = deg2rad(45);
R1 = [1 0 0 0 ; 0 cos(A) - sin(A) 0 ; 0 sin(A) cos(A) 0 ; 0 0 0 1];
D = R1 * C;
fprintf('New vertices : \n');
for i = 1:8
    fprintf('( %.2f, %.2f, %.2f) \n', D(1,i), D(2,i), D(3,i));
end;

%plotting
C = [p1'p2'p3'p4'p1'p5'p6'p7'p8'p5'p8'p4'p3'p7'p6'p2';
1 1 1 1 1 1 1 1 1 1 1 1 1 1 1 1];
D = R1 * C;
```

```
plot3(C(1,:), C(2,:), C(3,:), 'b'); hold on;
plot3(D(1,:), D(2,:), D(3,:), 'r');
xlabel('x'); ylabel('y'); zlabel('z');
legend('original', 'new'); axis equal; grid; hold off;
```

7.5 定点缩放

如前所述，缩放操作默认是关于原点的。对于关于固定点(x_f, y_f, z_f)的一般缩放操作，采取以下步骤：

- 平移对象，使固定点移动到原点：$\boldsymbol{T}_1 = \boldsymbol{T}(-x_f, -y_f, -z_f)$。
- 关于原点缩放对象：$\boldsymbol{S}_1 = \boldsymbol{S}(s_x, s_y, s_z)$。
- 将对象反向平移到原始位置：$\boldsymbol{T}_2 = \boldsymbol{T}(x_f, y_f, z_f)$。
- 计算复合变换矩阵：$\boldsymbol{M} = \boldsymbol{T}_2 \boldsymbol{S}_1 \boldsymbol{T}_1$。

例 7.4 将一个中心在原点，顶点在(−1,1,1)、(1,1,1)、(1,−1,1)、(−1,−1,1)、(−1,1,−1)、(1,1,−1)、(1,−1,−1)和(−1,−1,−1)的立方体用数量(2,1,3)相对于顶点(−1,−1,−1)进行缩放。确定它的新顶点。

解：

起始坐标矩阵：$\boldsymbol{C} = \begin{bmatrix} -1 & 1 & 1 & -1 & -1 & 1 & 1 & -1 \\ 1 & 1 & -1 & -1 & 1 & 1 & -1 & -1 \\ 1 & 1 & 1 & 1 & -1 & -1 & -1 & -1 \\ 1 & 1 & 1 & 1 & 1 & 1 & 1 & 1 \end{bmatrix}$；

前向平移矩阵：$\boldsymbol{T}_1 = \boldsymbol{T}(1,1,1) = \begin{bmatrix} 1 & 0 & 0 & 1 \\ 0 & 1 & 0 & 1 \\ 0 & 0 & 1 & 1 \\ 0 & 0 & 0 & 1 \end{bmatrix}$；

缩放矩阵：$\boldsymbol{S}_1 = \boldsymbol{S}(2,1,3) = \begin{bmatrix} 2 & 0 & 0 & 0 \\ 0 & 1 & 0 & 0 \\ 0 & 0 & 3 & 0 \\ 0 & 0 & 0 & 1 \end{bmatrix}$；

反向平移矩阵：$\boldsymbol{T}_2 = \boldsymbol{T}(-1,-1,-1) = \begin{bmatrix} 1 & 0 & 0 & -1 \\ 0 & 1 & 0 & -1 \\ 0 & 0 & 1 & -1 \\ 0 & 0 & 0 & 1 \end{bmatrix}$；

复合变换矩阵：$\boldsymbol{M} = \boldsymbol{T}_2 \boldsymbol{S}_1 \boldsymbol{T}_1 = \begin{bmatrix} 2 & 0 & 0 & 1 \\ 0 & 1 & 0 & 0 \\ 0 & 0 & 3 & 2 \\ 0 & 0 & 0 & 1 \end{bmatrix}$；

新坐标矩阵：$\boldsymbol{D} = \boldsymbol{MC} = \begin{bmatrix} -1 & 3 & 3 & -1 & -1 & 3 & 3 & -1 \\ 1 & 1 & -1 & -1 & 1 & 1 & -1 & -1 \\ 5 & 5 & 5 & 5 & -1 & -1 & -1 & -1 \\ 1 & 1 & 1 & 1 & 1 & 1 & 1 & 1 \end{bmatrix}$；

新顶点：(−1.00,1.00,5.00)、(3.00,1.00,5.00)、(3.00,−1.00,5.00)、(−1.00,−1.00,5.00)、(−1.00,1.00,−1.00)、(3.00,1.00,−1.00)、(3.00,−1.00,−1.00)和(−1.00,−1.00,−1.00)，参见图7.5。

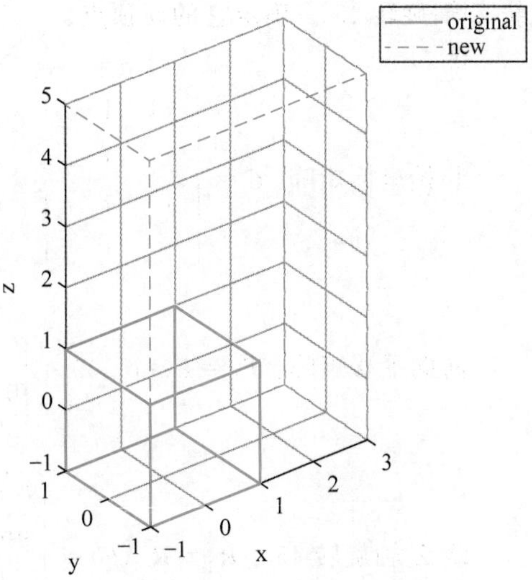

图7.5　例7.4的绘图

MATLAB Code 7.4

```
clear all; clc;
p1 = [ - 1,1,1];
p2 = [1,1,1];
p3 = [1, - 1,1];
p4 = [ - 1, - 1,1];
p5 = [ - 1,1, - 1];
p6 = [1,1, - 1];
p7 = [1, - 1, - 1];
p8 = [ - 1, - 1, - 1];
C = [p1' p2' p3' p4' p5' p6' p7' p8';
1 1 1 1 1 1 1 1 ];
tx = 1; ty = 1; tz = 1;
T1 = [1 0 0 tx ; 0 1 0 ty ; 0 0 1 tz ; 0 0 0 1];
sx = 2; sy = 1; sz = 3;
S1 = [sx 0 0 0 ; 0 sy 0 0 ; 0 0 sz 0 ; 0 0 0 1];
T2 = inv(T1);
M = T2 * S1 * T1;
D = M * C;
fprintf('New vertices : \n');
for i = 1:8
    fprintf('( %.2f, %.2f, %.2f) \n', D(1,i), D(2,i), D(3,i));
end;

% plotting
C = [p1' p2' p3' p4' p1' p5' p6' p7' p8' p5' p8' p4' p3' p7' p6' p2';
1 1 1 1 1 1 1 1 1 1 1 1 1 1 1 1];
D = M * C;
plot3(C(1,:), C(2,:), C(3,:), 'b'); hold on;
plot3(D(1,:), D(2,:), D(3,:), 'r');
xlabel('x'); ylabel('y'); zlabel('z');
legend('original', 'new'); axis equal; grid; hold off;
```

7.6　定点旋转

如前所述，默认情况下，旋转操作是相对于原点的。对于围绕固定点(x_f, y_f, z_f)的一般旋转操作，采取以下步骤：

- 平移对象，使固定点移动到原点：$\boldsymbol{T}_1=\boldsymbol{T}(-x_f,-y_f,-z_f)$。
- 相对于原点绕主轴旋转：$\boldsymbol{R}_1=\boldsymbol{R}_x(\theta)$，或$\boldsymbol{R}_1=\boldsymbol{R}_y(\theta)$，或$\boldsymbol{R}_1=\boldsymbol{R}_z(\theta)$。
- 将对象反向平移到原始位置：$\boldsymbol{T}_2=\boldsymbol{T}(x_f,y_f,z_f)$。
- 计算复合变换矩阵：$\boldsymbol{M}=\boldsymbol{T}_2\boldsymbol{R}_1\boldsymbol{T}_1$。

例7.5　将一个中心在原点，顶点在(−1,1,1)、(1,1,1)、(1,−1,1)、(−1,−1,1)、(−1,1,−1)、(1,1,−1)、(1,−1,−1)和(−1,−1,−1)的立方体相对于顶点(−1,−1,−1)

绕 Z 轴旋转 45°。确定它的新顶点。

解：

起始坐标矩阵：$\boldsymbol{C}=\begin{bmatrix}-1 & 1 & 1 & -1 & -1 & 1 & 1 & -1\\ 1 & 1 & -1 & -1 & 1 & 1 & -1 & -1\\ 1 & 1 & 1 & 1 & -1 & -1 & -1 & -1\\ 1 & 1 & 1 & 1 & 1 & 1 & 1 & 1\end{bmatrix}$；

前向平移矩阵：$\boldsymbol{T}_1=\boldsymbol{T}(1,1,1)=\begin{bmatrix}1 & 0 & 0 & 1\\ 0 & 1 & 0 & 1\\ 0 & 0 & 1 & 1\\ 0 & 0 & 0 & 1\end{bmatrix}$；

绕 Z 轴旋转 45°：$\boldsymbol{R}_1=\boldsymbol{R}_z(\theta)=\begin{bmatrix}\cos45^\circ & -\sin45^\circ & 0 & 0\\ \sin45^\circ & \cos45^\circ & 0 & 0\\ 0 & 0 & 1 & 0\\ 0 & 0 & 0 & 1\end{bmatrix}$；

反向平移矩阵：$\boldsymbol{T}_2=\boldsymbol{T}(-1,-1,-1)=\begin{bmatrix}1 & 0 & 0 & -1\\ 0 & 1 & 0 & -1\\ 0 & 0 & 1 & -1\\ 0 & 0 & 0 & 1\end{bmatrix}$；

复合变换矩阵：$\boldsymbol{M}=\boldsymbol{T}_2\boldsymbol{R}_1\boldsymbol{T}_1$。

新坐标矩阵：$\boldsymbol{D}=\boldsymbol{MC}$。

新顶点：(−2.41,0.41,1.00)、(−1.00,1.83,1.00)、(0.41,0.41,1.00)、(−1.00,−1.00,1.00)、(−2.41,0.41,−1.00)、(−1.00,1.83,−1.00)、(0.41,0.41,−1.00)和(−1.00,−1.00,−1.00)，参见图 7.6。

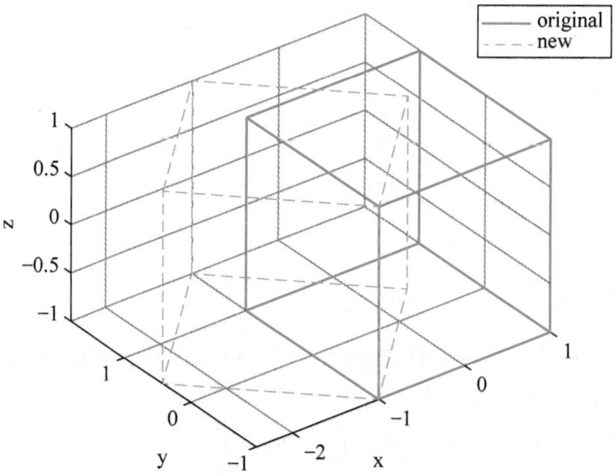

图 7.6 例 7.5 的绘图

MATLAB Code 7.5

```
clear all; clc;
p1 = [-1,1,1];
```

```
p2 = [1,1,1];
p3 = [1, - 1,1];
p4 = [ - 1, - 1,1];
p5 = [ - 1,1, - 1];
p6 = [1,1, - 1];
p7 = [1, - 1, - 1];
p8 = [ - 1, - 1, - 1];
C = [p1'p2'p3'p4'p5'p6'p7'p8';
1 1 1 1 1 1 1 1 ];
tx = 1; ty = 1; tz = 1;
T1 = [1 0 0 tx ; 0 1 0 ty ; 0 0 1 tz ; 0 0 0 1];
A = 45;
R1 = [cosd(A) - sind(A) 0 0 ; sind(A) cosd(A) 0 0 ; 0 0 1 0 ; 0 0 0 1];
T2 = inv(T1);
M = T2 * R1 * T1;
D = M * C;
fprintf('New vertices : \n');
for i = 1:8
    fprintf('( %.2f, %.2f, %.2f) \n', D(1,i), D(2,i), D(3,i));
end;

% plotting
C = [p1'p2'p3'p4'p1'p5'p6'p7'p8'p5'p8'p4'p3'p7'p6'p2';
1 1 1 1 1 1 1 1 1 1 1 1 1 1 1 1];
D = M * C;
plot3(C(1,:), C(2,:), C(3,:), 'b'); hold on;
plot3(D(1,:), D(2,:), D(3,:), 'r');
xlabel('x'); ylabel('y'); zlabel('z');
legend('original', 'new'); axis equal; grid; hold off;
```

7.7　与主轴平行的旋转

考虑一条平行于 Y 轴连接点 $\boldsymbol{P}(a,b,c)$ 和 $\boldsymbol{Q}(a,0,c)$ 的直线(见图 7.7)。为了推导出绕这条线在 CCW 方向上按角度 θ 旋转的矩阵，遵循以下步骤：

- 平移直线，使 $\boldsymbol{Q}$ 与原点重合：$\boldsymbol{T}_1=\boldsymbol{T}(-a,0,-c)$；
- 相对于原点绕 Y 轴旋转角度 θ：$\boldsymbol{R}_1=\boldsymbol{R}_y(\theta)$；
- 反向平移回原始位置：$\boldsymbol{T}_2=\boldsymbol{T}(a,0,c)$；
- 计算复合变换：$\boldsymbol{M}=\boldsymbol{T}(a,0,c)\boldsymbol{R}_y(\theta)\boldsymbol{T}(-a,0,-c)$。

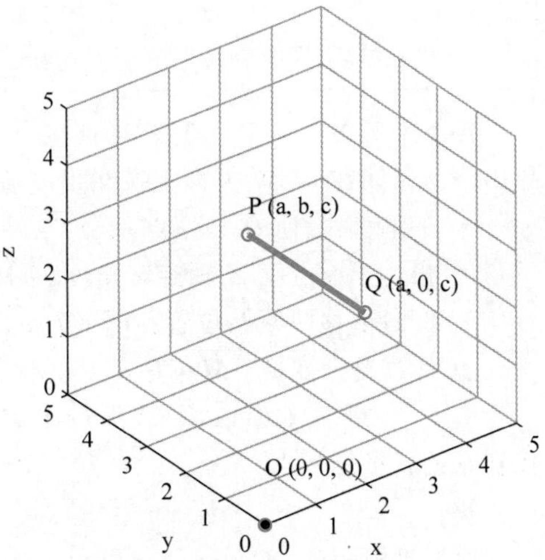

图 7.7　绕平行于 Y 轴的旋转

例 7.6　将点 $\boldsymbol{C}(1,1,1)$绕平行于 Y 轴连接点 $\boldsymbol{P}(5,2,3)$和 $\boldsymbol{Q}(5,0,3)$的线旋转 180°。找到它的新坐标。

解：

原始坐标矩阵：$\boldsymbol{C}=[1,1,1,1]^{\mathrm{T}}$；

正向平移与 Y 轴重合：$\boldsymbol{T}_1=\boldsymbol{T}(-5,$

0，−3)；

绕 Y 轴旋转：$\boldsymbol{R}_1=\boldsymbol{R}_y(180°)$；

反向平移到原始位置：$\boldsymbol{T}_2=\boldsymbol{T}(5,0,3)$；

复合变换：$\boldsymbol{M}=\boldsymbol{T}(5,0,3)\boldsymbol{R}_y(180°)\boldsymbol{T}(-5,0,-3)$；

新坐标矩阵：$\boldsymbol{D}=\boldsymbol{MC}=[9,1,5,1]^{\mathrm{T}}$；

新坐标：(9,1,5)，参见图 7.8。

MATLAB Code 7.6

```
clear all; clc;
p = [1,1,1];
C = [p'; 1];
P = [5, 2, 3]; Q = [5, 0, 3];
tx = - Q(1); ty = - Q(2); tz = - Q(3);
T1 = [1 0 0 tx ; 0 1 0 ty ; 0 0 1 tz ; 0 0 0 1];
A = deg2rad(180);
R1 = [cos(A), 0, sin(A), 0; 0, 1, 0, 0; - sin
(A), 0, cos(A), 0; 0, 0, 0, 1];
T2 = inv(T1);
M = T2 * R1 * T1;
D = M * C;
fprintf('New vertices : \n')
fprintf('( %.2f, %.2f, %.2f) \n', D(1,1), D
(2,1), D(3,1));

% plotting
plot3(C(1,:), C(2,:), C(3,:), 'bo', 'MarkerFaceColor', 'b'); hold on;
plot3(D(1,:), D(2,:), D(3,:), 'ro', 'MarkerFaceColor', 'r'); grid;
line([5, 5], [2, 0], [3, 3], 'LineWidth', 2);
plot3(P(1), P(2), P(3), 'ko');
plot3(Q(1), Q(2), Q(3), 'ko');
xlabel('x'); ylabel('y'); zlabel('z');
legend('original', 'new'); axis equal; hold off;
```

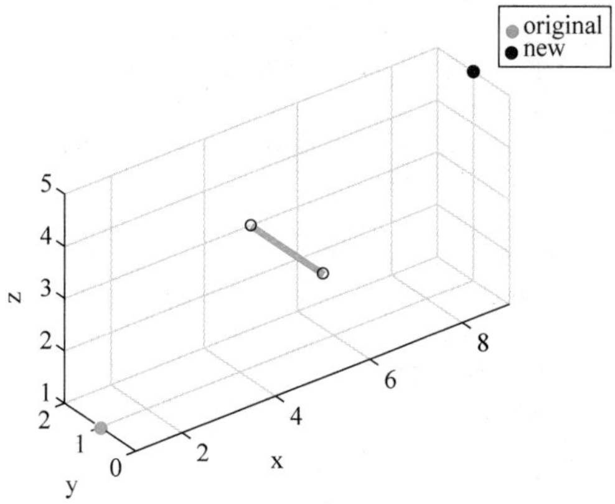

图 7.8 例 7.6 的绘图

> **注解**
>
> line：从一个点到另一个点画一条线。

接下来考虑一条平行于 Z 轴连接点 $\boldsymbol{P}(a,b,c)$ 和 $\boldsymbol{Q}(a,b,0)$ 的直线(见图 7.9)。为了推导出绕这条线在 CCW 方向上按角度 θ 旋转的矩阵，遵循以下步骤：

- 平移直线，使 $\boldsymbol{Q}$ 与原点重合：$\boldsymbol{T}_1=\boldsymbol{T}(-a,-b,0)$。
- 相对于原点绕 Z 轴旋转角度 θ：$\boldsymbol{R}_1=\boldsymbol{R}_z(\theta)$。
- 反向平移回原始位置：$\boldsymbol{T}_2=\boldsymbol{T}(a,b,0)$。
- 计算复合变换：$\boldsymbol{M}=\boldsymbol{T}(a,b,0)R_z(\theta)\boldsymbol{T}(-a,-b,0)$。

例 7.7 将点 $\boldsymbol{C}(1,1,1)$ 绕平行于 Z 轴连接点 $\boldsymbol{P}(5,2,3)$ 和 $\boldsymbol{Q}(5,2,0)$ 的线旋转 180°。找到它的新坐标。

解：

原始坐标矩阵：$\boldsymbol{C}=[1,1,1,1]^{\mathrm{T}}$；

正向平移与 Z 轴重合：$\boldsymbol{T}_1=\boldsymbol{T}(-5,2,0)$；

绕 Z 轴旋转：$\boldsymbol{R}_1=\boldsymbol{R}_z(180°)$；

反向平移到原始位置：$\boldsymbol{T}_2=\boldsymbol{T}(5,2,0)$；

复合变换：$\boldsymbol{M}=\boldsymbol{T}(5,2,0)\boldsymbol{R}_z(180°)\boldsymbol{T}(-5,-2,0)$；

新坐标矩阵：$\boldsymbol{D}=\boldsymbol{MC}=[9,3,1,1]^{\mathrm{T}}$；

新坐标：(9,3,1)，参见图 7.10。

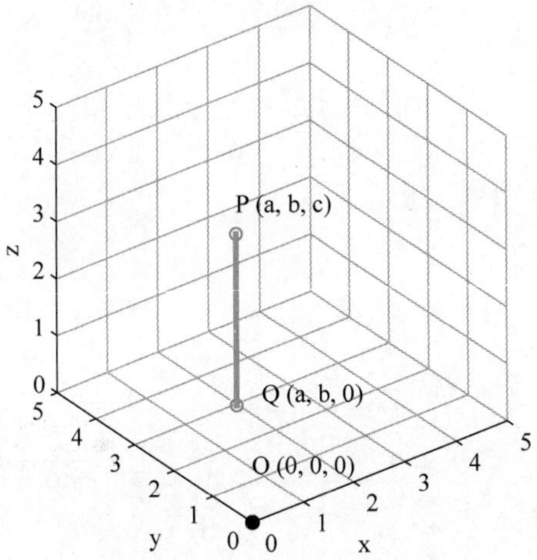

图 7.9　绕平行于 Z 轴的旋转

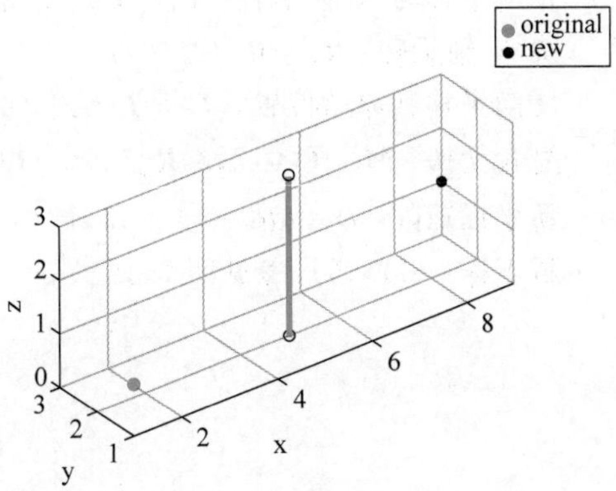

图 7.10　例 7.7 的绘图

MATLAB Code 7.7

```
clear all; clc;
p = [1,1,1];
C = [p'; 1];
P = [5, 2, 3]; Q = [5, 2, 0];
tx = - Q(1); ty = - Q(2); tz = - Q(3);
T1 = [1 0 0 tx ; 0 1 0 ty ; 0 0 1 tz ; 0 0 0 1];
A = 180;
R1 = [cosd(A) - sind(A) 0 0 ; sind(A) cosd(A) 0 0 ; 0 0 1 0 ; 0 0 0 1];
T2 = inv(T1);
M = T2 * R1 * T1;
D = M * C;
fprintf('New vertices : \n')
fprintf('( %.2f, %.2f, %.2f) \n', D(1,1), D(2,1), D(3,1));

%plotting
plot3(C(1,:), C(2,:), C(3,:), 'bo', 'MarkerFaceColor', 'b'); hold on;
plot3(D(1,:), D(2,:), D(3,:), 'ro', 'MarkerFaceColor', 'r'); grid;
line([5, 5], [2, 2], [3, 0], 'LineWidth', 2);
plot3(P(1), P(2), P(3), 'ko');
plot3(Q(1), Q(2), Q(3), 'ko');
xlabel('x'); ylabel('y'); zlabel('z');
legend('original', 'new'); axis equal; hold off;
```

最后，考虑一条平行于 X 轴连接点 $\boldsymbol{P}(a,b,c)$ 和 $\boldsymbol{Q}(0,b,c)$ 的直线（见图 7.11）。为了推导出绕这条线在 CCW 方向上按角度 θ 旋转的矩阵，遵循以下步骤：

- 平移直线，使 $\boldsymbol{Q}$ 与原点重合：$\boldsymbol{T}_1=\boldsymbol{T}(0,-b,-c)$。

- 相对于原点绕 X 轴旋转角度 θ：$\boldsymbol{R}_1=\boldsymbol{R}_x(\theta)$。
- 反向平移回原始位置：$\boldsymbol{T}_2=\boldsymbol{T}(0,b,c)$。
- 计算复合变换：$\boldsymbol{M}=\boldsymbol{T}(0,b,c)\boldsymbol{R}_x(\theta)\boldsymbol{T}(0,-b,-c)$。

例 7.8　将点 $\boldsymbol{C}(1,1,1)$绕平行于 X 轴连接点 $\boldsymbol{P}(5,2,3)$和 $\boldsymbol{Q}(0,2,3)$的线旋转 180°。找到它的新坐标。

解：

原始坐标矩阵：$\boldsymbol{C}=[1,1,1,1]^{\mathrm{T}}$；

正向平移与 X 轴重合：$\boldsymbol{T}_1=\boldsymbol{T}(0,2,3)$；

绕 X 轴旋转：$\boldsymbol{R}_1=\boldsymbol{R}_x(180°)$；

反向平移到原始位置：$\boldsymbol{T}_2=\boldsymbol{T}(0,2,3)$；

复合变换：$\boldsymbol{M}=\boldsymbol{T}(0,2,3)\boldsymbol{R}_x(180°)\boldsymbol{T}(0,-2,-3)$；

新坐标矩阵：$\boldsymbol{D}=\boldsymbol{MC}=[1,3,5,1]^{\mathrm{T}}$；

新坐标：(1,3,5)，参见图 7.12。

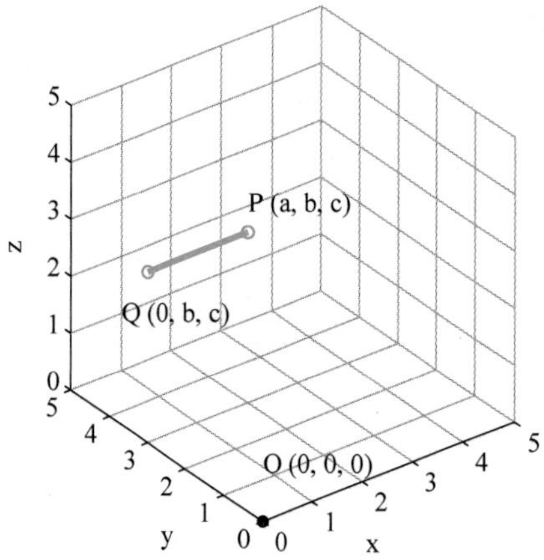

图 7.11　绕平行于 X 轴的旋转

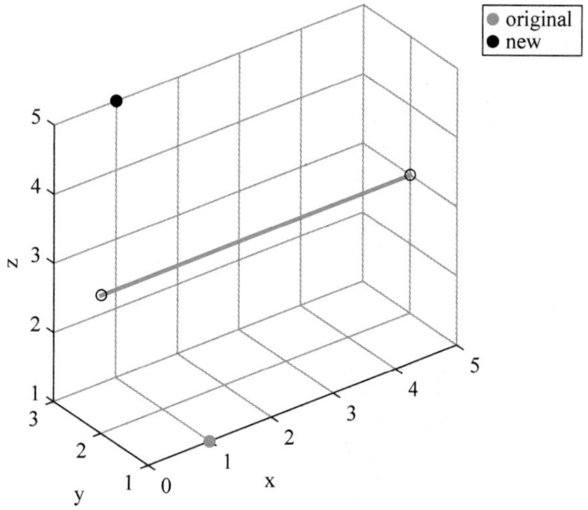

图 7.12　例 7.8 的绘图

MATLAB Code 7.8

```
clear all; clc;
p = [1,1,1];
C = [p'; 1];
P = [5, 2, 3]; Q = [0, 2, 3];
tx = -Q(1); ty = -Q(2); tz = -Q(3);
T1 = [1 0 0 tx ; 0 1 0 ty ; 0 0 1 tz ; 0 0 0 1];
A = deg2rad(180);
R1 = [1 0 0 0 ; 0 cos(A) -sin(A) 0 ; 0 sin(A) cos(A) 0 ; 0 0 0 1];
T2 = inv(T1);
M = T2 * R1 * T1;
D = M * C;
fprintf('New vertices : \n');
fprintf('( %.2f, %.2f, %.2f) \n', D(1,1), D(2,1), D(3,1));

% plotting
```

```
plot3(C(1,:), C(2,:), C(3,:), 'bo', 'MarkerFaceColor', 'b'); hold on;
plot3(D(1,:), D(2,:), D(3,:), 'ro', 'MarkerFaceColor', 'r'); grid;
line([5, 0], [2, 2], [3, 3], 'LineWidth', 2);
plot3(P(1), P(2), P(3), 'ko');
plot3(Q(1), Q(2), Q(3), 'ko');
xlabel('x'); ylabel('y'); zlabel('z');
legend('original', 'new'); axis equal; hold off;
```

7.8 向量对齐(三维)

考虑一个从原点 O 到点 P 的位置向量 $\boldsymbol{P}=a\boldsymbol{i}+b\boldsymbol{j}+c\boldsymbol{k}$，它沿 Z 轴正方向对齐(见图 7.13)。为了导出变换矩阵，遵循以下步骤[Chakraborty，2010]：

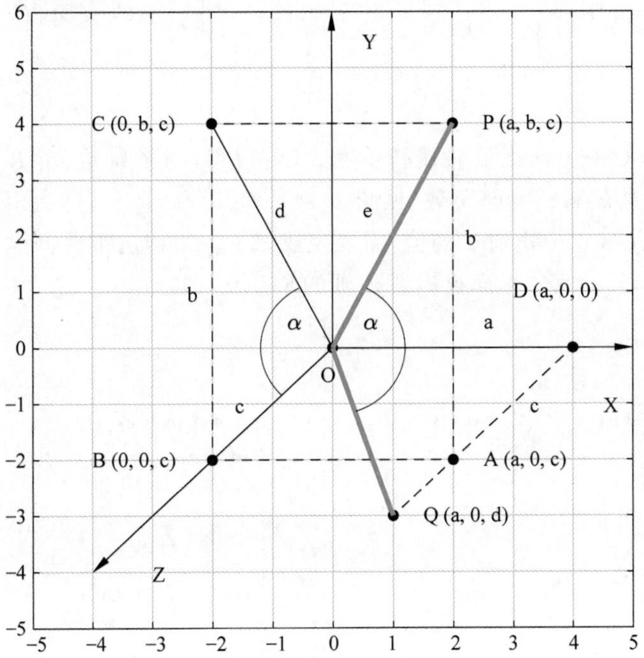

图 7.13 向量对齐：步骤 1

步骤 1：

将向量 $\boldsymbol{OP}$ 绕 X 轴逆时针旋转 α 角度以位于 $\boldsymbol{OQ}$ 处的 XZ 平面上：$\boldsymbol{R}_x(\alpha)$。

构造：要根据(a,b,c)找到 α 的值，需要完成以下一组构造步骤。

- 将 $\boldsymbol{P}(a,b,c)$投影到 XZ 平面的 $\boldsymbol{A}(a,0,c)$。
- 将 $\boldsymbol{A}(a,0,c)$沿 XZ 平面投影到 Z 轴的 $\boldsymbol{B}(0,0,c)$。
- 在 $\boldsymbol{C}(0,b,c)$处将 $\boldsymbol{P}(a,b,c)$投影到 YZ 平面上。
- 将 $\boldsymbol{BC}$ 和 $\boldsymbol{OC}$ 连起来。

我们现在观察以下内容：

$\boldsymbol{OP}$ 和 $\boldsymbol{OQ}$ 之间的角$\angle POQ$ 为 α。

由于 $\boldsymbol{OP}$ 和 $\boldsymbol{OQ}$ 在 $\boldsymbol{OC}$ 和 $\boldsymbol{OB}$ 处平行于 XZ 平面投影到 YZ 平面上，所以角$\angle BOC$ 也是 α。

由于 **C** 具有坐标(0,b,c),**B** 具有坐标(0,0,c),因此 **BC** 的长度等于 b。

同样因为 **B** 有坐标(0,0,c),**OB** 的长度等于 c。

令 **OC** 的长度等于 $d=\sqrt{b^2+c^2}$。

因此在三角形 OBC 中,$\cos\alpha=OB/OC=c/d$ 且 $\sin\alpha=BC/OC=b/d$。

这样,$\boldsymbol{R}_x(\alpha)=\begin{bmatrix}1 & 0 & 0 & 0\\ 0 & \cos\alpha & -\sin\alpha & 0\\ 0 & \sin\alpha & \cos\alpha & 0\\ 0 & 0 & 0 & 1\end{bmatrix}=\begin{bmatrix}1 & 0 & 0 & 0\\ 0 & c/d & -b/d & 0\\ 0 & b/d & c/d & 0\\ 0 & 0 & 0 & 1\end{bmatrix}$;

坐标:$\boldsymbol{Q}=\boldsymbol{R}_x(\alpha)\boldsymbol{P}=\begin{bmatrix}1 & 0 & 0 & 0\\ 0 & c/d & -b/d & 0\\ 0 & b/d & c/d & 0\\ 0 & 0 & 0 & 1\end{bmatrix}\begin{bmatrix}a\\ b\\ c\\ 1\end{bmatrix}=\begin{bmatrix}a\\ 0\\ d\\ 1\end{bmatrix}$ 即(a,0,d)。

步骤 2:

将向量 **OQ** 沿 CW 方向绕 Y 轴旋转角度 ϕ 以在 R 处与 Z 轴重合:$\boldsymbol{R}_y(-\phi)$。

注意:顺时针旋转被认为是负数(见图 7.14)。

构造:要根据(a,b,c)找到 ϕ 的值,需要完成以下一组构造步骤。

• 将 **Q**(a,0,d)沿 XZ 平面投影到 Z 轴的 **S**(0,0,d)。

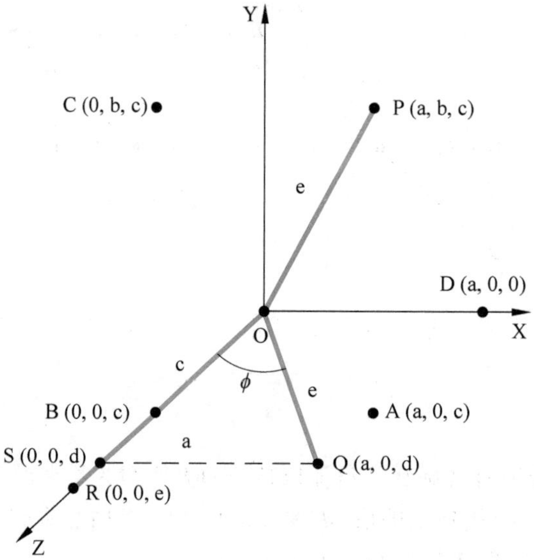

图 7.14 向量对齐:步骤 2

我们现在观察以下内容:

令 **OP** 的长度=**OQ** 的长度=**OR** 的长度=$e=\sqrt{a^2+b^2+c^2}$。

由于 **Q** 的坐标是(a,0,d),所以长度 **QS** 等于 a。

由于 **S** 的坐标是(0,0,d),所以长度 **OS** 等于 d。

在三角形$\triangle OQS$ 中,角$\angle QOS$ 为直角。因此 $\sin\phi=a/e$,$\cos\phi=d/e$。

这样，$\boldsymbol{R}_y(-\phi)=\begin{bmatrix}\cos(-\phi) & 0 & \sin(-\phi) & 0\\ 0 & 1 & 0 & 0\\ -\sin(-\phi) & 0 & \cos(-\phi) & 0\\ 0 & 0 & 0 & 1\end{bmatrix}=\begin{bmatrix}d/e & 0 & -a/e & 0\\ 0 & 1 & 0 & 0\\ a/e & 0 & d/e & 0\\ 0 & 0 & 0 & 1\end{bmatrix}$；

坐标：$\boldsymbol{R}=\boldsymbol{R}_y(-\phi)\boldsymbol{Q}=\begin{bmatrix}d/e & 0 & -a/e & 0\\ 0 & 1 & 0 & 0\\ a/e & 0 & d/e & 0\\ 0 & 0 & 0 & 1\end{bmatrix}\begin{bmatrix}a\\ 0\\ d\\ 1\end{bmatrix}=\begin{bmatrix}0\\ 0\\ e\\ 1\end{bmatrix}$　即$(0,0,e)$。

这符合我们的预期，因为向量 $\boldsymbol{OP}$ 的长度是$\sqrt{a^2+b^2+c^2}=e$，因此当它沿 Z 轴对齐时，向量的尖端应该具有坐标$(0,0,e)$。

复合变换：$\boldsymbol{M}=\boldsymbol{R}_y(-\phi)\boldsymbol{R}_x(\alpha)$。

可以验证，最终向量 $\boldsymbol{OR}$ 的坐标也可以通过将原始向量 $\boldsymbol{OP}$ 乘以复合变换矩阵 $\boldsymbol{M}$ 得到，即 $\boldsymbol{R}=\boldsymbol{MP}$。这留给读者作为练习。

例 7.9　找到将向量 $\boldsymbol{P}=2\boldsymbol{i}+\boldsymbol{j}+2\boldsymbol{k}$ 与正 Z 轴对齐的变换。对齐后还要找到新的向量。

解：

对于给定的问题，

$$a=2,\quad b=1,\quad c=2,\quad d=\sqrt{b^2+c^2}=2.2361,\quad e=\sqrt{a^2+b^2+c^2}=3$$

$$\sin\alpha=\frac{b}{d}=0.4472,\quad \cos\alpha=\frac{c}{d}=0.8944$$

$$\sin\phi=\frac{a}{e}=0.6667,\quad \cos\phi=\frac{d}{e}=0.7454$$

$$\boldsymbol{R}_x(\alpha)=\begin{bmatrix}1 & 0 & 0 & 0\\ 0 & \cos\alpha & -\sin\alpha & 0\\ 0 & \sin\alpha & \cos\alpha & 0\\ 0 & 0 & 0 & 1\end{bmatrix}=\begin{bmatrix}1 & 0 & 0 & 0\\ 0 & 0.8944 & -0.4472 & 0\\ 0 & 0.4472 & 0.8944 & 0\\ 0 & 0 & 0 & 1\end{bmatrix}$$

$$\boldsymbol{R}_y(-\phi)=\begin{bmatrix}\cos(-\phi) & 0 & \sin(-\phi) & 0\\ 0 & 1 & 0 & 0\\ -\sin(-\phi) & 0 & \cos(-\phi) & 0\\ 0 & 0 & 0 & 1\end{bmatrix}=\begin{bmatrix}0.7454 & 0 & -0.6667 & 0\\ 0 & 1 & 0 & 0\\ 0.6667 & 0 & 0.7454 & 0\\ 0 & 0 & 0 & 1\end{bmatrix}$$

复合变换矩阵：$\boldsymbol{M}=\boldsymbol{R}_y(-\phi)\boldsymbol{R}_x(\alpha)=\begin{bmatrix}0.7454 & -0.2981 & -0.5963 & 0\\ 0 & 0.8944 & -0.4472 & 0\\ 0.6667 & 0.3333 & 0.6667 & 0\\ 0 & 0 & 0 & 1\end{bmatrix}$；

原始坐标矩阵：$\boldsymbol{P}=[2,1,2,1]^{\mathrm{T}}$；

新坐标矩阵：$\boldsymbol{Q}=\boldsymbol{MC}=[0,0,3,1]^{\mathrm{T}}$；

$\boldsymbol{Q}$ 的新坐标：$(0,0,3)$；

新向量：$\boldsymbol{Q}=3\boldsymbol{k}$。

MATLAB Code 7.9

```
clear all; clc;
P = [2; 1; 2; 1];
a = P(1);
b = P(2);
c = P(3);
d = sqrt(b^2 + c^2);
A = asin(b/d);
A = acos(c/d);
R1 = [1 0 0 0; 0 cos(A) - sin(A) 0; 0 sin(A) cos(A) 0; 0 0 0 1];
e = sqrt(a^2 + d^2);
B = asin(a/e);
R2 = [cos(B) 0 - sin(B) 0; 0 1 0 0; sin(B) 0 cos(B) 0; 0 0 0 1];
fprintf('Transformation matrix : \n');
M = R2 * R1
fprintf('New vector : \n');
Q = M * P
```

> 注解
>
> asin：以弧度计算反正弦。
>
> 要考虑 CW 方向的负旋转，请执行以下操作之一：
>
> (1) 在旋转矩阵的角度参数中放置一个负号，例如 $\boldsymbol{R}_y(-\phi)$。
>
> (2) 在正弦分量前加一个负号，例如 $\sin\phi=-a/e$。
>
> 但不是两者兼而有之。余弦分量不受负号影响，即 $\cos\phi=\cos(-\phi)$。

以类似的方式，同样可以分析 X 轴和 Y 轴的对齐方式。这些留给读者作为练习。为方便起见，最终结果汇总在表 7.1 中。

表 7.1 向量 $\boldsymbol{P}=a\boldsymbol{i}+b\boldsymbol{j}+c\boldsymbol{k}$ 与主轴的对齐（这里，$e=\sqrt{a^2+b^2+c^2}$）

主　轴	d	$\cos\alpha$	$\sin\alpha$	$\cos\phi$	$\sin\phi$	M
Z 轴	$d=\sqrt{a^2+b^2}$	b/d	a/d	d/e	c/e	$\boldsymbol{R}_y(-\phi)\boldsymbol{R}_x(\alpha)$
X 轴	$d=\sqrt{b^2+c^2}$	c/d	b/d	a/e	d/e	$\boldsymbol{R}_y(\phi)\boldsymbol{R}_x(\alpha)$
Y 轴	$d=\sqrt{a^2+c^2}$	a/d	c/d	b/e	d/e	$\boldsymbol{R}_z(\phi)\boldsymbol{R}_y(\alpha)$

例 7.10　找到将以下向量与正 X 轴对齐的变换：(a) $2\boldsymbol{i}+\boldsymbol{j}+2\boldsymbol{k}$ 和 (b) $2\boldsymbol{i}-\boldsymbol{j}-2\boldsymbol{k}$。对齐后还要找到变换后的新向量。

解：

(a)

$$a=2,\quad b=1,\quad c=2$$

$$d=\sqrt{b^2+c^2}\approx 2.2361,\quad e=\sqrt{a^2+b^2+c^2}\approx 3$$

$$\sin\alpha=b/d\approx 0.4472,\quad \cos\alpha=c/d\approx 0.8944$$

$$\sin\phi=d/e\approx 0.7454,\quad \cos\phi=a/e\approx 0.6667$$

$$M = R_y(\phi)R_x(\alpha) = \begin{bmatrix} 0.6667 & 0.3333 & 0.6667 & 0 \\ 0 & 0.8944 & -0.4472 & 0 \\ -0.7454 & 0.2981 & 0.5963 & 0 \\ 0 & 0 & 0 & 1 \end{bmatrix}$$

原始坐标矩阵：$\boldsymbol{C}=[2,1,2,1]^{\mathrm{T}}$；

新坐标矩阵：$\boldsymbol{D}=\boldsymbol{MC}=[3,0,0,1]^{\mathrm{T}}$；

新向量：$\boldsymbol{Q}=3\boldsymbol{i}$。

(b)

$$a=2,\quad b=-1,\quad c=-2$$

$$d=\sqrt{b^2+c^2}\approx 2.2361,\quad e=\sqrt{a^2+b^2+c^2}\approx 3$$

$$\sin\alpha=b/d\approx -0.4472,\quad \cos\alpha=c/d\approx -0.8944$$

$$\sin\phi=d/e\approx 0.7454,\quad \cos\phi=a/e\approx 0.6667$$

$$M = R_y(\phi)R_x(\alpha) = \begin{bmatrix} 0.6667 & -0.3333 & -0.6667 & 0 \\ 0 & -0.8944 & 0.4472 & 0 \\ -0.7454 & -0.2981 & -0.5963 & 0 \\ 0 & 0 & 0 & 1 \end{bmatrix}$$

原始坐标矩阵：$\boldsymbol{C}=[2,1,2,1]^{\mathrm{T}}$；

新坐标矩阵：$\boldsymbol{D}=\boldsymbol{MC}=[3,0,0,1]^{\mathrm{T}}$；

新向量：$\boldsymbol{Q}=3\boldsymbol{i}$。

MATLAB Code 7.10

```
%(a)
clear all; clc;
P = [2 ; 1 ; 2 ; 1];
a = 2; b = 1; c = 2;
d = sqrt(b^2 + c^2); e = sqrt(a^2 + b^2 + c^2);
sinA = b/d; cosA = c/d;
sinB = d/e; cosB = a/e;
Rx = [1 0 0 0 ; 0 cosA -sinA 0 ; 0 sinA cosA 0 ; 0 0 0 1];
Ry = [cosB 0 sinB 0 ; 0 1 0 0 ; -sinB 0 cosB 0 ; 0 0 0 1];
fprintf('Transformation matrix : \n');
M = Ry * Rx
fprintf('New vector : \n');
Q = M * P

%(b)
clear all;
P = [2 ; -1 ; -2 ; 1];
a = 2; b = -1; c = -2;
d = sqrt(b^2 + c^2); e = sqrt(a^2 + b^2 + c^2);
sinA = b/d; cosA = c/d;
sinB = d/e; cosB = a/e;
Rx = [1 0 0 0 ; 0 cosA -sinA 0 ; 0 sinA cosA 0 ; 0 0 0 1];
Ry = [cosB 0 sinB 0 ; 0 1 0 0 ; -sinB 0 cosB 0 ; 0 0 0 1];
fprintf('Transformation matrix : \n');
M = Ry * Rx
fprintf('New vector : \n');
Q = M * P
```

7.9 围绕向量旋转

围绕向量 $\boldsymbol{P}=2\boldsymbol{i}+\boldsymbol{j}+2\boldsymbol{k}$ 旋转指定角度的变换矩阵通过以下步骤导出。

第 1 步：沿主轴对齐向量(参见 7.8 节)。

第 2 步：围绕该主轴旋转指定角度(参见 7.4 节)。

第 3 步：将对齐向量反向恢复到其原始位置。

例 7.11　点 $\boldsymbol{P}(1,2,3)$将围绕向量 $\boldsymbol{V}=12\boldsymbol{i}+3\boldsymbol{j}+4\boldsymbol{k}$ 沿逆时针方向旋转 90°。找到它的新坐标。通过将向量与三个主轴中的每一个对齐来验证结果。

解：

$$\boldsymbol{V}=[12\quad 3\quad 4],\quad \boldsymbol{P}=[1\quad 2\quad 3],\quad \theta=90°$$

这里，$a=12$、$b=3$、$c=4$，$e=\sqrt{a^2+b^2+c^2}=13$。

沿 X 轴对齐向量 $\boldsymbol{V}$：

$$d=\sqrt{b^2+c^2}=5$$

$$\sin\alpha=\frac{b}{d}=\frac{3}{5},\quad \cos\alpha=\frac{c}{d}=\frac{4}{5},\quad \sin\phi=\frac{d}{e}=\frac{5}{13},\quad \cos\phi=\frac{a}{e}=\frac{12}{13}$$

$$\boldsymbol{R}_x(\alpha)=\begin{bmatrix}1&0&0&0\\0&\cos\alpha&-\sin\alpha&0\\0&\sin\alpha&\cos\alpha&0\\0&0&0&1\end{bmatrix},\quad \boldsymbol{R}_y(\phi)=\begin{bmatrix}\cos\phi&0&\sin\phi&0\\0&1&0&0\\-\sin\phi&0&\cos\phi&0\\0&0&0&1\end{bmatrix},$$

$$\boldsymbol{R}_x(\theta)=\begin{bmatrix}1&0&0&0\\0&\cos\theta&-\sin\theta&0\\0&\sin\theta&\cos\theta&0\\0&0&0&1\end{bmatrix}$$

$$\boldsymbol{M}=\boldsymbol{R}_x(-\alpha)\boldsymbol{R}_y(-\phi)\boldsymbol{R}_x(\theta)\boldsymbol{R}_y(\phi)\boldsymbol{R}_x(\alpha)$$

$$\boldsymbol{Q}=\boldsymbol{MP}\rightarrow(2.2071,-1.9290,2.3254)$$

沿 Y 轴对齐向量 $\boldsymbol{V}$：

$$d=\sqrt{a^2+c^2}=4\sqrt{10}$$

$$\sin\alpha=\frac{c}{d}=\frac{1}{\sqrt{10}},\quad \cos\alpha=\frac{a}{d}=\frac{3}{\sqrt{10}},\quad \sin\phi=\frac{d}{e}=\frac{4\sqrt{10}}{13},\quad \cos\phi=\frac{b}{e}=\frac{3}{13}$$

$$\boldsymbol{R}_y(\alpha)=\begin{bmatrix}\cos\alpha&0&\sin\alpha&0\\0&1&0&0\\-\sin\alpha&0&\cos\alpha&0\\0&0&0&1\end{bmatrix},\quad \boldsymbol{R}_z(\phi)=\begin{bmatrix}\cos\phi&-\sin\phi&0&0\\\sin\phi&\cos\phi&0&0\\0&0&1&0\\0&0&0&1\end{bmatrix},$$

$$\boldsymbol{R}_y(\theta)=\begin{bmatrix}\cos\theta&0&\sin\theta&0\\0&1&0&0\\-\sin\theta&0&\cos\theta&0\\0&0&0&1\end{bmatrix}$$

$$\boldsymbol{M}=\boldsymbol{R}_y(-\alpha)\boldsymbol{R}_z(-\phi)\boldsymbol{R}_y(\theta)\boldsymbol{R}_z(\phi)\boldsymbol{R}_y(\alpha)$$

$$Q = MP \rightarrow (2.2071, -1.9290, 2.3254)$$

沿 Z 轴对齐向量 $\boldsymbol{V}$：

$$d = \sqrt{b^2 + c^2} = 5$$

$$\sin\alpha = \frac{b}{d} = \frac{3}{5}, \quad \cos\alpha = \frac{c}{d} = \frac{4}{5}, \quad \sin\phi = \frac{a}{e} = \frac{12}{13}, \quad \cos\phi = \frac{d}{e} = \frac{5}{13}$$

$$\boldsymbol{R}_x(\alpha) = \begin{bmatrix} 1 & 0 & 0 & 0 \\ 0 & \cos\alpha & -\sin\alpha & 0 \\ 0 & \sin\alpha & \cos\alpha & 0 \\ 0 & 0 & 0 & 1 \end{bmatrix}, \quad \boldsymbol{R}_y(-\phi) = \begin{bmatrix} \cos\phi & 0 & \sin\phi & 0 \\ 0 & 1 & 0 & 0 \\ -\sin\phi & 0 & \cos\phi & 0 \\ 0 & 0 & 0 & 1 \end{bmatrix},$$

$$\boldsymbol{R}_z(\theta) = \begin{bmatrix} \cos\theta & -\sin\theta & 0 & 0 \\ \sin\theta & \cos\theta & 0 & 0 \\ 0 & 0 & 1 & 0 \\ 0 & 0 & 0 & 1 \end{bmatrix}$$

$$\boldsymbol{M} = \boldsymbol{R}_x(-\alpha)\boldsymbol{R}_y(-\phi)\boldsymbol{R}_z(\theta)\boldsymbol{R}_y(\phi)\boldsymbol{R}_x(\alpha)$$

$$\boldsymbol{Q} = \boldsymbol{MP} \rightarrow (2.2071, -1.9290, 2.3254)$$

MATLAB Code 7.11

```
clear all; clc; format compact;
V = [12 ; 3 ; 4 ; 1];
P = [1 ; 2 ; 3 ; 1];
a = V(1); b = V(2); c = V(3);
e = sqrt(a^2 + b^2 + c^2);
C = pi/2;

fprintf('Aligning vector V along X - axis :\n');
d = sqrt(b^2 + c^2);
sinA = b/d; cosA = c/d;
sinB = d/e; cosB = a/e;
R1 = [1 0 0 0 ; 0 cosA - sinA 0 ; 0 sinA cosA 0 ; 0 0 0 1];
R2 = [cosB 0 sinB 0 ; 0 1 0 0 ; - sinB 0 cosB 0 ; 0 0 0 1];
Rx = [1 0 0 0 ; 0 cos(C) - sin(C) 0 ; 0 sin(C) cos(C) 0 ; 0 0 0 1];
R4 = inv(R2);
R5 = inv(R1);
Mx = R5 * R4 * Rx * R2 * R1;
fprintf('New coordinates : \n');
Qx = Mx * P

fprintf('Aligning vector V along Z - axis :\n');
d = sqrt(b^2 + c^2);
sinA = b/d; cosA = c/d;
sinB = - a/e; cosB = d/e;
R1 = [1 0 0 0 ; 0 cosA - sinA 0 ; 0 sinA cosA 0 ; 0 0 0 1];
R2 = [cosB 0 sinB 0 ; 0 1 0 0 ; - sinB 0 cosB 0 ; 0 0 0 1];
Rz = [cos(C) - sin(C) 0 0 ; sin(C) cos(C) 0 0 ; 0 0 1 0 ; 0 0 0 1];
R4 = inv(R2);
R5 = inv(R1);
Mz = R5 * R4 * Rz * R2 * R1;
fprintf('New coordinates : \n');
```

```
Qz = Mz * P

fprintf('Aligning vector V along Y - axis :\n');
d = sqrt(a^2 + c^2);
sinA = c/d; cosA = a/d;
sinB = d/e; cosB = b/e;
R1 = [cosA 0 sinA 0 ; 0 1 0 0 ; - sinA 0 cosA 0 ; 0 0 0 1];
R2 = [cosB - sinB 0 0 ; sinB cosB 0 0 ; 0 0 1 0 ; 0 0 0 1];
Ry = [cos(C) 0 sin(C) 0 ; 0 1 0 0 ; - sin(C) 0 cos(C) 0 ; 0 0 0 1];
R4 = inv(R2);
R5 = inv(R1);
My = R5 * R4 * Ry * R2 * R1;
fprintf('New coordinates : \n');
Qy = My * P;
```

7.10 围绕任意线旋转

通过以下步骤得出关于绕任意一条连接点 $\boldsymbol{P}(x_1,y_1,z_1)$ 和 $\boldsymbol{Q}(x_2,y_2,z_2)$ 的直线的旋转矩阵，其中在 CCW 方向上沿垂直于该线的平面旋转角度是 θ：

第 1 步：平移直线，使其一端点与原点重合(参见 7.2 节)。

第 2 步：将结果向量沿主轴对齐(参见 7.8 节)。

第 3 步：围绕该主轴旋转给定的量(参见 7.4 节)。

第 4 步：将对齐向量反向恢复到其原始位置。

第 5 步：反向平移直线到原始位置。

例 7.12　将一个中心在原点，顶点在(−1,1,1)、(1,1,1)、(1,−1,1)、(−1,−1,1)、(−1,1,−1)、(1,1,−1)、(1,−1,−1)和(−1,−1,−1)的立方体绕连接点 $\boldsymbol{P}(2,1,-2)$ 和 $\boldsymbol{Q}(3,3,2)$ 的任意线在垂直于线的平面中旋转 45°。确定它的新顶点。

解：

这里，$x_1=2, y_1=1, z_1=-2, x_2=3, y_2=3, z_2=2$，旋转角度=45°。

平移旋转轴，使 $\boldsymbol{P}$ 与原点重合；

平移矩阵 $\boldsymbol{T}_1=\boldsymbol{T}(-x_1,-y_1,-z_1)$；

沿 X 轴对齐生成的向量；

向量尖端的坐标：$a=x_2-x_1=1, b=y_2-y_1=2, c=z_2-z_1=4$。

这样，$d=\sqrt{b^2+c^2}\approx 4.4721, e=\sqrt{a^2+b^2+c^2}\approx 4.5826$。

$$\sin\alpha=\frac{b}{d}\approx 0.4472,\quad \cos\alpha=\frac{c}{d}\approx 0.8944,\quad \sin\phi=\frac{d}{e}\approx 0.9759,\quad \cos\phi=\frac{a}{e}\approx 0.2182$$

$$\boldsymbol{R}_1=\boldsymbol{R}_x(\alpha)=\begin{bmatrix}1 & 0 & 0 & 0\\ 0 & \cos\alpha & -\sin\alpha & 0\\ 0 & \sin\alpha & \cos\alpha & 0\\ 0 & 0 & 0 & 1\end{bmatrix},\quad \boldsymbol{R}_2=\boldsymbol{R}_y(\phi)=\begin{bmatrix}\cos\phi & 0 & \sin\phi & 0\\ 0 & 1 & 0 & 0\\ -\sin\phi & 0 & \cos\phi & 0\\ 0 & 0 & 0 & 1\end{bmatrix}$$

在原点绕 X 轴旋转角度 θ：$\boldsymbol{R}_x(\theta)=\begin{bmatrix}1 & 0 & 0 & 0\\ 0 & \cos\theta & -\sin\theta & 0\\ 0 & \sin\theta & \cos\theta & 0\\ 0 & 0 & 0 & 1\end{bmatrix}$；

将对齐向量反向平移到其原始位置：$\boldsymbol{R}_4=\boldsymbol{R}_y(-\phi)$，$\boldsymbol{R}_5=\boldsymbol{R}_x(-\alpha)$；

反向平移线到原始位置：$\boldsymbol{T}_2=\boldsymbol{T}(x_1,y_1,z_1)$；

复合变换矩阵：$\boldsymbol{M}=\boldsymbol{T}_2\boldsymbol{R}_5\boldsymbol{R}_4\boldsymbol{R}_x(\theta)\boldsymbol{R}_2\boldsymbol{R}_1\boldsymbol{T}_1$；

原始坐标矩阵：$\boldsymbol{C}=\begin{bmatrix}-1 & 1 & 1 & -1 & -1 & 1 & 1 & -1\\ 1 & 1 & -1 & -1 & 1 & 1 & -1 & -1\\ 1 & 1 & 1 & 1 & -1 & -1 & -1 & -1\\ 1 & 1 & 1 & 1 & 1 & 1 & 1 & 1\end{bmatrix}$；

新坐标矩阵：$\boldsymbol{D}=\boldsymbol{MC}$；

新顶点：(0.93，−1.06，1.55)、(2.37，0.23，1.04)、(3.55，−1.30，0.51)、(2.11，−2.59，1.02)、(0.20，−0.98，−0.31)、(1.64，0.31，−0.82)、(2.82，−1.21，−1.35)和(1.38，−2.50，−0.84)，参见图7.15。

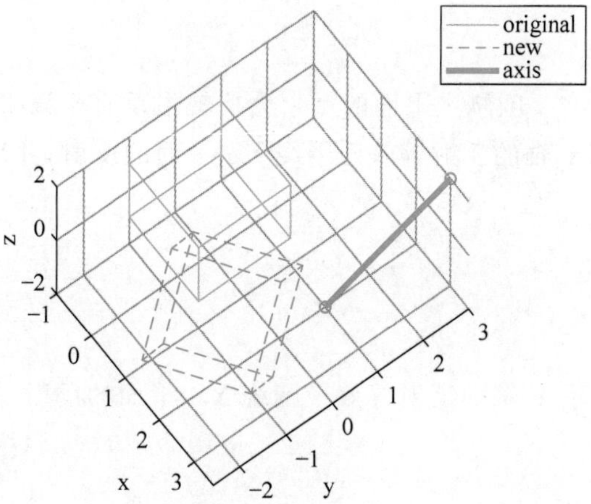

图 7.15 例 7.12 的绘图

MATLAB Code 7.12

```
clear all; clc;
p1 = [ - 1,1,1];
p2 = [1,1,1];
p3 = [1, - 1,1];
p4 = [ - 1, - 1,1];
p5 = [ - 1,1, - 1];
p6 = [1,1, - 1];
p7 = [1, - 1, - 1];
p8 = [ - 1, - 1, - 1];
x1 = 2; y1 = 1; z1 = - 2;
x2 = 3; y2 = 3; z2 = 2;
a = x2 - x1 ; b = y2 - y1 ; c = z2 - z1;
d = sqrt(b^2 + c^2);
e = sqrt(a^2 + b^2 + c^2);
N = pi/4;
tx = - x1; ty = - y1 ; tz = - z1;
T1 = [1, 0, 0, tx ; 0, 1, 0, ty ; 0, 0, 1, tz ; 0, 0, 0, 1];
sinA = b/d; cosA = c/d;
sinB = d/e; cosB = a/e;
R1 = [1 0 0 0 ; 0 cosA - sinA 0 ; 0 sinA cosA 0 ; 0 0 0 1];
R2 = [cosB 0 sinB 0 ; 0 1 0 0 ; - sinB 0 cosB 0 ; 0 0 0 1];
Rx = [1 0 0 0 ; 0 cos(N) - sin(N) 0 ; 0 sin(N) cos(N) 0 ; 0 0 0 1];
R4 = inv(R2);
R5 = inv(R1);
T2 = inv(T1);
M = T2 * R5 * R4 * Rx * R2 * R1 * T1;
C = [p1' p2' p3' p4' p5' p6' p7' p8' ; 1 1 1 1 1 1 1 1 ];
D = M * C;
fprintf('New vertices : \n')
for i = 1:8
    fprintf('( %.2f, %.2f, %.2f) \n',D(1,i), D(2,i), D(3,i));
end

% plotting
```

```
C = [p1'p2'p3'p4'p1'p5'p6'p7'p8'p5'p8'p4'p3'p7'p6'p2';
1 1 1 1 1 1 1 1 1 1 1 1 1 1 1 1];
D = M * C;
plot3(C(1,:), C(2,:), C(3,:), 'b'); hold on;
plot3(D(1,:), D(2,:), D(3,:), 'r'); grid;
xlabel('x'); ylabel('y'); zlabel('z');
plot3([x1, x2],[y1, y2],[z1, z2], 'b', 'LineWidth', 2);
plot3(x1, y1, z1, 'bo', x2, y2, z2, 'bo');
legend('original', 'new', 'axis'); axis equal;
view(53, 63); hold off;
```

7.11 反射

围绕主平面的反射会反转沿垂直于该平面的轴的坐标值[Hearn and Baker,1996]。沿 X 轴的反射等效于围绕 YZ 平面的反射,并反转点的 x 坐标。对应的矩阵由下式给出:

$$\boldsymbol{F}_x=\begin{bmatrix}-1&0&0&0\\0&1&0&0\\0&0&1&0\\0&0&0&1\end{bmatrix}\tag{7.9}$$

沿 Y 轴的反射等效于围绕 XZ 平面的反射,并反转点的 y 坐标。对应的矩阵由下式给出:

$$\boldsymbol{F}_y=\begin{bmatrix}1&0&0&0\\0&-1&0&0\\0&0&1&0\\0&0&0&1\end{bmatrix}\tag{7.10}$$

沿 Z 轴的反射等效于围绕 XY 平面的反射,并反转点的 z 坐标。对应的矩阵由下式给出:

$$\boldsymbol{F}_z=\begin{bmatrix}1&0&0&0\\0&1&0&0\\0&0&-1&0\\0&0&0&1\end{bmatrix}\tag{7.11}$$

若反射平面不是主平面,则需要首先使其与主平面之一重合,然后应用上述公式。

例 7.13 将一个中心在原点,顶点在(−1,1,1)、(1,1,1)、(1,−1,1)、(−1,−1,1)、(−1,1,−1)、(1,1,−1)、(1,−1,−1)和(−1,−1,−1)的立方体关于平行于 XY 平面的平面 $z=3$ 沿 Z 轴进行反射。确定它的新顶点。

解:

平移平面,使其与 XY 平面重合: $\boldsymbol{T}_1=\boldsymbol{T}(0,0,-3)$;

关于 XY 平面,即 Z 轴反射: $\boldsymbol{F}_z$;

反向平移平面到原始位置: $\boldsymbol{T}_2=\boldsymbol{T}(0,0,3)$;

复合变换: $\boldsymbol{M}=\boldsymbol{T}_2\boldsymbol{F}_z\boldsymbol{T}_1$;

原始坐标矩阵: $\boldsymbol{C}=\begin{bmatrix}-1&1&1&-1&-1&1&1&-1\\1&1&-1&-1&1&1&-1&-1\\1&1&1&1&-1&-1&-1&-1\\1&1&1&1&1&1&1&1\end{bmatrix}$;

新坐标矩阵：$\boldsymbol{D}=\boldsymbol{MC}$；

新顶点：(−1,1,5)、(1,1,5)、(1,−1,5)、(−1,−1,5)、(−1,1,7)、(1,1,7)、(1,−1,7)和(−1,−1,7)，参见图 7.16。

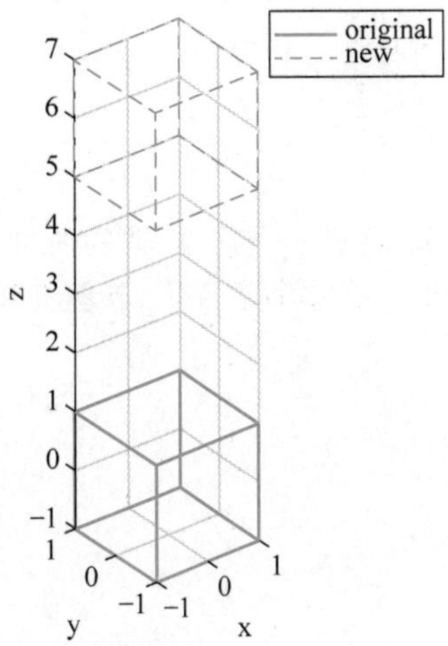

图 7.16　例 7.13 的绘图

MATLAB Code 7.13

```
clear all; clc;
p1 = [ - 1,1,1];
p2 = [1,1,1];
p3 = [1, - 1,1];
p4 = [ - 1, - 1,1];
p5 = [ - 1,1, - 1];
p6 = [1,1, - 1];
p7 = [1, - 1, - 1];
p8 = [ - 1, - 1, - 1];
C = [p1' p2' p3' p4' p5' p6' p7' p8' ; 1 1 1 1 1 1 1 1 ];
tx = 0; ty = 0; tz = - 3;
T1 = [1, 0, 0, tx ; 0, 1, 0, ty ; 0, 0, 1, tz ; 0, 0, 0, 1];
Fz = [1, 0, 0, 0 ; 0, 1, 0, 0 ; 0, 0, - 1, 0 ; 0, 0, 0, 1];
T2 = inv(T1);
M = T2 * Fz * T1;
D = M * C;
fprintf('New vertices : \n');
for i = 1:8
    fprintf('( %.2f, %.2f, %.2f) \n',D(1,i), D(2,i), D(3,i));
end

 % plotting
C = [p1' p2' p3' p4' p1' p5' p6' p7' p8' p5' p8' p4' p3' p7' p6' p2' ;
1 1 1 1 1 1 1 1 1 1 1 1 1 1 1 1];
D = M * C;
plot3(C(1,:), C(2,:), C(3,:), 'b'); hold on;
plot3(D(1,:), D(2,:), D(3,:), 'r'); grid;
xlabel('x'); ylabel('y'); zlabel('z')
legend('original', 'new'); axis equal; hold off;
```

7.12　剪切

剪切通过添加与沿另一个轴的坐标值成比例的量来改变沿一个轴的坐标值[Hearn and Baker,1996]。沿每个轴的剪切可以有两种类型：

沿 X 轴的剪切可以平行于 $Y=0$ 平面（正面和背面），由关系 $x_2=x_1+hy$ 控制，其中 h 是比例常数。相应的变换矩阵为

$$\boldsymbol{H}_{xy}=\begin{bmatrix}1 & h & 0 & 0\\0 & 1 & 0 & 0\\0 & 0 & 1 & 0\\0 & 0 & 0 & 1\end{bmatrix}\tag{7.12}$$

沿 X 轴的剪切也可以平行于 $Z=0$ 平面（顶面和底面），由关系 $x_2=x_1+hz$ 控制。相应的变换矩阵为

$$\boldsymbol{H}_{xz}=\begin{bmatrix}1&0&h&0\\0&1&0&0\\0&0&1&0\\0&0&0&1\end{bmatrix}\tag{7.13}$$

图 7.17 显示了沿 X 轴的两种类型的剪切。然而，这些类型不是相互排斥的，两者可以同时发生。在这种情况下，转换矩阵变为

$$\boldsymbol{H}_{x}=\begin{bmatrix}1&h_1&h_2&0\\0&1&0&0\\0&0&1&0\\0&0&0&1\end{bmatrix}\tag{7.14}$$

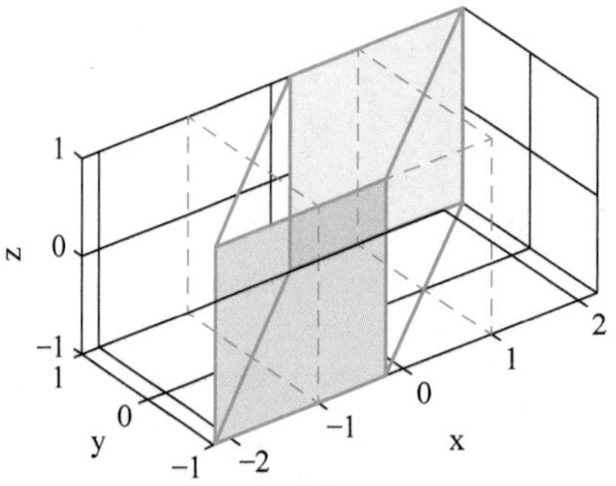

(a) 平行于正面和背面

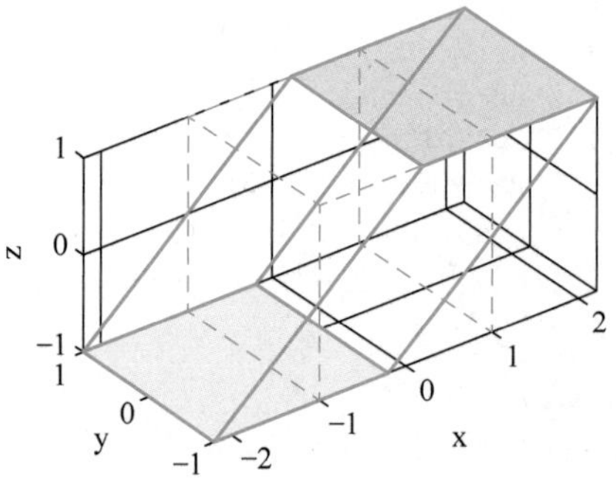

(b) 平行于顶面和底面

图 7.17 沿 X 轴剪切

同样，沿 Y 轴的剪切可以沿 $X=0$ 平面和 $Z=0$ 平面。一般变换矩阵的形式为

$$\boldsymbol{H}_{y}=\begin{bmatrix}1&0&0&0\\h_1&1&h_2&0\\0&0&1&0\\0&0&0&1\end{bmatrix}\tag{7.15}$$

沿 Z 轴的剪切可以沿 $X=0$ 平面和 $Y=0$ 平面。一般变换矩阵的形式为

$$\boldsymbol{H}_{z}=\begin{bmatrix}1&0&0&0\\0&1&0&0\\h_1&h_2&1&0\\0&0&0&1\end{bmatrix}\tag{7.16}$$

例 7.14 将一个中心在原点，顶点在(−1,1,1)、(1,1,1)、(1,−1,1)、(−1,−1,1)、(−1,1,−1)、(1,1,−1)、(1,−1,−1)和(−1,−1,−1)的立方体以参数(1.2,2.3)进行剪切。确定它的新顶点。

解：

根据式(7.16)，

$$\boldsymbol{H}_{z}=\begin{bmatrix}1&0&0&0\\0&1&0&0\\1.2&2.3&1&0\\0&0&0&1\end{bmatrix}$$

原始坐标矩阵：$\boldsymbol{C}=\begin{bmatrix} -1 & 1 & 1 & -1 & -1 & 1 & 1 & -1 \\ 1 & 1 & -1 & -1 & 1 & 1 & -1 & -1 \\ 1 & 1 & 1 & 1 & -1 & -1 & -1 & -1 \\ 1 & 1 & 1 & 1 & 1 & 1 & 1 & 1 \end{bmatrix}$；

新坐标矩阵：$\boldsymbol{D}=\boldsymbol{H}_z\boldsymbol{C}$；

新顶点：(−1.00,1.00,2.10)、(1.00,1.00,4.50)、(1.00,−1.00,−0.10)、(−1.00,−1.00,−2.50)、(−1.00,1.00,0.10)、(1.00,1.00,2.50)、(1.00,−1.00,−2.10)和(−1.00,−1.00,−4.50)，参见图7.18。

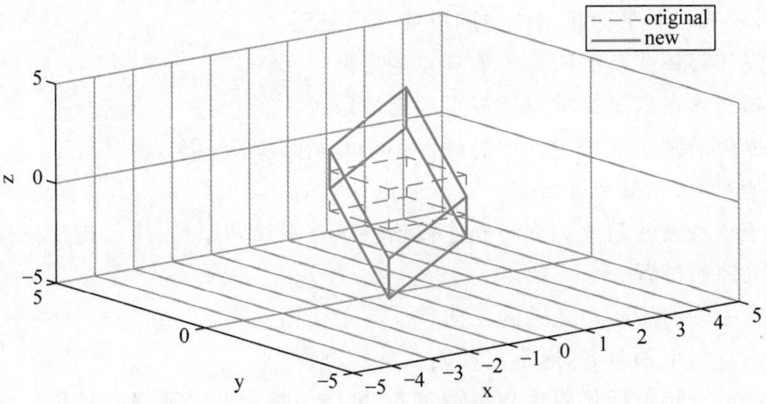

图 7.18　例 7.14 的绘图

MATLAB Code 7.14

```
clear all; clc;
h1 = 1.2; h2 = 2.3;
H = [1, 0, 0, 0 ; 0, 1, 0, 0 ; h1, h2, 1, 0 ; 0, 0, 0, 1];
p1 = [-1,1,1];
p2 = [1,1,1];
p3 = [1,-1,1];
p4 = [-1,-1,1];
p5 = [-1,1,-1];
p6 = [1,1,-1];
p7 = [1,-1,-1];
p8 = [-1,-1,-1];
C = [p1'p2'p3'p4'p5'p6'p7'p8'; 1 1 1 1 1 1 1 1 ];
D = H*C;
fprintf('New vertices : \n');
for i=1:8
    fprintf('(%.2f, %.2f, %.2f) \n',D(1,i), D(2,i), D(3,i));
end

%plotting
C = [p1'p2'p3'p4'p1'p5'p6'p7'p8'p5'p8'p4'p3'p7'p6'p2';
1 1 1 1 1 1 1 1 1 1 1 1 1 1 1 1];
D = H*C;
plot3(C(1,:), C(2,:), C(3,:), 'b--'); hold on;
plot3(D(1,:), D(2,:), D(3,:), 'b-', 'LineWidth', 1.5); grid;
xlabel('x'); ylabel('y'); zlabel('z');
```

```
legend('original', 'new');
axis([-5 5 -5 5 -5 5]); hold off;
```

7.13 本章小结

以下几点总结了本章讨论的主题：

- 三维空间中的坐标是使用右手坐标系测量的。
- 角度沿逆时针方向被视为正，沿顺时针方向被视为负。
- X 轴、Y 轴和 Z 轴是在原点相交的相互成直角的主轴。
- XY、YZ 和 ZX 平面将三维空间分成 8 个卦限。
- 平移操作将正或负的增量添加到点的坐标。
- 缩放操作将点的坐标乘以正或负的缩放因子。
- 旋转操作沿围绕 3 个主轴中的任何一个的圆弧移动一个点。
- 默认情况下，缩放和旋转是相对于原点计算的。
- 相对于任意点的缩放和旋转操作包括将该点平移到原点、执行指定操作以及反向平移到其原始位置。
- 平行于主轴的旋转与主轴的正向和反向平移相关联。
- 要将向量与主轴对齐，通常需要两次旋转操作。
- 围绕向量旋转包括将向量与主轴对齐、围绕该轴旋转以及将向量反向对齐到其原始位置。
- 绕任意线旋转包括将其平移到原点、将其与主轴对齐、围绕该轴旋转、反向对齐以及反向平移到其原始位置。
- 关于主平面的反射会反转沿垂直于该平面的轴的坐标值。
- 剪切涉及通过添加与沿其他轴的坐标值成比例的量来改变沿一个轴的坐标值。

7.14 复习题

1. 三维空间的右手坐标系是什么意思？
2. 为什么在三维空间中有 3 种不同的旋转矩阵？
3. 正反平移因子是什么意思？
4. 正负比例因子是什么意思？
5. 什么被认为是围绕任何主轴的正旋转方向？
6. 如何计算相对于任意点的缩放和旋转？
7. 平行于主轴的旋转矩阵是如何计算的？
8. 向量如何与主轴对齐？
9. 如何计算平行于主平面的反射？
10. 为什么沿主轴的剪切操作涉及两种不同的选择？

7.15 练习题

1. 将坐标为(2,2,2)的点绕 Y 轴旋转 45°，然后绕 Z 轴旋转 60°。找到它的新坐标。如

果先绕 Z 轴旋转 60°,然后绕 Y 轴旋转 45°,检查两种情况下原始点的最终位置是否相同或不同。

2. 求点 $\boldsymbol{P}(k,-k,k)$ 在绕 XZ 平面上的原点顺时针旋转 30°时的新坐标,其中 k 是常数。

3. 一条线平行于 Y 轴并连接点 $\boldsymbol{P}(k,-k,k)$ 和 $\boldsymbol{Q}(k,0,k)$,其中 k 是常数。推导绕线按角度 θ 旋转的变换矩阵。假设 $\sin\theta=0.76$ 和 $\cos\theta=0.65$。

4. 将点 $\boldsymbol{P}(1,2,3)$ 围绕连接点 $\boldsymbol{M}(2,1,0)$ 和 $\boldsymbol{N}(3,3,1)$ 的直线在 CW 方向上旋转 77°。计算该点的新坐标。

5. 求相对于通过原点且法向量 $\boldsymbol{N}=\boldsymbol{i}+\boldsymbol{j}+\boldsymbol{k}$ 的平面的反射变换矩阵。

6. 求相对于平面:$2x-y+2z-2=0$ 反射的变换矩阵。

7. 考虑一个顶点在原点和边长度为 1 的立方体。它首先受到一个剪切 $x_2=x_1+ay_1$,然后受到另一个剪切 $y_2=y_1+bx_1$,其中 $a=2$ 和 $b=3$。求立方体顶点的最终坐标。

8. 找出使下列向量与正 Z 轴对齐的变换:(a) $2\boldsymbol{i}+\boldsymbol{j}+2\boldsymbol{k}$,(b) $2\boldsymbol{i}-\boldsymbol{j}+2\boldsymbol{k}$ 和(c) $2\boldsymbol{i}-\boldsymbol{j}-2\boldsymbol{k}$。

9. 获得一个将向量 $\boldsymbol{k}$ 与向量 $\boldsymbol{i}+\boldsymbol{j}+\boldsymbol{k}$ 对齐的变换。

10. 证明点 $\boldsymbol{P}(k,-2k,3k)$ 在先绕 Y 轴旋转 30°,接着绕 Z 轴旋转 −30°后的新坐标由 $\boldsymbol{Q}(k/2,-3\sqrt{3}k/2,k)$ 给出,其中 k 是常数。

第8章

曲　面

8.1　引言

曲面定义了三维图形对象和模型的形状和轮廓。最基本的曲面类型是平面。平面已在第 6 章中讨论过。本章将重点关注弯曲的曲面。曲面通常使用正交方向上的两条样条 u 和 v 进行建模。根据样条曲线的类型,可以相应地命名曲面,例如贝塞尔曲面或 B 样条曲面。基于样条的曲面通常有一个与之关联的控制点网格,使用该网格可以修改曲面的形状[Foley et al.,1995]。图 8.1 显示了一个由沿着 u 的二次曲线和沿着 v 的三次曲线组成的曲面。除了曲面结构,本章还介绍了曲面外观。曲面外观由纹理和照明决定。纹理映射为曲面表面提供逼真的外观,并广泛应用于三维图形模型,例如木桌或金属板。照明决定了曲面表面的亮度和阴影。曲面可以根据其数学表示分为两大类:隐式和参数化。隐式曲面具有 $f(x,y,z)=0$ 形式的方程,而参数曲面使用参数变量即表示为$\{x(u,v),y(u,v),z(u,v)\}$。曲面也可以根据生成方法进行分类,例如拉伸和旋转。

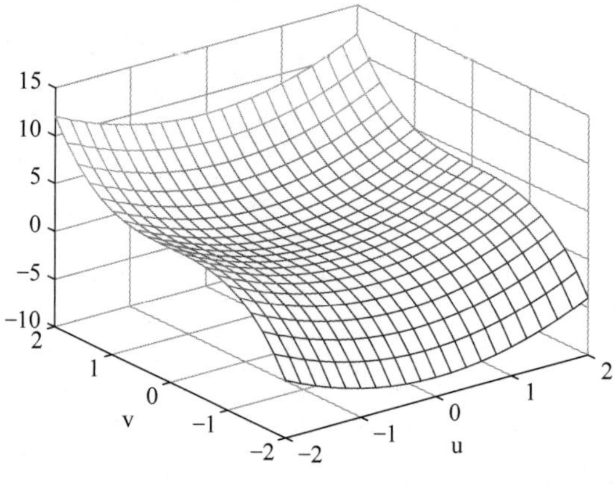

图 8.1　基于样条的曲面

8.2 参数曲面

回想第 1 章,参数形式的二维曲线表示为 $C(t)=\{x(t),y(t)\}$,其中 t 是在指定间隔上定义的参数变量。这本质上意味着,当 t 在这个范围内具有不同的值时,函数 $x(t)$ 和 $y(t)$ 沿二维图形的 x 轴和 y 轴生成值,两者共同决定曲线 $C(t)$ 的轨迹。例如,$C(t)=\{r-\cos t, r-\sin t\}$ 表示二维平面上半径为 r 的圆,因为 t 在 $0\sim 2\pi$ 变化。参数曲面是此概念在三维中的扩展。现在我们有了两个参数变量 u、v(而不是两个函数 $x(t)$、$y(t)$),三个函数 $x(u,v)$,$y(u,v)$,$z(u,v)$,它们共同在三维空间中生成了一个曲面 $S(u,v)$。在一些书中,参数变量被称为 s 和 t,而不是 u 和 v。

$$S(u,v)=\{x(u,v),y(u,v),z(u,v)\} \tag{8.1}$$

因此,曲面上的任何点都由沿三个正交轴的三个值决定。若函数的次数为 1,则生成的曲面是平坦的;否则,它们是弯曲的。要可视化参数曲面,请考虑以下函数:$x=u+v$、$y=u-v$、$z=\text{abs}(u+v)$。XY 平面的二维图形如图 8.2(a)所示,范围为 $-2\leqslant u,v<2$,它描绘了一个四边形形状的平面。对于平面上的每个点,若沿 Z 轴绘制第三个值,则生成的三维图形如图 8.2(b)所示。它描绘了在 XY 平面上相交的两个平面。

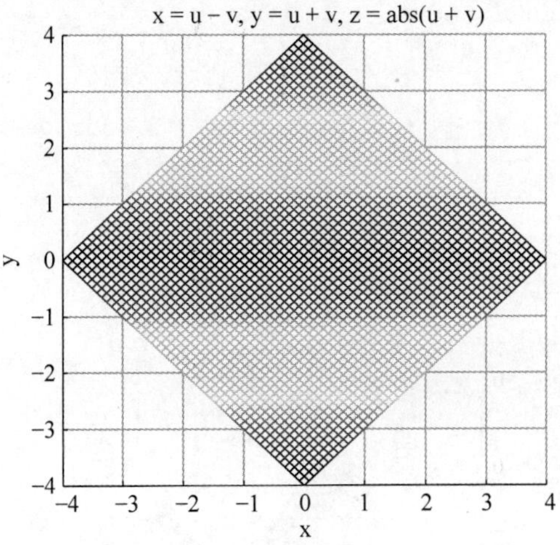

(a) 二维视图

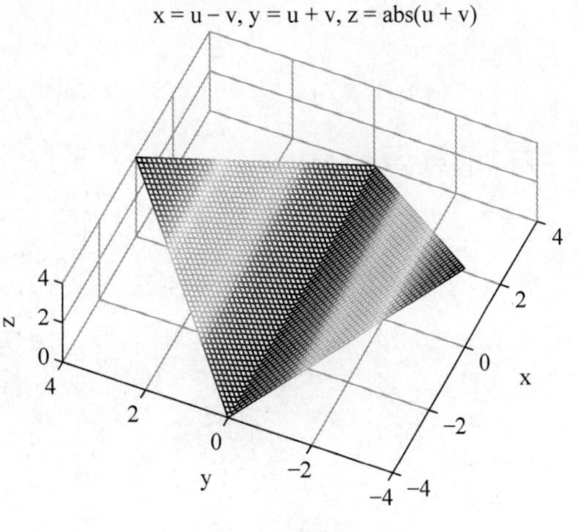

(b) 三维视图

图 8.2 线性参数曲面

若函数的次数大于 1,则生成的曲面通常是弯曲的。图 8.3 显示了由参数函数生成的曲面:$x=u^2,y=2uv,z=v^2$。

例 8.1 参数化曲面 $S=(u-v,u+v,u^2-v^2)$ 使用 $\boldsymbol{T}(3,5,4)$ 平移,然后绕 Z 轴旋转 90°。给出结果曲面的参数表示。

解:

平移:$\boldsymbol{T}_1=\boldsymbol{T}(3,5,4)$;

旋转:$\boldsymbol{R}_1=\boldsymbol{R}_z(90°)$。

复合变换:$\boldsymbol{M}=\boldsymbol{R}_1\boldsymbol{T}_1=\begin{bmatrix}0 & -1 & 0 & -5\\1 & 0 & 0 & 3\\0 & 0 & 1 & 4\\0 & 0 & 0 & 1\end{bmatrix}$;

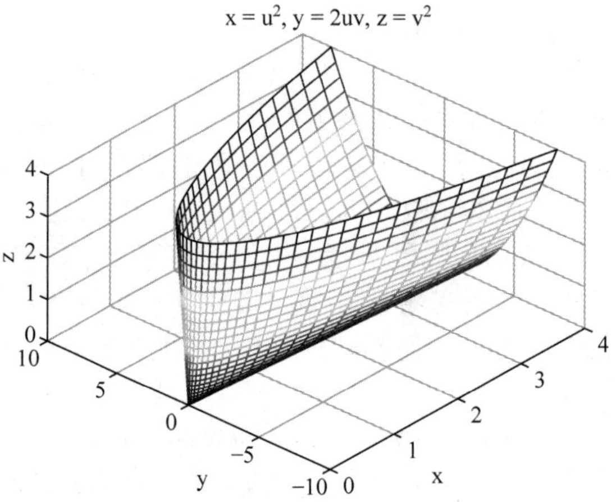

图 8.3 非线性参数曲面

原始曲线：$\boldsymbol{P}=\begin{bmatrix}u-v\\u+v\\u^2-v^2\\1\end{bmatrix}$；

新的曲线：$\boldsymbol{Q}=\boldsymbol{MP}=\begin{bmatrix}u-v-5\\u-v+3\\u^2-v^2+4\\1\end{bmatrix}$；

需要的曲线方程：$S(u,v)=(u-v-5,u-v+3,u^2-v^2-4)$，参见图 8.4。

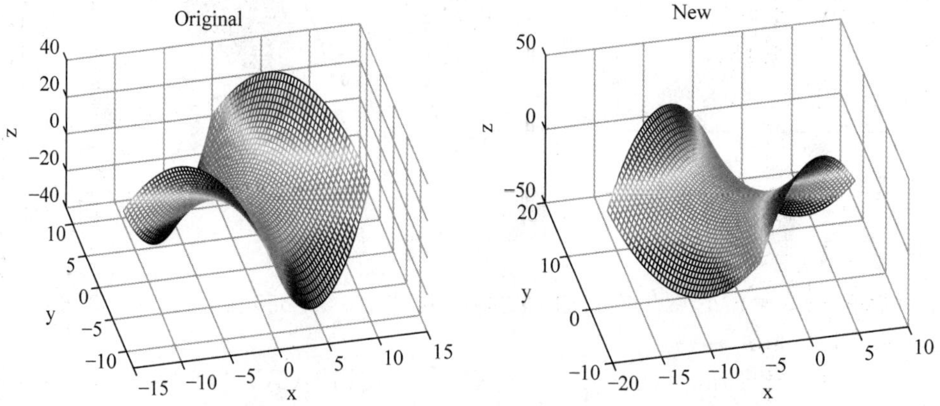

(a) 原始图　　(b) 新图

图 8.4 例 8.1 的绘图

MATLAB Code 8.1

```
clear all; clc;
syms u v;
tx = 3; ty = 5; tz = 4;
A = deg2rad(90);
P = [u - v ; u + v ; u^2 - v^2 ; 1]
```

```
T1 = [1, 0, 0, tx ; 0, 1, 0, ty ; 0, 0, 1, tz ; 0, 0, 0, 1];
R1 = [cos(A), - sin(A), 0, 0 ; sin(A), cos(A), 0, 0 ; 0, 0, 1, 0 ; 0, 0, 0, 1];
M = R1 * T1;
Q = R1 * T1 * P;
Q = eval(Q)
subplot(121)
ezmesh(P(1), P(2), P(3)); title('Original');
view( - 13, 48);
subplot(122)
ezmesh(Q(1), Q(2), Q(3)); title('New');
view( - 13, 48);
```

注解

ezmesh：为函数 $z=f(x,y)$ 创建网格。

8.3 贝塞尔曲面

贝塞尔曲面由贝塞尔样条曲线创建，本质上是一个参数曲面[Hearn and Baker，1996]。但是，贝塞尔曲面通常是根据其关联的控制点来定义的。使用一次多项式的贝塞尔曲线可以表示为：$f(t)=(1-t)P_0+tP_1=\begin{bmatrix}1-t & t\end{bmatrix}\begin{bmatrix}P_0\\P_1\end{bmatrix}$。

使用沿正交方向的两个一次贝塞尔样条生成双线性贝塞尔曲面，并具有如下所示的方程，其中 P_{00} 和 P_{01} 是第一个样条的控制点，P_{10} 和 P_{11} 是第二个样条的控制点。

$$S(u,v)=\begin{bmatrix}1-u & u\end{bmatrix}\begin{bmatrix}P_{00} & P_{01}\\P_{10} & P_{11}\end{bmatrix}\begin{bmatrix}1-v\\v\end{bmatrix} \tag{8.2}$$

例 8.2 使用以下控制点求双线性贝塞尔曲面方程：$P_{00}=(0,0,1)$，$P_{01}=(1,1,1)$，$P_{10}=(1,0,0)$，$P_{11}=(0,1,0)$。

解：

根据式(8.2)，

$$x(u,v)=\begin{bmatrix}1-u & u\end{bmatrix}\begin{bmatrix}0 & 1\\1 & 0\end{bmatrix}\begin{bmatrix}1-v\\v\end{bmatrix}=u+v-2uv$$

$$y(u,v)=\begin{bmatrix}1-u & u\end{bmatrix}\begin{bmatrix}0 & 1\\0 & 1\end{bmatrix}\begin{bmatrix}1-v\\v\end{bmatrix}=v$$

$$z(u,v)=\begin{bmatrix}1-u & u\end{bmatrix}\begin{bmatrix}1 & 1\\0 & 0\end{bmatrix}\begin{bmatrix}1-v\\v\end{bmatrix}=1-u$$

需要的曲面方程：$S(u,v)=(u+v-2uv,v,1-u)$，参见图 8.5。

MATLAB Code 8.2

```
clear all; clc;
P00 = [0,0,1];
P01 = [1,1,1];
P10 = [1,0,0];
P11 = [0,1,0];
syms u v;
```

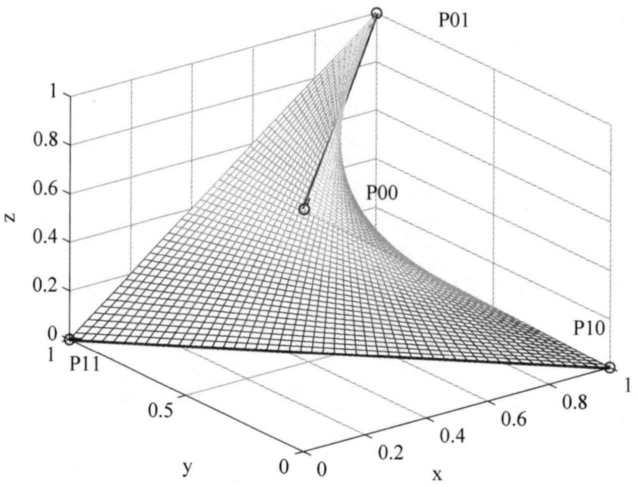

图 8.5 例 8.2 的绘图

```
x00 = P00(1); x01 = P01(1); x10 = P10(1); x11 = P11(1);
y00 = P00(2); y01 = P01(2); y10 = P10(2); y11 = P11(2);
z00 = P00(3); z01 = P01(3); z10 = P10(3); z11 = P11(3);
x = [1 - u, u] * [x00, x01 ; x10, x11] * [1 - v ; v]; x = simplify(x)
y = [1 - u, u] * [y00, y01 ; y10, y11] * [1 - v ; v]; y = simplify(y)
z = [1 - u, u] * [z00, z01 ; z10, z11] * [1 - v ; v]; z = simplify(z)
ezmesh(x, y, z, [0,1,0,1]); hold on;
plot3([P00(1) P01(1)], [P00(2) P01(2)], [P00(3) P01(3)], 'b-', 'LineWidth', 2);
plot3([P00(1) P01(1)], [P00(2) P01(2)], [P00(3) P01(3)], 'bo');
plot3([P10(1) P11(1)], [P10(2) P11(2)], [P10(3) P11(3)], 'b-', 'LineWidth', 2);
plot3([P10(1) P11(1)], [P10(2) P11(2)], [P10(3) P11(3)], 'bo');
text(x00 + 0.2, y00, z00, 'P00');
text(x01 + 0.2, y01, z01, 'P01');
text(x10 - 0.1, y10, z10 + 0.2, 'P10');
text(x11, y11, z11 - 0.1, 'P11');
hold off;
```

二次贝塞尔曲线由等式给出：$\begin{bmatrix}(1-t)^2 & 2t(1-t) & t^2\end{bmatrix}\begin{bmatrix}P_0\\P_1\\P_2\end{bmatrix}$

因此，双二次贝塞尔曲面由下式给出，其中需要指定 3×3 或 9 个控制点的网格。

$$S(u,v)=\begin{bmatrix}(1-u)^2 & 2u(1-u) & u^2\end{bmatrix}\begin{bmatrix}P_{00} & P_{01} & P_{02}\\P_{10} & P_{11} & P_{12}\\P_{20} & P_{21} & P_{22}\end{bmatrix}\begin{bmatrix}(1-v)^2\\2v(1-v)\\v^2\end{bmatrix} \tag{8.3}$$

类似地，三次贝塞尔曲面与 4×4 或 16 个控制点的网格相关联。

例 8.3 双二次贝塞尔曲面具有以下控制点：$P_{00}=(1,-1,0)$、$P_{01}=(4,3,0)$、$P_{02}=(5,-2,0)$、$P_{10}=(1,1,3)$、$P_{11}=(3,2,3)$、$P_{12}=(5,1,3)$、$P_{20}=(1,-1,5)$、$P_{21}=(4,3,5)$、$P_{22}=(5,-2,5)$。找到它的方程。

解：

根据式(8.3)，

$$x(u,v)=[(1-u)^2 \quad 2u(1-u) \quad u^2]\begin{bmatrix}1&4&5\\1&3&5\\1&4&5\end{bmatrix}\begin{bmatrix}(1-v)^2\\2v(1-v)\\v^2\end{bmatrix}$$

$$=-4u^2v^2+4u^2v+4uv^2-4uv-2v^2+6v+1$$

$$y(u,v)=[(1-u)^2 \quad 2u(1-u) \quad u^2]\begin{bmatrix}-1&3&-2\\1&2&1\\-1&3&-2\end{bmatrix}\begin{bmatrix}(1-v)^2\\2v(1-v)\\v^2\end{bmatrix}$$

$$=-14u^2v^2+12u^2v+14uv^2-4u^2-12uv-9v^2+4u+8v-1$$

$$z(u,v)=[(1-u)^2 \quad 2u(1-u) \quad u^2]\begin{bmatrix}0&0&0\\3&3&3\\5&5&5\end{bmatrix}\begin{bmatrix}(1-v)^2\\2v(1-v)\\v^2\end{bmatrix}=-u(u-6)$$

所需的曲面方程为 $S(u,v)=\{x(u,v),y(u,v),z(u,v)\}$，参见图 8.6。

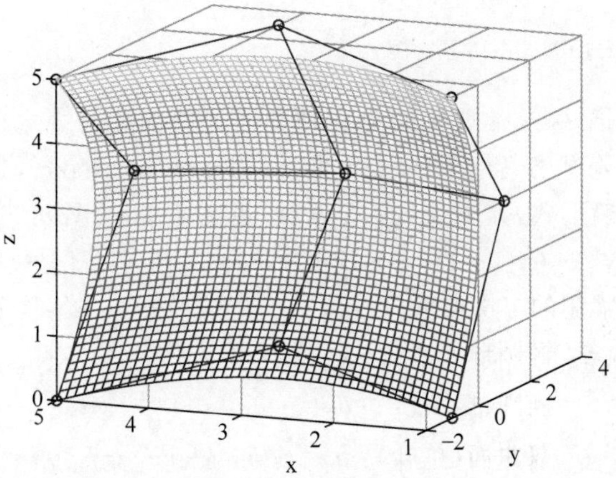

图 8.6 例 8.3 的绘图

MATLAB Code 8.3

```
clear all; clc;
P00 = [1, -1, 0]; P01 = [4 3, 0]; P02 = [5, -2, 0];
P10 = [1, 1, 3]; P11 = [3 2, 3]; P12 = [5, 1, 3];
P20 = [1, -1, 5]; P21 = [4 3, 5]; P22 = [5, -2, 5];
syms u v;
x00 = P00(1); x01 = P01(1); x02 = P02(1);
x10 = P10(1); x11 = P11(1); x12 = P12(1);
x20 = P20(1); x21 = P21(1); x22 = P22(1);
y00 = P00(2); y01 = P01(2); y02 = P02(2);
y10 = P10(2); y11 = P11(2); y12 = P12(2);
y20 = P20(2); y21 = P21(2); y22 = P22(2);
z00 = P00(3); z01 = P01(3); z02 = P02(3);
z10 = P10(3); z11 = P11(3); z12 = P12(3);
z20 = P20(3); z21 = P21(3); z22 = P22(3);
x = [(1 - u)^2, 2*u*(1 - u), u^2]*[x00 x01 x02 ; x10 x11 x12; x20 x21 x22]...
*[(1 - v)^2 ; 2*v*(1 - v) ; v^2] ; x = simplify (x)
y = [(1 - u)^2, 2*u*(1 - u), u^2]*[y00 y01 y02 ; y10 y11 y12; y20 y21 y22]...
```

```
*[(1 - v)^2 ; 2*v*(1 - v) ; v^2] ; y = simplify(y);
z = [(1 - u)^2, 2*u*(1 - u), u^2]*[z00 z01 z02 ; z10 z11 z12; z20 z21 z22]...
*[(1 - v)^2 ; 2*v*(1 - v) ; v^2] ; z = simplify(z);
ezmesh(x, y, z, [0,1,0,1]); hold on;

% plotting control points
plot3([P00(1) P01(1) P02(1)], [P00(2) P01(2) P02(2)], [P00(3) P01(3) P02(3)], 'b-');
plot3([P00(1) P01(1) P02(1)], [P00(2) P01(2) P02(2)], [P00(3) P01(3) P02(3)], 'bo');
plot3([P10(1) P11(1) P12(1)], [P10(2) P11(2) P12(2)], [P10(3) P11(3) P12(3)], 'b-');
plot3([P10(1) P11(1) P12(1)], [P10(2) P11(2) P12(2)], [P10(3) P11(3) P12(3)], 'bo');
plot3([P20(1) P21(1) P22(1)], [P20(2) P21(2) P22(2)], [P20(3) P21(3) P22(3)], 'b-');
plot3([P20(1) P21(1) P22(1)], [P20(2) P21(2) P22(2)], [P20(3) P21(3) P22(3)], 'bo');
plot3([P00(1) P10(1) P20(1)], [P00(2) P10(2) P20(2)], [P00(3) P10(3) P20(3)], 'b-');
plot3([P02(1) P12(1) P22(1)], [P02(2) P12(2) P22(2)], [P02(3) P12(3) P22(3)], 'b-');
plot3([P01(1) P11(1) P21(1)], [P01(2) P11(2) P21(2)], [P01(3) P11(3) P21(3)], 'b-');
view(157, -14);
hold off;
```

8.4 隐式曲面

除了参数曲面，图形中最常遇到的另一种类型的曲面称为隐式曲面，其方程的形式为 $f(x,y,z)=0$。二次隐式方程也称为二次曲面[Hearn and Baker，1996；Rovenski，2010]并具有如下所示的一般形式，其中 $A \sim J$ 是常数(见图 8.7 ～ 图 8.11)：

$$Ax^2 + By^2 + Cz^2 + Dxy + Eyz + Fzx + Gx + Hy + Iz + J = 0 \tag{8.4}$$

下面列出了一些常用的二次曲面：

$$\text{椭圆球：} ax^2 + by^2 + cz^2 = k \tag{8.5}$$

$$\text{椭圆锥：} ax^2 + by^2 - cz^2 = 0 \tag{8.6}$$

$$\text{双曲面(单叶)：} ax^2 + by^2 - cz^2 = k \tag{8.7}$$

$$\text{双曲面(双叶)：} ax^2 + by^2 - cz^2 = -k \tag{8.8}$$

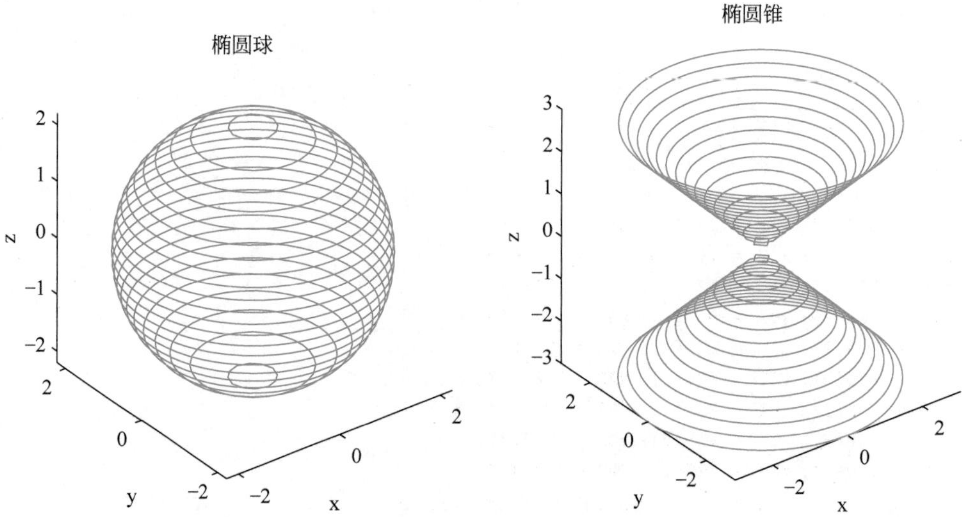

图 8.7 二次曲面：椭圆球和椭圆锥

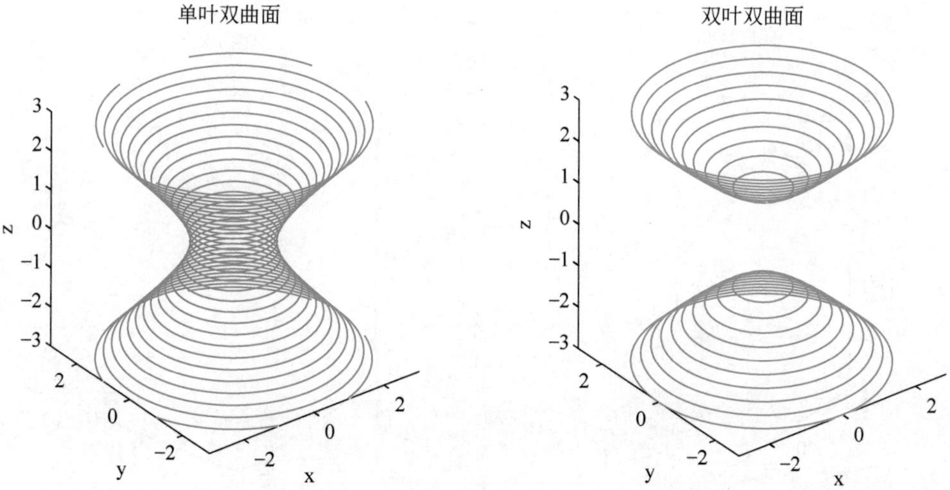

图 8.8 二次曲面：单叶双曲面和双叶双曲面

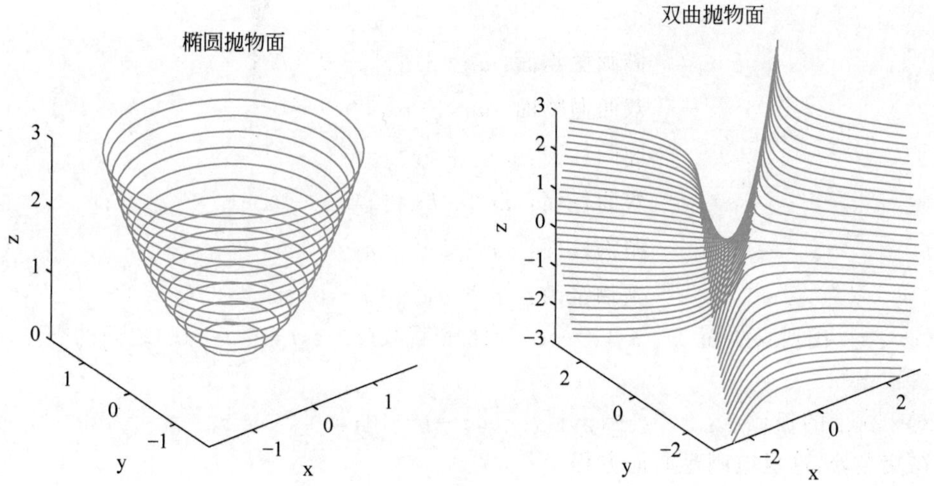

图 8.9 二次曲面：椭圆抛物面和双曲抛物面

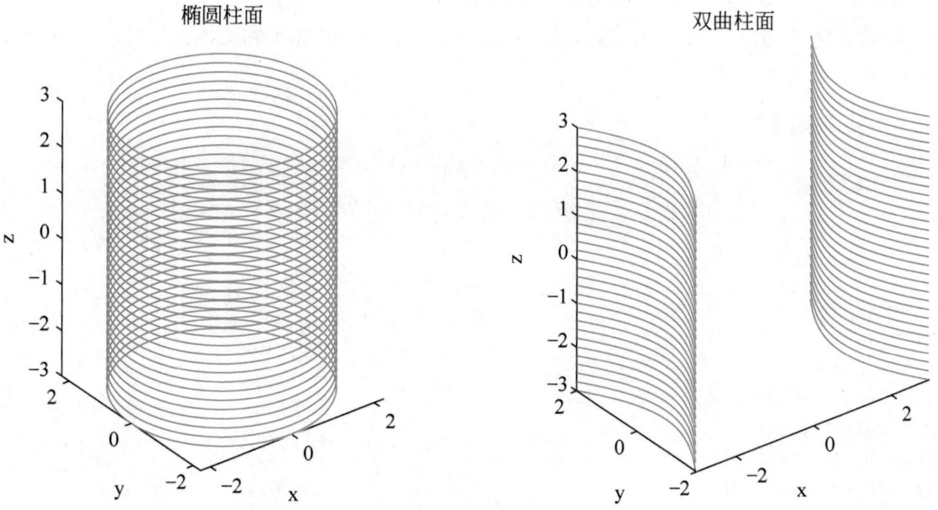

图 8.10 二次曲面：椭圆柱面和双曲柱面

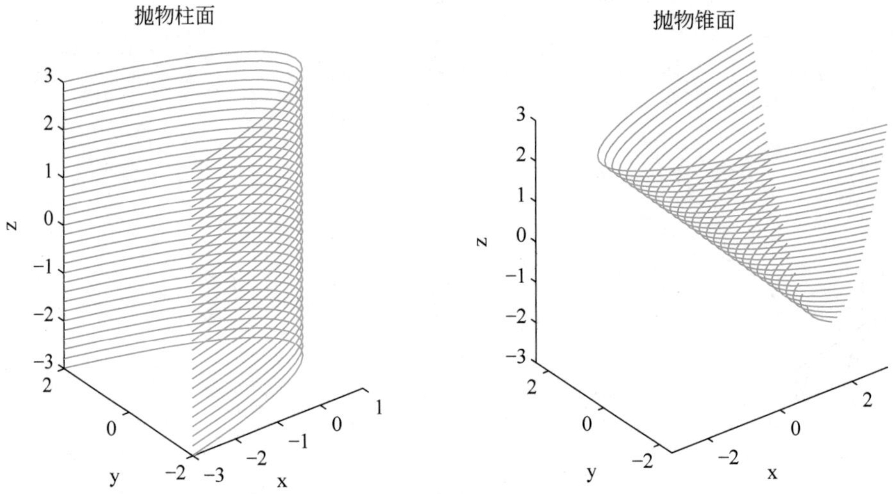

图 8.11　二次曲面：抛物柱面和抛物锥面

$$椭圆抛物面：ax^2+by^2-z=0 \tag{8.9}$$

$$双曲抛物面：ax^2-by^2-z=0 \tag{8.10}$$

$$椭圆柱面：ax^2+by^2=k \tag{8.11}$$

$$双曲柱面：ax^2-by^2=k \tag{8.12}$$

$$抛物柱面：ax+by^2=k \tag{8.13}$$

$$抛物锥面：ax-by^2+z=0 \tag{8.14}$$

例 8.4　找到双曲面 $2x^2+3y^2-z^2=16$ 和直线 $(t-4,t-5,t+10)$ 之间的交点。

解：

对于线上的任意点：$x=t-4, y=t-5, z=t+10$；

在交点处，这也应满足曲面方程。

代入：$2(t-4)^2+3(t-5)^2-(t+10)^2=16$；

化简：$4t^2-66t-9=0$，其解为 $t=-0.1353, 16.6353$。

代入后，交点为（-4.135255，-5.135255，9.864745）和（12.635255，11.635255，26.635255）。

验证（见图 8.12）：

$$2(-4.135255)^2+3(-5.135255)^2-(9.864745)^2=16$$

$$2(12.635255)^2+3(11.635255)^2-(26.635255)^2=16$$

MATLAB Code 8.4

```
clear; clc;
syms t;
x = t - 4; y = t - 5; z = t + 10;
P = 2 * x^2 + 3 * y^2 - z^2 - 16;
R = solve(P);
R1 = R(1); eval(R1);
R2 = R(2); eval(R2);
X1 = subs(x, 't', R1); X1 = eval(X1);
```

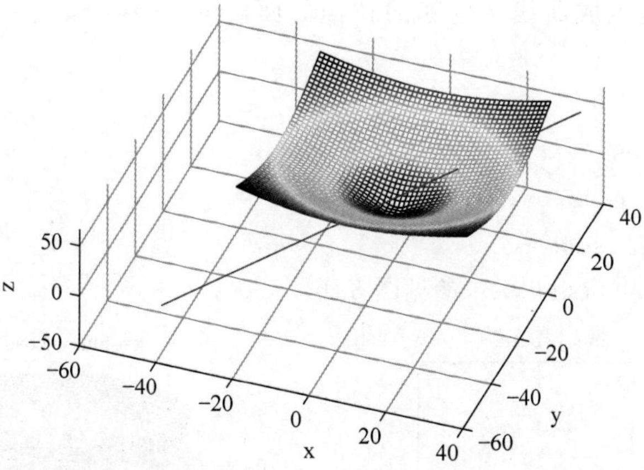

图 8.12 例 8.4 的绘图

```
Y1 = subs(y, 't', R1); Y1 = eval(Y1);
Z1 = subs(z, 't', R1); Z1 = eval(Z1);
X2 = subs(x, 't', R2); X2 = eval(X2);
Y2 = subs(y, 't', R2); Y2 = eval(Y2);
Z2 = subs(z, 't', R2); Z2 = eval(Z2);
fprintf('Point of intersection 1 : \n a = ( %f, %f, %f)\n', X1, Y1, Z1);
fprintf('Point of intersection 2 : \n b = ( %f, %f, %f)\n', X2, Y2, Z2);

% verification
vrf1 = subs(P, [x, y, z], [X1, Y1, Z1]); eval(vrf1)
vrf2 = subs(P, [x, y, z], [X2, Y2, Z2]); eval(vrf2)

% plotting
syms u v;
x = u;
y = v;
z = sqrt(2 * u^2 + 3 * v^2 - 16);
k = 30; ezmesh(x,y,z, [ - k,k, - k,k, - k,k]);
hold on;
ezplot3('t - 4', 't - 5', 't + 10', [ - 40, 40]);
view(20, 64); hold off;
```

注解

ezplot3：直接在三维环境中绘制符号变量。

8.5 拉伸曲面

当二维平面曲线在垂直于平面的方向上沿直线移动时，会生成拉伸曲面(挤压曲面)[O'Rourke,2003]。若生成曲线表示为 $C(u)=\{x(u),y(u)\}$，则生成的曲面以参数形式表示：

$$S(u,v)=\{x(u),y(u),v\} \tag{8.15}$$

这里 $0\leqslant u\leqslant 1, 0\leqslant v\leqslant h$，其中 u 沿包含曲线的平面，v 垂直于该平面，h 是曲线移动的最大距离。

例 8.5 找到由生成曲线所创建的拉伸曲面：(a) $x=\sin u$，$y=\cos u$ 和(b) $x=\sin(2u)$，$y=\sin u$。

解：

(a) $C=\{\sin u, \cos u\}$；

$S(u,v)=\{\sin u, \cos u, v\}$。

(b) $C=\{\sin(2u), \sin u\}$；

$S(u,v)=\{\sin(2u), \sin u, v\}$，参见图 8.13。

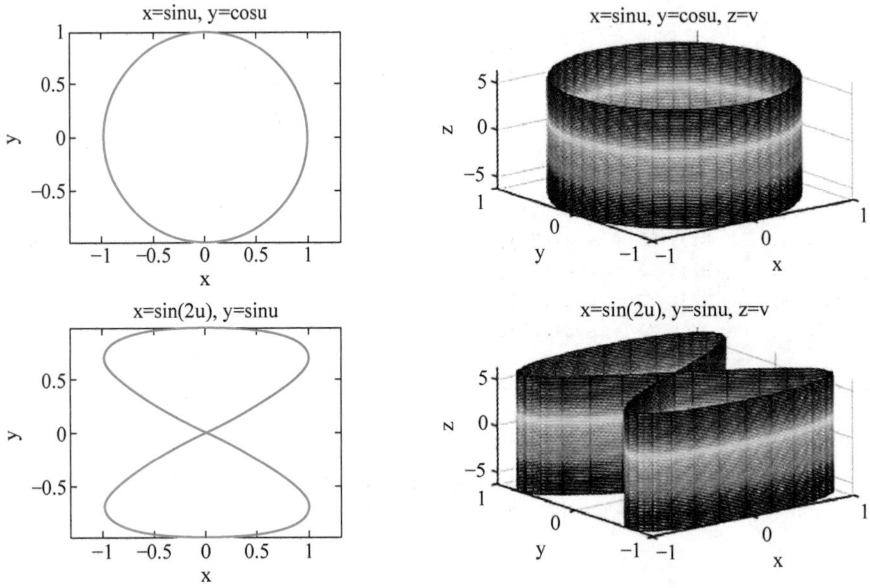

图 8.13 例 8.5 的绘图

MATLAB Code 8.5

```
clear all; clc;
syms u v;
x1 = sin(u); y1 = cos(u); z1 = v;
C1 = [x1, y1]
S1 = [x1, y1, z1]
x2 = sin(2 * u); y2 = sin(u); z2 = v;
C2 = [x2, y2]
S2 = [x2, y2, z2]
subplot(221), ezplot(C1(1), C1(2));
subplot(222), ezmesh(S1(1), S1(2), S1(3));
subplot(223), ezplot(C2(1), C2(2));
subplot(224), ezmesh(S2(1), S2(2), S2(3));
```

8.6 旋转曲面

当二维平面曲线绕轴旋转时，会创建旋转曲面[O'Rourke，2003；Rovenski，2010]。若生成曲线表示为 $C(u)=\{x(u), y(u)\}$，则所得曲面以参数形式表示为

$$S(u,v)=\{x(u)\cos v, x(u)\sin v, y(u)\} \tag{8.16}$$

式中，$0\leqslant u\leqslant 1,0\leqslant v\leqslant 2\pi$。若 $v=2\pi$，则曲面是封闭的，若 $v<2\pi$，则曲面是开放的。注意，在三维空间中，二维曲线在 XZ 平面上生成，并在 XY 平面中的圆上旋转。若需要在 XY 平面中绘制曲线并在 XZ 平面上旋转，则式(8.16)应改写为

$$S(u,v)=\{x(u)\cos v,y(u),x(u)\sin v\} \tag{8.17}$$

例 8.6　证明直线的旋转可以产生圆柱和圆锥，圆的旋转可以产生球面和圆环。找到结果曲面的方程。另外，从旋转正弦曲线生成曲面。

解：

圆柱体：

曲线：$x=2,y=u,C(u)=\{x(u),y(u)\}$；

曲面：$S(u,v)=\{2\cos v,2\sin v,u\}$。

圆锥体：

曲线：$x=u,y=u,C(u)=\{x(u),y(u)\}$；

曲面：$S(u,v)=\{u\cos v,u\sin v,u\}$。

圆球体：

曲线：$x=\cos u,y=\sin u,C(u)=\{x(u),y(u)\}$；

曲面：$S(u,v)=\{\cos u\times\cos v,\cos u\times\sin v,\sin u\}$。

圆环体：

曲线：$x=2+\cos u,y=2+\sin u,C(u)=\{x(u),y(u)\}$；

曲面：$S(u,v)=\{[2+\cos u]\cos v,[2+\cos u]\sin v,[2+\sin u]\}$。

正弦体：

曲线：$x=2+\sin u,y=u,C(u)=\{x(u),y(u)\}$；

曲面：$S(u,v)=\{[2+\sin u]\cos v,[2+\sin u]\sin v,u\}$。

曲线：$x=2+\cos u,y=u,C(u)=\{x(u),y(u)\}$；

曲面：$S(u,v)=\{[2+\cos u]\cos v,[2+\cos u]\sin v,u\}$。

参见图 8.14～图 8.16。

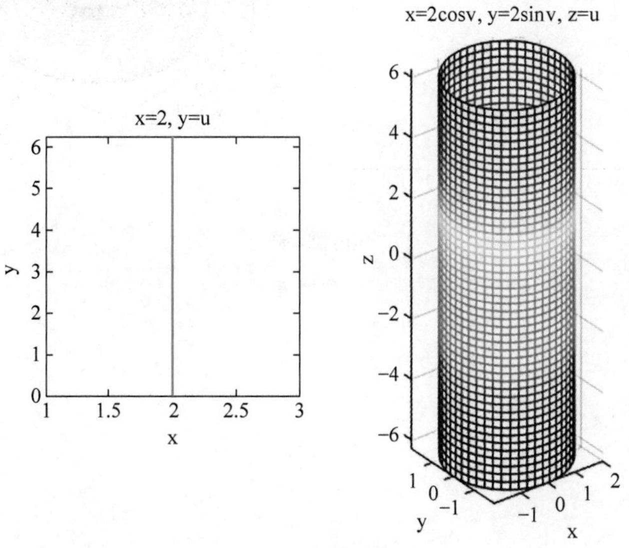

(a) 圆柱体

图 8.14　例 8.6 的绘图

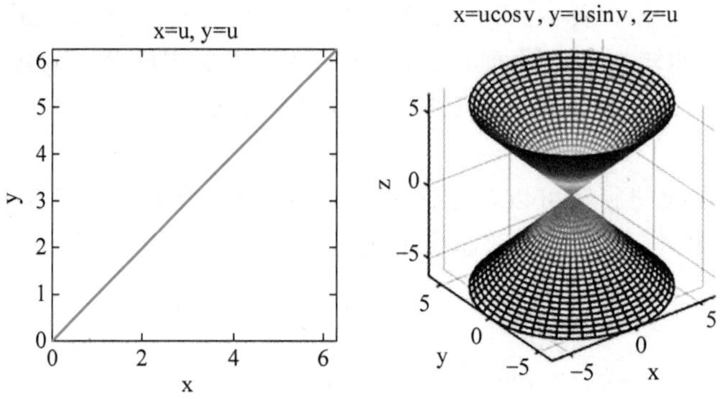

(b) 圆锥体

图 8.14 （续）

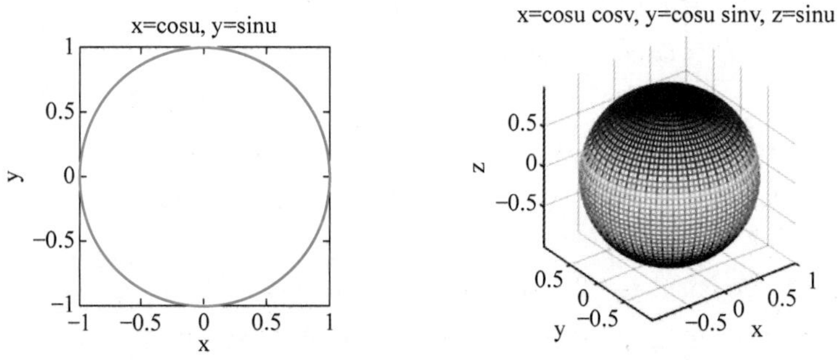

(a) 圆球体

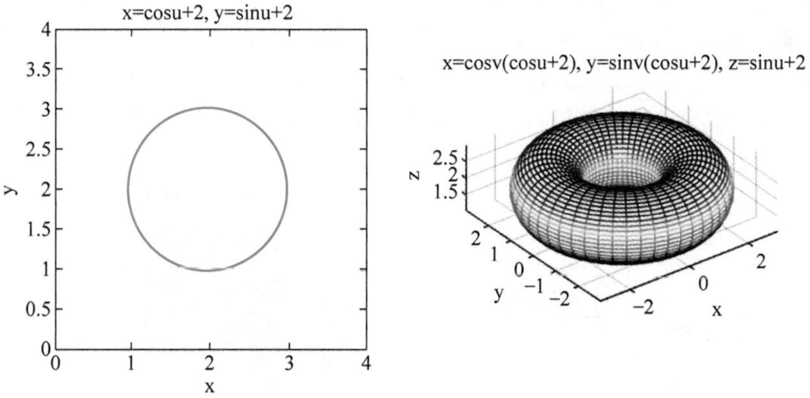

(b) 圆环体

图 8.15 例 8.6 的绘图

MATLAB Code 8.6

```
clear all; clc;
syms u v;

% cylinder
x = 2; y = u;
C = [x, y];
S = [x * cos(v), x * sin(v), y];
figure,
```

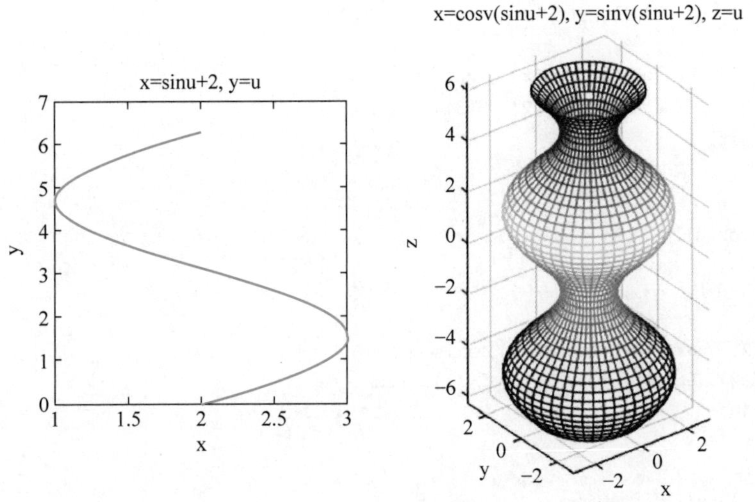

(a) 正弦体

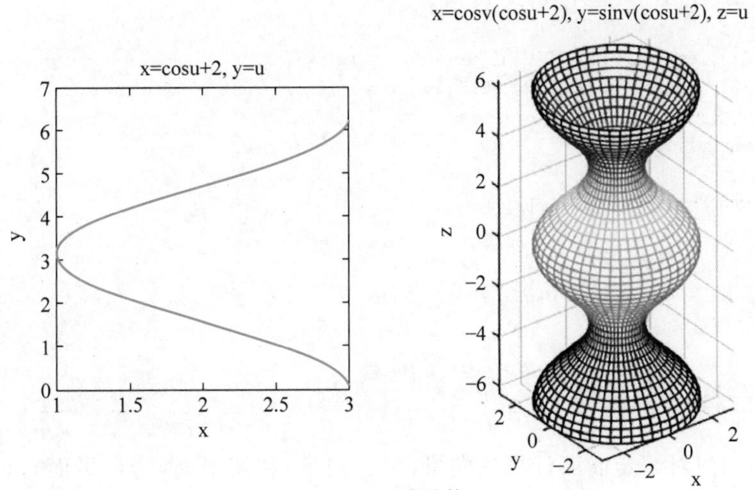

(b) 余弦体

图 8.16 例 8.6 的绘图

```
subplot(121), ezplot(C(1), C(2)); axis square;
subplot(122), ezmesh(S(1), S(2), S(3)); axis equal;
colormap(jet);

% cone
x = u; y = u;
C = [x, y];
S = [x * cos(v), x * sin(v), y];
figure,
subplot(121), ezplot(C(1), C(2)); axis square;
subplot(122), ezmesh(S(1), S(2), S(3)); axis equal;
colormap(jet);

% sphere
x = cos(u); y = sin(u);
C = [x, y];
```

```
S = [x * cos(v), x * sin(v), y];
figure,
subplot(121), ezplot(C(1), C(2)); axis square;
subplot(122), ezmesh(S(1), S(2), S(3)); axis equal;
colormap(jet);

% torus
x = 2 + cos(u); y = 2 + sin(u);
C = [x, y];
S = [x * cos(v), x * sin(v), y];
figure,
subplot(121), ezplot(C(1), C(2)); axis ([0 4 0 4]); axis square;
subplot(122), ezmesh(S(1), S(2), S(3)); axis equal;
colormap(jet);

% sinusoid
x = 2 + sin(u); y = u;
C = [x, y];
S = [x * cos(v), x * sin(v), y];
figure,
subplot(121), ezplot(C(1), C(2)); axis square;
subplot(122), ezmesh(S(1), S(2), S(3)); axis equal;
colormap(jet);
x = 2 + cos(u); y = u;
C = [x, y];
S = [x * cos(v), x * sin(v), y];
figure,
subplot(121), ezplot(C(1), C(2)); axis square;
subplot(122), ezmesh(S(1), S(2), S(3)); axis equal;
colormap(jet);
```

8.7 法向量和切平面

本节介绍如何对给定曲面计算法向量(法线向量)和切平面(切线平面),包括隐式方程和参数方程。

对于 $f(x,y,z)=0$ 形式的隐式方程,点 $p(a,b,c)$处的表面法线由从函数 f 的偏导数获得的向量给出,因为它们是成比例的、到垂直于法线的平面的笛卡儿方程的系数。请参阅第 6 章,了解为什么会这样。

$$\boldsymbol{N}(x,y,z)=\left(\frac{\partial f}{\partial x},\frac{\partial f}{\partial y},\frac{\partial f}{\partial z}\right) \tag{8.18}$$

因此,该点 p 的法线由下式给出:

$$\boldsymbol{N}_p=\boldsymbol{N}(a,b,c)=\left(\frac{\partial f}{\partial x},\frac{\partial f}{\partial y},\frac{\partial f}{\partial z}\right)\bigg|_{(a,b,c)}=\left(\frac{\partial f_p}{\partial x},\frac{\partial f_p}{\partial y},\frac{\partial f_p}{\partial z}\right) \tag{8.19}$$

若需要这个平面是切平面,则这个平面也应该通过曲面上的点 p。因此,通过 p 的切平面方程可以写成[Rovenski,2010]:

$$T_p:\ \frac{\partial f_p}{\partial x}(x-a)+\frac{\partial f_p}{\partial y}(y-b)+\frac{\partial f_p}{\partial z}(z-c)=0 \tag{8.20}$$

例 8.7 在点 $p(1,2,13)$处找到曲面 $f=x^3+3xy^2-z=0$ 的法向量和切平面。

解：

这里，$f=x^3+3xy^2-z$；

根据式(8.18)，法线 $\boldsymbol{N}$ 由下式给出：

$$\boldsymbol{N}(x,y,z)=\left(\frac{\partial f}{\partial x},\frac{\partial f}{\partial y},\frac{\partial f}{\partial z}\right)=(3x^2+3y^2,6xy,-1)$$

在点 $p(1,2,13)$，法向量 $\boldsymbol{N}_p=(15,12,-1)$。

点 p 处的切平面方程：$\boldsymbol{N}_p=15(x-1)+12(y-2)-1(z-13)=0$，化简为 $15x+12y-z=26$（见图 8.17）。

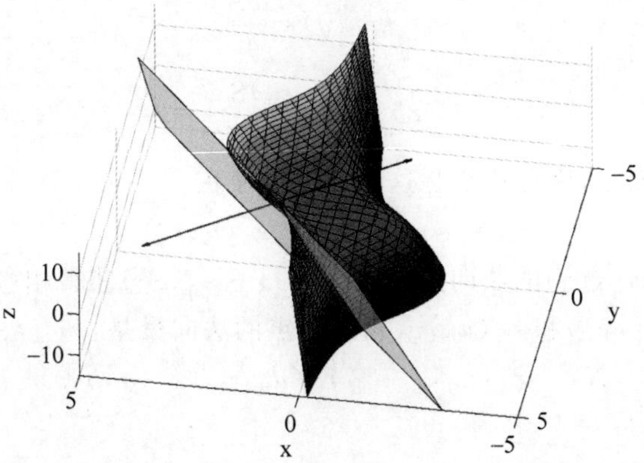

图 8.17　例 8.7 的绘图

> **注解**
>
> 向量 $\boldsymbol{N}_p$ 的 z 系数为负，这意味着向量指向负 Z 方向。有时，若要求计算向上指向的法线，则应该简单地选择朝向负 Z 方向的向量，即$(-15, -12, 1)$。

MATLAB Code 8.7

```
clear all; clc;
syms x y z;
p = [1, 2, 13];
f = x^3 + 3*x*y^2 - z;
dfx = diff(f, x);
dfy = diff(f, y);
dfz = diff(f, z);
dfxp = subs(dfx, [x, y, z], [p(1), p(2), p(3)]);
dfyp = subs(dfy, [x, y, z], [p(1), p(2), p(3)]);
dfzp = subs(dfz, [x, y, z], [p(1), p(2), p(3)]);
N = [dfx, dfy, dfz];
fprintf('Normal vector : \n');
Np = [dfxp, dfyp, dfzp]
Np = Np/5;
fprintf('Tangent plane : \n');
T = dfxp*(x - p(1)) + dfyp*(y - p(2)) + dfzp*(z - p(3))

% plotting
fimplicit3(f); hold on;
axis([-5 5 -5 5 -15 15]);
fimplicit3(T, 'MeshDensity', 2, 'FaceColor', 'y', 'FaceAlpha',0.6);
```

```
plot3([0 1], [0 2], [0 13], 'ro');
quiver3(p(1), p(2), p(3), Np(1), Np(2), Np(3), 'LineWidth', 1, 'color', 'r', 'MarkerSize', 10)
quiver3(p(1), p(2), p(3), - Np(1), - Np(2), - Np(3), 'LineWidth', 1, 'color', 'b', 'MarkerSize
', 10)
xlabel('x'); ylabel('y'); zlabel('z');
view( - 170,64); hold off;
```

若曲面方程是参数形式 $S=\{x(u,v),y(u,v),z(u,v)\}$，要计算法线，首先需要找出曲面的分量曲线，即沿着 u 和 v 的曲线，从而生成曲面。使用曲面的偏导数计算分量曲线[Rovenski，2010]。

$$\boldsymbol{r}_u(u,v)=\frac{\partial S}{\partial u}$$

$$\boldsymbol{r}_v(u,v)=\frac{\partial S}{\partial v} \tag{8.21}$$

由于分量曲线位于曲面上，因此法线是这些曲线的叉积。

$$\boldsymbol{N}=\boldsymbol{r}_u(u,v)\times\boldsymbol{r}_v(u,v) \tag{8.22}$$

为了计算给定点 $p=(u_0,v_0)$的法向量，从 $S_p=\{x_0,y_0,z_0\}$获得相应的笛卡儿坐标。给定点的分量曲线是 $\boldsymbol{r}_u(u_0,v_0)$和 $\boldsymbol{r}_v(u_0,v_0)$，给定点的法向量是：

$$\boldsymbol{N}_p=\boldsymbol{r}_u(u_0,v_0)\times\boldsymbol{r}_v(u_0,v_0)=(a,b,c) \tag{8.23}$$

该点处的切平面方程为：

$$T_p: a(x-x_0)+b(y-y_0)+c(z-z_0)=0 \tag{8.24}$$

例 8.8　在点($u=1,v=\pi$)处找到曲面 $S=\{u\sin v,u^2,2u\cos v\}$的法向量和切平面。

解：

给定曲面：$S=\{u\sin v,u^2,2u\cos v\}$。

在 $u=1$、$v=\pi$，通过代入得到过点 p 的曲面方程：$S_p=\{x_0,y_0,z_0\}=\{0,1,-2\}$；

p 处的分量曲线：$\boldsymbol{r}_u(1,\pi)=(0,2,-2)$和 $\boldsymbol{r}_v(1,\pi)=(-1,0,0)$。

由式(8.22)得出，点 p 处的法向量：$\boldsymbol{N}_p=\boldsymbol{r}_u(1,\pi)\times\boldsymbol{r}_v(1,\pi)=(0,2,2)$，即 $2\boldsymbol{j}+2\boldsymbol{k}$；由式(8.24)得出 p 处的切平面：T_p：$2(y-1)+2(z+2)=0$ 即 $y+z=-1$(见图 8.18)。

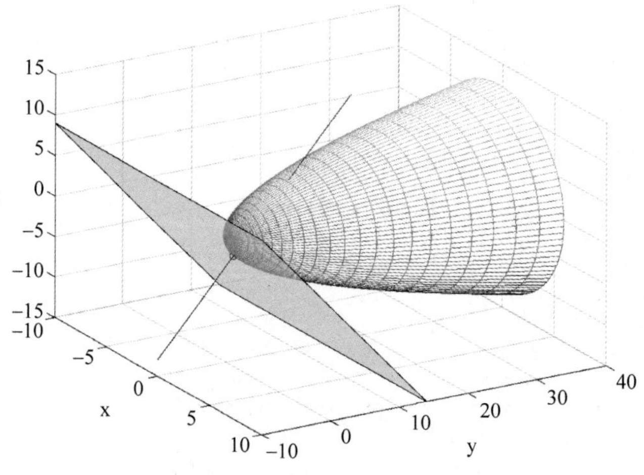

图 8.18　例 8.8 的绘图

MATLAB Code 8.8

```
clear all; clc;
syms u v x y z;
S = [u * sin(v), u^2, 2 * u * cos(v)];
ru = diff(S, u);
rv = diff(S, v);
N = cross(ru, rv);
up = 1; vp = pi;
p = subs(S, [u, v], [up, vp]);
rup = subs(ru, [u, v], [up, vp]);
rvp = subs(rv, [u, v], [up, vp]);
fprintf('Normal vector : \n');
Np = cross(rup, rvp)
fprintf('Tangent plane : \n');
Tp = Np(1) * (x - p(1)) + Np(2) * (y - p(2)) + Np(3) * (z - p(3))

% plotting
Np = 10 * Np; % scaling for visualization
ezmesh(S(1), S(2), S(3)); hold on;
f = @(x,y,z) Np(1) * (x - p(1)) + Np(2) * (y - p(2)) + Np(3) * (z - p(3));
fimplicit3(f, 'MeshDensity', 2, 'FaceColor', 'y', 'FaceAlpha',0.6);
axis([ -10 10 -10 40 -15 15]);
plot3(p(1), p(2), p(3), 'ro');
quiver3(p(1), p(2), p(3), Np(1), Np(2), Np(3), 1, 'color', 'r');
quiver3(p(1), p(2), p(3), -Np(1), -Np(2), -Np(3), 1, 'color', 'b');
xlabel('X'); ylabel('Y'); zlabel('Z');
view(50,34); hold off;
```

8.8 旋转曲面的面积和体积

本节讨论如何计算当二维曲线绕垂直于平面的 X 轴或 Y 轴旋转时生成的实体的曲面面积和体积[Mathews,2004]。考虑$[a,b]$区间中的连续函数 $y=f(x)$，它通过绕 X 轴旋转以生成旋转曲面(见图 8.19)。需要计算曲面面积和曲面体积。

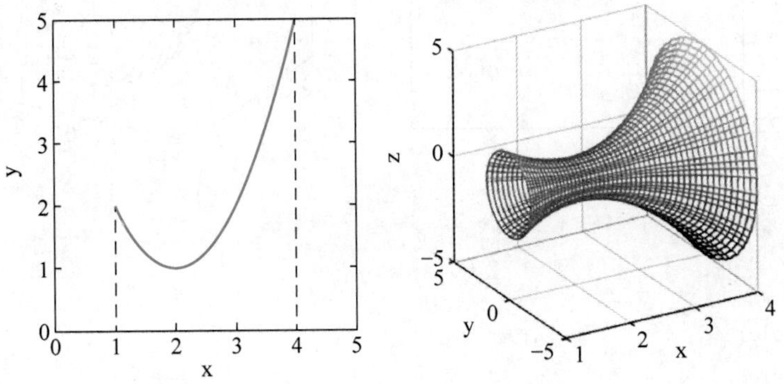

图 8.19 曲线及其旋转曲面

生成的表面面积由下式给出：

$$A=\int_a^b 2\pi y\sqrt{1+\left(\frac{\mathrm{d}y}{\mathrm{d}x}\right)^2}\,\mathrm{d}x \tag{8.25}$$

上面的公式是通过将函数分成非常薄的切片，每个切片都具有弧长$\sqrt{1+(\mathrm{d}y/\mathrm{d}x)^2}$，并沿着圆周为 $2\pi y$ 的圆旋转每个切片（参见 5.4 节），然后通过对指定范围内的各个区域进行积分来获得整个表面的面积。

实体的体积是通过将实体分成非常薄的圆盘，每个圆盘的面积为 πy^2，因为每个圆盘的半径是从 X 轴测量的函数 y 的值。总体积是通过对指定的所有圆盘的面积进行积分获得的，由下式给出：

$$V=\int_a^b \pi y^2 \mathrm{d}x \tag{8.26}$$

若该区域由两条曲线 y_1 和 y_2 界定，则有界区域的体积为 $V=\int_a^b \pi(y_1^2-y_2^2)\mathrm{d}x$。

例 8.9 求用在 $x=-2$ 和 $x=2$ 之间的曲线 $y=\sqrt{9-x^2}$ 的部分绕 X 轴旋转时生成的曲面的面积和体积。

解：

给定曲线：$y=\sqrt{9-x^2}$；

微分：$\mathrm{d}y/\mathrm{d}x=-x/\sqrt{9-x^2}$；

因此：$\sqrt{1+(\mathrm{d}y/\mathrm{d}x)^2}=3/\sqrt{9-x^2}$；

根据式(8.25)，表面积：$A=\int_{-2}^{2} 2\pi\sqrt{9-x^2}\ \frac{3}{\sqrt{9-x^2}}\mathrm{d}x=24\pi$；

根据式(8.26)，体积：$V=\int_{-2}^{2}\pi(9-x^2)\mathrm{d}x=\frac{92\pi}{3}$（见图 8.20）。

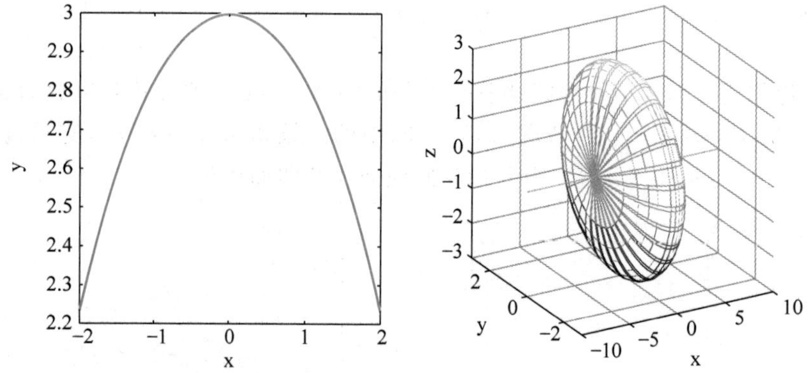

图 8.20 例 8.9 的绘图

MATLAB Code 8.9

```
clear all; clc;
syms x y u v;
y = sqrt(9 - x^2);
dy = diff(y, x);
a = sqrt(1 + dy^2);
fprintf('Area : \n');
A = int(2 * pi * y * a, x, - 2, 2)
B = pi * y^2;
```

```
fprintf('Volume : \n');
V = int(B, x, -2, 2)

% plotting
C = [x, y];
figure,
subplot(121), ezplot(C(1), C(2), [-2 2]); axis square;
subplot(122), ezmesh(C(1), C(2)*cos(v), C(2)*sin(v), [-5 5 -10 10]);
axis square;
view(-30, 23);
```

若给定曲线表示为区间 $y \in [c, d]$ 中的 $x=f(y)$，通过绕 Y 轴旋转以生成旋转曲面，则面积是通过将弧形薄片相乘得出的长度 $\sqrt{1+(\mathrm{d}x/\mathrm{d}y)^2}$ 乘以 $2\pi x$ 的周长，然后在指定的范围内积分：

$$A=\int_c^d 2\pi x\sqrt{1+\left(\frac{\mathrm{d}x}{\mathrm{d}y}\right)^2}\,\mathrm{d}y \tag{8.27}$$

实体的体积是通过将实体分成非常薄的圆盘来得出的，每个圆盘的面积为 πx^2，因为每个圆盘的半径是从 Y 轴测量的函数 x 的值。总体积是通过对指定的所有圆盘的面积进行积分获得的，由下式给出：

$$V=\int_c^d \pi x^2\,\mathrm{d}y \tag{8.28}$$

若该区域由两条曲线 x_1 和 x_2 界定，则有界区域的体积为 $V=\int_c^d \pi(x_1^2-x_2^2)\,\mathrm{d}y$。

例 8.10 求 $y=1$ 和 $y=2$ 之间的部分曲线 $y=\sqrt[3]{x}$ 绕 Y 轴旋转时生成的曲面的面积和体积。

解：

给定曲线：$x=y^3$；

微分：$\mathrm{d}x/\mathrm{d}y=3y^2$；

因此：$\sqrt{1+(\mathrm{d}y/\mathrm{d}x)^2}=\sqrt{1+9y^4}$；

根据式(8.26)，表面积：$A=\int_1^2 2\pi y^3\sqrt{1+9y^4}\,\mathrm{d}y$；

设 $u=1+9y^4$，使得当 $y=1$ 时，$u=10$；当 $y=2$ 时，$u=145$；

而且 $\mathrm{d}u/\mathrm{d}y=36y^3$。

根据式(8.27)，表面积：$A=\int_1^2 2\pi y^3\sqrt{1+9y^4}\,\mathrm{d}y, \mathrm{d}y=\int_{10}^{145} 2\pi\sqrt{u}\,\frac{\mathrm{d}u}{36}\approx 199.48$。

根据式(8.28)，体积：$V=\int_1^2 \pi y^6\,\mathrm{d}y=\frac{127\pi}{7}\approx 56.99$。

MATLAB Code 8.10

```
clear all; clc;
syms y;
x = y^3;
d = diff(x);
e = sqrt(1 + d^2);
f = 2*pi*x*e;
```

```
fprintf('Area : \n');
A = int(f, 1, 2); A = eval(A)
fprintf('Volume : \n');
V = int(pi * x^2, 1, 2); V = eval(V)
```

8.9 纹理映射

纹理映射是将(称为纹理)的图像应用到曲面表面上的过程,通常是为了使表面在外观上更逼真[Shirley,2002],参见图 8.21。

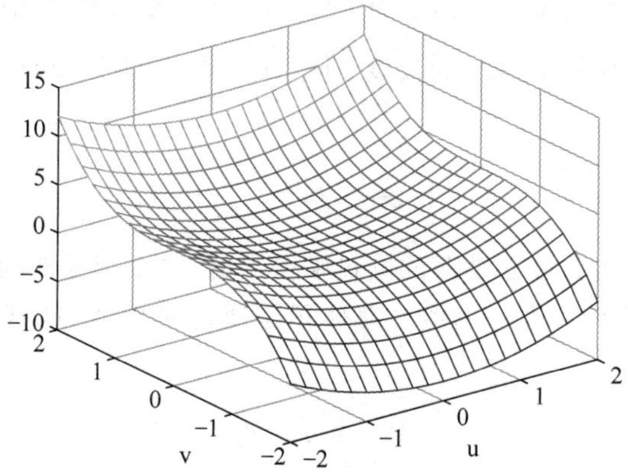

(a) 应用之前

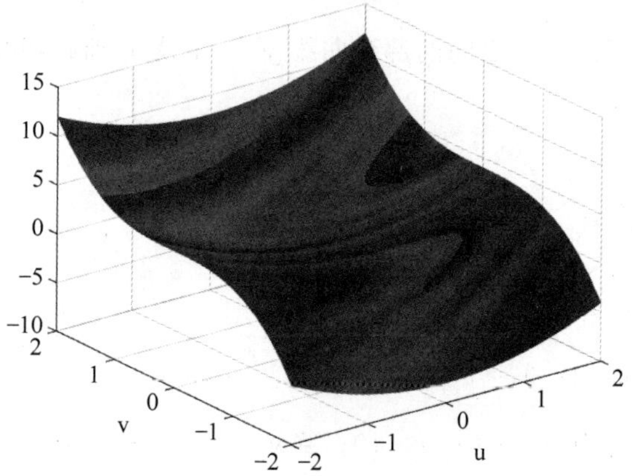

(b) 应用之后

图 8.21 纹理表面贴图

作为图像的纹理是像素值的矩形二维矩阵,通常使用(u,v)坐标值表示,而通常在三维空间中的表面可以是任意形状并使用(x,y,z)表示坐标值。为了确定图像的哪一部分应用于表面的哪一部分,需要在(u,v)和(x,y,z)值之间进行映射,以保持均匀完整性[O'Rourke,2003]。

我们将研究映射过程并推导出二维表面所需的数学变换。读者可以很容易地将这些概念扩展到三维表面。映射变换大致有两种类型:仿射变换和透视变换。当表面上的纹理映射保持平行线不变时,可以生成仿射变换。考虑由[0,1]范围内的归一化(u,v)坐标描述的纹理和由(x,y)坐标描述的表面(参见图 8.22)。

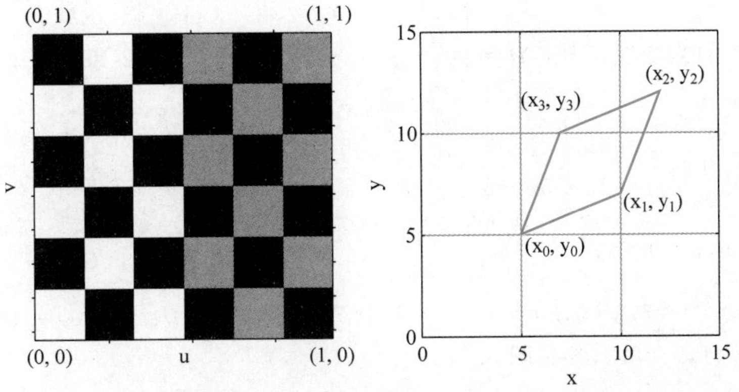

图 8.22 具有仿射映射的纹理

矩形纹理图像的四角具有(u,v)坐标(0,0)、(1,0)、(1,1)、(0,1)，这些点映射到具有(x,y)的坐标(x_0,y_0),(x_1,y_1),(x_2,y_2),(x_3,y_3)。需要为操作推导映射变换。让曲面的形状具有以下约束：$(x_1-x_0)=(x_2-x_3)$和$(y_1-y_0)=(y_2-y_3)$。这意味着表面具有平行四边形的形状，因此映射变换本质上是仿射的。仿射变换由下式给出：

$$\begin{bmatrix} x \\ y \\ 1 \end{bmatrix} = \begin{bmatrix} a & b & c \\ d & e & f \\ 0 & 0 & 1 \end{bmatrix} \begin{bmatrix} u \\ v \\ 1 \end{bmatrix} \tag{8.29}$$

根据式(8.29)，有

$$\begin{aligned} x &= au + bv + c \\ y &= du + ev + f \end{aligned} \tag{8.30}$$

插入给定的边界条件(BC)，我们可以求解未知系数 a、b、c、d、e、f，如下所示：

BC-1：将 $u=0,v=0$ 映射到 $x=x_0,y=y_0$，这意味着 $c=x_0$ 和 $f=y_0$；

BC-2：将 $u=1,v=0$ 映射到 $x=x_1,y=y_1$，这意味着 $a=x_1-x_0$ 和 $d=y_1-y_0$；

BC-3：将 $u=0,v=1$ 映射到 $x=x_3,y=y_3$，这意味着 $b=x_3-x_0$ 和 $e=y_3-y_0$。

用式(8.29)中的系数值进行替换：

$$\begin{bmatrix} x \\ y \\ 1 \end{bmatrix} = \begin{bmatrix} x_1-x_0 & x_3-x_0 & x_0 \\ y_1-y_0 & y_3-y_0 & y_0 \\ 0 & 0 & 1 \end{bmatrix} \begin{bmatrix} u \\ v \\ 1 \end{bmatrix} \tag{8.31}$$

例 8.11 推导变换，用于将具有(u,v)坐标(0,0)、(1,0)、(1,1)、(0,1)的纹理映射到具有(x,y)坐标(5,5)、(10,7)、(12,12)、(7,10)的曲面。同样对于纹理点$(u=0.6,v=0.7)$，在曲面上找到相应的点。

解：

曲面坐标：$(x_0,y_0)=(5,5)$，$(x_1,y_1)=(10,7)$，$(x_2,y_2)=(12,12)$，$(x_3,y_3)=(7,10)$。

现在：$(x_1-x_0)=5$，$(x_2-x_3)=5$，$(y_1-y_0)=2$，$(y_2-y_3)=2$。

因为$(x_1-x_0)=(x_2-x_3)$和$(y_1-y_0)=(y_2-y_3)$，所以映射变换本质上是仿射的。

根据式(8.31)，变换矩阵：$\boldsymbol{M}=\begin{bmatrix} x_1-x_0 & x_3-x_0 & x_0 \\ y_1-y_0 & y_3-y_0 & y_0 \\ 0 & 0 & 1 \end{bmatrix}=\begin{bmatrix} 5 & 2 & 5 \\ 2 & 5 & 5 \\ 0 & 0 & 1 \end{bmatrix}$；

根据式(8.30)：$\begin{matrix} x=5u+2v+5 \\ y=2u+5v+5 \end{matrix}$；

对$(u=0.6,v=0.7)$，$\begin{matrix} x=5(0.6)+2(0.7)+5=9.4 \\ y=2(0.6)+5(0.7)+5=9.7 \end{matrix}$。

验证：$x(0,0)=5$、$y(0,0)=5$、$x(0,1)=7$、$y(0,1)=10$、$x(1,0)=10$、$y(1,0)=7$、$x(1,1)=12$、$y(1,1)=12$，参见图 8.23。

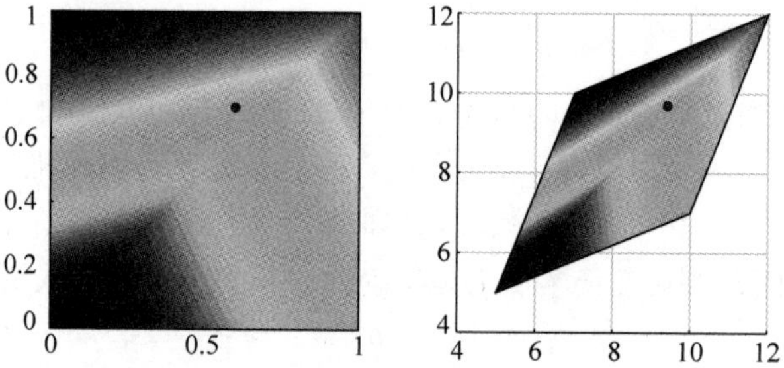

图 8.23 例 8.11 的绘图

MATLAB Code 8.11

```
clear all; clc;
x0 = 5; y0 = 5;
x1 = 10; y1 = 7;
x2 = 12; y2 = 12;
x3 = 7; y3 = 10;
d1 = x1 - x0; d2 = x2 - x3;
if d1 = = d2
    fprintf('Transformation is affine\n');
else
    fprintf('Transformation is perspective\n');
end
U = [0 1 1 ; 0 0 1 ; 1 1 1];
X = [x0 x1 x2 ; y0 y1 y2 ; 1 1 1];
fprintf('Transformation matrix : \n');
M = X * inv(U)
X1 = M * [0.6 ; 0.7 ; 1];
fprintf('For u = 0.6, v = 0.7, (x,y) = ( %.2f, %.2f) \n', X1(1),X1(2) );
subplot(121)
x = [0 1 1 0];
y = [0 0 1 1];
c = [0 4 6 8];
colormap(jet);
patch(x,y,c); hold on;
scatter(0.6, 0.7, 20, 'r', 'filled');
axis square; hold off;
subplot(122)
x = [5 10 12 7];
y = [5 7 12 10];
```

```
c = [0 4 6 8];
colormap(jet);
patch(x,y,c); hold on;
scatter(X1(1), X1(2), 20, 'r', 'filled');
axis square; grid; hold off;
```

若表面形状为$(x_1-x_0)\neq(x_2-x_3)$和$(y_1-y_0)\neq(y_2-y_3)$，这意味着曲面是任意四边形，因此映射变换在本质上是透视的。透视变换如下所示：

$$\begin{bmatrix} x' \\ y' \\ w \end{bmatrix} = \begin{bmatrix} a & b & c \\ d & e & f \\ g & h & 1 \end{bmatrix} \begin{bmatrix} u \\ v \\ 1 \end{bmatrix} \tag{8.32}$$

其中，x'和y'在齐次坐标中。笛卡儿坐标是$x=x'/w$和$y=y'/w$。从式(8.32)可得到：

$$\begin{cases} x = \dfrac{x'}{w} = \dfrac{au+bv+c}{gu+hv+1} \\ y = \dfrac{y'}{w} = \dfrac{du+ev+f}{gu+hv+1} \end{cases} \tag{8.33}$$

插入给定的边界条件(BC)，我们可以求解未知系数a、b、c、d、e、f、g、h，如下所示：

BC-1：将$u=0,v=0$映射到$x=x_0,y=y_0$，这意味着$x_0=c$和$y_0=f$；

BC-2：将$u=1,v=0$映射到$x=x_1,y=y_1$，这意味着$x_1=(a+x_0)/(g+1)$和$y_1=(d+y_0)/(g+1)$；

BC-3：将$u=0,v=1$映射到$x=x_3,y=y_3$，这意味着$x_3=(b+x_0)/(h+1)$和$y_3=(e+y_0)/(h+1)$；

BC-4：将$u=1,v=1$映射到$x=x_2,y=y_2$，这意味着$x_2=(a+b+x_0)/(g+h+1)$和$y_2=(d+e+y_0)/(g+h+1)$。

可以通过解上述8个方程，找出8个未知系数的值。上述方程的解由下式给出：

$$\Delta x_1 = x_1 - x_2$$

$$\Delta x_2 = x_3 - x_2$$

$$\Delta x_3 = x_0 - x_1 + x_2 - x_3$$

$$\Delta y_1 = y_1 - y_2$$

$$\Delta y_2 = y_3 - y_2$$

$$\Delta y_3 = y_0 - y_1 + y_2 - y_3$$

$$g = \frac{\det\begin{bmatrix} \Delta x_3 & \Delta x_2 \\ \Delta y_3 & \Delta y_2 \end{bmatrix}}{\det\begin{bmatrix} \Delta x_1 & \Delta x_2 \\ \Delta y_1 & \Delta y_2 \end{bmatrix}}$$

$$h = \frac{\det\begin{bmatrix} \Delta x_1 & \Delta x_3 \\ \Delta y_1 & \Delta y_3 \end{bmatrix}}{\det\begin{bmatrix} \Delta x_1 & \Delta x_2 \\ \Delta y_1 & \Delta y_2 \end{bmatrix}}$$

$$a = x_1 - x_0 + g x_1$$

$$b=x_3-x_0+hx_3$$
$$c=x_0$$
$$d=y_1-y_0+gy_1$$
$$e=y_3-y_0+hy_3$$
$$f=y_0$$

例 8.12 导出一个变换，用于将具有(u,v)坐标(0,0)、(1,0)、(1,1)、(0,1)的纹理映射到(x,y)坐标为(5,5)、(10,7)、(10,14)、(7,10)的表面。指定映射关系，从而对纹理点$(u=0.6,v=0.7)$，可找到表面上的对应点。

解：

表面坐标：$(x_0,y_0)=(5,5)$，$(x_1,y_1)=(10,7)$，$(x_2,y_2)=(10,14)$，$(x_3,y_3)=(7,10)$。

现在有$(x_1-x_0)=5$，$(x_2-x_3)=3$，$(y_1-y_0)=2$，$(y_2-y_3)=7$。

因为$(x_1-x_0)\neq(x_2-x_3)$和$(y_1-y_0)\neq(y_2-y_3)$，映射变换本质上是透视的。

这里，

$$\Delta x_1=x_1-x_2=0$$
$$\Delta x_2=x_3-x_2=-3$$
$$\Delta x_3=x_0-x_1+x_2-x_3=-2$$
$$\Delta y_1=y_1-y_2=-7$$
$$\Delta y_2=y_3-y_2=-4$$
$$\Delta y_3=y_0-y_1+y_2-y_3=2$$

$$g=\frac{\det\begin{bmatrix}\Delta x_3 & \Delta x_2\\ \Delta y_3 & \Delta y_2\end{bmatrix}}{\det\begin{bmatrix}\Delta x_1 & \Delta x_2\\ \Delta y_1 & \Delta y_2\end{bmatrix}}=-0.6667$$

$$h=\frac{\det\begin{bmatrix}\Delta x_1 & \Delta x_3\\ \Delta y_1 & \Delta y_3\end{bmatrix}}{\det\begin{bmatrix}\Delta x_1 & \Delta x_2\\ \Delta y_1 & \Delta y_2\end{bmatrix}}=0.6667$$

$$a=x_1-x_0+gx_1=-1.6667$$
$$b=x_3-x_0+hx_3=6.6667$$
$$c=x_0=5$$
$$d=y_1-y_0+gy_1=-2.6667$$
$$e=y_3-y_0+hy_3=11.6667$$
$$f=y_0=5$$

根据式(8.32)，变换矩阵：$\boldsymbol{M}=\begin{bmatrix}a & b & c\\ d & e & f\\ g & h & 1\end{bmatrix}=\begin{bmatrix}-1.6667 & 6.6667 & 5\\ -2.6667 & 11.6667 & 5\\ -0.6667 & 0.6667 & 1\end{bmatrix}$

根据式(8.33),映射关系：
$$x=\frac{au+bv+c}{gu+hv+1}=\frac{-1.6667u+6.6667v+5}{-0.6667u+0.6667v+1}$$
$$y=\frac{du+ev+f}{gu+hv+1}=\frac{-2.6667u+11.6667v+5}{-0.6667u+0.6667v+1}$$

对($u=0.6, v=0.7$),
$$x(0.6,0.7)=8.6667$$
$$y(0.6,0.7)=11.5667$$

验证：$x(0,0)=5$、$y(0,0)=5$、$x(0,1)=7$、$y(0,1)=10$、$x(1,0)=10$、$y(1,0)=7$、$x(1,1)=10$、$y(1,1)=14$。

MATLAB Code 8.12

```
clear all; clc;
x0 = 5; y0 = 5;
x1 = 10; y1 = 7;
x2 = 10; y2 = 14;
x3 = 7; y3 = 10;
d1 = x1 - x0; d2 = x2 - x3;
if d1 == d2
    fprintf('Transformation is affine\n');
else
    fprintf('Transformation is perspective\n');
end
dx1 = x1 - x2;
dx2 = x3 - x2;
dx3 = x0 - x1 + x2 - x3;
dy1 = y1 - y2;
dy2 = y3 - y2;
dy3 = y0 - y1 + y2 - y3;
g = det([dx3 dx2 ; dy3 dy2 ])/det([dx1 dx2 ; dy1 dy2]);
h = det([dx1 dx3 ; dy1 dy3 ])/det([ dx1 dx2 ; dy1 dy2]);
a = x1 - x0 + g*x1;
b = x3 - x0 + h*x3;
c = x0;
d = y1 - y0 + g*y1;
e = y3 - y0 + h*y3;
f = y0;
fprintf('Transformation matrix : \n');
M = [a b c ; d e f ; g h 1]
X1 = M*[0.6 ; 0.7 ; 1];
fprintf('For u = 0.6, v = 0.7, (x,y) = ( %.2f, %.2f) \n', X1(1),X1(2) );

% Verification
fprintf('\n Verification : \n');
u = 0; v = 0; x = (a*u + b*v + c)/(g*u + h*v + 1);
fprintf('u = %d, v = %d, x = %d \n', u, v, x)
u = 1; v = 0; x = (a*u + b*v + c)/(g*u + h*v + 1);
fprintf('u = %d, v = %d, x = %d \n', u, v, x)
u = 1; v = 1; x = (a*u + b*v + c)/(g*u + h*v + 1);
fprintf('u = %d, v = %d, x = %d \n', u, v, x)
u = 0; v = 1; x = (a*u + b*v + c)/(g*u + h*v + 1);
fprintf('u = %d, v = %d, x = %d \n', u, v, x)
```

```
u=0; v=0; y = (d*u + e*v + f)/(g*u + h*v + 1);
fprintf('u = %d, v = %d, y = %d\n', u, v, y)
u=1; v=0; y = (d*u + e*v + f)/(g*u + h*v + 1);
fprintf('u = %d, v = %d, y = %d\n', u, v, y)
u=1; v=1; y = (d*u + e*v + f)/(g*u + h*v + 1);
fprintf('u = %d, v = %d, y = %d\n', u, v, y)
u=0; v=1; y = (d*u + e*v + f)/(g*u + h*v + 1);
fprintf('u = %d, v = %d, y = %d\n', u, v, y)
```

8.10 曲面照明

给定关于光源的参数，例如光强度、入射光的角度、观察者观察曲面的角度，以及曲面的反射特性，曲面照明确定曲面的亮度。照明模型将这些参数作为输入，并产生有关曲面亮度的输出。由于在某些情况下亮度取决于反射光的角度和观察者的视点，因此需要为此目的推导出一个数学模型[Shirley，2002]。

在图 8.24 中，让 PA 表示入射光线在 P 处与沿 PC 的法线成 θ 角的表面的方向，并让 PD 表示反射光线的方向，这样 $PA=PD$。设 AC 平行于 PD，CD 平行于 PA，相交于 C。将 PA 投影到 B 处的 N 上，并将 PB 延伸到 C。

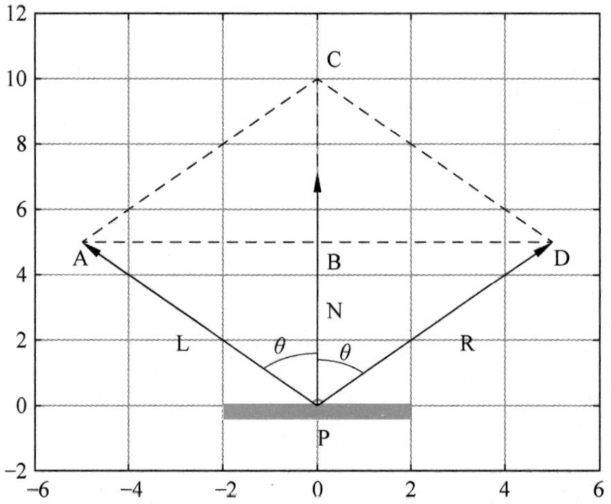

图 8.24 入射光线、反射光线和表面法线之间的关系

借助向量表达，令 $\boldsymbol{L}$ 和 $\boldsymbol{R}$ 表示入射和反射光线的单位向量，$\boldsymbol{N}$ 是沿法线的单位向量。反射定律指出，入射角和反射角必须相等，并且入射光线、反射光线和表面法线应位于同一平面上。根据向量的三角法则，$\boldsymbol{R}=\boldsymbol{PC}+\boldsymbol{CD}$。$\boldsymbol{L}$ 到 $\boldsymbol{N}$ 的投影由 $(\boldsymbol{L}\cos\theta)\boldsymbol{N}=\boldsymbol{PB}$ 给出。因此 $\boldsymbol{PC}=2\boldsymbol{PB}=2(|\boldsymbol{L}|\cos\theta)\boldsymbol{N}$。$\boldsymbol{CD}=-\boldsymbol{L}$。结合这些表达式，我们得到以下结果(记住向量 $\boldsymbol{L}$、$\boldsymbol{N}$ 和 $\boldsymbol{R}$ 是单位向量并且大小为 1)：

$$\boldsymbol{R}=\boldsymbol{PC}+\boldsymbol{CD}=2\boldsymbol{PB}+\boldsymbol{CD}=2(|\boldsymbol{L}|\cos\theta)\boldsymbol{N}-\boldsymbol{L}=2(|\boldsymbol{L}||\boldsymbol{N}|\cos\theta)\boldsymbol{N}-\boldsymbol{L}=2(\boldsymbol{L}\cdot\boldsymbol{N})\boldsymbol{N}-\boldsymbol{L} \tag{8.34}$$

例 8.13 光线沿 $\boldsymbol{L}=-\boldsymbol{i}+2\boldsymbol{j}-\boldsymbol{k}$ 入射到法线 $\boldsymbol{N}=\boldsymbol{j}$ 的表面上。计算反射光线和入射角。验证入射角和反射角是否相等。

解：

这里，$\boldsymbol{L}=-\boldsymbol{i}+2\boldsymbol{j}-\boldsymbol{k}$、$\boldsymbol{N}=\boldsymbol{j}$，

$$L_u = \frac{L}{|L|} = (-0.4082 \quad 0.8165 \quad -0.4082)$$

$$N_u = \frac{N}{|N|} = (0 \quad 1 \quad 0)$$

根据式(8.34),反射光线：$\boldsymbol{R}_u = 2(\boldsymbol{L}_u \cdot \boldsymbol{N}_u)\boldsymbol{N}_u - \boldsymbol{L}_u = (0.4082 \quad 0.8165 \quad 0.4082)$；

入射角：$\cos\theta_{\mathrm{i}} = (\boldsymbol{L}_u \cdot \boldsymbol{N}_u) = 2/(\sqrt{6}) \approx 0.8165$，即 $\theta_{\mathrm{i}} = -35.26°$；

反射角：$\cos\theta_{\mathrm{r}} = (\boldsymbol{N}_u \cdot \boldsymbol{R}_u) = 2/(\sqrt{6}) \approx 0.8165$，即 $\theta_{\mathrm{r}} = -35.26°$(见图 8.25)。

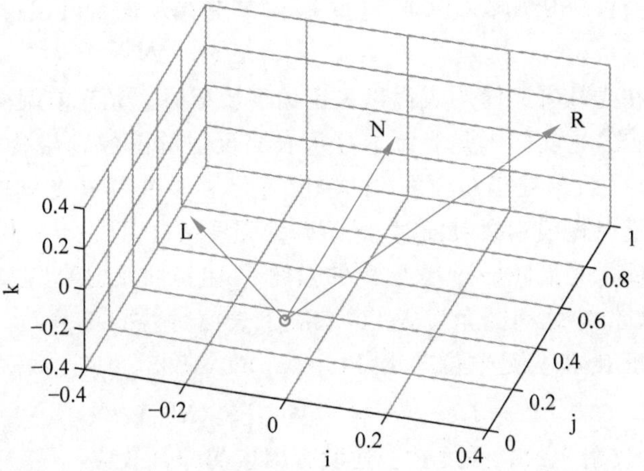

图 8.25 例 8.13 的绘图

MATLAB Code 8.13

```
clear all; clc;
L = [ - 1, 2, - 1]; Lu = L/norm(L); L = Lu;
N = [0, 1, 0]; Nu = N/norm(N); N = Nu;
Ru = 2 * dot(Lu,Nu) * Nu - Lu; R = Ru;
fprintf('Reflected ray : ( %.2f)i + ( %.2f)j + ( %.2f)k \n', R(1), R(2), R(3));
ci = dot(L, N); ai = acosd(ci);
cr = dot(R, N); ar = acosd(cr);
fprintf('Angle of incidence : %.2f deg\n', ai);
fprintf('Angle of reflection : %.2f deg\n', ar);

 % plotting
quiver3(0, 0, 0, L(1), L(2), L(3)); hold on;
quiver3(0, 0, 0, R(1), R(2), R(3));
quiver3(0, 0, 0, N(1), N(2), N(3));
plot3(0, 0, 0, 'bo'); grid on;
view(17, 53);
xlabel('i'); ylabel('j'); zlabel('k');
text(L(1), L(2), L(3), 'L');
text(N(1), N(2), N(3), 'N');
text(R(1), R(2), R(3), 'R');
hold off;
```

表面上任何一点的强度取决于三种类型的反射：环境反射、漫反射和镜面反射[Hearn and Baker,1996]。环境反射假设所有物体从各个方向接收到相同数量的光,并模拟恒定的背景照明。环境光在点 P 处的强度 I_a 由下式给出,其中 L_a 是环境光的强度,k_a 是表面的环境反射系数，即表面反射入射环境光的百分比，$0 \leqslant k_a \leqslant 1$ [Foley et al.，1995]：

$$I_a = L_a k_a \tag{8.35}$$

漫反射假设表面是完全漫反射的，即光在照射到表面时在所有方向上均等地散射。在这种情况下，点的强度将取决于反射角 θ。若角度非常小，则大部分入射光会沿着相同的路径反射回来，观察到的亮度会很高。然而，随着角度的增加，光会向其他方向散射，因此到达观察者的反射光的百分比会更小，这将降低观察到的表面强度。漫反射在点 P 处的强度 I_d 由下式给出，其中 L_p 是光源在 P 的强度，θ 是反射角，k_d 是表面的漫反射系数，即表面所反射的入射漫射光的百分比，$0 \leqslant k_d \leqslant 1$，这里 $\boldsymbol{L}$ 和 $\boldsymbol{N}$ 是单位向量[Foley et al.，1995]。

$$I_d = L_p k_d \cos\theta = L_p k_d (\boldsymbol{L} \cdot \boldsymbol{N}) \tag{8.36}$$

镜面反射发生在光从有光泽的表面以一定角度反射时。光亮的表面就像一面不完美的镜子，会产生镜面高光，这实际上是光源本身从表面反射的图像。与漫反射不同，镜面反射取决于观察者的位置。设 $\boldsymbol{V}$ 是沿观察方向的单位向量，ϕ 是 $\boldsymbol{V}$ 和 $\boldsymbol{R}$ 之间的角度（见图 8.26）。当观察者正好沿着反射光线观察表面时，观察到的强度最高，即 $\phi=0$，但强度会随着 ϕ 的增加以及观察者远离反射光而降低。在点 P 的强度 I_s 由镜面反射给出如下，其中 L_p 是光源在 P 的强度，ϕ 是 $\boldsymbol{R}$ 和 $\boldsymbol{V}$ 之间的角度，m 是取决于表面材料的正数，k_s 是表面的镜面反射系数，$0 \leqslant k_s \leqslant 1$，这里 $\boldsymbol{R}$ 和 $\boldsymbol{V}$ 是单位向量[Foley et al.，1995]：

$$I_s = L_p k_s (\cos\phi)^m = L_p k_s (\boldsymbol{R} \cdot \boldsymbol{V})^m \tag{8.37}$$

因此，表面上一点的反射光的总强度是上述所有因素的综合效应：

$$I_s = I_a + I_d + I_s = L_a k_a + L_p k_d \cos\theta + L_p k_s (\cos\phi)^m \tag{8.38}$$

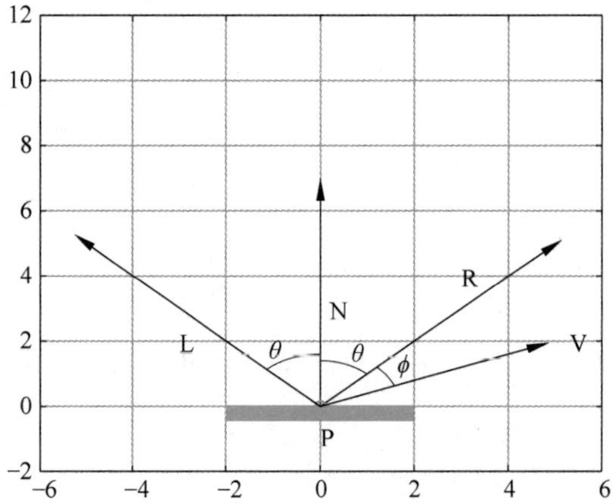

图 8.26　入射光线、反射光线、法线和观察方向之间的关系

例 8.14　光线沿 $\boldsymbol{L}=-\boldsymbol{i}+2\boldsymbol{j}-\boldsymbol{k}$ 入射到具有法线 $\boldsymbol{N}=\boldsymbol{j}$ 的表面上的一点。若光源光比环境光强 10 倍，计算该点的强度。假设观察方向为 $\boldsymbol{V}=\boldsymbol{i}+1.5\boldsymbol{j}+0.5\boldsymbol{k}$ 和 $k_a=0.15$、$k_d=0.25$、$k_s=0.5$、$m=5$。

解：

入射光线：$\boldsymbol{L}=-\boldsymbol{i}+2\boldsymbol{j}-\boldsymbol{k}$；

法线：$\boldsymbol{N}=\boldsymbol{j}$；

反射光线：$\boldsymbol{R}=\boldsymbol{i}+2\boldsymbol{j}+\boldsymbol{k}$（参见例 8.13）；

观察方向：$\boldsymbol{V}=\boldsymbol{i}+1.5\boldsymbol{j}+0.5\boldsymbol{k}$。

$$L_u = \frac{(-i + 2j - k)}{\sqrt{6}} = (-0.4082 \quad 0.8165 \quad -0.4082)$$

$$N_u = \frac{j}{\sqrt{1}} = (0 \quad 1 \quad 0)$$

$$R_u = \frac{(i + 2j + k)}{\sqrt{6}} = (0.4082 \quad 0.8165 \quad 0.4082)$$

$$V_u = \frac{(i + 1.5j + 0.5k)}{\sqrt{1.8708}} = (0.5345 \quad 0.8018 \quad 0.2673)$$

$$L_u \cdot N_u = 0.8165$$

$$R_u \cdot V_u = 0.9820$$

$$I_a = L_a k_a = 1 \times 0.15 = 0.15$$

$$I_d = L_p k_d (L_u \cdot N_u) = 10 \times 0.25 \times 0.8165 \approx 2.0412$$

$$I_s = L_p k_s (R_u \cdot V_u)^5 = 10 \times 0.5 \times 0.9820^5 \approx 4.5655$$

$$I = I_a + I_d + I_s = 6.7567$$

因此，表面上的强度约为光源强度的 67.5%。

MATLAB Code 8.14

```
clear all; clc;
L = [ - 1, 2, - 1]; Lu = L/norm(L);
N = [0, 1, 0]; Nu = N/norm(N);
V = [1, 1.5, 0.5]; Vu = V/norm(V);
Ru = 2 * dot(Lu,Nu) * Nu - Lu;
La = 1;
Lp = 10;
ka = 0.15;
kd = 0.25;
ks = 0.5;
m = 5;
fprintf('Ambient intensity : \n');
Ia = La * ka
fprintf('Diffused intensity : \n');
Id = Lp * kd * dot(Lu,Nu)
fprintf('Specular intensity : \n');
Is = Lp * ks * (dot(Ru,Vu))^m
fprintf('Total intensity : \n');
I = Ia + Id + Is
```

8.11 关于三维绘图函数的说明

本节总结了所使用的 MATLAB 三维绘图函数和一些附加函数[Marchand,2002]。鼓励读者从 MATLAB 文档中探索有关这些函数的更多细节(见图 8.27 ～ 图 8.42)。

(1) ezplot3 & fplot3：用于使用参数变量绘制函数(见图 8.27)。

```
ezplot3('cos(t)','t * sin(t)','sqrt(t)');
xt = @(t) cos(t); yt = @(t) t. * sin(t); zt = @(t) sqrt(t); fplot3(xt,yt,zt);
```

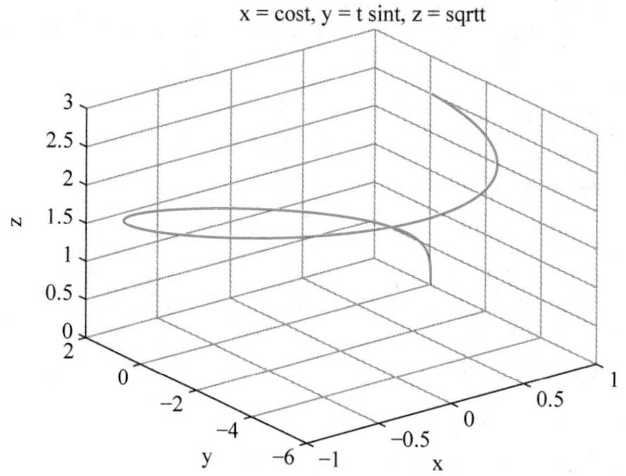

图 8.27 用 ezplot 和 fplot3 绘图

（2）plot3：用于使用数值向量绘制函数（见图 8.28）。

```
t = 0:pi/50:10 * pi; plot3(t. * sin(t), t. * cos(t), exp( - t));
```

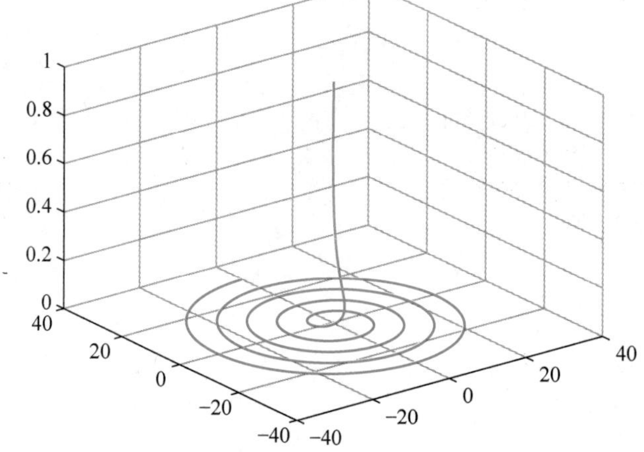

图 8.28 用 plot3 绘图

（3）ezmesh & ezsurf：使用符号变量生成网格图和曲面图（见图 8.29）。

```
ezmesh('x. * y. * exp( - x.^2 - y.^2)');
ezsurf('x. * y. * exp( - x.^2 - y.^2)');
```

（4）ezcontour & ezcontourf：使用符号变量生成等值线图和填充等值线图（见图 8.30）。

```
ezcontour('x. * y. * exp( - x.^2 - y.^2)');
ezcontourf('x. * y. * exp( - x.^2 - y.^2)');
```

（5）ezsurfc：将曲面图与等高线图相结合（见图 8.31）。

```
ezsurfc('x. * y. * exp( - x.^2 - y.^2)');
```

可以通过指定视图函数来更改图形上的视图，该函数需要两个参数：第一个用于水平旋转角度（方位角），第二个用于垂直旋转角度（仰角）。colormap 函数可用于更改配色方案。

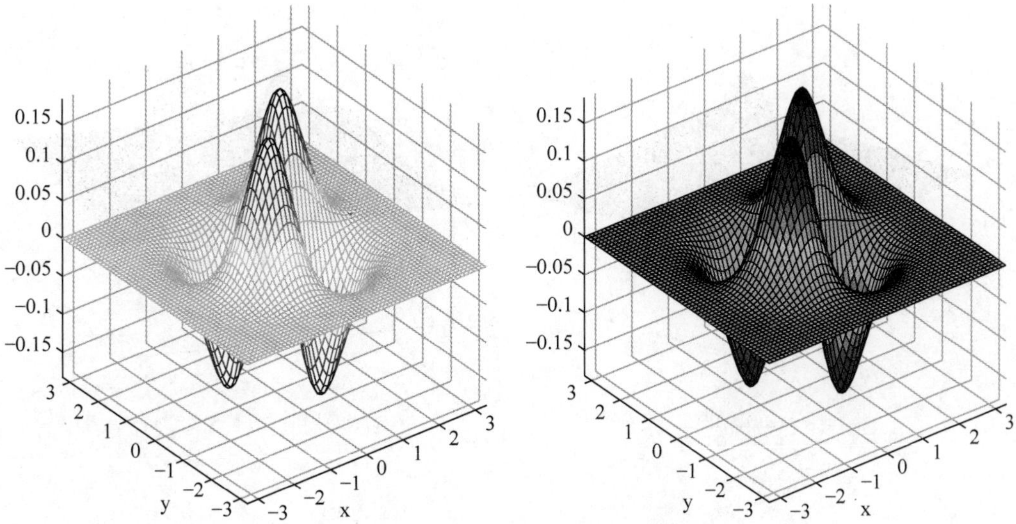

图 8.29　用 ezmesh 和 ezsurf 绘图

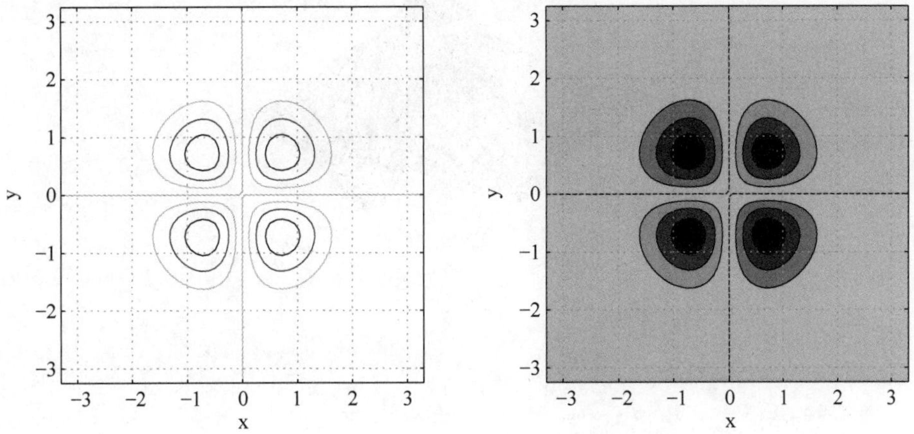

图 8.30　用 ezcontour 和 ezcontourf 绘图

```
ezsurfc('x. * y. * exp( - x.^2 - y.^2)'); colormap(summer); view(18, 26);
```

(6) mesh & surf：使用数值矩阵生成表面(见图 8.32)。第一步,使用函数 meshgrid 在 XY 平面上创建一个点网格。对于每个点,使用特定函数定义 Z 值。mesh 或 surf 的功能是用于通过绘制 XY 网格上每个点的 Z 值并用彩色线条连接 Z 值来创建表面。

```
[X,Y] = meshgrid( - 2:.2:2, - 2:.2:2);
Z = X . * Y. * exp( - X.^2 - Y.^2);
mesh(X,Y,Z);
[X,Y] = meshgrid( - 2:.2:2, - 2:.2:2);
Z = X . * Y. * exp( - X.^2 - Y.^2);
surf(X,Y,Z);
```

(7) patch：给定顶点和颜色创建填充多边形(见图 8.33)。

```
x = [4 6 11 9];
y = [2 7 9 4];
z = [3 5 10 6];
```

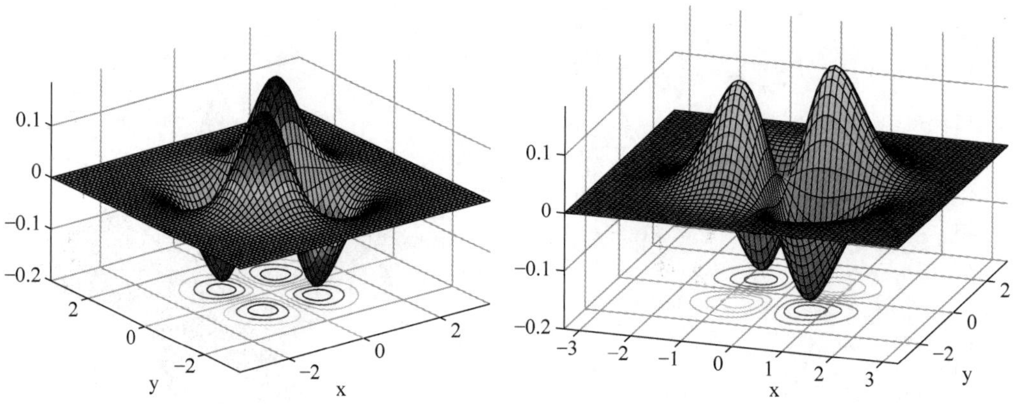

(a) 用ezsurfc绘图　　(b) 使用视图来改变方向

图 8.31　用 ezsurfc 绘图及使用视图来改变方向

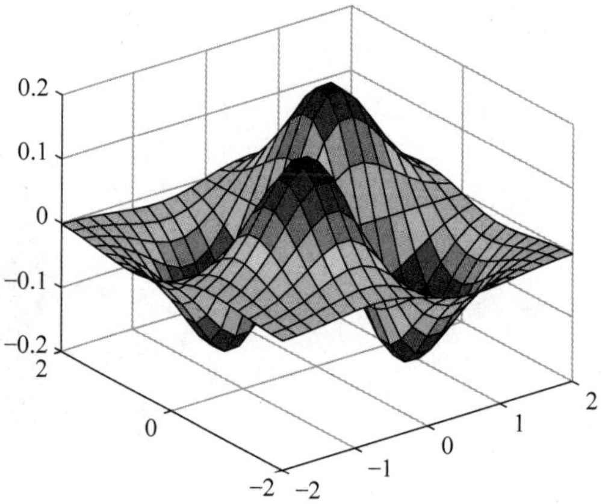

图 8.32　用 mesh & surf 绘图

```
c = [0 4 6 8];
colormap(jet);
patch(x,y,z, c);
colorbar;
hold; grid;
v1 = [2 4 5; 2 12 6; 8 4 1];
patch('Vertices', v1, 'FaceColor', 'red', 'FaceAlpha', 0.3, 'EdgeColor', 'red');
axis([0 12 0 12 0 12]);
view( - 164, - 56);
xlabel('x'); ylabel('y'); zlabel('z');
```

(8) isosurface：计算所指定的 n 维网格和函数 f 的表面几何形状(见图 8.34)。

```
[y,x,z] = ndgrid(linspace( - 5,5,64));
f = (x.^2 + y.^2 + z.^2 - 5);
isosurface(x,y,z,f,.01);
axis equal; grid;
```

(9) fimplicit3：该函数是从 MATLAB 2016 版引入的,并将隐式函数作为参数(见图 8.35)。

```
f = @(x,y,z) x.^2 - y.^5 + z.^2; fimplicit3(f);
```

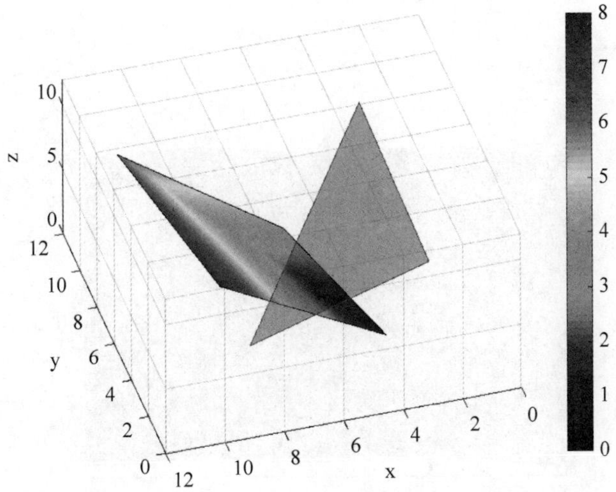

图 8.33　用 patch 绘图

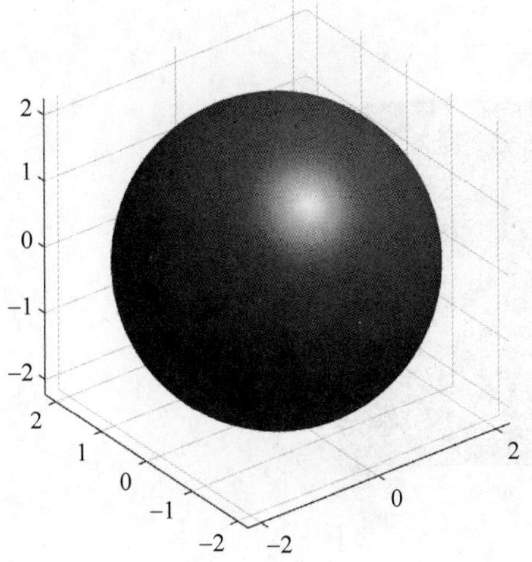

图 8.34　用 isosurface 绘图

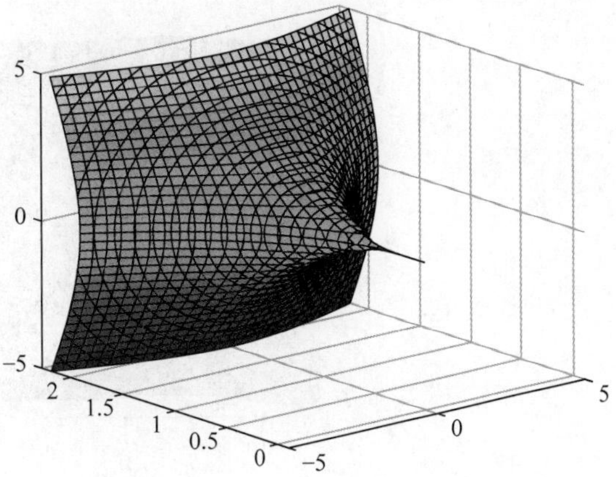

图 8.35　用 fimplicit3 绘图

(10) lightangle：指定表面上的光照参数(见图 8.36)。

```
h = ezsurf('sin(sqrt(x^2 + y^2))/sqrt(x^2 + y^2)',[ - 4 * pi,4 * pi]);
view(0,75);
figure
h = ezsurf('sin(sqrt(x^2 + y^2))/sqrt(x^2 + y^2)',[ - 4 * pi,4 * pi]);
view(0,75);
lightangle( - 45,30);
h.AmbientStrength = 0.3;
h.DiffuseStrength = 0.8;
h.SpecularStrength = 0.9;
h.SpecularExponent = 25;
```

(11) warp：用于将纹理图像映射到具有已知方程的表面上(见图 8.37)。

```
I = imread('peppers.png');
[X,Y] = meshgrid( - 10:10, - 10:10);
Z = - sqrt(X.^2 + Y.^2 + 10);
```

```
surf(X,Y,Z);
figure; warp(X,Y,Z,I);
```

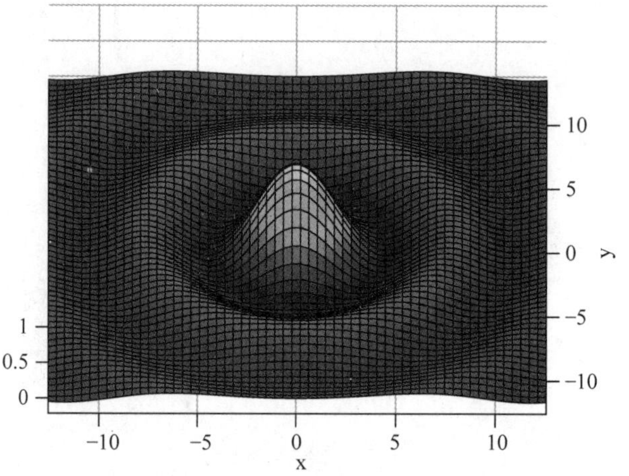

(a) 没有使用lightangle

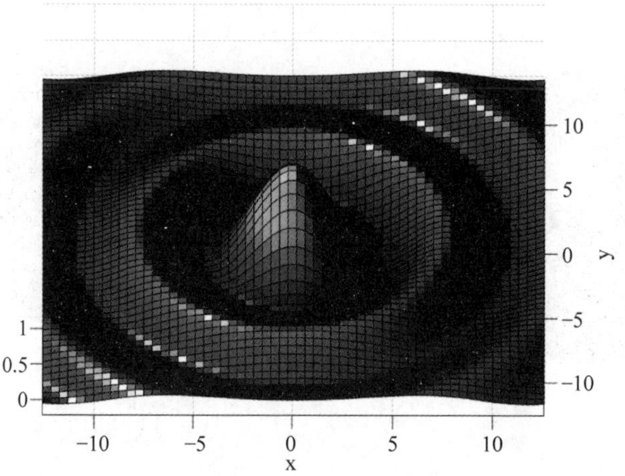

(b) 使用lightangle

图 8.36　绘制表面图

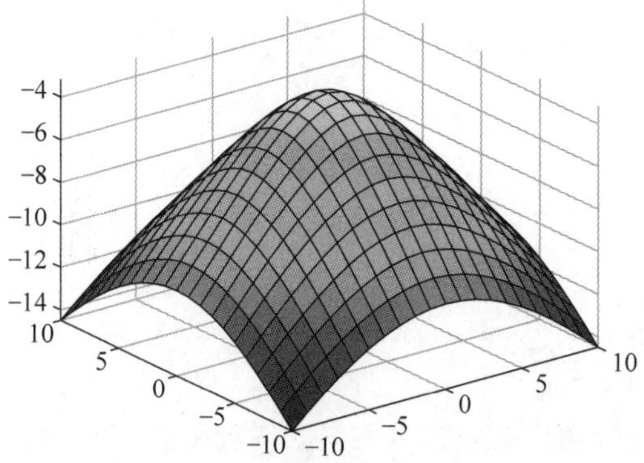

(a) 没有使用纹理映射warp

图 8.37　绘制表面图

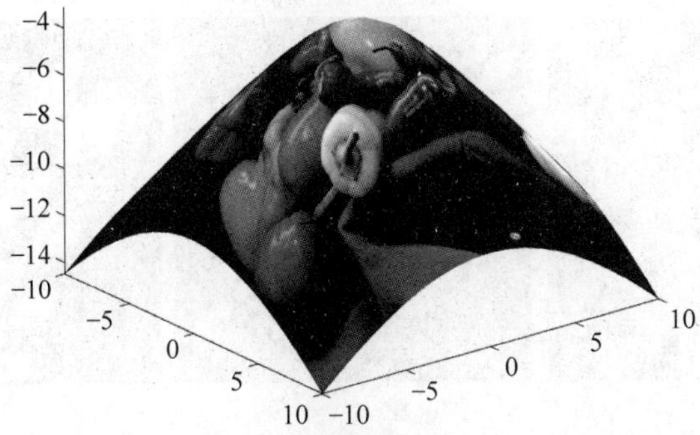

(b) 使用纹理映射warp

图 8.37 （续）

(12) set：用于设置对象属性，可以随时间变化从而生成动画（见图 8.38）。

```
[x, y, z] = ellipsoid(0, 0, 0, 10, 10, 10);
h = surf(x,y,-z);
im = imread('world-map.jpg');
set(h, 'CData', im, 'FaceColor', 'texturemap', 'edgecolor', 'none');
el = 24;
for az = 0:360
    view(az, el);
    pause(0.1);
end
```

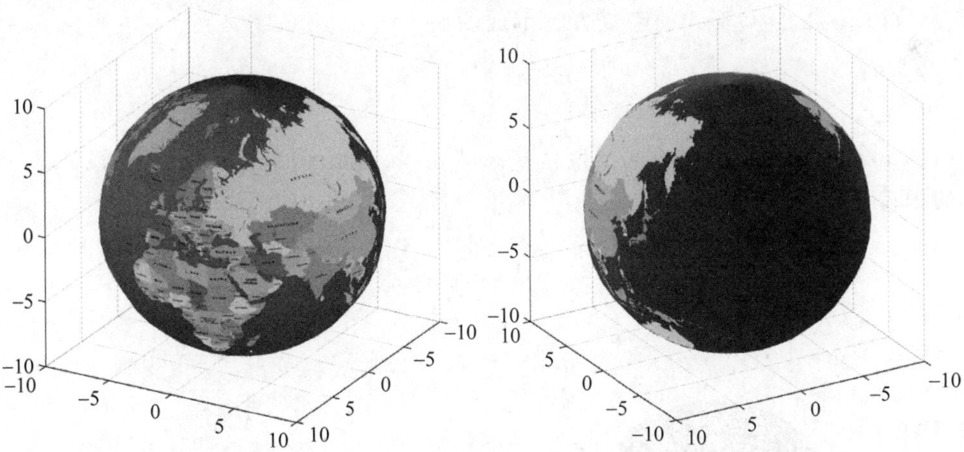

图 8.38 使用 set 实现的动画

(13) affine2d 和 projective2d：用于创建图像的仿射和透视（或投影）变换（见图 8.39）。

```
A = checkerboard(10);
M = [5 2 5 ; 2 5 5 ; 0 0 1];
tform = affine2d(M');
B = imwarp(A, tform);
figure, imshow(B); title('affine transform');
M = [5 2 5 ; 2 5 5 ; 0.01 0.01 1];
tform = projective2d(M');
C = imwarp(A, tform);
figure, imshow(C); title('perspective transform');
```

图 8.39 使用 affine2d 和 projective2d 的图像变换

除了上面列出的内置功能外，许多用户创建的功能已上传到公开网站。下面给出其中的一些。

（14）impl：该函数可见网站(http://www.math.umd.edu/～jcooper/matcomp/matcompmfiles/)。它从 $f(x,y,z)=0$ 形式的隐式方程生成曲面(见图 8.40)。

```
syms x y z; f = inline('x.^2 + y.^2 + z.^2 - 5'
, 'x', 'y', 'z');
impl(f, [ - 3, 3, - 3, 3, - 3, 3], 0), axis equal;
grid;
```

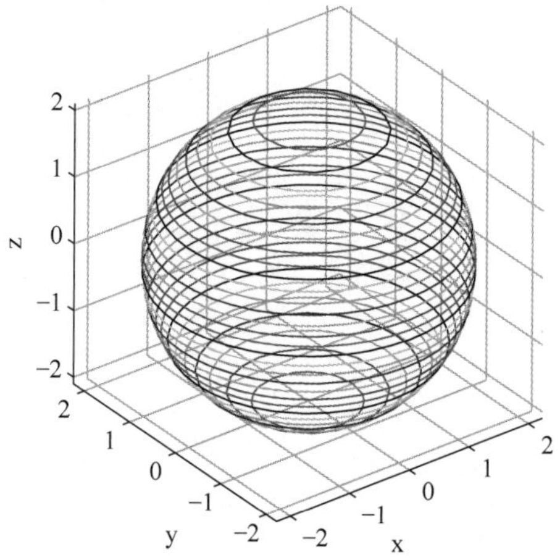

图 8.40 使用 impl 绘图

（15）ezimplot3：该函数可见网站 https://in.mathworks.com/matlabcentral/fileexchange/300-implot-m。它从 $f(x,y,z)=0$ 形式的隐式方程生成曲面(见图 8.41)。

```
f = 'x^2 + y^2 + z^2 - 5'; ezimplot3(f);
```

（16）implicitplot3d：该函数可见网站 www2.math.umd.edu/～jmr。它从 $f(x,y,z)=0$ 形式的隐式方程生成曲面(见图 8.42)。

```
implicitplot3d('x^2 + y^2 - z^2', 10, - 10, 10, - 10, 10, - 10, 10, 30);
```

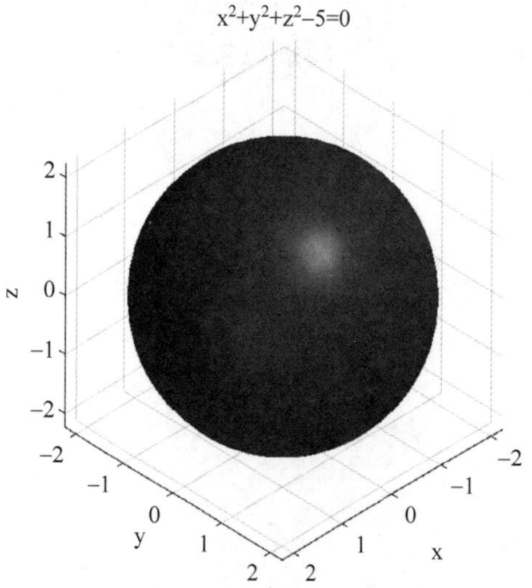

图 8.41 使用 ezimplot3 绘图

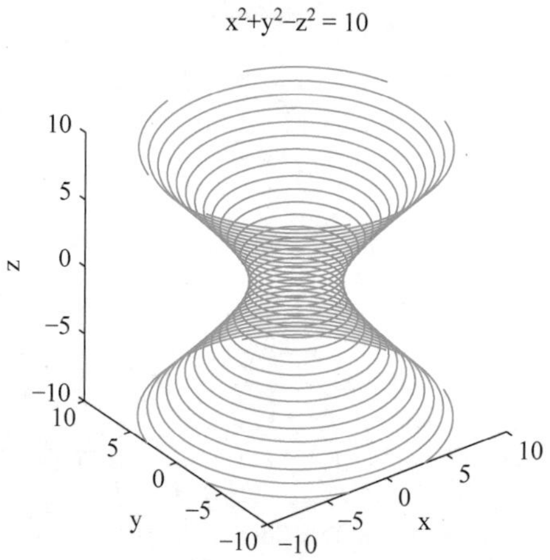

图 8.42 使用 implicitplot3d 绘图

注解

imshow：在图形窗口中显示图像。

imwarp：对图像应用几何变换以将其映射到表面上。

8.12　本章小结

以下几点总结了本章讨论的主题：

- 利用沿正交方向的两条样条线的组合，可以创建曲面。
- 基于数学表达，曲面被分类为参数形式或隐式形式。
- 可以通过调整控制点网格来修改参数化贝塞尔曲面。
- 隐式曲面可用于表示椭圆体，称为二次曲面。
- 基于创建方法，曲面可以根据拉伸和旋转进行分类。
- 可以根据曲面的偏导数计算其法向量。
- 切平面是垂直于法线并通过给定点的平面。
- 实体的面积和体积是通过绕主轴旋转曲线获得的。
- 纹理映射是将图像应用到对象表面以改善其外观的过程。
- 纹理映射变换可以表示为仿射变换或透视变换。
- 表面照明是根据光源和表面反射特性确定的。
- 表面反射可以是环境反射或漫反射或镜面反射。

8.13　复习题

1. 参数曲面和隐式曲面有什么区别？
2. 如何从两条贝塞尔样条生成贝塞尔曲面？
3. 指出常用的二次曲面如何使用隐式方程表示？
4. 如何根据创建方法对表面进行分类？
5. 拉伸曲面和旋转曲面有什么区别？
6. 如何计算曲面的法向量和切平面？
7. 如何计算旋转表面的面积和体积？
8. 如何计算仿射纹理映射变换？
9. 透视纹理映射变换是如何计算的？
10. 什么是光照模型？它如何用于计算表面点的亮度？

8.14　练习题

1. 对参数曲面$(s^2, 2s, t)$先使用$\boldsymbol{T}(1,0,-1)$平移，再使用$\boldsymbol{S}(-1,0,1)$缩放。给出生成曲面的参数化表达。

2. 确定在 YZ 平面前的椭圆抛物面 $x=5y^2+2z^2-10$ 的参数表达。

3. 双二次贝塞尔曲面具有以下控制点：$P_{00}(0,0,0)$，$P_{01}(0,1/2,0)$，$P_{02}(0,1,1/b)$，$P_{10}(1/2,0,0)$，$P_{11}(1/2,1/2,0)$，$P_{12}(1/2,1,1/b)$，$P_{20}(1,0,1/a)$，$P_{21}(1,1/2,1/a)$，

$P_{22}(1,1,(1/a)+(1/b))$。确定曲面方程。

4. 求点(0.6,0.8,1)处圆锥 $x^2+y^2=z^2$ 的切面方程。

5. 在点(4,3,13)处找到曲面 $S(u,v)=(2u,v,u^2+v^2)$的法线。

6. 通过绕 x 轴旋转曲线 $y=x^2-2x+3$，$x=0$，$x=3$ 所限定的区域，求出实体的体积。

7. 在 $x=0$ 和 $x=2$ 之间的第一象限中，通过绕 y 轴旋转曲线 $y=x^{1/3}$ 和 $y=x/4$ 所界定的区域部分，求出所得实体的体积。

8. 位于 $P(0,10,20)$的光源照射表面 $S(u,v)=(u,v,-u^2-v^2)$，$0\leqslant u,v\leqslant 1$。确定入射光线、表面上点 $Q=(1/2,1/2,-1/2)$处的反射光线和反射角。

9. 沿方向 $\boldsymbol{L}=2\boldsymbol{i}+\boldsymbol{j}+3\boldsymbol{k}$ 的光落在法线 $\boldsymbol{N}=\boldsymbol{i}-2\boldsymbol{j}+\boldsymbol{k}$ 的表面上。计算反射光线和入射角。还要验证入射角是否等于反射角。

10. 光线沿方向 $\boldsymbol{L}=\boldsymbol{k}$ 照射平面 $P:-2x-8y+10z-10=0$，观察者视点沿 $\boldsymbol{V}=(\boldsymbol{i}+\boldsymbol{j}+\boldsymbol{k})$。假设环境强度为光源强度的 1/6 且 $m=2$，$k_a=0.2$，$k_d=0.3$，$k_s=0.4$，将平面上某点处的反射光强度确定为光源强度的百分比。

第9章

投　影

9.1　引言

投影用于将高维对象映射到低维视图，即从二维到一维或从三维到二维。低维实体分别称为视线或视平面。在本章中，我们将主要讨论将三维对象投影到二维视平面上，但我们将介绍使用二维投影到一维视线上的概念，然后扩展三维案例的概念。

投影可以有两种类型：平行投影和透视投影。在平行投影中，投影线彼此平行。这种类型的投影会产生不切实际的视图。从某种意义上说，它不是物理世界中的观察者所看到的，因为物体的外观大小不取决于它与观察者的距离，所有远近事物都会以其真实大小出现。但是，平行投影很有用，因为它可以保持物体的真实大小和角度不变。在透视投影中，投影线看起来会聚到了一个称为投影参考点(PRP)的点。实际上在现实世界中我们会看到平行线会在距离我们的眼睛很远的地方会聚，称为透视效应。因为观察到的物体大小取决于它们与观察者的距离——随着物体移动得越远，它们的表观尺寸就会越小。虽然透视投影可以产生逼真的场景视图；但是，它会扭曲线和曲面的真实长度和角度。对于二维投影，点被投影在称为视线(viewline)的线上，而对于三维投影，点被投影在称为视平面(viewplane)的平面上。平行投影又可以有两种类型：正交投影和斜投影。在平行正交投影中，投影线垂直于视平面。在平行斜投影中，投影线可以按照任意角度朝向视平面[Hearn and Baker，1996]，参见图9.1。

通常对于三维投影，平行正交投影也可以细分为两种：多视图和轴测。在多视图投影中，投影发生在主平面上，即 XY 平面、YZ 平面或 XZ 平面。此类视图(分别)称为顶视图、侧视图和前视图，并且仅显示对象的一个面。这些视图用于工程和建筑图纸中，因为可以准确测量长度和角度。在轴测投影中，投影发生在与任何主平面都不重合的任意平面上。在这种情况下，可以查看物体的多个面。物体沿三个轴的实际长度与其投影长度之比称为缩短因子。

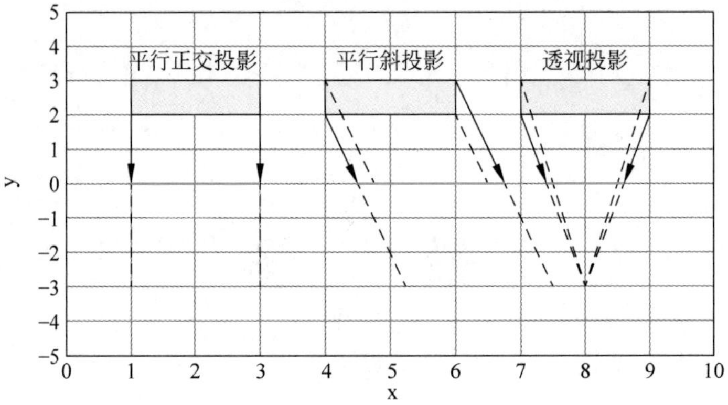

图 9.1 投影类型

9.2 二维投影

为了研究二维投影，我们使用齐次坐标中的向量方程，如 6.9 节所述。为了方便读者，这里总结了主要结果。

直线的笛卡儿方程为 $ax+by+c=0$，并以向量形式表示为 $\boldsymbol{l}=(a,b,c)$。

$\boldsymbol{P}(X,Y,W)$是点(x,y)的齐次坐标，即 $x=X/W$，$y=Y/W$。

对于通过 $\boldsymbol{P}(X,Y,W)$的直线 $\boldsymbol{l}=(a,b,c)$，必定有 $\boldsymbol{l}\cdot\boldsymbol{P}=0$。

对于通过两个给定点 $\boldsymbol{P}_1(X_1,Y_1,W_1)$和 $\boldsymbol{P}_2(X_2,Y_2,W_2)$的直线 $\boldsymbol{l}$，有 $\boldsymbol{l}=\boldsymbol{P}_1\times\boldsymbol{P}_2$。

两条直线 $\boldsymbol{l}_1$ 和 $\boldsymbol{l}_2$ 的交点 $\boldsymbol{P}$ 由下式给出：$\boldsymbol{P}=\boldsymbol{l}_1\times\boldsymbol{l}_2$。

设 $\boldsymbol{P}$ 是对象上的一个点，它沿方向 $\boldsymbol{VP}$ 投影在视线 $\boldsymbol{L}$ 的 $\boldsymbol{Q}$ 处，其中 $\boldsymbol{V}$ 点是 PRP。设通过 $\boldsymbol{P}$ 和 $\boldsymbol{V}$ 的投影线为 $\boldsymbol{K}$。因为线 $\boldsymbol{K}$ 通过两个点 $\boldsymbol{P}$ 和 $\boldsymbol{V}$，所以有(见图 9.2(a))：

$$\boldsymbol{K}=\boldsymbol{V}\times\boldsymbol{P} \tag{9.1}$$

线 $\boldsymbol{L}$ 和 $\boldsymbol{K}$ 之间的交点 $\boldsymbol{Q}$ 也由下式给出：

$$\boldsymbol{Q}=\boldsymbol{L}\times\boldsymbol{K}=\boldsymbol{L}\times(\boldsymbol{V}\times\boldsymbol{P}) \tag{9.2}$$

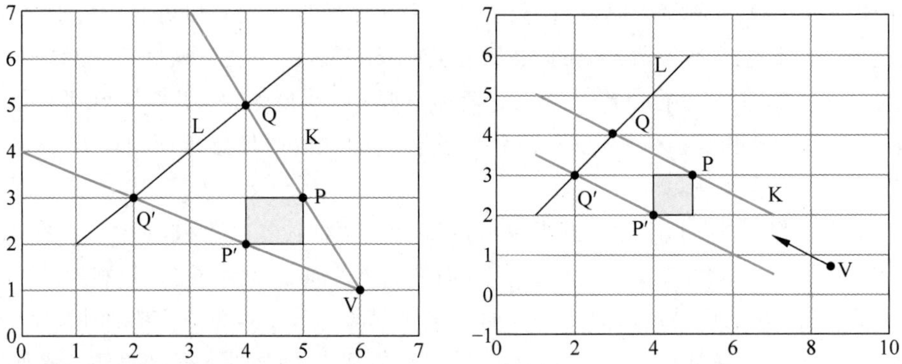

图 9.2 二维投影

现在，使用向量恒等式 $\boldsymbol{A}\times(\boldsymbol{B}\times\boldsymbol{C})=(\boldsymbol{C}\cdot\boldsymbol{A})\boldsymbol{B}-(\boldsymbol{A}\cdot\boldsymbol{B})\boldsymbol{C}=[\boldsymbol{B}^{\mathrm{T}}\boldsymbol{A}-(\boldsymbol{B}\boldsymbol{A}^{\mathrm{T}})\boldsymbol{I}]\boldsymbol{C}$，得到：

$$Q = L \times (V \times P) = [V^T L - (VL^T) I] P = M \cdot P \tag{9.3}$$

式中，I 是单位矩阵，M 是点 P 沿方向 V 在视线 L 上的透视投影矩阵[Marsh，2005]。

如上所示，点和线使用形式为 $L=(a,b,c)$ 和 $V=(v_1,v_2,1)$ 的齐次向量符号表示。对于平行投影，可以认为 V 是在无穷远的，因此投影线是平行的(见图 9.2(b))。为了表示 V 方向无穷远的点，我们使用符号 $V=(v_1,v_2,0)$。沿投影方向从 V 到视线 L 的向量称为投影向量。

例 9.1　考虑一条视线 $L(x,y)$：$-3x+12y-5=0$ 和一个点 $P(-8,6)$。确定以下各种情况下的投影矩阵和投影坐标：(a) P 与视点 $(-3,11)$ 的透视投影；(b) P 在方向 $(3,-2)$ 上的平行斜投影；(c) P 在与视线成直角方向上的平行正投影。

解：

(a)

$V=[-3,11,1]$、$L=[-3,12,-5]$、$P=[-8,6,1]$；

根据式(9.3)，

投影矩阵：$M=[V^T L-(VL^T)I]=\begin{bmatrix}-3\\11\\1\end{bmatrix}\begin{bmatrix}-3 & 12 & -5\end{bmatrix}-\begin{bmatrix}-3 & 11 & 1\end{bmatrix}\begin{bmatrix}-3\\12\\-5\end{bmatrix}\begin{bmatrix}1&0&0\\0&1&0\\0&0&1\end{bmatrix}$；

化简：$M=\begin{bmatrix}-127 & -36 & 15\\-33 & -4 & -55\\-3 & 12 & -141\end{bmatrix}$(在齐次坐标系中)；

点 P 的原始坐标：$P=\begin{bmatrix}-8\\6\\1\end{bmatrix}$；

投影坐标：$Q=MP=\begin{bmatrix}815\\185\\-45\end{bmatrix}$(在齐次坐标系中)；

投影坐标：$Q'=\begin{bmatrix}-18.11\\-4.11\\1\end{bmatrix}$(在笛卡儿坐标系中)。

验证：投影点必须位于视线上：$L(-18.11,-4.11)=0$(见图 9.3(a))。

(b)

$V=[3,-2,0]$、$L=[-3,12,-5]$、$P=[-8,6,1]$；

根据式(9.3)，

投影矩阵：$M=[V^T L-(VL^T)I]$

$$=\begin{bmatrix}3\\-2\\0\end{bmatrix}\begin{bmatrix}-3 & 12 & -5\end{bmatrix}-\begin{bmatrix}3 & -2 & 0\end{bmatrix}\begin{bmatrix}-3\\12\\-5\end{bmatrix}\begin{bmatrix}1&0&0\\0&1&0\\0&0&1\end{bmatrix};$$

化简：$M=\begin{bmatrix}24 & 36 & -15\\6 & 9 & 10\\0 & 0 & 33\end{bmatrix}$(在齐次坐标系中)；

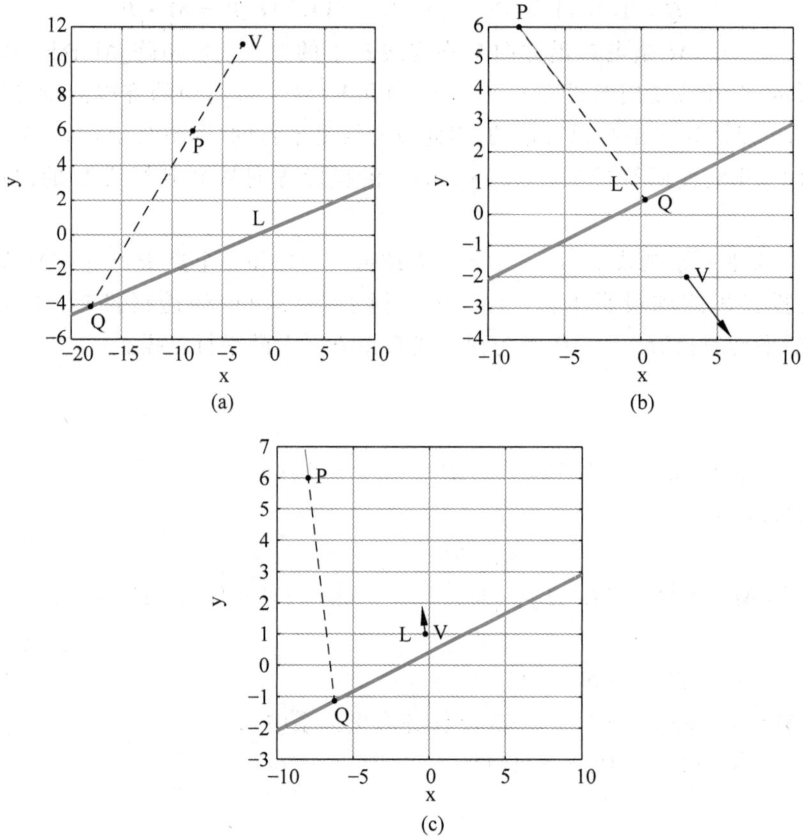

图 9.3　例 9.1 的绘图

点 $\boldsymbol{P}$ 的原始坐标：$\boldsymbol{P}=\begin{bmatrix}-8\\6\\1\end{bmatrix}$；

投影坐标：$\boldsymbol{Q}=\boldsymbol{MP}=\begin{bmatrix}9\\16\\33\end{bmatrix}$（在齐次坐标系中）；

投影坐标：$\boldsymbol{Q}'=\begin{bmatrix}0.2727\\0.4848\\1\end{bmatrix}$（在笛卡儿坐标系中）。

验证：投影点必须位于视线上：$\boldsymbol{L}(0.2727,0.4848)=0$（见图 9.3(b)）。

(c)

直线 $ax+by+c=0$ 的斜率是 $-a/b=-(-3)/12=0.25$；

切向量：$\boldsymbol{t}=[1,0.25,1]$；

法向量：$\boldsymbol{n}=\boldsymbol{R}(90°)\boldsymbol{t}=[-0.25,1,1]$；

平行正交投影应沿着法向量的方向，所以 $\boldsymbol{V}=[-0.25,1,0]$、$\boldsymbol{L}=[-3,12,-5]$、$\boldsymbol{P}=[-8,6,1]$；

根据式(9.3)，

投影矩阵：$\boldsymbol{M}=[\boldsymbol{V}^{\mathrm{T}}\boldsymbol{L}-(\boldsymbol{V}\boldsymbol{L}^{\mathrm{T}})\boldsymbol{I}]$

$$=\begin{bmatrix}-0.25\\1\\0\end{bmatrix}\begin{bmatrix}-3 & 12 & -5\end{bmatrix}-\begin{bmatrix}-0.25 & 1 & 0\end{bmatrix}\begin{bmatrix}-3\\12\\-5\end{bmatrix}\begin{bmatrix}1 & 0 & 0\\0 & 1 & 0\\0 & 0 & 1\end{bmatrix};$$

化简：$\boldsymbol{M}=\begin{bmatrix}-12 & -3 & 1.25\\-3 & -0.75 & -5\\0 & 0 & -12.75\end{bmatrix}$（在齐次坐标系中）；

投影坐标：$\boldsymbol{Q}=\boldsymbol{MP}=\begin{bmatrix}79.25\\14.5\\-12.75\end{bmatrix}$（在齐次坐标系中）；

投影坐标：$\boldsymbol{Q}'=\begin{bmatrix}-6.21\\-1.14\\1\end{bmatrix}$（在笛卡儿坐标系中）。

验证：投影点必须位于视线上：$L(-6.21,-1.14)=0$（见图9.3(c)）。

MATLAB Code 9.1

```
clear all; clc; format compact;
P = [-8, 6, 1];
L = [-3, 12, -5];
syms x y;
f = -3*x + 12*y - 5;

% (a) perspective projection
V = [-3, 11, 1];
M = V'*L - V*L'*eye(3);
Q = M*P';
Qc = Q/Q(3)

%plotting
y1 = (-L(1)*x - L(3))/L(2);
xx = -20:10;
yy = subs(y1, x, xx);
plot(xx, yy, 'b-', 'LineWidth', 1.5);
hold on; grid;
scatter(P(1), P(2), 20, 'r', 'filled');
scatter(V(1), V(2), 20, 'r', 'filled');
scatter(Qc(1), Qc(2), 20, 'r', 'filled');
plot([V(1), P(1)], [V(2), P(2)], 'k--');
plot([P(1), Qc(1)], [P(2), Qc(2)], 'k--');
xlabel('x'); ylabel('y'); axis square;
text(-2, 1, 'L', 'FontSize', 15);
text(P(1)+0.5, P(2), 'P');
text(Qc(1)+0.5, Qc(2), 'Q');
text(V(1)+0.5, V(2), 'V');

%verification
vrf1 = subs(f, [x, y], [Qc(1), Qc(2)])

% (b) oblique projection
```

```
V = [3, -2, 0];
M = V'*L - V*L'*eye(3);
Q = M*P';
Qc = Q/Q(3);

%plotting
figure
syms x y;
y1 = (-L(1)*x - L(3))/L(2);
xx = -10:10;
yy = subs(y1, x, xx);
plot(xx, yy, 'b-', 'LineWidth', 1.5);
hold on; grid;
quiver(P(1), P(2), V(1), V(2));
quiver(V(1), V(2), V(1), V(2));
scatter(P(1), P(2), 20, 'r', 'filled');
scatter(V(1), V(2), 20, 'r', 'filled');
scatter(Qc(1), Qc(2), 20, 'r', 'filled');
plot([P(1), Qc(1)], [P(2), Qc(2)], 'k--');
xlabel('x'); ylabel('y'); axis square;
text(P(1)+0.5, P(2), 'P');
text(V(1)+0.5, V(2), 'V');
text(Qc(1)+0.5, Qc(2), 'Q');
text(-2, 1, 'L', 'FontSize', 15);

%verification
vrf2 = subs(f, [x, y], [Qc(1), Qc(2)])

% (c) orthographic projection
m = -L(1)/L(2);                % slope
t = [1, m, 1];                 % tangent
R90 = [cosd(90) -sind(90) 0 ; sind(90) cosd(90) 0 ; 0 0 1];
n = R90*t';                    % normal
V = [n(1), n(2), 0];
M = V'*L - V*L'*eye(3);
Q = M*P';
Qc = Q/Q(3);

%plotting
figure
syms x y;
y1 = (-L(1)*x - L(3))/L(2);
xx = -10:10;
yy = subs(y1, x, xx);
plot(xx, yy, 'b-', 'LineWidth', 1.5);
hold on; grid;
quiver(P(1), P(2), V(1), V(2));
quiver(V(1), V(2), V(1), V(2));
scatter(P(1), P(2), 20, 'r', 'filled');
scatter(V(1), V(2), 20, 'r', 'filled');
scatter(Qc(1), Qc(2), 20, 'r', 'filled');
plot([P(1), Qc(1)], [P(2), Qc(2)], 'k--');
text(Qc(1)+0.5, Qc(2), 'Q');
text(V(1)+0.5, V(2), 'V');
```

```
text(P(1) + 0.5, P(2), 'P');
text( - 2, 1, 'L', 'FontSize', 15);
xlabel('x'); ylabel('y'); axis square;

% verification
vrf3 = subs(f, [x, y], [Qc(1), Qc(2)]);
hold off;
```

> 注解
>
> eye：生成指定尺寸的标识矩阵。

9.3 三维投影

与9.2节的讨论类似，可以证明点 $\boldsymbol{P}$ 在三维空间中投影到具有法线 $\boldsymbol{N}$ 和视点 $\boldsymbol{V}$ 的视平面上的坐标 $\boldsymbol{Q}$ 由下式给出：

$$\boldsymbol{Q}=\boldsymbol{L}\times(\boldsymbol{V}\times\boldsymbol{P})=[\boldsymbol{V}^{\mathrm{T}}\boldsymbol{N}-(\boldsymbol{V}\boldsymbol{N}^{\mathrm{T}})\boldsymbol{I}]\boldsymbol{P}=\boldsymbol{M}\boldsymbol{P} \tag{9.4}$$

式中，$\boldsymbol{I}$ 是单位矩阵，$\boldsymbol{M}$ 是透视变换矩阵[Marsh，2005]。

例9.2 考虑一个视平面 $F(x,y,z)$：$-x+3y+2z-4=0$ 和一个点 $P(-4,2,2)$。确定下面各种情况下的投影矩阵和投影坐标：(a) 视点为(2，-1，1)时对 P 的透视投影；(b) P 在方向(1，2，1)上的平行斜投影；(c) P 与视平面成直角的平行正交投影。

解：

(a)

点：$\boldsymbol{P}=[-4,2,2,1]$；

法线：$\boldsymbol{N}=[-1,3,2,-4]$；

视点：$\boldsymbol{V}=[2,-1,1,1]$。

根据式(9.4)，

投影矩阵：$\boldsymbol{M}=[\boldsymbol{V}^{\mathrm{T}}\boldsymbol{N}-(\boldsymbol{V}\boldsymbol{N}^{\mathrm{T}})\boldsymbol{I}]$

$$=\begin{bmatrix}2\\-1\\1\\1\end{bmatrix}\begin{bmatrix}-1 & 3 & 2 & -4\end{bmatrix}-\begin{bmatrix}2 & -1 & 1 & 1\end{bmatrix}\begin{bmatrix}-1\\3\\2\\-4\end{bmatrix}\begin{bmatrix}1&0&0&0\\0&1&0&0\\0&0&1&0\\0&0&0&1\end{bmatrix};$$

化简：$\boldsymbol{M}=\begin{bmatrix}5&6&4&-8\\1&4&-2&4\\-1&3&9&-4\\-1&3&2&3\end{bmatrix}$；

投影坐标：$\boldsymbol{Q}_{\mathrm{h}}=\boldsymbol{M}\boldsymbol{P}=\begin{bmatrix}-8\\4\\24\\17\end{bmatrix}$（在齐次坐标系中）；

投影坐标：$\boldsymbol{Q}=\boldsymbol{Q}_{\mathrm{h}}/17=\begin{bmatrix}-0.47\\0.23\\1.41\\1\end{bmatrix}$（在笛卡儿坐标系中）。

验证：$F(-0.47,0.23,1.41)=0$（见图 9.4(a)）。

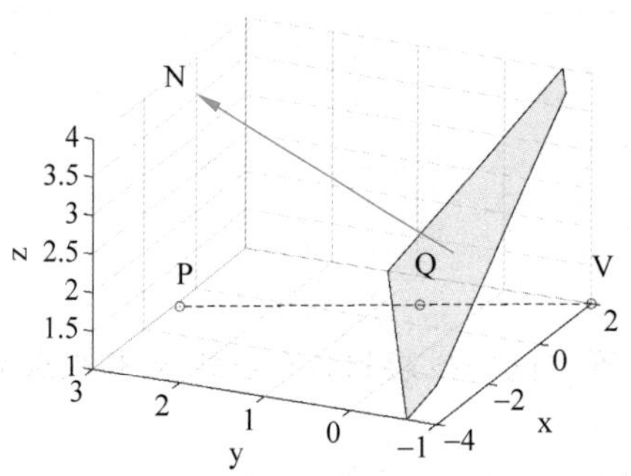

(a) 透视投影

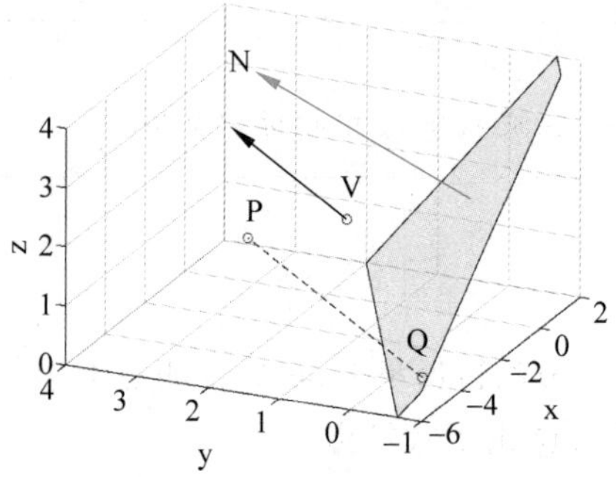

(b) 斜投影

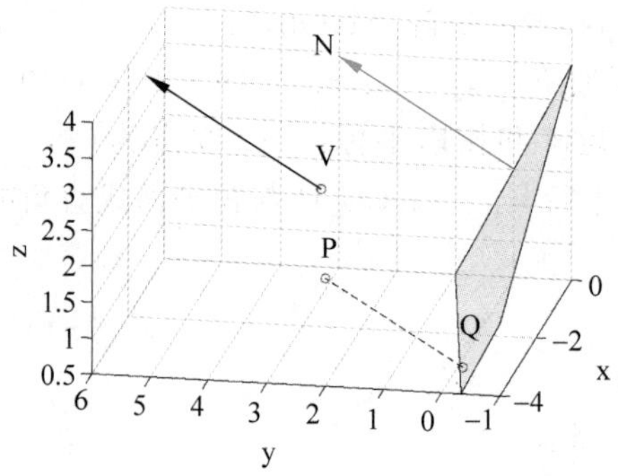

(c) 正交投影

图 9.4 例 9.2 的绘图

(b)

点：$\boldsymbol{P}=[-4,2,2,1]$；

法线：$\boldsymbol{N}=[-1,3,2,-4]$；

视点：$\boldsymbol{V}=[1,2,1,0]$。

根据式(9.4)，

投影矩阵：$\boldsymbol{M}=[\boldsymbol{V}^{\mathrm{T}}\boldsymbol{N}-(\boldsymbol{V}\boldsymbol{N}^{\mathrm{T}})\boldsymbol{I}]$

$$=\begin{bmatrix}1\\2\\1\\0\end{bmatrix}\begin{bmatrix}-1 & 3 & 2 & -4\end{bmatrix}-\begin{bmatrix}1 & 2 & 1 & 0\end{bmatrix}\begin{bmatrix}-1\\3\\2\\-4\end{bmatrix}\begin{bmatrix}1&0&0&0\\0&1&0&0\\0&0&1&0\\0&0&0&1\end{bmatrix};$$

化简：$\boldsymbol{M}=\begin{bmatrix}-8&3&2&-4\\-2&-1&4&-8\\-1&3&-5&-4\\0&0&0&-7\end{bmatrix}$；

投影坐标：$\boldsymbol{Q}_{\mathrm{h}}=\boldsymbol{MP}=\begin{bmatrix}38\\6\\-4\\-7\end{bmatrix}$（在齐次坐标系中）；

投影坐标：$\boldsymbol{Q}=\boldsymbol{Q}_{\mathrm{h}}/(-7)=\begin{bmatrix}-5.43\\-0.85\\0.57\\1\end{bmatrix}$（在笛卡儿坐标系中）。

验证：$F(-5.43,-0.85,0.57)=0$（见图 9.4(b)）。

(c)

点：$\boldsymbol{P}=[-4,2,2,1]$；

法线：$\boldsymbol{N}=[-1,3,2,-4]$；

视点：$\boldsymbol{V}=[-1,3,2,0]$。

根据式(9.4)，

投影矩阵：$\boldsymbol{M}=[\boldsymbol{V}^{\mathrm{T}}\boldsymbol{N}-(\boldsymbol{V}\boldsymbol{N}^{\mathrm{T}})\boldsymbol{I}]$

$$=\begin{bmatrix}-1\\3\\2\\0\end{bmatrix}[-1\quad 3\quad 2\quad -4]-[-1\quad 3\quad 2\quad 0]\begin{bmatrix}-1\\3\\2\\-4\end{bmatrix}\begin{bmatrix}1&0&0&0\\0&1&0&0\\0&0&1&0\\0&0&0&1\end{bmatrix};$$

化简：$\boldsymbol{M}=\begin{bmatrix}-13&-3&-2&-4\\-3&-5&6&-12\\-2&6&-10&-8\\0&0&0&-14\end{bmatrix}$；

投影坐标：$\boldsymbol{Q}_{\mathrm{h}}=\boldsymbol{MP}=\begin{bmatrix}46\\2\\-8\\-14\end{bmatrix}$（在齐次坐标系中）；

投影坐标：$\boldsymbol{Q}=\boldsymbol{Q}_{\mathrm{h}}/(-14)=\begin{bmatrix}-3.28\\-0.14\\0.57\\1\end{bmatrix}$（在笛卡儿坐标系中）。

验证：$F(-3.28,-0.14,0.57)=0$（见图 9.4(c)）。

MATLAB Code 9.2

```
clear all; clc; format compact;
N = [-1, 3, 2, -4];
P = [-4, 2, 2, 1];
syms x y z;
f = -x + 3*y +2*z - 4;

% (a) perspective projection
V = [2, -1, 1, 1];
```

```
M = V' * N - V * N' * eye(4);
Qh = M * P';
Q = Qh/Qh(4)
figure
plot3(P(1), P(2), P(3), 'ro');
hold on; grid; view( - 66, 30);
xlabel('x'); ylabel('y'); zlabel('z');
plot3(Q(1), Q(2), Q(3), 'ro');
plot3(V(1), V(2), V(3), 'ro');
plot3([V(1) P(1)], [V(2) P(2)], [V(3) P(3)], 'k -- ');
quiver3(0, 0, 2, N(1), N(2), N(3));
text(P(1), P(2), P(3) + 0.5, 'P');
text(Q(1), Q(2), Q(3) + 0.5, 'Q');
text(V(1), V(2), V(3) + 0.5, 'V');
text(N(1), N(2), N(3) + 2, 'N');

% verification
vrf1 = subs(f, [x, y, z], [Q(1), Q(2), Q(3)])
fimplicit3(f, 'MeshDensity', 2, 'FaceColor', 'y', 'FaceAlpha',0.3);

% (b) oblique projection
V = [1, 2, 1, 0];
M = V' * N - V * N' * eye(4);
Qh = M * P';
Q = Qh/Qh(4)
figure
plot3(P(1), P(2), P(3), 'ro');
hold on; grid; view( - 66, 30);
quiver3(0, 0, 2, N(1), N(2), N(3));
quiver3(V(1), V(2), V(3), V(1), V(2), V(3));
plot3(Q(1), Q(2), Q(3), 'ro');
plot3(V(1), V(2), V(3), 'ro');
plot3([Q(1) P(1)], [Q(2) P(2)], [Q(3) P(3)], 'k -- ');
xlabel('x'); ylabel('y'); zlabel('z');
text(P(1), P(2), P(3) + 0.5, 'P');
text(Q(1), Q(2), Q(3) + 0.5, 'Q');
text(V(1), V(2), V(3) + 0.5, 'V');
text(N(1), N(2), N(3) + 2, 'N');

% verification
vrf2 = subs(f, [x, y, z], [Q(1), Q(2), Q(3)])
fimplicit3(f, 'MeshDensity', 2, 'FaceColor', 'y', 'FaceAlpha',0.3);

% (c) orthographic projection
V = [N(1), N(2), N(3), 0];
M = V' * N - V * N' * eye(4);
Qh = M * P';
Q = Qh/Qh(4)
figure
plot3(P(1), P(2), P(3), 'ro');
hold on; grid; view( - 80, 25);
quiver3(0, 0, 2, N(1), N(2), N(3));
quiver3(V(1), V(2), V(3), V(1), V(2), V(3));
plot3(Q(1), Q(2), Q(3), 'ro');
```

```
plot3(V(1), V(2), V(3), 'ro');
plot3([Q(1) P(1)], [Q(2) P(2)], [Q(3) P(3)], 'k--');
xlabel('x'); ylabel('y'); zlabel('z');
text(P(1), P(2), P(3) + 0.5, 'P');
text(Q(1), Q(2), Q(3) + 0.5, 'Q');
text(V(1), V(2), V(3) + 0.5, 'V');
text(N(1), N(2), N(3) + 2, 'N')

% verification
vrf3 = subs(f, [x, y, z], [Q(1), Q(2), Q(3)])
fimplicit3(f, 'MeshDensity', 2, 'FaceColor', 'y', 'FaceAlpha',0.3);
hold off;
```

9.4 多视图投影

在平行正交多视图投影中,投影线彼此平行且垂直于主平面。此类视图(分别)称为顶视图、侧视图和前视图,并且仅显示对象的一个面[Foley et al.,1995]。因为可以准确测量长度和角度,这些视图常用于工程和建筑图纸中。若视图平面与主平面重合,则投影矩阵如下所示,其中下标表示在 XY 平面、XZ 平面和 YZ 平面上的投影。

$$\boldsymbol{P}_{xy} = \begin{bmatrix} 1 & 0 & 0 & 0 \\ 0 & 1 & 0 & 0 \\ 0 & 0 & 0 & 0 \\ 0 & 0 & 0 & 1 \end{bmatrix} \tag{9.5}$$

$$\boldsymbol{P}_{xz} = \begin{bmatrix} 1 & 0 & 0 & 0 \\ 0 & 0 & 0 & 0 \\ 0 & 0 & 1 & 0 \\ 0 & 0 & 0 & 1 \end{bmatrix} \tag{9.6}$$

$$\boldsymbol{P}_{yz} = \begin{bmatrix} 0 & 0 & 0 & 0 \\ 0 & 1 & 0 & 0 \\ 0 & 0 & 1 & 0 \\ 0 & 0 & 0 & 1 \end{bmatrix} \tag{9.7}$$

若投影平面平行于主平面,例如在 $z=k$ 处,则执行以下步骤以导出变换矩阵:

- 将 $z=k$ 平面平移到 $z=0$ 平面(XY 平面):$\boldsymbol{T}_1=\boldsymbol{T}(0,0,-k)$。
- 在 XY 平面上进行投影:$\boldsymbol{P}_{xy}$。
- 将平面反向平移到原始位置:$\boldsymbol{T}_2=\boldsymbol{T}(0,0,k)$。
- 复合变换矩阵:$\boldsymbol{M}=\boldsymbol{T}(0,0,k)\boldsymbol{P}_{xy}\boldsymbol{T}(0,0,-k)$。

例 9.3 一个立方体,中心在原点,顶点在(−1,1,1)、(1,1,1)、(1,−1,1)、(−1,−1,1)、(−1,1 ,−1)、(1,1,−1)、(1,−1,−1)和(−1,−1,−1)。导出立方体在 $z=3$ 平面上沿平行于 Z 轴方向的平行投影。

解:

这里,视平面的法线:$\boldsymbol{N}=[0,0,1,-3]$;

视点位于沿 Z 轴无穷远处,因此 $\boldsymbol{V}=[0,0,1,0]$。

根据式(9.4),

投影矩阵：$\boldsymbol{M}=[\boldsymbol{V}^{\mathrm{T}}\boldsymbol{N}-(\boldsymbol{V}\boldsymbol{N}^{\mathrm{T}})\boldsymbol{I}]$

$$=\begin{bmatrix}0\\0\\1\\-3\end{bmatrix}[0\quad 0\quad 1\quad -3]-[0\quad 0\quad 1\quad 0]\begin{bmatrix}0\\0\\1\\-3\end{bmatrix}\begin{bmatrix}1&0&0&0\\0&1&0&0\\0&0&1&0\\0&0&0&1\end{bmatrix};$$

化简：$\boldsymbol{M}=\begin{bmatrix}-1&0&0&0\\0&-1&0&0\\0&0&0&-3\\0&0&0&-1\end{bmatrix}$；

原始坐标矩阵：$\boldsymbol{C}=\begin{bmatrix}-1&1&1&-1&-1&1&1&-1\\1&1&-1&-1&1&1&-1&-1\\1&1&1&1&-1&-1&-1&-1\\1&1&1&1&1&1&1&1\end{bmatrix}$；

新坐标矩阵：$\boldsymbol{D}_{\mathrm{h}}=\boldsymbol{MC}=\begin{bmatrix}1&-1&-1&1&1&-1&-1&1\\-1&-1&1&1&-1&-1&1&1\\-3&-3&-3&-3&-3&-3&-3&-3\\-1&-1&-1&-1&-1&-1&-1&-1\end{bmatrix}$（在齐次坐标系中）；

新坐标矩阵：$\boldsymbol{D}=\boldsymbol{D}_{\mathrm{h}}/(-1)=\begin{bmatrix}-1&1&1&-1&-1&1&1&-1\\1&1&-1&-1&1&1&-1&-1\\3&3&3&3&3&3&3&3\\1&1&1&1&1&1&1&1\end{bmatrix}$（在笛卡儿坐标系中）；

新坐标：(−1,1,3)、(1,1,3)、(1,−1,3)、(−1,−1,3)、(−1,1,3)、(1,1,3)、(1,−1,3)和(−1,−1,3)，参见图 9.5。

MATLAB Code 9.3

```
clear all; clc; format compact;
N = [0, 0, 1, -3];
p1 = [-1,1,1];
p2 = [1,1,1];
p3 = [1,-1,1];
p4 = [-1,-1,1];
p5 = [-1,1,-1];
p6 = [1,1,-1];
p7 = [1,-1,-1];
p8 = [-1,-1,-1];
C = [p1'p2'p3'p4'p5'p6'p7'p8';
1 1 1 1 1 1 1 1 ];

% orthographic multi-view projection
V = [N(1), N(2), N(3), 0];
M = V'*N - V*N'*eye(4);
Dh = M*C;
```

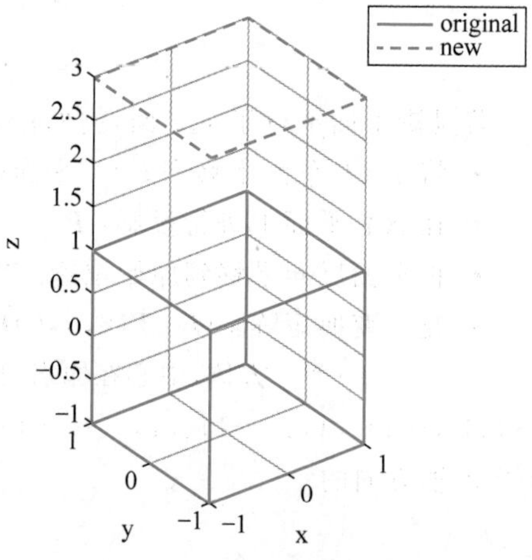

图 9.5 例 9.3 的绘图

```
D = Dh/Dh(4);
fprintf('New vertices : \n')
for i = 1:8
fprintf('( %.2f, %.2f, %.2f) \n',D(1,i), D(2,i), D(3,i));
end
figure
C = [p1' p2' p3' p4' p1' p5' p6' p7' p8' p5' p8' p4' p3' p7' p6' p2' ;
1 1 1 1 1 1 1 1 1 1 1 1 1 1 1 1];
Dh = M * C; D = Dh/Dh(4);
plot3(C(1,:), C(2,:), C(3,:), 'b'); hold on;
plot3(D(1,:), D(2,:), D(3,:), 'r');
xlabel('x'); ylabel('y'); zlabel('z');
legend('original', 'new'); axis equal;
grid; hold off;
```

9.5 轴测投影

在平行正交轴测投影中，投影线彼此平行并且垂直于视平面，但视平面与主平面不重合[Chakraborty,2010]。与只有对象的单个面可见的多视图投影不同，在这种情况下可以查看对象的多个面的视图。要导出投影矩阵，请遵循以下步骤：

- 将法线与视平面对齐以与主轴之一(例如 Z 轴)重合；
- 在相应的主平面(即 XY 平面)上执行投影；
- 将视平面反向对齐到原始位置。

例 9.4 一个立方体，中心在原点，顶点在(−1,1,1)、(1,1,1)、(1,−1,1)、(−1,−1,1)、(−1,1 ,−1)、(1,1,−1)、(1,−1,−1)和(−1,−1,−1)。将立方体的轴测投影导出到具有沿 $\boldsymbol{i}+\boldsymbol{j}+\boldsymbol{k}$ 的法向量并通过点(0,0,5)的平面上。

解：

视平面具有法线 $\boldsymbol{i}+\boldsymbol{j}+\boldsymbol{k}$ 并通过点(0,0,5)。因此，视平面的方程是 $(x-0)+(y-0)+(z-5)=0$，故 $\boldsymbol{N}=[1,1,1,-5]$。

此外，由于投影是平行且正交的，因此投影线沿着平面的法线，并且视点位于无穷远处，故 $\boldsymbol{V}=[1,1,1,0]$。

根据式(9.4)，

投影矩阵：$\boldsymbol{M}=[\boldsymbol{V}^{\mathrm{T}}\boldsymbol{N}-(\boldsymbol{V}\boldsymbol{N}^{\mathrm{T}})\boldsymbol{I}]$

$$=\begin{bmatrix}1\\1\\1\\0\end{bmatrix}\begin{bmatrix}1 & 1 & 1 & -5\end{bmatrix}-\begin{bmatrix}1 & 1 & 1 & 0\end{bmatrix}\begin{bmatrix}1\\1\\1\\-5\end{bmatrix}\begin{bmatrix}1&0&0&0\\0&1&0&0\\0&0&1&0\\0&0&0&1\end{bmatrix};$$

化简：$\boldsymbol{M}=\begin{bmatrix}-2&1&1&-5\\1&-2&1&-5\\1&1&-2&-5\\0&0&0&-3\end{bmatrix}$；

原始坐标矩阵：$\boldsymbol{C}=\begin{bmatrix} -1 & 1 & 1 & -1 & -1 & 1 & 1 & -1 \\ 1 & 1 & -1 & -1 & 1 & 1 & -1 & -1 \\ 1 & 1 & 1 & 1 & -1 & -1 & -1 & -1 \\ 1 & 1 & 1 & 1 & 1 & 1 & 1 & 1 \end{bmatrix}$；

新坐标矩阵：$\boldsymbol{D}_{\mathrm{h}}=\boldsymbol{MC}=\begin{bmatrix} -1 & -5 & -7 & -3 & -3 & -7 & -9 & -5 \\ -7 & -5 & -1 & -3 & -9 & -7 & -3 & -5 \\ -7 & -5 & -7 & -9 & -3 & -1 & -3 & -5 \\ -3 & -3 & -3 & -3 & -3 & -3 & -3 & -3 \end{bmatrix}$（在齐次坐标系中）；

新坐标矩阵：$\boldsymbol{D}=\boldsymbol{D}_{\mathrm{h}}/(-3)=\begin{bmatrix} 0.33 & 1.67 & 2.33 & 1 & 1 & 2.33 & 3 & 1.67 \\ 2.33 & 1.67 & 0.33 & 1 & 3 & 2.33 & 1 & 1.67 \\ 2.33 & 1.67 & 2.33 & 3 & 1 & 0.33 & 1 & 1.67 \\ 1 & 1 & 1 & 1 & 1 & 1 & 1 & 1 \end{bmatrix}$（在笛卡儿坐标系中）；

新坐标：(0.33,2.33,2.33)、(1.67,1.67,1.67)、(2.33,0.33,2.33)、(1,1,3)、(1,3,1)、(2.33,2.33,0.33)、(3,1,1)和(1.67,1.67,1.67)，参见图 9.6。

MATLAB Code 9.4

```
clear all; clc; format compact;
p1 = [ - 1,1,1];
p2 = [1,1,1];
p3 = [1, - 1,1];
p4 = [ - 1, - 1,1];
p5 = [ - 1,1, - 1];
p6 = [1,1, - 1];
p7 = [1, - 1, - 1];
p8 = [ - 1, - 1, - 1];
C = [p1' p2' p3' p4' p5' p6' p7' p8';
1 1 1 1 1 1 1 1 ];
N = [1, 1, 1, - 5];
V = [1, 1, 1, 0];
M = V' * N - V * N' * eye(4);
Dh = M * C;
D = Dh/Dh(4);
fprintf('New vertices : \n')
for i = 1:8
    fprintf('( % .2f, % .2f, % .2f) \n',D(1,i), D(2,i), D(3,i));
end
figure
syms x y z;
f = x + y + z - 5;
C = [p1' p2' p3' p4' p1' p5' p6' p7' p8' p5' p8' p4' p3' p7' p6' p2';
1 1 1 1 1 1 1 1 1 1 1 1 1 1 1 1];
Dh = M * C; D = Dh/Dh(4);
plot3(C(1,:), C(2,:), C(3,:), 'b'); hold on; grid;
plot3(D(1,:), D(2,:), D(3,:), 'r');
plot3(0, 0, 5, 'ro');
quiver3(0, 0, 5, 2, 2, 2);
```

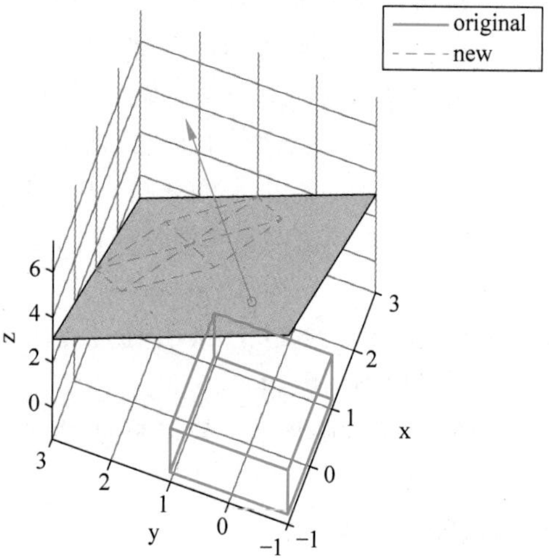

图 9.6　例 9.4 的绘图

```
fimplicit3(f, 'MeshDensity', 2, 'FaceColor', 'y', 'FaceAlpha',0.3);
xlabel('x'); ylabel('y'); zlabel('z');
legend('original', 'new'); axis equal;
view( - 70, 70); hold off;
```

9.6 缩短因子

缩短因子是投影长度与沿 3 个主轴的向量分量的原始长度之比。设平面上的直线 PQ 投影到 XY 平面上的 pq 处，则 pq 长度与 PQ 长度之比称为缩短因子，它定义了原始直线由于投影而被缩放的程度[Marsh,2005]。事实证明，这个比率对于平面上的所有直线都是相同的，并且不依赖于直线的实际坐标(见图 9.7)。

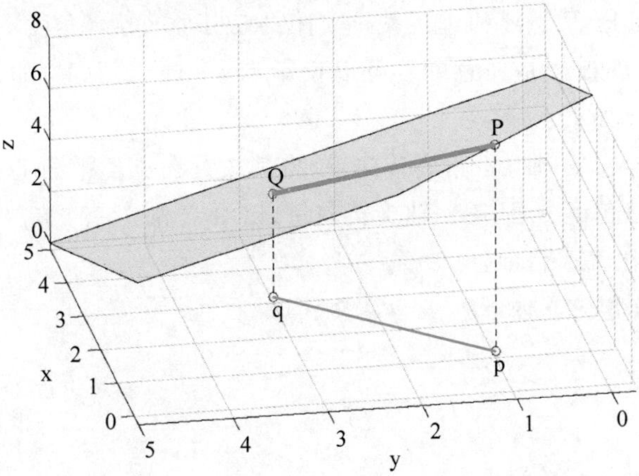

图 9.7 直线的投影

考虑一个平面的投影，其法线由向量 $\boldsymbol{N}=a\boldsymbol{i}+b\boldsymbol{j}+c\boldsymbol{k}$ 给出。为了计算平面的投影矩阵，让向量 $\boldsymbol{N}$ 沿着主轴(比如 Z 轴)对齐。如 7.8 节所述，向量对齐的过程如下：

- 沿 CCW 方向绕 X 轴以 α 角旋转向量，将其放置在 XZ 平面上：$\boldsymbol{R}_x(\alpha)$。
- 沿 CW 方向以角度 $-\phi$ 围绕 Y 轴旋转向量，以沿 Z 轴对齐：$\boldsymbol{R}_y(-\phi)$。
- 沿 Z 轴投影在 XY 平面上：$\boldsymbol{P}_{xy}$。
- 计算组合变换矩阵：$\boldsymbol{M}=\boldsymbol{P}_{xy}\boldsymbol{R}_y(-\phi)\boldsymbol{R}_x(\alpha)$。

展开 $\boldsymbol{M}$，

$$\boldsymbol{M}=\begin{bmatrix}\cos\phi & -\sin\alpha\sin\phi & -\cos\alpha\sin\phi & 0\\ 0 & \cos\alpha & -\sin\alpha & 0\\ 0 & 0 & 0 & 0\\ 0 & 0 & 0 & 1\end{bmatrix} \tag{9.8}$$

现在考虑一个向量 $\boldsymbol{P}=A\boldsymbol{i}+B\boldsymbol{j}+C\boldsymbol{k}$。其沿 3 个主轴的分量向量由 $\boldsymbol{P}_x=(A,0,0)$、$\boldsymbol{P}_y=(0,B,0)$、$\boldsymbol{P}_z=(0,0,C)$给出。向量的长度为：

$$L(\boldsymbol{P}_x)=A,\quad L(\boldsymbol{P}_y)=B,\quad L(\boldsymbol{P}_z)=C \tag{9.9}$$

$\boldsymbol{P}$ 在主轴上的投影分量计算如下：

$$\begin{cases}\boldsymbol{Q}_x=\boldsymbol{M}\boldsymbol{P}_x=(A\cos\phi,0,0)\\ \boldsymbol{Q}_y=\boldsymbol{M}\boldsymbol{P}_y=(-B\sin\alpha\sin\phi,B\cos\alpha,0)\\ \boldsymbol{Q}_z=\boldsymbol{M}\boldsymbol{P}_z=(-C\cos\alpha\sin\phi,-C\sin\alpha,0)\end{cases} \tag{9.10}$$

向量分量的新长度计算如下：

$$\begin{cases} L(\boldsymbol{Q}_x)=A\cos\phi \\ L(\boldsymbol{Q}_y)=B\sqrt{(\cos\alpha)^2+(\sin\alpha\sin\phi)^2} \\ L(\boldsymbol{Q}_z)=C\sqrt{(\sin\alpha)^2+(\cos\alpha\sin\phi)^2} \end{cases} \tag{9.11}$$

缩短因子是修改后长度与原始长度的比率：

$$\begin{aligned} ff_x &= L(\boldsymbol{Q}_x)/L(\boldsymbol{P}_x)=\cos\phi \\ ff_y &= L(\boldsymbol{Q}_y)/L(\boldsymbol{P}_y)=\sqrt{(\cos\alpha)^2+(\sin\alpha\sin\phi)^2} \\ ff_z &= L(\boldsymbol{Q}_z)/L(\boldsymbol{P}_z)=\sqrt{(\sin\alpha)^2+(\cos\alpha\sin\phi)^2} \end{aligned} \tag{9.12}$$

观察：缩短因子与向量分量 A、B 和 C 无关，它们仅取决于垂直旋转角度 α 和水平旋转角度 ϕ。

选择 XY 平面上的投影是任意的。可以投影到另一个平面上，如 YZ 平面。在这种情况下，变换矩阵的计算如下：

- 沿 CCW 方向绕 X 轴以 α 角旋转向量，将其放置在 XZ 平面上：$\boldsymbol{R}_x(\alpha)$。
- 沿 CW 方向以角度 ϕ 围绕 Y 轴旋转向量，以沿 X 轴对齐：$\boldsymbol{R}_y(\phi)$。
- 沿 X 轴投影在 YZ 平面上：$\boldsymbol{P}_{yz}$。
- 计算组合变换矩阵：$\boldsymbol{M}=\boldsymbol{P}_{yz}\boldsymbol{R}_y(\phi)\boldsymbol{R}_x(\alpha)$。

展开 $\boldsymbol{M}$，

$$\boldsymbol{M}=\begin{bmatrix} 0 & 0 & 0 & 0 \\ 0 & \cos\alpha & -\sin\alpha & 0 \\ \sin\phi & \sin\alpha\cos\phi & \cos\alpha\cos\phi & 0 \\ 0 & 0 & 0 & 1 \end{bmatrix} \tag{9.13}$$

$\boldsymbol{P}$ 在主轴上的投影分量计算如下：

$$\begin{cases} \boldsymbol{Q}_x=\boldsymbol{MP}_x=(0,0,A\sin\phi) \\ \boldsymbol{Q}_y=\boldsymbol{MP}_y=(0,B\cos\alpha,B\sin\alpha\cos\phi) \\ \boldsymbol{Q}_z=\boldsymbol{MP}_z=(0,-C\sin\alpha,C\cos\alpha\cos\phi) \end{cases} \tag{9.14}$$

向量分量的新长度计算如下：

$$\begin{cases} L(\boldsymbol{Q}_x)=A\sin\phi \\ L(\boldsymbol{Q}_y)=B\sqrt{(\cos\alpha)^2+(\sin\alpha\cos\phi)^2} \\ L(\boldsymbol{Q}_z)=C\sqrt{(\sin\alpha)^2+(\cos\alpha\cos\phi)^2} \end{cases} \tag{9.15}$$

缩短因子是修改后长度与原始长度的比率：

$$\begin{cases} ff_x=L(\boldsymbol{Q}_x)/L(\boldsymbol{P}_x)=\sin\phi \\ ff_y=L(\boldsymbol{Q}_y)/L(\boldsymbol{P}_y)=\sqrt{(\cos\alpha)^2+(\sin\alpha\cos\phi)^2} \\ ff_z=L(\boldsymbol{Q}_z)/L(\boldsymbol{P}_z)=\sqrt{(\sin\alpha)^2+(\cos\alpha\cos\phi)^2} \end{cases} \tag{9.16}$$

对于沿 Z 轴和 X 轴的投影，角度 α 保持不变，但角度 ϕ 与在第一种情况下的角度 ϕ 互补。因此，用 $90-\phi$ 代替 ϕ 使式(9.16)变得与式(9.12)相同。

例 9.5 求法向量为 $\boldsymbol{N}=3\boldsymbol{i}+4\boldsymbol{j}+12\boldsymbol{k}$ 的平面的缩短因子。

解：

法向量：$\boldsymbol{N}=3\boldsymbol{i}+4\boldsymbol{j}+12\boldsymbol{k}$，

所以，$a=3$、$b=4$、$c=12$。

另外，$d=\sqrt{b^2+c^2}\approx12.65$、$e=\sqrt{a^2+b^2+c^2}=13$；

这样，$\cos\alpha=c/d=12/12.65\approx0.95$，$\sin\alpha=b/d=4/12.65\approx0.32$，

$\cos\phi=a/e=3/13\approx0.23$，$\sin\phi=d/e=12.65/13\approx0.97$。

根据式(9.16)，

$$\begin{cases}ff_x=\sin\phi=0.97\\ ff_y=\sqrt{(\cos\alpha)^2+(\sin\alpha\cos\phi)^2}\approx0.95\\ ff_z=\sqrt{(\sin\alpha)^2+(\cos\alpha\cos\phi)^2}\approx0.38\end{cases}$$

MATLAB Code 9.5

```
clear all; clc; format compact;
a = 3; b = 4; c = 12;
d = sqrt(b^2 + c^2);
e = sqrt(a^2 + b^2 + c^2);
cosA = c/d; sinA = b/d;
cosB = a/e; sinB = d/e;
R1 = [1, 0, 0, 0 ; 0, cosA, - sinA, 0 ; 0, sinA, cosA, 0 ; 0, 0, 0, 1];
R2 = [cosB, 0, sinB, 0 ; 0, 1, 0, 0 ; - sinB, 0, cosB, 0 ; 0, 0, 0, 1];
P_YZ = [0, 0, 0, 0 ; 0, 1, 0, 0 ; 0, 0, 1, 0 ; 0, 0, 0, 1];
M = P_YZ * R2 * R1;
ffx = (sinB)
ffy = (cosA^2 + cosB^2 * sinA^2)^(1/2)
ffz = (cosA^2 * cosB^2 + sinA^2)^(1/2)
```

9.7 等轴测、双轴测和三轴测

假设投影从法线为 $\boldsymbol{N}=a\boldsymbol{i}+b\boldsymbol{j}+c\boldsymbol{k}$ 的平面沿 XY 平面上的 Z 轴进行。式(9.16)中沿每个轴的缩短因子：

$$ff_x=\cos\phi$$

$$ff_y=\sqrt{(\cos\alpha)^2+(\sin\alpha\sin\phi)^2}$$

$$ff_z=\sqrt{(\sin\alpha)^2+(\cos\alpha\sin\phi)^2}$$

若所有 3 个因子都不相等，则称为三轴测投影；

当 a、b、c 都不同时，就会发生这种情况[Marsh，2005]。

若有两个因子彼此相等，则称为双轴测投影；

当 α、$\phi=\pm45°$，$\pm90°$，$\pm135°$时满足条件；

例如，设 $\alpha=45°$，$\phi=90°$，可以得到 $ff_x=0$，$ff_y=1$，$ff_z=1$。

当条件 $a=b$、$b=c$ 或 $c=a$ 之一为真时，就会发生这种情况[Marsh，2005]。

若所有三个因子都相等，则称为等轴测投影；

当 $\alpha=\pm45°, \phi=\pm35.264°$时满足条件；

例如，设 $\alpha=45°, \phi=-35.264°$，可以得到 $ff_x=ff_y=ff_z=0.8165$。

当条件 $a=b=c$ 为真时，就会发生这种情况[Marsh，2005]。

若投影沿 YZ 平面上的 X 轴，则等轴测投影：$\alpha=45°, \phi=90°\pm35.264°$。

例 9.6 证明：在原点的单位立方体对平面 $x+y+z=5$、$x+y+2z=5$ 和 $x+3y+2z=5$ 的轴测投影分别为等轴测投影、双轴测投影和三轴测投影。

证明：

(a)

原始坐标矩阵：$\boldsymbol{C}=\begin{bmatrix}0&1&1&0&0&1&1&0\\0&0&1&1&0&0&1&1\\0&0&0&0&1&1&1&1\\1&1&1&1&1&1&1&1\end{bmatrix}$

$$P: x+y+z=5$$

$$a=1,\quad b=1,\quad c=1$$

$$\boldsymbol{N}=[1,1,1,-5]$$

$$\boldsymbol{V}=[1,1,1,0]$$

根据式(9.4)，

投影矩阵：$\boldsymbol{M}=[\boldsymbol{V}^{\mathrm{T}}\boldsymbol{N}-(\boldsymbol{V}\boldsymbol{N}^{\mathrm{T}})\boldsymbol{I}]$

$$=\begin{bmatrix}1\\1\\1\\0\end{bmatrix}[1\quad 1\quad 1\quad -5]-[1\quad 1\quad 1\quad 0]\begin{bmatrix}1\\1\\1\\-5\end{bmatrix}\begin{bmatrix}1&0&0&0\\0&1&0&0\\0&0&1&0\\0&0&0&1\end{bmatrix};$$

化简：$\boldsymbol{M}=\begin{bmatrix}-2&1&1&-5\\1&-2&1&-5\\1&1&-2&-5\\0&0&0&-3\end{bmatrix}$；

新坐标矩阵：$\boldsymbol{D}_{\mathrm{h}}=\boldsymbol{MC}=\begin{bmatrix}-5&-7&-6&-4&-4&-6&-5&-3\\-5&-4&-6&-7&-4&-3&-5&-6\\-5&-4&-3&-4&-7&-6&-5&-6\\-3&-3&-3&-3&-3&-3&-3&-3\end{bmatrix}$（在齐次坐标系中）；

新坐标矩阵：$\boldsymbol{D}=\begin{bmatrix}1.67&2.33&2&1.33&1.33&2&1.67&1\\1.67&1.33&2&2.33&1.33&1&1.67&2\\1.67&1.33&1&1.33&2.33&2&1.67&2\\1&1&1&1&1&1&1&1\end{bmatrix}$（在笛卡儿坐标系中）；

$$d=\sqrt{b^2+c^2}\approx1.41,\quad e=\sqrt{a^2+b^2+c^2}\approx1.73$$

$$\cos\alpha=\frac{c}{d}\approx0.71,\quad \sin\alpha=\frac{b}{d}\approx0.71$$

$$\cos\phi = \frac{d}{e} \approx 0.82, \quad \sin\phi = \frac{a}{e} \approx 0.58$$

$$ff_x = \cos\phi \approx 0.82$$

$$ff_y = \sqrt{(\cos\alpha)^2 + (\sin\alpha \sin\phi)^2} \approx 0.82$$

$$ff_z = \sqrt{(\sin\alpha)^2 + (\cos\alpha \sin\phi)^2} \approx 0.82$$

由于所有 3 个缩短因子都相等,因此是等轴测投影(见图 9.8(a))。

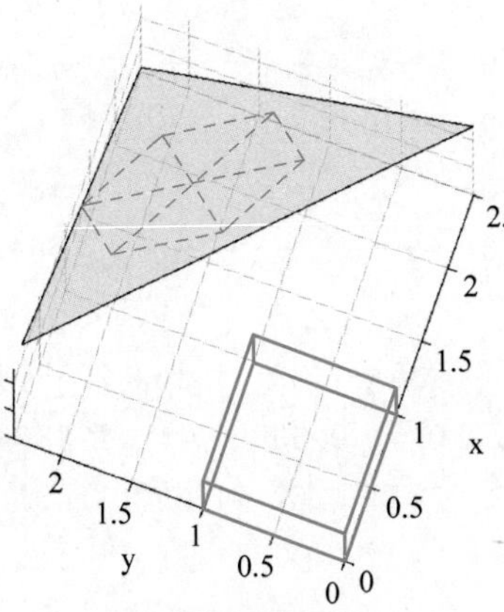

(a) 等轴测投影

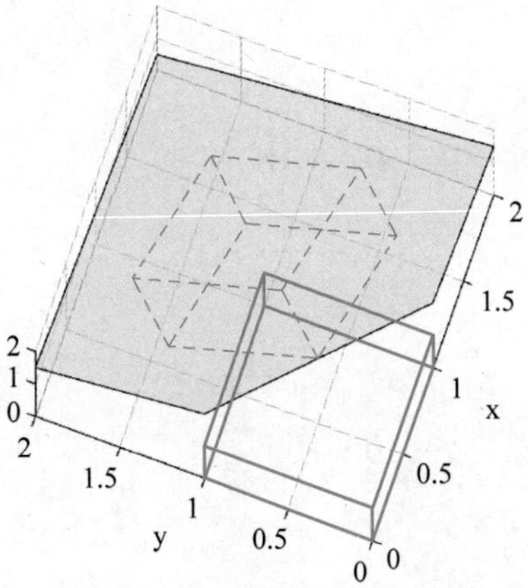

(b) 双轴测投影

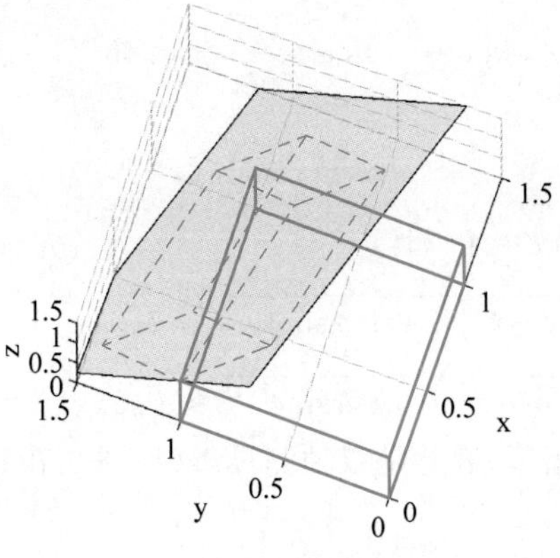

(c) 三轴测投影

图 9.8 例 9.6 的绘图

(b)

$$P: x + y + 2z = 5$$

$$a = 1, \quad b = 1, \quad c = 2$$

$$\boldsymbol{N} = [1, 1, 2, -5]$$

$$\boldsymbol{V} = [1, 1, 2, 0]$$

根据式(9.4),

投影矩阵: $\boldsymbol{M} = [\boldsymbol{V}^{\mathrm{T}}\boldsymbol{N} - (\boldsymbol{V}\boldsymbol{N}^{\mathrm{T}})\boldsymbol{I}]$

$$=\begin{bmatrix}1\\1\\2\\0\end{bmatrix}\begin{bmatrix}1 & 1 & 2 & -5\end{bmatrix}-\begin{bmatrix}1 & 1 & 2 & 0\end{bmatrix}\begin{bmatrix}1\\1\\2\\-5\end{bmatrix}\begin{bmatrix}1&0&0&0\\0&1&0&0\\0&0&1&0\\0&0&0&1\end{bmatrix};$$

化简：$\boldsymbol{M}=\begin{bmatrix}-5 & 1 & 2 & -5\\1 & -5 & 2 & -5\\2 & 2 & -2 & -10\\0 & 0 & 0 & -6\end{bmatrix}$；

新坐标矩阵：$\boldsymbol{D}_{\mathrm{h}}=\boldsymbol{MC}=\begin{bmatrix}-5 & -10 & -9 & -4 & -3 & -8 & -7 & -2\\-5 & -4 & -9 & -10 & -3 & -2 & -7 & -8\\-10 & -8 & -6 & -8 & -12 & -12 & -8 & -10\\-6 & -6 & -6 & -6 & -6 & -6 & -6 & -6\end{bmatrix}$（在齐次坐标系中）；

新坐标矩阵：$\boldsymbol{D}=\begin{bmatrix}0.83 & 1.67 & 1.5 & 0.67 & 0.5 & 1.33 & 1.16 & 0.33\\0.83 & 0.67 & 1.5 & 1.67 & 0.5 & 0.33 & 1.16 & 1.33\\1.67 & 1.33 & 1 & 1.33 & 2 & 1.67 & 1.33 & 1.67\\1 & 1 & 1 & 1 & 1 & 1 & 1 & 1\end{bmatrix}$（在笛卡儿坐标系中）；

$$d=\sqrt{b^2+c^2}\approx 2.24,\quad e=\sqrt{a^2+b^2+c^2}\approx 2.45$$

$$\cos\alpha=\frac{c}{d}\approx 0.89,\quad \sin\alpha=\frac{b}{d}\approx 0.45$$

$$\cos\phi=\frac{d}{e}\approx 0.91,\quad \sin\phi=\frac{a}{e}\approx 0.41$$

$$ff_x=\cos\phi\approx 0.91$$

$$ff_y=\sqrt{(\cos\alpha)^2+(\sin\alpha\sin\phi)^2}\approx 0.91$$

$$ff_z=\sqrt{(\sin\alpha)^2+(\cos\alpha\sin\phi)^2}\approx 0.58$$

由于3个缩短因子中有两个相等，因此是双轴测投影（见图9.8(b)）。

(c)

$$P: x+3y+2z=5$$

$$a=1,\quad b=3,\quad c=2$$

$$\boldsymbol{N}=[1,3,2,-5]$$

$$\boldsymbol{V}=[1,3,2,0]$$

根据式(9.4)，

投影矩阵：$\boldsymbol{M}=[\boldsymbol{V}^{\mathrm{T}}\boldsymbol{N}-(\boldsymbol{VN}^{\mathrm{T}})\boldsymbol{I}]$

$$=\begin{bmatrix}1\\3\\2\\0\end{bmatrix}\begin{bmatrix}1 & 3 & 2 & -5\end{bmatrix}-\begin{bmatrix}1 & 3 & 2 & 0\end{bmatrix}\begin{bmatrix}1\\3\\2\\-5\end{bmatrix}\begin{bmatrix}1&0&0&0\\0&1&0&0\\0&0&1&0\\0&0&0&1\end{bmatrix};$$

化简：$\boldsymbol{M}=\begin{bmatrix} -13 & 3 & 2 & -5 \\ 3 & -5 & 6 & -15 \\ 2 & 6 & -10 & -10 \\ 0 & 0 & 0 & -14 \end{bmatrix}$；

新坐标矩阵：$\boldsymbol{D}_{\mathrm{h}}=\boldsymbol{MC}=\begin{bmatrix} -5 & -18 & -15 & -2 & -3 & -16 & -13 & 0 \\ -15 & -12 & -17 & -20 & -9 & -6 & -11 & -14 \\ -10 & -8 & -2 & -4 & -20 & -18 & -12 & -14 \\ -14 & -14 & -14 & -14 & -14 & -14 & -14 & -14 \end{bmatrix}$（在齐次坐标系中）；

新坐标矩阵：$\boldsymbol{D}=\begin{bmatrix} 0.36 & 1.29 & 1.07 & 0.14 & 0.21 & 1.14 & 0.93 & 0 \\ 1.07 & 0.85 & 1.21 & 1.43 & 0.64 & 0.43 & 0.79 & 1 \\ 0.71 & 0.57 & 0.14 & 0.28 & 1.43 & 1.29 & 0.86 & 1 \\ 1 & 1 & 1 & 1 & 1 & 1 & 1 & 1 \end{bmatrix}$（在笛卡儿坐标系中）；

$$d=\sqrt{b^2+c^2}\approx 3.60,\quad e=\sqrt{a^2+b^2+c^2}\approx 3.74$$

$$\cos\alpha=\frac{c}{d}\approx 0.55,\quad \sin\alpha=\frac{b}{d}\approx 0.83$$

$$\cos\phi=\frac{d}{e}\approx 0.96,\quad \sin\phi=\frac{a}{e}\approx 0.27$$

$$ff_x=\cos\phi\approx 0.96$$

$$ff_y=\sqrt{(\cos\alpha)^2+(\sin\alpha\sin\phi)^2}\approx 0.59$$

$$ff_z=\sqrt{(\sin\alpha)^2+(\cos\alpha\sin\phi)^2}\approx 0.84$$

由于3个缩短因子都不相等,因此是三轴测投影(见图9.8(c))。

MATLAB Code 9.6

```
clear all; clc; format compact;
p1 = [0,0,0];
p2 = [1,0,0];
p3 = [1,1,0];
p4 = [0,1,0];
p5 = [0,0,1];
p6 = [1,0,1];
p7 = [1,1,1];
p8 = [0,1,1];

% isometric projection
fprintf('Isometric projection : \n');
C = [p1'p2'p3'p4'p5'p6'p7'p8';
1 1 1 1 1 1 1 1 ];
a = 1; b = 1; c = 1;
N = [a, b, c, -5];
V = [a, b, c, 0];
M = V'*N - V*N'*eye(4);
Dh = M*C;
```

```
D = Dh/Dh(4);
d = sqrt(b^2 + c^2);
e = sqrt(a^2 + b^2 + c^2);
cosA = c/d; sinA = b/d;
cosB = d/e; sinB = a/e;
ffx = (cosB)
ffy = (cosA^2 + sinA^2 * sinB^2)^(1/2)
ffz = (sinA^2 + cosA^2 * sinB^2)^(1/2)
figure
syms x y z;
f = a * x + b * y + c * z - 5;
C = [p1' p2' p3' p4' p1' p5' p6' p7' p8' p5' p8' p4' p3' p7' p6' p2' ; 1 1 1 1 1 1 1 1 1 1 1 1 1 1 1 1];
Dh = M * C; D = Dh/Dh(4);
plot3(C(1,:), C(2,:), C(3,:), 'b'); hold on; grid;
plot3(D(1,:), D(2,:), D(3,:), 'r');
fimplicit3(f, 'MeshDensity', 2, 'FaceColor', 'y', 'FaceAlpha',0.3);
xlabel('x'); ylabel('y'); zlabel('z');
axis equal; title('isometric projection');
view( - 70, 80);

% dimetric projection
fprintf('Dimetric projection : \n');
C = [p1' p2' p3' p4' p5' p6' p7' p8' ;
1 1 1 1 1 1 1 1 ];
a = 1; b = 1; c = 2;
N = [a, b, c, - 5];
V = [a, b, c, 0];
M = V' * N - V * N' * eye(4);
Dh = M * C;
D = Dh/Dh(4);
d = sqrt(b^2 + c^2);
e = sqrt(a^2 + b^2 + c^2);
d = sqrt(b^2 + c^2);
e = sqrt(a^2 + b^2 + c^2);
cosA = c/d; sinA = b/d;
cosB = d/e; sinB = a/e;
ffx = (cosB)
ffy = (cosA^2 + sinA^2 * sinB^2)^(1/2)
ffz = (sinA^2 + cosA^2 * sinB^2)^(1/2)
figure
syms x y z;
f = a * x + b * y + c * z - 5;
C = [p1' p2' p3' p4' p1' p5' p6' p7' p8' p5' p8' p4' p3' p7' p6' p2' ;1 1 1 1 1 1 1 1 1 1 1 1 1 1 1 1];
Dh = M * C; D = Dh/Dh(4);
plot3(C(1,:), C(2,:), C(3,:), 'b'); hold on; grid;
plot3(D(1,:), D(2,:), D(3,:), 'r');
fimplicit3(f, 'MeshDensity', 2, 'FaceColor', 'y', 'FaceAlpha',0.3);
xlabel('x'); ylabel('y'); zlabel('z');
axis equal; title('dimetric projection');
view( - 70, 80);

% trimetric projection
fprintf('Trimetric projection : \n');
```

```
C = [p1'p2'p3'p4'p5'p6'p7'p8';
1 1 1 1 1 1 1 1 ];
a = 1; b = 3; c = 2;
N = [a, b, c, -5];
V = [a, b, c, 0];
M = V'*N - V*N'*eye(4);
Dh = M*C;
D = Dh/Dh(4);
d = sqrt(b^2 + c^2);
e = sqrt(a^2 + b^2 + c^2);
d = sqrt(b^2 + c^2);
e = sqrt(a^2 + b^2 + c^2);
cosA = c/d; sinA = b/d;
cosB = d/e; sinB = a/e;
ffx = (cosB)
ffy = (cosA^2 + sinA^2*sinB^2)^(1/2)
ffz = (sinA^2 + cosA^2*sinB^2)^(1/2)
figure
syms x y z;
f = a*x + b*y + c*z - 5;
C = [p1'p2'p3'p4'p1'p5'p6'p7'p8'p5'p8'p4'p3'p7'p6'p2';1 1 1 1 1 1 1 1 1 1 1 1 1 1 1 1];
Dh = M*C; D = Dh/Dh(4);
plot3(C(1,:), C(2,:), C(3,:), 'b'); hold on; grid;
plot3(D(1,:), D(2,:), D(3,:), 'r');
fimplicit3(f, 'MeshDensity', 2, 'FaceColor', 'y', 'FaceAlpha',0.3);
xlabel('x'); ylabel('y'); zlabel('z');
axis equal; title('trimetric projection');
view(-70, 80);
hold off;
```

9.8 斜投影

当视平面上的平行投影方向是倾斜(即不垂直)时,称为斜投影。平行于视平面的线段的缩短因子为 1。当观察方向与视平面成 45°角时,得到的投影称为斜等测投影(等斜投影)。若 $\mathbf{V}=[v_1,v_2,v_3]$是视点向量,则斜等测投影满足条件:$v_3^2=v_1^2+v_2^2$。在这里,投影物体的图像看起来比实际要厚得多,因为垂直于观察平面的面的缩短因子为 1。为了减小厚度,可以使用称为斜双测投影的投影类型,将这个因子减小到 0.5,当视点向量与视平面成 63.4°角时这是可能的。若 $\mathbf{V}=[v_1,v_2,v_3]$为视点向量,则斜双测投影满足条件:$v_3^2=4(v_1^2+v_2^2)$,见[Marsh,2005]。

例 9.7　证明倾斜观察方向(3,4,5)和(3,4,10)分别在 $z=0$ 平面上产生单位立方体的斜等测投影和斜双测投影。在每种情况下,通过计算垂直于视平面的直线的缩短因子来验证。

证明:

(a)

投影在 $z=0$ 平面上,所以 $\mathbf{N}=[0,0,1,0]$。

对于平行投影,视点向量 $\mathbf{V}=[3,4,5,0]$。

因为它满足恒等式 $v_3^2=v_1^2+v_2^2$,所以产生的投影将是一个斜等测投影。

根据式(9.4),

投影矩阵：$\boldsymbol{M}=[\boldsymbol{V}^{\mathrm{T}}\boldsymbol{N}-(\boldsymbol{V}\boldsymbol{N}^{\mathrm{T}})\boldsymbol{I}]$

$$=\begin{bmatrix}3\\4\\5\\0\end{bmatrix}\begin{bmatrix}0 & 0 & 1 & 0\end{bmatrix}-\begin{bmatrix}3 & 4 & 5 & 0\end{bmatrix}\begin{bmatrix}0\\0\\1\\0\end{bmatrix}\begin{bmatrix}1 & 0 & 0 & 0\\0 & 1 & 0 & 0\\0 & 0 & 1 & 0\\0 & 0 & 0 & 1\end{bmatrix};$$

化简：$\boldsymbol{M}=\begin{bmatrix}-5 & 0 & 3 & 0\\0 & -5 & 4 & 0\\0 & 0 & 0 & 0\\0 & 0 & 0 & -5\end{bmatrix}$；

单位立方体的原始坐标矩阵：$\boldsymbol{C}=\begin{bmatrix}0 & 1 & 1 & 0 & 0 & 1 & 1 & 0\\0 & 0 & 1 & 1 & 0 & 0 & 1 & 1\\0 & 0 & 0 & 0 & 1 & 1 & 1 & 1\\1 & 1 & 1 & 1 & 1 & 1 & 1 & 1\end{bmatrix}$；

新坐标矩阵：$\boldsymbol{D}_{\mathrm{h}}=\boldsymbol{MC}=\begin{bmatrix}0 & -5 & -5 & 0 & 3 & -2 & -2 & 3\\0 & 0 & -5 & -5 & 4 & 4 & -1 & -1\\0 & 0 & 0 & 0 & 0 & 0 & 0 & 0\\-5 & -5 & -5 & -5 & -5 & -5 & -5 & -5\end{bmatrix}$（在齐次坐标系中）；

新坐标矩阵：$\boldsymbol{D}=\begin{bmatrix}0 & 1 & 1 & 0 & -0.6 & 0.4 & 0.4 & -0.6\\0 & 0 & 1 & 1 & -0.8 & -0.8 & 0.2 & 0.2\\0 & 0 & 0 & 0 & 0 & 0 & 0 & 0\\1 & 1 & 1 & 1 & 1 & 1 & 1 & 1\end{bmatrix}$（在笛卡儿坐标系中）。

考虑一条将原点与点(0,0,1)连接的线段，该线段垂直于视平面并且长度为1。该点的投影坐标是通过将 $\boldsymbol{M}$ 与该点相乘获得的，等于(−0.6,−0.8,0)，表示投影后线段的长度仍为1。因此，缩短因子为1，这与斜等测投影的预期一致(见图9.9(a))。

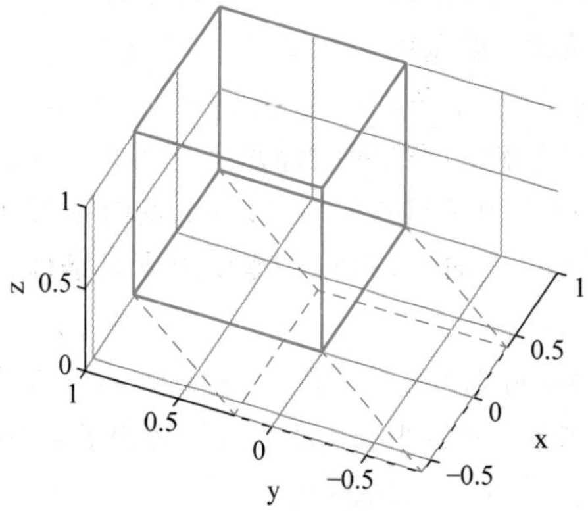

(a) 斜等测投影

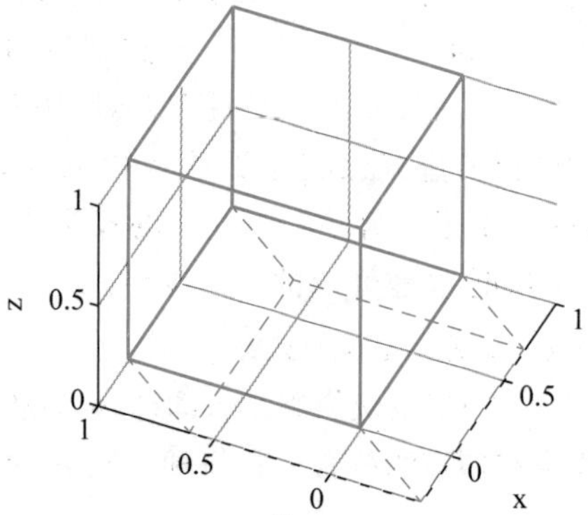

(b) 斜双测投影

图 9.9　例 9.7 的绘图

(b)

对于平行投影，视点向量 $\boldsymbol{V}=[3,4,10,0]$。

因为它满足恒等式 $v_3^2=4(v_1^2+v_2^2)$，所以产生的投影将是一个斜双测投影。

根据式(9.4)，

投影矩阵：$\boldsymbol{M}=[\boldsymbol{V}^{\mathrm{T}}\boldsymbol{N}-(\boldsymbol{V}\boldsymbol{N}^{\mathrm{T}})\boldsymbol{I}]$

$$=\begin{bmatrix}3\\4\\10\\0\end{bmatrix}\begin{bmatrix}0&0&1&0\end{bmatrix}-\begin{bmatrix}3&4&10&0\end{bmatrix}\begin{bmatrix}0\\0\\1\\0\end{bmatrix}\begin{bmatrix}1&0&0&0\\0&1&0&0\\0&0&1&0\\0&0&0&1\end{bmatrix};$$

化简：$\boldsymbol{M}=\begin{bmatrix}-10&0&3&0\\0&-10&4&0\\0&0&0&0\\0&0&0&-10\end{bmatrix}$；

单位立方体的原始坐标矩阵：$\boldsymbol{C}=\begin{bmatrix}0&1&1&0&0&1&1&0\\0&0&1&1&0&0&1&1\\0&0&0&0&1&1&1&1\\1&1&1&1&1&1&1&1\end{bmatrix}$；

新坐标矩阵：$\boldsymbol{D}_{\mathrm{h}}=\boldsymbol{MC}=\begin{bmatrix}0&-10&-10&0&3&-7&-7&3\\0&0&-10&-10&4&4&-6&-6\\0&0&0&0&0&0&0&0\\-10&-10&-10&-10&-10&-10&-10&-10\end{bmatrix}$（在齐次坐标系中）；

新坐标矩阵：$\boldsymbol{D}=\begin{bmatrix}0&1&1&0&-0.3&0.7&0.7&-0.3\\0&0&1&1&-0.4&-0.4&0.6&0.6\\0&0&0&0&0&0&0&0\\1&1&1&1&1&1&1&1\end{bmatrix}$（在笛卡儿坐标系中）。

考虑一条将原点与点(0,0,1)连接的线段，该线段垂直于视平面并且长度为1。该点的投影坐标是通过将 $\boldsymbol{M}$ 与该点相乘获得的，等于(−0.3,−0.4,0)，表示投影后线段的长度仍为0.5。因此，缩短因子为0.5，这与斜双测投影的预期一致(见图9.9(b))。

MATLAB Code 9.7

```
clear all; clc; format compact;
p1 = [0,0,0];
p2 = [1,0,0];
p3 = [1,1,0];
p4 = [0,1,0];
p5 = [0,0,1];
p6 = [1,0,1];
p7 = [1,1,1];
p8 = [0,1,1];
C = [p1'p2'p3'p4'p5'p6'p7'p8';
1 1 1 1 1 1 1 1];

% cavalier projection
fprintf('Cavalier projection : \n')
N = [0, 0, 1, 0];
V = [3, 4, 5, 0];
```

```
M = V' * N - V * N' * eye(4);
Dh = M * C;
D = Dh/Dh(4);
figure
C = [p1' p2' p3' p4' p1' p5' p6' p7' p8' p5' p8' p4' p3' p7' p6' p2' ;1 1 1 1 1 1 1 1 1 1 1 1 1 1 1 1];
Dh = M * C; D = Dh/Dh(4);
plot3(C(1,:), C(2,:), C(3,:), 'b'); hold on; grid;
plot3(D(1,:), D(2,:), D(3,:), 'r');
xlabel('x'); ylabel('y'); zlabel('z');
axis equal;
view( - 66, 40);
title('cavalier projection');

% verification
V1 = [0 ; 0 ; 1 ; 1];
V1p = M * V1;
V1pc = V1p/(V1p(4));
V1pcl = sqrt(V1pc(1)^2 + V1pc(2)^2 + V1pc(3)^2);
ff = V1pcl;

% cabinet projection
fprintf('Cabinet projection : \n')
N = [0, 0, 1, 0];
V = [3, 4, 10, 0];
M = V' * N - V * N' * eye(4);
C = [p1' p2' p3' p4' p5' p6' p7' p8' ;
1 1 1 1 1 1 1 1 ];
Dh = M * C;
D = Dh/Dh(4);
figure
C = [p1' p2' p3' p4' p1' p5' p6' p7' p8' p5' p8' p4' p3' p7' p6' p2' ; 1 1 1 1 1 1 1 1 1 1 1 1 1 1 1 1];
Dh = M * C; D = Dh/Dh(4);
plot3(C(1,:), C(2,:), C(3,:), 'b'); hold on; grid;
plot3(D(1,:), D(2,:), D(3,:), 'r');
xlabel('x'); ylabel('y'); zlabel('z')
axis equal;
view( - 66, 40);
title('cabinet projection');

% verification
V1 = [0 ; 0 ; 1 ; 1];
V1p = M * V1; V1pc = V1p/(V1p(4));
V1pcl = sqrt(V1pc(1)^2 + V1pc(2)^2 + V1pc(3)^2);
ff = V1pcl
hold off;
```

9.9 透视投影

在空间中平行线的透视投影图像看起来会聚到一个称为 PRP 或投影中心(COP)的点。设该点为 $A(x,y,z)$，其投影 $P(x_p,y_p,0)$需要在与 XY 平面重合的视平面上。令 $R(0,0,r)$为沿 Z 轴的 PRP，令 O 为原点。需要根据 x、y、z 和 r 获得 x_p 和 y_p 的值。

有两种可能的情况如下：(1) 情况 1：其中 A 和 R 在视平面的相对侧；(2) 情况 2：其

中 A 和 R 在视平面的同一侧[Foley et al.,1995]。

(1) 情况 1：视平面的相对侧(见图 9.10)。

从相似三角形△RCB 和△ROQ 可知，$CB/OQ=CR/OR$。

这里，$CB=x$，$OQ=x_p$，$CR=r+z$，$OR=r$。

替换：$x/x_p=(r+z)/r$，即 $x_p=\{r/(r+z)\}x$。

从相似三角形△ARB 和△PRQ 可知，$AB/PQ=BR/QR$。

这里，$AB=y$，$PQ=y_p$，$BR=\sqrt{(r+z)^2+x^2}$，$QR=\sqrt{r^2+x_p^2}$。

替换：$y/y_p=\sqrt{(r+z)^2+x^2}/\sqrt{r^2+x_p^2}$，即 $y_p=\{r/(r+z)\}y$。

> 注解
>
> 由于 C 位于 Z 轴的负侧，我们将 z 替换为 $-z$ 以获得 CR 的绝对长度。

这样得到：$x_p=\{r/(r-z)\}x$ 和 $y_p=\{r/(r-z)\}y$。

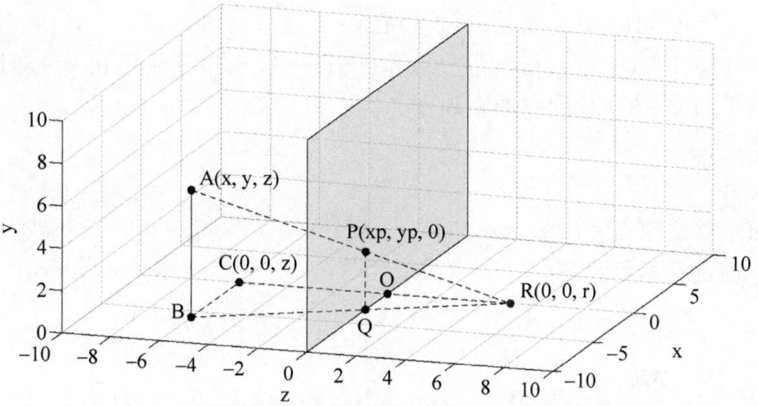

图 9.10 透视投影：情况 1

(2) 情况 2：视平面的同一侧(见图 9.11)。

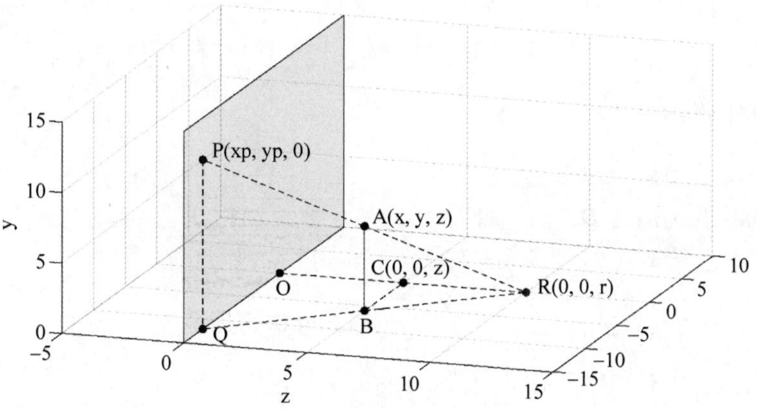

图 9.11 透视投影：情况 2

从相似三角形△OQR 和△CBR 可知，$OQ/CB=OR/CR$。

这里，$OQ=x_p$，$CB=x$，$OR=r$，$CR=r-z$。

替换：$x_p/x=r/(r-z)$，即 $x_p=\{r/(r-z)\}x$。

从相似三角形△PQR 和△ABR 可知，$PQ/AB=QR/BR$。

这里，$PQ=y_p$，$AB=y$，$QR=\sqrt{r^2+x_p^2}$，$BR=\sqrt{(r-z)^2+x^2}$。

替换：$y_p/y=\sqrt{r^2+x_p^2}/\sqrt{(r+z)^2+x^2}$，即 $y_p=\{r/(r-z)\}y$。

在每种情况下，$x_p=\left\{\frac{r}{r-z}\right\}x=x\Big/\left(1-\frac{z}{r}\right)$，$y_p=\left\{\frac{r}{r-z}\right\}y=y\Big/\left(1-\frac{z}{r}\right)$，$z_p=0$。

这可以用齐次坐标 $\boldsymbol{P}=\boldsymbol{M}_{xy}\boldsymbol{A}$ 表示如下：

$$\begin{bmatrix}x_p\\y_p\\z_p\\1\end{bmatrix}=\begin{bmatrix}x\\y\\0\\1-\dfrac{z}{r}\end{bmatrix}=\begin{bmatrix}1&0&0&0\\0&1&0&0\\0&0&0&0\\0&0&-1/r&1\end{bmatrix}\begin{bmatrix}x\\y\\z\\1\end{bmatrix}\tag{9.17}$$

这里，$\boldsymbol{M}_{xy}$ 是 XY 平面上所需的透视投影矩阵。

例 9.8 一个立方体，中心在原点，顶点在(−1,1,1)、(1,1,1)、(1,−1,1)、(−1,−1,1)、(−1,1,−1)、(1,1,−1)、(1,−1,−1)和(−1,−1,−1)。使用在 $z=5$ 上的参考点将其透视投影到平面 $z=3$。找到它的新顶点。

解：

这里，$r=5$。

将视平面平移到原点：$\boldsymbol{T}(0,0,-3)$。

对 XY 平面进行透视投影：

$$\boldsymbol{M}_{xy}=\begin{bmatrix}1&0&0&0\\0&1&0&0\\0&0&0&0\\0&0&-1/r&1\end{bmatrix}=\begin{bmatrix}1&0&0&0\\0&1&0&0\\0&0&0&0\\0&0&-1/5&1\end{bmatrix};$$

反向平移：$\boldsymbol{T}(0,0,3)$；

复合变换：$\boldsymbol{T}(0,0,3)\boldsymbol{M}_{xy}\boldsymbol{T}(0,0,-3)$；

$$\text{原始坐标矩阵：}\boldsymbol{C}=\begin{bmatrix}-1&1&1&-1&-1&1&1&-1\\1&1&-1&-1&1&1&-1&-1\\1&1&1&1&-1&-1&-1&-1\\1&1&1&1&1&1&1&1\end{bmatrix};$$

新坐标矩阵：$\boldsymbol{D}_{\mathrm{h}}=\boldsymbol{T}(0,0,3)\boldsymbol{M}_{xy}\boldsymbol{T}(0,0,-3)\boldsymbol{C}=$
$$\begin{bmatrix}-1&1&1&-1&-1&1&1&-1\\1&1&-1&-1&1&1&-1&-1\\4.2&4.2&4.2&4.2&5.4&5.4&5.4&5.4\\1.4&1.4&1.4&1.4&1.8&1.8&1.8&1.8\end{bmatrix}\text{(在齐次坐标系中)；}$$

$$\text{新坐标矩阵：}\boldsymbol{D}=\begin{bmatrix}-0.71&0.71&0.71&-0.71&-0.56&0.56&0.56&-0.56\\0.71&0.71&-0.71&-0.71&0.56&0.56&-0.56&-0.56\\3&3&3&3&3&3&3&3\\1&1&1&1&1&1&1&1\end{bmatrix}\text{(在}$$

笛卡儿坐标系中)；

新坐标：(−0.71,0.71,3)、(0.71,0.71,3)、(0.71,−0.71,3)、(−0.71,−0.71,3)、(−0.56,0.56 ,3)、(0.56,0.56,3)、(0.56,−0.56,3)和(−0.56,−0.56,3)，参见图9.12。

MATLAB Code 9.8

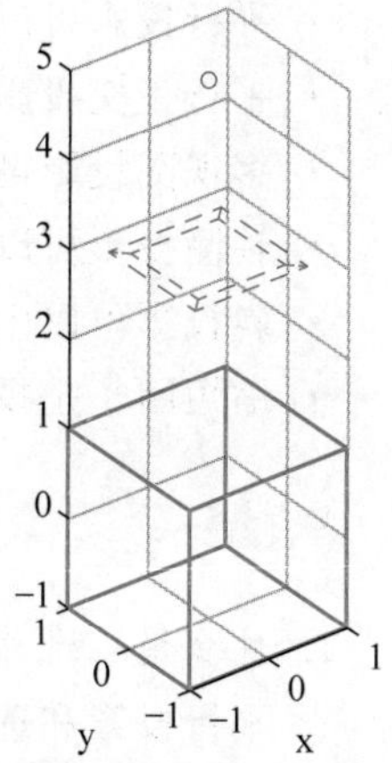

图9.12 例9.8的绘图

```
clear all; clc;
k = 3; r = 5;
p1 = [ - 1,1,1];
p2 = [1,1,1];
p3 = [1, - 1,1];
p4 = [ - 1, - 1,1];
p5 = [ - 1,1, - 1];
p6 = [1,1, - 1];
p7 = [1, - 1, - 1];
p8 = [ - 1, - 1, - 1];
C = [p1'p2'p3'p4'p5'p6'p7'p8';
1 1 1 1 1 1 1 1 ];
tx = 0; ty = 0; tz = - k;
T=[1 0 0 tx ; 0 1 0 ty ; 0 0 1 tz ; 0 0 0 1];
M = [1 0 0 0 ; 0 1 0 0 ; 0 0 0 0 ; 0 0 - 1/r 1];
Tr = inv(T);
Dh = Tr * M * T * C;
[rows, cols] = size(Dh);
for i = 1:cols
    D(:,i) = Dh(:,i)/Dh(4,i);
end
fprintf('New vertices : \n')
for i = 1:8
    fprintf('( %.2f, %.2f, %.2f) \n',D(1,i), D(2,i), D(3,i));
end
% Plotting
C = [p1'p2'p3'p4'p1'p5'p6'p7'p8'p5'p8'p4'p3'p7'p6'p2'; 1 1 1 1 1 1 1 1 1 1 1 1 1 1 1 1];
Dh = Tr * M * T * C;
[rows, cols] = size(Dh);
for i = 1:cols
    D(:,i) = Dh(:,i)/Dh(4,i);
end
plot3(C(1,:), C(2,:), C(3,:), 'b'); hold on;
plot3(D(1,:), D(2,:), D(3,:), 'r');
plot3(0, 0, 5, 'ro'); grid;
xlabel('x'); ylabel('y'); zlabel('z');
axis equal; hold off;
```

注解

size：返回数组的行数和列数。

9.10 本章小结

以下几点总结了本章讨论的主题：

• 投影是高维对象到低维视图的映射。

- 投影可以有两种类型：平行和透视。
- 在平行投影中，投影线彼此平行。
- 在透视投影中，投影线看起来会聚到一个称为参考点的点。
- 平行投影可以有两种类型：正投影和斜投影。
- 平行正交投影可以有两种类型：多视图和轴测图。
- 多视图投影可以生成三种视图类型：顶视图、前视图和右视图。
- 轴测投影可以生成三种视图类型：等轴测、双轴测和三轴测。
- 斜投影可以生成两种类型的视图：斜等测和斜双测。
- 缩短因子是投影长度与其原始长度的比率。

9.11 复习题

1. 什么是二维和三维投影？
2. 平行投影和透视投影有什么区别？
3. 平行正投影和平行斜投影有什么区别？
4. 多视图投影和轴测投影有什么区别？
5. 透视系数是什么意思？它取决于哪些参数？
6. 等轴测、双轴测和三轴测投影视图有什么区别？
7. 斜等测投影视图和斜双测投影视图有什么区别？
8. 解释视线、视点、视平面和 PRP 之间的区别。
9. 讨论透视投影的两种变体。
10. 解释如何使用缩短因子来区分等轴测、双轴测、三轴测投影、斜等测投影和斜双测投影。

9.12 练习题

1. 考虑一个向量 $\boldsymbol{A}=3\boldsymbol{i}+4\boldsymbol{j}+12\boldsymbol{k}$。在 3 个主平面上正交投影后，获得其投影长度相对于其原始长度减少的比率。

2. 使用轴测投影将点 $P(2,1,5)$ 投影到平面 $2x+3y+4z=24$ 上。找到它的投影坐标。

3. 确定三角形(3,4)、(5,5)和(4,−1)从视点(11,2)到线 $5x+y-6=0$ 的透视投影。

4. 一个立方体，中心在原点，顶点在(−1,1,1)、(1,1,1)、(1,−1,1)、(−1,−1,1)、(−1,1,−1)、(1,1,−1)、(1,−1,−1)和(−1,−1,−1)沿垂直于连接点(2,1,−2)和(3,3,2)的线而投影到通过原点的平面。找到它的新顶点。

5. 使用透视投影将向量 $\boldsymbol{P}=3\boldsymbol{i}+4\boldsymbol{j}+12\boldsymbol{k}$ 投影到 XY 平面上。若 COP 与 Z 轴上视平面后面的原点距离为 2，则确定投影坐标。还要找到缩短因子。

6. 给定以下点：$A(3,3,4)$、$B(6,10,10)$、$C(7,9,12)$、$D(4,15,15)$和 $E(5,6,8)$，找出透视投影，哪些点位于连接 A 和$\triangle COP$ 在(1,0,0)处的同一投影线上。

7. 导出每种情况下的投影矩阵：①从视点(2,−1,1)透视投影到视平面 $5x-3y+2z-4=0$；②在向量(1,−2,3)的方向上平行斜投影到视平面 $2y+3z+4=0$。

8. 将点(3，-2,4)投影到平面 $4x+7y-z=10$ 上，使得投影线沿着向量 $5\boldsymbol{i}+\boldsymbol{j}-6\boldsymbol{k}$ 的方向。找到投影坐标。

9. 考虑使用①$\alpha=45°$、$\phi=-35.264°$，②$\alpha=45°$、$\phi=-135°$和③$\alpha=20°$、$\phi=-70°$在 XY 平面上投影立方体。在每种情况下计算投影矩阵和缩短因子。

10. 如果投影线的方向沿着向量 $a\boldsymbol{i}+b\boldsymbol{j}+c\boldsymbol{k}$，计算在 XY 平面上的平行投影变换矩阵。

附录A

MATLAB 函数汇总

1. %：表示注释行。
2. …：将当前命令或函数的调用继续到下一行。
3. acos,acosd：以弧度和度数计算反余弦。
4. affine2d：生成图像的二维仿射变换。
5. alpha：设置透明度值。
6. asin,asind：以弧度和度数计算反正弦。
7. axis：控制轴的外观,指定要显示的值的有序范围。
8. clc：清除先前文本的工作区。
9. clear：清除所有存储变量的内存。
10. colorbar：通过在颜色图中附加颜色来创建颜色条。
11. colormap：使用预定义的颜色查找表指定颜色方案。
12. cos,cosd：以弧度和度数计算角度的余弦。
13. cross：计算向量的叉积。
14. deg2rad：将度数转换为弧度值。
15. det：计算矩阵的行列式。
16. diff：计算导数和偏导数。
17. disp：显示符号表达式,没有额外的行间距。
18. dot：计算向量的点积。
19. eval：计算一个表达式。
20. eye：生成指定大小的单位矩阵。
21. ezcontour,ezcontourf：生成带有可选填充的等高线图。
22. ezmesh：为函数 $z=f(x,y)$创建一个网格。
23. ezplot,ezplot3：在二维和三维环境中直接绘制符号变量。
24. ezsurf,ezsurfc：结合曲面图和等高线图,用于函数 $z=f(x,y)$。
25. figure：生成一个新窗口来显示图像和绘图。
26. fill：用颜色填充多边形。

27. fimplicit,fimplicit3：生成一个隐函数的二维和三维图。
28. fliplr：左右方向翻转数组。
29. for：启动 for 循环,打印出所有顶点。
30. fplot,fplot3：二维和三维环境中的绘图函数。
31. fprintf：使用格式化选项输出字符串和值。
32. grid：在绘图中打开网格线的显示。
33. hold：保持当前图状态,以便后续命令可以添加到同一个图中。
34. imshow：在图形窗口中显示图像。
35. imwarp,warp：对图像应用几何变换以将其映射到表面。
36. int：整合符号表达。
37. interp1：执行一维插值。
38. inv：计算矩阵的逆。
39. legend：使用文本字符串在图形中指定不同的颜色或线型。
40. lightangle：指定表面上的光照参数。
41. line：从一个点到另一个点画一条线。
42. linspace：在指定的两个端点之间创建 100 个线性间隔值。
43. mesh：生成用于绘制函数的三维网格。
44. norm：计算向量的大小或欧氏长度。
45. patch：生成填充多边形。
46. pchip：进行分段三次厄米特插值。
47. plot,plot3：从一组数值创建二维和三维图形。
48. polyder：求多项式微分。
49. polyfit：生成多项式以拟合给定数据。
50. polyval：在指定值处计算多项式。
51. projective2d：生成图像的二维投影变换。
52. quiver,quiver3：将二维和三维向量描绘为带有方向和大小的箭头。
53. rad2deg：将弧度转换为度数。
54. roots：求多项式方程的根。
55. scatter：数据用彩色圆圈表示的绘图类型。
56. sign：返回参数＋1、0 或－1 的符号。
57. simplify：通过解决所有交集和嵌套来简化方程。
58. sin,sind：以弧度和度数计算角度的正弦值。
59. size：返回数组的行数和列数。
60. solve：生成方程的解。
61. spline：执行三次样条插值。
62. subplot：在单个图形窗口中显示多个图。
63. subs：用数值矩阵替换符号变量。
64. surf：生成用于绘制函数的三维表面。
65. syms：将后面的参数声明为符号变量。

66. text：在图形内的特定位置插入文本字符串。
67. title：在图表顶部显示标题。
68. view：指定查看三维场景的水平和垂直角度。
69. vpa：将符号值显示为可变精度浮点值。
70. xlabel,ylabel,zlabel：沿相应的主轴放置文本标签。
71. zeros：生成一个用零填充的矩阵。

附录B

练习题答案

第1章

1. $y=-3x-12$。
2. $y=-0.405x^2+1.27x$。
3. $x=11.67t^2-9.67t, y=1.67t^2-5.67t+2$。
4. $x=1.5t^2+2.5t-2, y=-7.5t^2+5.5t+1$。
5. $y=-0.157x^3+1.57x^2-3.24x+1.83$。
6. $x=61.38t^3-125.3t^2+61.92t+3, y=-142.3t^3+221t^2-80.68t+2$。
7. $y_A=0.0513x^3+0.377x^2+0.92x-0.405$，
   $y_B=-0.0414x^3+0.0986x^2+0.642x-0.498$，
   $y_C=0.381x^3-6.23x^2+32.3x-53.2$。
8. $y=k-0.5x-1.5kx^2$。
9. $k=0.5$。
10. $x_A=t+1, y_A=4.07t^3-10.1t^2+5t-2$，
    $x_B=t+2, y_B=-0.2t^3+2.13t^2-2.93t-3$，
    $x_C=t+3, y_C=-3.27t^3+1.53t^2+0.733t-4$。

第2章

1. $a=-3b/4$。
2. ①$x=-5.3t^3+8t^2+0.3t+1, y=-3.9t^3+5.5t^2+0.4t+1$；
   ②$x=0.3t^3+2.7t+1, y=-3.1t^3+1.5t^2+3.6t+1$。
3. $\boldsymbol{B}=\begin{bmatrix} 1 & 0 & a & -3 \\ -a & 2b & -2 & 0 \\ b & -c & 3 & -a \\ -2c & a & 0 & -c \end{bmatrix}$。

4. (−23.62,−112.92),(3,−4),(1,0),(73.34,120.35);
$x=70t^3-90t^2+17t+3$, $y=166t^3-233t^2+79t-4$。

5. $x=-2t^2-4t+2$, $y=6t^2-4t+2$。

6. $x=t^3-3t^2-3t+3$, $y=10t^3-30t^2+21t-4$。

7、8. (略)

9. (1,4),(2,6.5),(6,15)。

10. (4,−45),(3,−4),(−2,−3),(−9,−22)。

第3章

1. $x(t)=\begin{cases} t & (0\leqslant t<1) \\ -2t+3 & (1\leqslant t<2) \\ 2t-5 & (2\leqslant t<3) \\ -t+4 & (3\leqslant t<4) \end{cases}$; $y(t)=\begin{cases} 0 & (0\leqslant t<1) \\ t-1 & (1\leqslant t<2) \\ -2t+5 & (2\leqslant t<3) \\ t-4 & (3\leqslant t<4) \end{cases}$。

2. $B_{0,2}=\begin{cases} t & (0\leqslant t<1) \\ 2-t & (1\leqslant t<2) \end{cases}$; $B_{1,2}=\begin{cases} t-1 & (1\leqslant t<2) \\ 3-t & (2\leqslant t<3) \end{cases}$;

$B_{2,2}=\begin{cases} t-2 & (2\leqslant t<3) \\ 4-t & (3\leqslant t<4) \end{cases}$; $B_{3,2}=\begin{cases} t-3 & (3\leqslant t<4) \\ 5-t & (4\leqslant t<5) \end{cases}$。

3. $B_{0,3}=\begin{cases} (1/2)t^2 & (0\leqslant t<1) \\ -t^2+3t-3/2 & (1\leqslant t<2) \\ (1/2)(t-3)^2 & (2\leqslant t<3) \end{cases}$;

$B_{1,3}=\begin{cases} (1/2)(t-1)^2 & (1\leqslant t<2) \\ -(t-1)^2+3(t-1)-3/2 & (2\leqslant t<3) \\ (1/2)(t-4)^2 & (3\leqslant t<4) \end{cases}$;

$B_{2,3}=\begin{cases} (1/2)(t-2)^2 & (2\leqslant t<3) \\ -(t-2)^2+3(t-2)-3/2 & (3\leqslant t<4) \\ (1/2)(t-5)^2 & (4\leqslant t<5) \end{cases}$;

$B_{3,3}=\begin{cases} (1/2)(t-3)^2 & (3\leqslant t<4) \\ -(t-3)^2+3(t-3)-3/2 & (4\leqslant t<5) \\ (1/2)(t-6)^2 & (5\leqslant t<6) \end{cases}$;

$B_{4,3}=\begin{cases} (1/2)(t-4)^2 & (4\leqslant t<5) \\ -(t-4)^2+3(t-4)-3/2 & (5\leqslant t<6) \\ (1/2)(t-7)^2 & (6\leqslant t<7) \end{cases}$。

4. $B_{0,3}=\begin{cases} 10t^2\text{(曲线段 A)} \\ -13.3t^2+9.33t-0.933\text{(曲线段 B)} \end{cases}$。

5. $P_0(5-10t)+P_1(10t-4)$。

6. $P_0t/4$;　　$P_0(5-t)+P_1(t-4)$。

7. $x(t)=\begin{cases} t^2 & (0\leqslant t<1) \\ 2t-1 & (1\leqslant t<2) \\ -0.5t^2+4t-3 & (2\leqslant t<3) \\ 0.5t^2-2t+6 & (3\leqslant t<4) \\ -4.5t^2+38t-74 & (4\leqslant t<5) \\ 3.5(t-6)^2 & (5\leqslant t<6) \end{cases}$；

$y(t)=\begin{cases} 2.5t^2 & (0\leqslant t<1) \\ -5.5t^2+16t-8 & (1\leqslant t<2) \\ 7.5t^2-36t+443 & (2\leqslant t<3) \\ -11t^2+75t-122.5 & (3\leqslant t<4) \\ 9t^2-85t+19574 & (4\leqslant t<5) \\ -2.5(t-6)^2 & (5\leqslant t<6) \end{cases}$。

8. $x(t)=\begin{cases} 0.1t^2 & (0\leqslant t<1) \\ 0.1t^2 & (1\leqslant t<2) \\ -0.083t^2+1.83t-4.58 & (2\leqslant t<3) \\ 0.15t^2-1.9t+10.4 & (3\leqslant t<4) \\ -0.392t^2+7.85t-33.5 & (4\leqslant t<5) \\ 0.583(t-15)^2 & (5\leqslant t<6) \end{cases}$；

$y(t)=\begin{cases} 0.25t^2 & (0\leqslant t<1) \\ -2.5t^2+22t-44 & (1\leqslant t<2) \\ 1.25t^2-15.5t+49.8 & (2\leqslant t<3) \\ -4.85t^2+82.1t-341 & (3\leqslant t<4) \\ 0.858t^2-20.6t+122 & (4\leqslant t<5) \\ -0.417(t-15)^2 & (5\leqslant t<6) \end{cases}$。

9. $x(t)=\begin{cases} 0.333t^3 & (0\leqslant t<1) \\ -0.333t^3+2t^2-2t+0.667 & (1\leqslant t<2) \end{cases}$；

$y(t)=\begin{cases} 0 & (0\leqslant t<1) \\ 0.166(t-1)^3 & (1\leqslant t<2) \end{cases}$。

10. $B_{0,4}=\begin{cases} 0.1t^3 & (0\leqslant t<1) \\ -0.2t^3+0.9t^2-0.9t+0.3 & (1\leqslant t<2) \\ 0.05t^3-0.6t^2+2.1t-1.7 & (2\leqslant t<3) \\ -0.05(t-6)^3 & (3\leqslant t<4) \end{cases}$；

$B_{1,4}=\begin{cases} 0.05(t-1)^3 & (1\leqslant t<2) \\ -0.0472t^3+0.433t^2-1.02t+0.728 & (2\leqslant t<3) \\ 0.147t^3-2.48t^2+13.6t-23.6 & (3\leqslant t<4) \\ -0.0278(t-8)^3 & (4\leqslant t<5) \end{cases}$。

第4章

1. $\boldsymbol{M}_1=\boldsymbol{R}(45°)\boldsymbol{F}_x\boldsymbol{R}(-45°)=\begin{bmatrix}0&1&0\\1&0&0\\0&0&1\end{bmatrix}$； $\boldsymbol{M}_2=\boldsymbol{R}(90°)\boldsymbol{F}_x=\begin{bmatrix}0&1&0\\1&0&0\\0&0&1\end{bmatrix}$。

2. $\begin{bmatrix}0.5&1&0\\0&0.5&2\\0&0&1\end{bmatrix}$。

3. (4.80,−0.60)、(7.00,−1.00)、(6.80,0.40)。

4. $\begin{bmatrix}0.98&1&0.1\\0&0.98&0.1\\0&0&1\end{bmatrix}$。 5. $\begin{bmatrix}0&1&5\\0&0&4\\0&0&1\end{bmatrix}$。

6. $\boldsymbol{M}_x=\begin{bmatrix}1&0&1\\0&1&1\\0&0&1\end{bmatrix}$， $\boldsymbol{M}_t=\begin{bmatrix}0.5&0&1.5\\0&1&1\\0&0&1\end{bmatrix}$。

7. $y=-\dfrac{x}{m}-\dfrac{c}{m}$。 8. $\begin{bmatrix}a&b&0\\ab&a+b^2&0\\0&0&1\end{bmatrix}$。

9. $\begin{bmatrix}0.2&0.1&-0.3\\-0.2&0.4&-0.2\\0&0&1\end{bmatrix}$。

10. (a) (7.00,−4.00)、(−2.00,2.00)、(−10.00,−3.00)、(−1.00,−9.00)；
(b) (7.00,−4.00)、(−0.50,0.50)、(−1.67,−0.50)、(−0.33,−3.00)。

第5章

1. 12.407。 2. 0.88。 3. 1/3。 4. 18。

5. (1.15,−2.05)、(−1.15,2.05)、(0,0)。 6. $\boldsymbol{i}+2\boldsymbol{j}$、$-2\boldsymbol{i}+\boldsymbol{j}$，$y=2x-1$。

7. $\dfrac{3\boldsymbol{i}-\boldsymbol{j}}{\sqrt{10}}$， $\dfrac{\boldsymbol{i}+3\boldsymbol{j}}{\sqrt{10}}$。 8. $x+2y-3=0$， $\boldsymbol{i}+2\boldsymbol{j}$。

9. $\boldsymbol{i}+\boldsymbol{j}$，$-\boldsymbol{i}+\boldsymbol{j}$。 10. 0.416，(0.48,0.43)。

第6章

1. $\boldsymbol{u}$ 是沿 $\boldsymbol{p}$ 方向的单位向量。 2. $(4-4t)\boldsymbol{i}+(3t)\boldsymbol{j}$。

3. $s=-3$、$t=-2$。 4. $\dfrac{x-2}{3}=\dfrac{-y+3}{1}=\dfrac{z+4}{2}$。

5. $\dfrac{x}{4}=\dfrac{-y+3}{3}$， $z=0$。 6. $\boldsymbol{L}$ 垂直于 $\boldsymbol{P}$。

7. (0,5,2)。 8. $\boldsymbol{L}$ 平行于 $\boldsymbol{P}$。

9. $r=(0,-3.8)+t\cdot(20,21,-68)$。

10. $\begin{bmatrix} -0.62 & 0.78 & 0 \\ -0.78 & -0.62 & 0 \\ 0 & 0 & 1 \end{bmatrix}$，$\begin{bmatrix} -0.78 & 0.62 & 0 \\ -0.62 & -0.78 & 0 \\ 0 & 0 & 1 \end{bmatrix}$。

第7章

1. (−0.32,3.45,0),(0.89,2.73,1.93)。

2. $(-0.37k,-k,1.37k)$。

3. $\begin{bmatrix} 0.65 & 0 & 0.76 & -0.41k \\ 0 & 1 & 0 & 0 \\ -0.76 & 0 & 0.65 & 1.11k \\ 0 & 0 & 0 & 1 \end{bmatrix}$。

4. (4.28,0.67,2.38)。

5. $\begin{bmatrix} 1/3 & -2/3 & -2/3 & 0 \\ -2/3 & 1/3 & -2/3 & 0 \\ -2/3 & -2/3 & 1/3 & 0 \\ 0 & 0 & 0 & 1 \end{bmatrix}$。

6. $\begin{bmatrix} 1/9 & 4/9 & -8/9 & 8/9 \\ 4/9 & 7/9 & 4/9 & -4/9 \\ -8/9 & 4/9 & 1/9 & 8/9 \\ 0 & 0 & 0 & 1 \end{bmatrix}$。

7. (2,7,1)、(2,7,0)、(3,10,0)、(3,10,1)、(0,0,1)、(0,0,0)、(1,3,0)、(1,3,1)。

8. $\begin{bmatrix} 0.7454 & -0.2981 & -0.5963 & 0 \\ 0 & 0.8944 & -0.4472 & 0 \\ 0.6667 & 0.3333 & 0.6667 & 0 \\ 0 & 0 & 0 & 1 \end{bmatrix}$；

$\begin{bmatrix} 0.7454 & 0.2981 & -0.5963 & 0 \\ 0 & 0.8944 & 0.4472 & 0 \\ 0.6667 & -0.3333 & 0.6667 & 0 \\ 0 & 0 & 0 & 1 \end{bmatrix}$；

$\begin{bmatrix} 0.7454 & 0.2981 & 0.5963 & 0 \\ 0 & -0.8944 & 0.4472 & 0 \\ 0.6667 & -0.3333 & -0.6667 & 0 \\ 0 & 0 & 0 & 1 \end{bmatrix}$。

9. $\begin{bmatrix} 0.8165 & 0 & 0.5774 & 0 \\ -0.4082 & 0.7071 & 0.5774 & 0 \\ -0.4082 & -0.7071 & 0.5774 & 0 \\ 0 & 0 & 0 & 1 \end{bmatrix}$。

10. 略。

第8章

1. $(-s^2-1,0,t-1)$。 2. $5u^2+2v^2\geqslant 10$。

3. $\left(u,v,\frac{u^2}{a}+\frac{v^2}{b}\right)$。 4. $z=0.6x+0.8y$。

5. $-4\boldsymbol{i}-12\boldsymbol{j}+2\boldsymbol{k}$。 6. $\frac{153\pi}{5}$。

7. $\frac{512\pi}{21}$。

8. (−0.0221　0.4204　0.9071),(0.892　0.45　−0.0369),41.094°。

9. (−0.2673　−0.8018　−0.5345),70.89°。

10. 33.3%。

第9章

1. 0.3846，　0.9515，　0.9730。

2. (1.7931,0.6897,4.5862)。

3. (0.2632,4.6842),(−0.3333,7.6667),(1.6053,−2.0263)。

4. (−1.24,0.52,0.05),(0.67,0.33,−0.33),(0.86,−1.29,0.43),(−1.05,−1.10,0.81),(−0.86,1.29,−0.43),(1.05,1.10,−0.81),(1.24,−0.52,−0.05),(−0.67,−0.33,0.33)。

5. (0.4286,0.5714,0),0.1429,0.1429,0。

6. C,E。

7. $\begin{bmatrix}-1 & -6 & 4 & -8\\ -5 & -8 & -2 & 4\\ 5 & -3 & -9 & -4\\ 5 & -3 & 2 & -15\end{bmatrix}$，$\begin{bmatrix}-5 & 2 & 3 & 4\\ 0 & -9 & -6 & -8\\ 0 & 6 & 4 & 12\\ 0 & 0 & 0 & -5\end{bmatrix}$。

8. (5.4242,−1.5152,1.0909)。

9. $\begin{bmatrix}0.8165 & 0.4082 & 0.4082 & 0\\ 0 & 0.7071 & -0.7071 & 0\\ 0 & 0 & 4 & 0\\ 0 & 0 & 0 & 1\end{bmatrix}$,0.8165,0.8165,0.8165。

$\begin{bmatrix}-0.7071 & 0.5 & 0.5 & 0\\ 0 & 0.7071 & -0.7071 & 0\\ 0 & 0 & 4 & 0\\ 0 & 0 & 0 & 1\end{bmatrix}$,0.7071,0.8660,0.8660。

$\begin{bmatrix}0.3420 & 0.3214 & 0.8830 & 0\\ 0 & 0.9397 & -0.3420 & 0\\ 0 & 0 & 4 & 0\\ 0 & 0 & 0 & 1\end{bmatrix}$,−0.3420,0.9931,0.9469。

10. $\begin{bmatrix} -c & 0 & a & 0 \\ 0 & -c & b & 0 \\ 0 & 0 & 0 & 0 \\ 0 & 0 & 0 & -c \end{bmatrix}$。

参考文献

[1] Chakraborty S. Fundamentals of Computer Graphics [M]. Maharastra: Everest Publishing House,2010.

[2] Foley J D, van Dam A, Feiner S K, et al. Computer Graphics—Principles and Practice[M]. Boston: Addison-Wesley Professional,1995.

[3] Hearn D,Baker M P. Computer Graphics, C Version [M]. 2nd edition. Upper Saddle River: Prentice Hall,1996.

[4] Marchand P. Graphics and GUIs with MATLAB[M]. Boca Raton: CRC Press,2002.

[5] Marsh D. Applied Geometry for Computer Graphics and CAD[M]. London: Springer ,2005.

[6] Mathews J H, Curtis D F. Numerical Methods Using MATLAB [M]. New Delhi: Prentice Hall,2004.

[7] Olive J. Maths: A Student's Survival Guide[M]. Cambridge: Cambridge University Press,2003.

[8] O'Rourke M. Principles of Three Dimensional Computer Animation[M]. New York: W. W. Norton & Company,2003.

[9] Rovenski V. Modeling of Curves and Surfaces with MATLAB[M]. Heidelberg: Springer,2010 .

[10] Shirley P. Fundamentals of Computer Graphics[M]. Natick: AK Peters/CRC Press,2002.

主题索引

数字和字母

B

C

D

E

F

G

H

J

K

L

M

P

Q

S

T

W

X

Y

Z